好女人有品位

陈世华 编著

中国城市出版社
·北 京·

图书在版编目（CIP）数据

好女人有品位/陈世华编著. —北京：中国城市出版社，2013. 8

ISBN 978-7-5074-2869-8

Ⅰ. ①好… Ⅱ. ①陈… Ⅲ. ①女性—修养—通俗读物 Ⅳ. ①B825-49

中国版本图书馆CIP数据核字（2013）第192510号

责任编辑 张惠平
装帧设计 佳捷真
责任技术编辑 张建军
出版发行 中国城市出版社
地址 北京市西城区广安门南街甲30号（邮编：100053）
网址 www.citypress.cn
发行部电话 （010）63454857 63289949
发行部传真 （010）63421417 63400635
总编室电话 （010）68171928
总编室信箱 citypress@sins.com
经销 新华书店
印刷 北京圣夫亚美印刷有限公司
字数 201千字 印张 16.75
开本 710×1000（毫米）1/16
版次 2013年11月第1版
印次 2013年11月第1次印刷
定价 32.00元

前 言
Preface

女人如花，是花就注定要在尘世间绽放，留下醉人的芬芳，这就是女人的味道。

身为女人，首先要像一个女人，即应该具备女性最本质的味道，比如温存、高雅、纯洁、柔美、慈祥和神秘的诱惑力。

女人如花，花有百种，女人的风韵，就有百种。什么是女人味？究竟怎样做一个有品位的好女人？其实，说到底，品味女人是一个概念，是一种视角。它是能够使女人的内涵变得更具体、更外在、更深邃的一种风韵和气质。

女人既有娴静之美，也有恬然之气。女人话要少、妆要淡、笑容可掬、爱执着、风姿绰约、赏心而又悦目。可以说，每个女人都希望自己是美丽的，会不断追逐美丽。追逐是每个女人的天性，它在她的生命中会不自觉地定时发动，美丽是目标，打造美是生活的一部分。不过，对于什么是美丽，许多女人终生都不得其解。其实，美丽是个既具体又抽象的概念。而它的核心就是女人味。

人们都说男人属阳，女人属阴，男人常以阳刚取胜，而女人则以阴柔取胜。温柔是女人特有的武器，身为女人的你，要谨记这一点。无论你追求怎样的另类、与众不同，标新立异，但是唯独温柔不能丢弃，因为任何一个男人都愿意被温柔的女人击倒！

在曾经追求浪漫的时代，漂亮或许会占上风，可当男人与女人从云尖里回归到理性的生活中来就会越发明白——温柔比漂亮可爱，温柔比漂亮长久。在岁月的打磨下，时间的轮回中，漂亮的外表会渐渐失去光泽，而温柔则被打磨得光芒四射，青春永驻。

女人都害怕老去，韶华不再。所以，也就有了那么多的化妆品、美容护肤品的交替更新，满足女人日益变化的美容需求。

漂亮是一种恩赐，但不是针对每个人都有的恩赐。既然漂亮不属于你，那么就试着让自己做一个有女人味的女人，女人味，可并不仅仅属于漂亮的女人哦。只要你有心，女人味可以“柔”出来，“羞”出来，“雅”出来，“爱”出来的。

……

本书希望通过对女人各种迷人味道的诠释，传达给所有女人一个振奋人心的信息：这个世界上不存在丑女人，那些美丽的女人，无一例外的都是用气质为根基、用形象所装扮的。无论什么时候，要相信自己有足够多的条件成为有魅力的女人。每个女人都有属于自己的女人味，可以是淡淡的清香，也可以是浓浓的味道……

目录 Contents

女人天生属甜的，甜食对女人的诱惑天知道有多大。有人说甜味女人才是真正的女人，她们继承了女人恒久不变的共性，爱美，虚荣，懦弱，温柔，可爱。不过，甜味的女人自然是可爱的。

哪个男人不喜欢“人比花娇”的女人呢？娇柔从来是女人的必杀绝技，美丽的脸蛋可以拥有一时，不能拥有一世，娇嗔的秉性却能助你心态永葆年轻、魅力不减当年。做个娇柔妩媚的女人，你还在等什么呢?

优雅的女人像钻石,历久弥新;优雅的女人似清茶,品尝过后,才知回味无穷;优雅的女人又如那林间的青竹,亭亭玉立,即使是身着一袭布衣,亦高贵脱俗。每当有人用“优雅”这个词赞美自己的时候,女人们一定会心花怒放。毋庸置疑,女人爱优雅,优雅是所有女人一生都追求的目标。

第六章　羞味——羞答答的玫瑰悄悄地开 ……109

女人羞涩是一种美，是一种特有的魅力。羞涩，是女性独具的特色，是特有的风韵和美色。诚然，男性也会有羞涩，然而更多的、更频繁的、更鲜艳迷人的羞涩，却总爱浮现在女人的脸上。女人脸上羞涩的阵阵红晕，就是世界上最美丽的花朵。

第七章　香味——暗香浮动醉人心 ……129

还记得那句曾打动无数女人心的广告语吗？“香水是女人的第二层肌肤。”女人若有似无的香味变幻全身化妆或服饰，可以给人留下深刻的第一印象，但是令人永久不忘的却是香味。隐隐约约飘散着的香气，正是衬托出女性魅力的无形装饰品。

成熟女人懂得主宰自己的生活，经营自己的美丽。率性而为，打造自己的梦想，敢作敢当，承担自己的愿望。成熟的女人，用一颗平和的心，看远去的风，远去的云，远去的似水流年。对于男人而言，一个成熟、有味道的女人，无疑是具有非凡魅力的，所有男人都无法让她走出自己的视线。

什么是情调？对于妖娆妩媚的女人来说，情调也许是一句话、一个眼神、一个表情、一个细微的动作，情调还应该是一种精神状态，它是由内而外散发出来的一股魔力。就像婀娜多姿的柳枝，又像挥发在空气中的精油，芳香迷人，沁人心脾。女人有了如此的情调，怎能不让男人迷醉？

所有女人都希望别人夸赞自己有品位。因为在品位装点下的女人，如同百花齐放，姿态各异。可以清淡如菊，或者高雅似兰；可以是百合的馥郁，或者是蔷薇的倔强……每一个品位女人就是一朵独一无二的花，越是品位非凡就越愈加珍贵，愈加有魅力，愈加让男人沉醉。

有爱心的女人是善良的、仁慈的、宽厚的。她们有一颗水晶般的心。她们是良友，是孝女，是慈母，是贤妻。女人有爱心，方能爱味长留，温柔幽远！

第一章　韵味
——韵味十足令人醉

什么是女人的韵味？那是一种从骨子里飘出来的味道，神秘的，诱惑的，缓缓的，没有定势，没有形状，慢慢地在空气里萦绕绽放，挡不住的魅力扑面而来……韵味之于女人就像鲜花之于香味，明月之于清辉，所以做女人一定要有韵味。

一、女人贵在有韵味

韵味，是专属于女人的，也是女人的魅力之所在。女人有韵味，三分漂亮可增加七分魅力；女人无韵味，七分漂亮降至三分。韵味让女人向往，韵味令男人沉醉。

男人无一例外地会喜欢有韵味的女人；女人征服男人的，不是女人的漂亮，而是她的韵味。

狄娟是一个中年妇女，像所有传统的女人一样，她贤惠、善良，相夫教子，只是性格略具有重庆女性的特点，比较火暴。

有一天，狄娟在街上发现丈夫和一个年轻女子亲密地相拥。狄娟不敢相信自己的眼睛。那个与自己生活了十几年，甚至有点“懦弱”的丈夫居然背叛了她，而且冒着“妻离子散”“前程毁灭”的危险。狄娟无法接受这个可怕的事实。她号啕大哭，大吵大闹，最后换来的却是丈夫一脸漠然地对她宣布“离婚”。

“为什么？我犯了什么错？我做了对不起你的事吗？”狄娟用颤抖的声音质问丈夫。

丈夫叹了口气：“没有，你做得很好。你是一个好妻子，也是一个好母亲。”

“为什么？就因为她年轻、漂亮？”狄娟恨那个夺去他丈夫的狐狸精。

狄娟的丈夫摇了摇头，始终没有说出原因。他们离婚后，这个男人在和朋友的一次聊天中，说他和妻子分手其实与第三者无关。他说他爱上那个女子是因为她更像女人，如果没有遇见她，也许会遇见另外的女人。

更像女人，这就是答案。物种的起源与生物的进化决定了人类的两性。男人要勇猛，要强悍，有男人味，才像个男人。而女人则要温柔、要性感，要有韵味，才像个女人。如果男人不像男人，女人不像女人，不仅违背了自然规律，也会使这个世界失去一种平衡与和谐的美感。

其实，女人的韵味很简单，就是女人所独有而男人所不具备的外在的、内在的东西。也许是一杯红酒下肚后，两颊那两抹红晕；也许是在厨房里忙得不可开交时，回头的那一笑；也许是有了孩子之后，身上散发的那种母性的光辉；也许是眼神中的那一点关怀……总之，韵味是灵动的、神秘的，让男人魂牵梦绕，让女人羡慕不已。

在现代社会的激烈竞争中，在个人能力和职位不再与性别有关的今天，多少女人把自己包裹在职业装里，收藏起从前的柔弱和娇嗔，用干练和好强与男人打拼。她们已经忽略掉自己的性别身份，忘记了韵味的艺术。

也许你在外要忙工作，回家要忙家务，周末的时间也早已被孩子占去了，你已经忙得忘记了自己的性别，甚至没有时间梳理一下自己的心情，又哪里有时间和心思去考虑什么韵味！但是希拉里·克林顿曾经说过这样一句话："诚然，我们女性和男人共同创造并管理着这个世界，但即使再过一万年，女人也应保持着那份女性特有的温柔妩媚，这不只是取悦于男人，也为了证明女人自己。"

英国前首相撒切尔夫人被称作"铁娘子"，她有一句名言："每当我在家里，早饭总是我做，午饭也是我准备。"她外刚内柔的性格又何尝不是一种韵味十足的表现？

虽然现在的女人身担不同角色，但她首先是女人，然后才能是其他。况且女性的身份，在某些情况下，如果利用得当，还能成为一种优势，助你一臂之力。

西蒙·波娃曾说过一句让女人自豪的话，"我们不是生为女人，而是要做女人"。而我们不但要做一个女人，还要做个有韵味的女人。

以此为准则，不管是在街上、咖啡厅、机场、酒吧、办公室，都要十足地像个女人，24小时都是不折不扣的女人。随时随地展示女人的风采和魅力。

刘云因为出身IT，从大学到身为亚信公司市场副总裁一直都处在一个女少男多的圈子里，但这并没有让她感到有什么不妥，反而因为她女性的身份而受到了更多的眷顾。她说："很早就知道做女人很好，因为少嘛。一直觉得韵味很重要，即便是工作时也不可能板起脸来训斥人，相反有时候你宽容而温和的管理方式效果会更好。"当然，刘云也强调，工作起来谁也不会因为你是女人就对你降低工作标准，但同样拥有技术和智商的前提下，女人自然有她不可比拟的优势。刘云是个聪明的女人，在男人和女人的世界里，她懂得进取，也适时地妥协，她承认差异，也利用这种差异，所以她的很多男同事都认为她很有韵味。

亲爱的女性朋友，也许你整天和男人肩并肩的战斗在生活的阵地上，也许你早已被时间夺走了青春和美貌，但是无论你从事着什么样的职业，无论在任何时候，你都不要忘记自己是一个女人。一个女人每天很漂亮地来到办公室，坦然、风趣、得体、细心，赏心悦目，一定是招人喜欢的，受人欢迎的。女人如果老想学男人一样强硬，那她就彻底失败了。

韵味是女人的神韵。就像名贵的菜，本身都没有味道，靠的是调味，韵味如火之有焰，灯之有光。韵味是一樽美酒，历久弥香，抿口便醉。身为女人而缺少韵味，无异于在男人心目中被判了死刑。

点评：韵味不是一种特质，也不是一个单词。它更像一种无形的力量，传达出女人的气息。即便你没有花容月貌，窈窕身材，但是你可以有韵味，这就是你最大的魅力。上帝让你做女人，你就好好地做个女人。而且要做就要把女人做到极致，做得有滋有味，有声有色。

二、做一个优雅别致的格调女人

外貌靓丽的女人让男人眼动，内在丰富的女人让男人心动。而外貌与内在都达到完美的女人则是让男人激动的具有格调的女人。

女人因为优雅而别致，因为魅力而骄傲。优雅别致的女人就是格调高雅的漂亮女人。有格调的女人不是卖弄风骚，穿金戴银，刻意作秀。

优雅别致的女人，其风度像有形而又无形的精灵，紧紧攫住人们的感官，悄悄潜入人们的心灵，从而给人留下难以磨灭的印象。

具有某种魅力的女性不一定具有格调的魅力，格调是一个人的文化教养、审美观念和精神世界凝成的晶体，所以它折射的光辉也最富于理性，最富于感染性。

一个女人外表美不美丽是天生的，但格调高不高雅是后天的。世上最倾倒众生的不是美丽的女人，而是最有吸引力的优雅别致的格调女人。这种女人，其风度飘逸如清风明月，如清水芙蓉，清纯、高雅、圣洁而不媚俗，高雅而不高贵，像传说中的女神一样纯洁，像未开放的蓓蕾一样无瑕。

一个女人可以有华服装扮的魅力，可以有姿容美丽的魅力，也可以有仪态万方的魅力，但却不一定有优雅的风度；但是，一位具有优雅格调的女人，必然富于迷人的持久的魅力。

优雅别致的女人不是不要镜子，而是能够从镜子里走出来，不为世俗偏见所束缚，不盲目描摹他人所谓的风度之美。

魅力是格调女人身上开出的一朵花。有了它，你无须再有其他的东西；缺少它，你就是东西再多也聊同于无。

格调优雅别致的女人是内涵丰富的女人。举止谈吐，一举手一投足之间都那么含蓄、深沉、温柔、善良，给人一种亲切、安慰、怡人的愉悦和韵味，不但自己对生活充满热情，而且还唤起别人对生活热情，使生命变得光彩照人。

格调优雅别致的女人是成熟的女人。勇敢、干练、自信、从容、镇定，是成熟的标志。成熟是女人最富有魅力的时候，可以使狂热变成冷静，软弱变成坚强，挫折变成奋进，迷惘变成清醒。

格调优雅别致的女人是独立于世的女人。不屑做绿叶衬托红花，不屑做月亮围绕着太阳，女人不是男人的附庸，独立于世，有自己的见解、思想、意志，一个事事依赖男人的女人会把男人变得不像男人，女人不像女人，没有自尊自强的女人，是没有魅力的女人。

格调是一种自我认识、自我评价的客观态度，优雅别致的女性，总是善于恰如其分地选择表达自身风情韵致的外化形态，使人产生可信的感受；她们就是她们自己，她们不试图借助他人的影子来炫耀自己、美化自己。所以，她们的风度之美，往往具有一种质朴之美。

伯顿说："女人身上有某种超越所有人间之乐的东西：富有魅力的美德，令人销魂的气质，神秘而有力的动机。"

优雅是一种诚实、真实、踏实的生活态度。她们对人对事不虚伪，不狡诈，又肯于给人以诚信。

别致的女性，对自己的风度之美既不掩饰也不虚饰，对他人美的风度既不嫉妒也不贬斥。而是泰然处之，使人感受到一种真正的潇洒之美。

点评：女人的格调之美，正是借助优雅别致的魅力，生发了感染他人、美化环境的神奇力量。因此，身为女人，要想保持和发展自己的格调之美，就得净化你的语言和举止，否则，也会使优雅别致之美从你身边悄悄溜走。

三、从容自信，做挥洒自如的底蕴女人

从容自信、挥洒自如的女人，魅力尽显，韵味十足。她们身上焕发出蓬勃的生机，散发出向上的力量，昂扬着饱满的激情。

在偏远的一个小县城里，有一个只能坐在轮椅上生活的女人，她叫杨慧丽。但她却办了一所小学，这所学校叫慧丽实验学校！她一点儿也不漂亮，她被无情的病魔缠得柔弱瘦小，可是谁见到她都会被她浑自透出的从容自信所震撼。

杨慧丽生下来8个月，便被病魔夺去了健康，她下肢全瘫，右手肌肉严重萎缩，仅左手能稍作活动。可她没有自卑，更没有放弃。她18岁开始独闯世界，靠着摆五分钱一本的小人书地摊，到拥有了一家大书店。经营了十年有了一些积蓄，30岁时办起了县城里第一家私人幼儿园——友谊艺术幼儿园，如今已形成一园两部、400多名入园幼儿的规模了。

1996年她又创办了县里、市里第一家特殊教育学校——湘阴县特殊教育学校。4年下来，使近百名残疾、弱智少儿入学，如今仍有53名在校学生；1998年又创办了集小学、初中、高中于一体的以她名字命名的实验学校，这也是县城里第一家民办学校。学校如今已达到了25个教学班、900余名学生的规模。很多人慕名而来，她还成为了人大代表。

美国心理学家弗洛姆《爱的艺术》中这段话写得多好啊：

“她不一定漂亮，但一定有在众人中被你一眼认出的气质。她自给自足，放纵自己尽情地享受生命的乐趣，又清醒地保持灵魂的明净。她会为一瓣花而心醉，像一棵树感受清风，树叶摇曳着一声叹息，在简单中蕴藏着最深的宇宙。她看到了生命背后的黑暗，深

知阳光与夜的交替，死亡如影随形，但永不绝望。她本能地拒绝贪婪，她的心像埋藏了千年的莲子，历尽沧海桑田，洞彻世事烟云，依然会鲜活地从沙土里开出花来。笑声和细语如冬日暖阳，化解心中坚硬的块垒。”

今时今日，那种自怨自艾、柔弱无助的女人的确难以在这个处处充满竞争的社会生存下去。只有充满自信的女人才能获得广阔的市场，因为他们知道学会自我拯救和自我完善永远是最重要的！

从容自信的韵味女人，能以宽容大度来为人处世，凡事不陷入世俗的旋涡中。挥洒自如的韵味女人，聪明灵慧、出类拔萃，既不会盲目自卑，更不会盲目自大。

从容自信的韵味女人，她们光彩照人，落落大方，灿烂的笑里会有一股凛然高贵的气息，更有让人仰慕的同时又有些敬畏的气质。

从容自信的韵味女人就像一缕春风，给别人带来轻松愉悦。她们身上有一种无形的光芒，吸引着你走向她。她工作细心，踏实，成绩卓越；善于把握异性的心理，和他们友好相处；生活中，知道怎样宠爱自己；锻炼身体，做做美容。她自信，她快乐。

从容自信，是人生不能不有的一种精神。不管做什么事，没有从容自信，是怎么也做不好的。

孙妍妍高职毕业，她一直自卑自己不是名牌大学毕业生。毕业后，她先分配到一国有企业，后又调到行政机关。按说一个职高生能够调到行政机关，应该是很件自豪的事，妍妍却不这样看。在大学生相对集中的机关里，学历相对较低的她，很自卑。她一天到晚皱着眉头，言谈举止也非常拘谨，工作上没有起色。这种情况一直持续了很长时间，在朋友的鼓励下她通过了许多人都梦寐以求的律师资格考试，可是她说她不是做律师的料，还是整天愁眉苦脸，她自己没自信谁也解不了她心头的疙瘩。

从容自信，是女人不能不有的一种精神！如果一个女人，不觉得自己美丽而自惭形秽，或不觉得自己聪明而让生活充满了阴郁，那么你肯定不会有任何成就。即使在学习上也会感觉很吃力，工作中上也只能做别人的附庸或跑腿，难以有出头之日。

点评：作为一个女人，不管是在生活中还是在工作中，如果没有积极进取的自信的精神，就永远也不会有强大的动力，更不会有骄人的业绩。尤其是对于女人，从容自信是绝对不能缺少的一种韵味魅力。

四、坐拥书城铸内秀

读书的女人，通常被冠以兰心蕙质之说。的确，读书是女性的深度美容。书让女人通达、宽容、博学、独立、多思和智慧。只有读万卷书，才能每临大事有静气，成就别人无法企及的大业。有一句话说得好：能闲世人所忙者，方能忙世人所闲。这里所谓的闲事，就是读书。

女人读书，能够积累自己，沉淀自己。读书的女人，有着比别人更多的大气和潇洒。一如三毛所写："但觉风过群山，花飞满天，内心安宁明净却又饱满。"

一个女人的韵味，就在于她所能体会到的自由的程度和对幸福的理解的深度，与她对于人性认识的广度与深度是成正比的。而广泛阅读色彩斑斓的文学画卷，就无疑是她们体察人性、认识自身，追求辉煌的一条捷径。

常听人说，女人的美丽有两种：外在美和内在美。外在美可遇而不可求，如果你天生丽质，稍加打扮，便楚楚动人，美丽有加。若你未生得一副姣好的面孔，这不打紧，你仍可以通过知识提高你的品位，丰富自己。这种美，美在一种内涵，一种别致。就像一杯散发着幽幽香气的淡淡清茶，她们即使不施脂粉也显得神采奕奕，风姿绰约，秀色可餐。因为知识的力量真的可以为你披一件迷人、魅力的外衣。爱读书的女人思维是比较发达的，她的想法也相对复杂，精神层次的追求也比较高。

一个只知穿衣打扮的女子，她生活的内涵是空虚的，她人生的底蕴是单薄的。只有再加上“智慧”二字，才能把一个优秀的现代女性做到位，做得出彩。聪明的女人懂得不仅要“秀外”还要“慧中”。所以女人要坐拥书城，努力提高自身的含金量。女人懂得包装外表固然重要，但是如何充实内心却来得更加重要，这是对心灵的滋润。

喜欢读书，就等于把生活中平常的时光转换成了巨大享受的时刻。书使女人变得聪慧、成熟。读书，可以增长见识，陶冶性情，使人的情感更细腻，举止更优雅，气质更深沉。一个女人如果不读书，没有知识就会变得无知、粗俗，就会被时代所抛弃。即使她长相貌若天仙，穿得华贵时髦，那些用物质涂抹起来的美丽面具，看起来始终是浅薄的，它不可能长久。相反，只要她爱读书，充满书卷气息，即使穿戴朴素，她依然是显得那么高雅雍容。衣服对她来说，只是一种饰品和点缀，只会让她更加美丽，更具风韵。

爱读书的女人也一样，书就仿佛是心中的一盏明灯，守住家园，守住坚持。她会始终视书为精神的伴侣。即便没有任何装点，仍底气十足。她敢于素面朝天，心清气爽。她们身居闹市，却能远离红尘的烦琐与喧嚣。她们习惯独处，耐得住寂寞。这是为什么呢？是修养，是浑身流溢的书卷味使她显得与众不同。“腹有诗书气自华”。这句话对喜欢读书的女人再合适不过。

跟爱读书的女人说话总能让人神清气爽，俗气全无。跟她交往常使你胸无阻滞，阳光灿烂。的确，一个女人在读过足够多的好书之后，她会变得很优秀。因为书给了她底气，熏陶了她至真、至善、至美的情感，使她变得温文尔雅、善解人意，充满书卷气息。

在人生的路上，每个人机遇的不同，也就造就了不一样的人生。而常常，一本书确是能够影响一个人的一生。淡泊以明志，宁静以致远，这是非读书所不能达到的。读书为人生带来了最美妙的时光，一个人当他沉浸于书海中时，几乎可以称得上是世界上最幸福的人。

你发现了没有？许多成功女人在回顾自己的成长道路时，也常常将人生一些最真诚、最辉煌的瞬间与一本或几本好书联结在一起。一本好书能够给予一个人最初的人生启蒙甚至终生的影响，就是这么的神奇！

著名女作家毕淑敏说：“日子一天一天地走，书要一页一页地读。清风朗月水滴石穿，一年几年一辈子地读下去。书就像微波，从内到外震荡着我们的心，徐徐地加热，精神分子的结构就改变了、成熟了，书的效力就凸显出来了。”

读书的女人，总是把日子当成书来读，清风徐徐，滴水穿石，一年一年读下去。她们极少怨天尤人、孤芳自赏，因为书让她们牢记她们只是沧海一粟。冰心那一句响亮的“我永远感到读书是我生命中最大的快乐！”极睿智地告诉所有的人，女人读书的结果，就是过滤杂质，收获快乐，然后，快乐地去做一个真正的、有品位的女人。

对于一个韵味十足的女人，喜欢读书，就等于把生活中平常的时光转换成了巨大享受的时刻。读书为人生带来了最美妙的时光，一个女人当她沉浸于书海中时几乎可以称得上是世界上最幸福的女人。

点评：有人这样说过：女人若有十分的美丽，但如果远离书籍，将失掉七分的内蕴。只有书才能让女人保持永恒的美丽，“坐拥书城铸内秀！”做个爱读书的女人吧！

五、丰富的思想，女人不可多得的财富

现代生活中，物质奢华，各种美发厅、美容店云集，走在街上，你会发现美女越来越多：姿态娴雅的女人、精明干练的职业女性、清纯可人的女孩…… 但真正让人钦佩，让人倾心的绝对非思想丰富的女人莫属。

在大多数人看来，思想丰富的女人应该是思想健康、精神健康、心理健康的女人。思想丰富的女人应该是内外兼备，秀外慧中，不仅外表悦人，还要内涵丰富，气质优雅，修养良好，且独立、自信、善良、聪明，富于灵性。

思想丰富的女人未必一定要年轻。靳羽西、郑明明她们不再年轻，但仍然美丽。羽西所著的《亚洲美人赞》一书中罗列的 10 位亚洲美女，除了事业成功人也聪明的杨澜、给人惊艳之感的名模马艳丽之外，还有 70 多岁仍然美丽的秦怡，也印证了这一观点。

思想丰富的女人，也许初看上去姿容平常，但相处久了，都会因为她极富魅力的性格，而使她的形象在人心目中熠熠生辉。即使相貌平平，因其内心的充实，情感的丰富，胸怀的宽广，言谈举止之间也会流露出来彬彬有礼、温文尔雅。因为丰富的思想使她们具有了一种从心灵深处源源溢出的摄人心魄的魅力。

女人的美丽与否，全在于心里所思所想；智慧与否，全在于心里所思所想；自由与否，全在于心里所思所想。

思想丰富的女人是有内涵的女人，自信的女人。她们活得从容、舒心而富足，思想丰富的女人脸上写满了自然、善良、率真、智慧，她们的心犹如美玉晶莹剔透。思想丰富的女人的美，是那种“清水出芙蓉，天然去雕饰”的美。她们美得自然，美得飘逸洒脱，美得

赏心悦目。

读书可以使女人柔弱的心获得信心和勇气，使泼妇收敛粗蛮愚鲁，使男子更潇洒，使女子添风韵。不可否认，女人的美丽更在于她高超的智慧和超人的才华。古代的卓文君、李清照虽没有沉鱼落雁之容，闭月羞花之貌，却留下了千古美文；近代的张爱玲、秋瑾，同样没有美丽容颜，但她们超凡脱俗，气质高雅；还有女作家琼瑶的柔情，女诗人席慕蓉的清婉。

思想的丰富必然来源于丰富的书卷。好书看得多或经典名著读得多的女人，身上散发有一股书卷气，因为常在思想里与中外大家如哲学家思想家对话，不知不觉中眼睛里就会有神有了光彩。

点评：卢伯克说：衡量生命的尺度是思想和行为，而不是时间。所以谈到女人，也不能不提具有美丽思想的智慧女人。像李清照、冰心、张爱玲……都是有成就又内涵丰富的——思想丰富的女人！

六、韵味是一种心理品质

心理学家认为，真正具有成熟韵味的女性，在其心理因素上都具有一些类似的品质。然而，许多女人因为心理上的不健康因素，使她们不能正确对待身边的人和事物，女人如果不能克服这些心理上的障碍，不要提拥有吸引人的韵味，甚至会在人生中处处受挫，难以获得成就。

要想成为一个韵味十足的美丽女人，很多心理品质是必须拥有的。

开朗乐观

一个人的性格如果乐天开朗，周遭的人皆乐于提供协助与支持，鼓励她们走向更高的目标。她们的乐观还表现在对工作的热忱上，多么枯燥的工作她们都投以最大的热情，并且用热情感染身边的每一个人。

拥有理想

有理想的女人都有非常明确的目的和肯定的目标，知道自己要什么，认准的事情决不会轻易被外界的看法所动摇。她们决心坚定，一心朝着自己的理想努力。

善于为人处世

她们对待工作从不挑挑拣拣，对自己喜欢和不喜欢的事都会尽心尽力去完成，在工作中把自己的知识、精力、才华发挥得淋漓尽致。她们不计心力、完全投入的精神，使周围的人喜欢与她们处事。

知错能改，自立自强

对于自己的错误，从不畏惧承认，并及时尽力改正自己的错误。她们从不认为自己是弱者，从来不认为自己比别人差，乐于接受有挑战性的工作，具有非凡的才华和本领，能够独立完成工作，对于工作中出现的苦累她们当做难得的人生体验。

高度负责，专心致志

有责任感的女人从不为自己的行为找借口，不怪别人，对工作高度负责，对自己该承担的责任更是如此，从不找任何理由推卸自己的责任，不发牢骚，不吐苦水。

专心的女人从不左顾右盼，不拖泥带水，她们每做一件事都集中精力，一丝不苟，绝不草草了事。

谦逊平和

虽然自己才学过人，技能超群，但却不桀骜不逊，仍然对周围的同事以礼相待，对于工作上的求助都尽力予以帮忙。平易近人是她们最大的特点。

除此之外，还有一些影响女人内在气质的因素。

永远长存。即把短暂的困难看作永远挥之不去的怪物，在时间上把困难无限延长，从而使自己束缚于消极的心态不能自拔，看不到事物积极的一面。

无所不在。即因为某方面的失败，从而相信其他方面也会失败。这是在空间反面把困难无限扩大，从而使自己笼罩在失败的阴影里看不到光明。

问题在我。即认为自己能力不足，一味打击自己，使自己无法振作。“问题在我”不是指畏惧承担责任，而是在能力方面一味地贬低自己，削弱自己的斗志。

此外，很多女人还存在过分自负、同性忌妒、疑心重、因漂亮而产生优越感和打探别人隐私等心理通病，影响其正确对待自己的事业和生活。

点评：想要成为韵味十足的成功女人，就不要再把自己的心门锁上，把它打开，让阳光照进来，用充满阳光的心灵去感受周围，去对待工作和生活，才能让自己的事业如阳光般灿烂和辉煌，才能使自己的人生有最光辉的痕迹。

七、风韵，让女人摇曳生姿

我们常会碰到这样一种女人，她们并不漂亮，但看上去很舒服。有着为人母的慈爱，为人妻的贤淑，举止里透出涵养、聪慧与贤达，这就是一种很有风韵的女人。

有风韵的女人是风情万种的。她们不仅仅是如诗如画的女人，更重要的是她们已学会如何绘织如诗如画的风景。

有风韵的女人，是淡雅的女人。淡雅是人最真实的美丽。淡雅的女人，不喜欢浓妆艳抹，喜欢“清水出芙蓉，天然去雕饰”。淡雅的女人，虽然不是天生丽质，但有着洁净的脸庞和干练的气质；淡雅的女人，从来不炫耀自己的那份美，她们只想还原人性的本真。没有一定的生活情趣和艺术修养，是长不出那种气质的。

有风韵的女人用青春和生命营造温馨甜蜜的家园，她们缠绵的情怀是男人们避风躲雨的港湾。她们那温柔的双肩不再只接受爱情小鸟的停驻，婚姻、家庭、责任的担子，她们也义无反顾地挑起，她们也用日趋成熟的心态妆点着自己日益成熟的容颜，欣赏起来像如歌的行板。

有风韵的女人，是善良的女人。善良是人最原始的天性。善良的女人，待人友善，不摆高姿态，善于亲近人，有着做人和生活的准则；善良的女人不计较得失，没有报复心，用冷静的心看待世界，用理智的脑思索人生。

有风韵的女人的美丽蕴含着深度风韵，而不仅仅流露于表象和姿态。她们年轻依旧的心在都市流动的喧嚣中，悠然地提炼着宁和静，气质和风度中自有一种超凡脱俗的洗练。正如达·芬奇笔下的《蒙娜丽莎》，眉宇间天生蕴含安祥和典雅。同时，静中的她们也是生机勃勃的，静如处子，动如脱兔。

有风韵的女人，是健康的女人。健康是人最重要的财富。健康的女人，有良好的积极向上的心态，随时保持乐观向上的人生态度；健康的女人善于面对人生的挫折，有着战胜困难的斗志和毅力，健康的体质是现代生活中不可缺少的财富。一个病恹恹的女人，很难承受生活的压力和重负，更谈不上事业有所成就。

有风韵的女人懂得如何才能气质不俗，一颦一笑中的沉稳与端庄在她们已是运筹帷幄。丈夫面前她们温柔贤惠，公婆面前体贴温和，独生子女面前母爱浓浓……有风韵的女人展示出的处处是一股无形的魅力，俘虏人于无形。

有风韵的女人，是智慧的女人。智慧是人最重要的东西。智慧的女人懂得为人处世的真谛，经得起花花世界的诱惑，不随波逐流。明白家、朋友、事业的辨证道理，努力创造和谐的人生；智慧女人，爱好广泛，喜欢学习，注意内涵修养，懂得把爱的阳光撒向大地。

有风韵的女人的迷人来自于秀外慧中的外表与内涵。经过爱情的洗礼，家庭的熏染，她们形成了自己特有的风格。有风韵的女人在乎的是美丽与悠扬在举手投足间的流露，她们用双手将岁月的光彩挽成一朵永不枯萎的小花静静别在胸前，一缕幽香天涯闻遍。

有风韵的女人，是成熟的女人。成熟是人最理想的标志。成熟的女人，不仅有成熟的身体，更应该有成熟的心灵。她们一般都是具有独立性的，她们可以独立支撑起一个家，即使没有男人，她们也可以把自己的家园建设得很美好。她们遇事一般都不冲动，自制力强，善于分析和解决问题。她们的身体散发出来的气息很有女人味。

有风韵的女人有着丰富的内涵，她们不单单是一幅雅致的画，更是一本耐人寻味、百读不厌的书。她们用淡泊的心态来读风雨雷电，看万紫千红。她们用理智的思绪面对世态炎凉、人情冷暖。她们用坚强的胸怀包容人间沧桑，大起大落。

点评：有风韵的女人，淡泊中轻轻地驾驭着生活的脚步。也许她们会经历不幸，但她们依然会嫣然一笑，笑对生活，直到生活也在她的镇定面前低下高傲的头颅。有风韵的女人就是这样，用人生真实的体验，演绎女人那完美的风情，让美丽的自己在世人的眼中尽情摇曳生姿。

八、梦想，为韵味女人插上飞翔的翅膀

在这个日新月异、竞争激烈的年代，女人在厨房和办公室之间赛跑，和我们的母亲，祖母辈比起来，她们多了很多权利，也确实多了很多辛苦。但是她们并没有因此丧失身上的女人味道，相反她们身上的女人味却因为梦想而变得更加浓烈和迷人。

失去梦想的女人才会老，一个女人如果有梦想和目标，并时刻为之努力不息，即便到了40岁、50岁的时候，她看起来也还是年轻的，因为她身上永远闪耀着青春的活力，比如靳羽西。

靳羽西从小就有很多梦想，她是个好奇心很重的孩子，对什么都感兴趣，什么都想尝试一下。她学过钢琴、绘画、音乐、芭蕾、英文、法文等。她的父亲曾经对她说过这样一句话，“你要做第一个进入宇宙空间的人，而不是第二个。没有人会记得第二个人的名字。”这句话对她影响很大，使得她的性格充满了冒险精神，也使得她在后来的人生道路上留下了一个又一个“第一”。

作为第一个被称为“将东西方联系起来”的电视记者，靳羽西当年制作并主持的104集电视系列片《世界各地》使中国人第一次通过电视了解了世界。那是中央电视台的屏幕上首次出现由美国人制作并主持的节目，羽西也因此征服了全中国的观众。明眸皓齿的她成为当时最著名的主持人之一，直到现在，她独特的主持风格仍然被年轻一辈模仿着。《纽约时报》评价靳羽西时这样说道：“很少有人能在东西方之间架起桥梁，但靳羽西却能够做到而且做得优美、聪明、优雅。”

通过做主持而使自己名扬世界，这对一个女人来说已经十分不容易，十分了不起了。但她明白这远远不是自己要达到的终点，她

是一个永远都有目标的女人，由主持退隐后的她又开始追寻另一个梦想。

这个梦想就是为亚洲女性做化妆品。有不少中国企业家说，在中国做企业家是很累的。在外国品牌充斥中国化妆品市场的激烈竞争中，靳羽西柔弱的双肩承受着一般女性难以承受的巨大压力。靳羽西自己也坦然承认，她的内部压力很大，而且面临着永远的竞争。但她丝毫不怕竞争，她担忧的却是自己做得不够好。所以她一直都在努力做得更好，她把自己当做最大的竞争对手，自我挑战就是她现在的最大挑战。

对靳羽西来说，事业就像一座直立向上的高峰，她不断地坚持努力向上攀登，付出了比别人更多的汗水和辛劳，这不仅让她赢得了人生的辉煌，也多次被评为最具魅力的女性。而她成功的不仅仅是事业，还有她的为人，她的修养，她的观念，都让人们对她佩服有加。一位记者这样描述她眼中的靳羽西："羽西是怎么也看不厌的，她眼梢嘴角的笑容永远让人感受到新鲜和活力，永远让人惊艳。"

作为一个成功的女人，靳羽西已拥有了财富，她说："我一生中最大的投资是我在纽约的 6 层楼家，3000 平方米花了我近 2000 万美元，在纽约大概也只有 25 所房子可与之媲美。房子外表很简单，但进了大门后，你会有惊艳的感觉。内部装潢全部由我设计，我的要求是无论从哪个角度看，房间都是漂亮、雅致的。每件摆设都是我从世界各地的古董店、文物店和画廊添置的，都有一段故事可讲。"而且她非常享受目前的单身状态，也不缺朋友，她的唯一野心就是继续完善她的"美丽王国"进入纽约，再打回东南亚市场，成为国际企业。她说："我的事业巅峰还没到来。"

这是一个因活在目标与梦想中而变得魅力无穷的女人，这种女人在任何时候都是最美丽，最有女人味的。

听了靳羽西的故事，也许我们该对女人味有一个新的认识或者说理解，小鸟依人的温柔是女人味，而一个女人在不断追逐梦想的道路上所表现出来的坚定、努力、自信和独当一面同样也是女人味，同样也可以使她魅力四射！

点评：在女人的一生中，女人可以选择成为攀着男人躯体仰望天空的藤蔓，也可以选择站成男人身旁一株挺拔的树，后者更让人尊敬和爱慕。有梦想的女人属于后者，她们把梦想当做翅膀，一次又一次地在蓝天上划出生命的痕迹，最终变得韵味深沉，不再老去。

第二章　柔味
——万般柔情惹相思

温柔是一种情怀，温柔的女人以深沉的爱对待亲人，对待朋友，即便是陌生人，她也能礼貌友善地相处。和蔼的神情，亲切的话语，如同天然甘泉般沁人心脾。温柔的女人是一朵清新淡雅的花，在细碎的呢喃中越发娇艳欲滴，暗香长留！

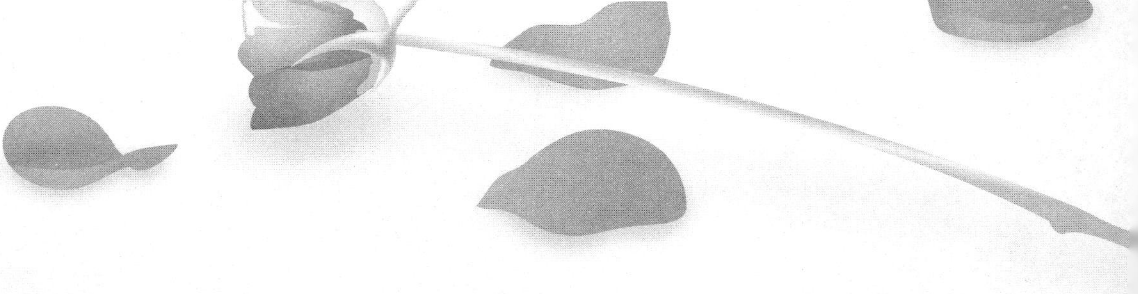

一、温柔，为你的美丽加分

程芸结婚已经六年了，女儿今年 5 岁。她性格开朗，不拘小节，做事雷厉风行，平时和同事说说笑笑的，关系很融洽。有一次，她带女儿逛商场，恰巧碰到一同事，当时她的女儿好像在吵着要吃冰激凌，因为那天天气不好，程芸怕她吃了肚子疼，就在那儿哄她。后来她的同事无意间告诉她说：“还真没见你那么温柔过，不过你温柔起来很美。”

这让程芸震动很大，她想自己不温柔就不美了吗？怎样才是美丽的女人呢？她想应该是温柔。是性情的温柔，思维的温柔，语言的温柔，色彩的温柔，线条的温柔。

作为女人，不管你是聪明美丽，真诚善良，还是独立坚强，如果你缺乏女性特有的温柔，即使姿容靓丽也难以称得上是美丽的女人。

美籍华人学者赵浩生教授曾来中国讲学，有位记者让他谈谈对现在中国女性的印象，他尖锐地指出：“我发现国内青年女性，有的认为越泼越好，有的精野蛮横，没有女人味了。女人味就是温柔、善良、体贴……”

中国女人失去了温柔，被赵教授称为是“中国最大的悲哀”。可见，温柔，对于一个女性，特别是对一个女人来说，是一种诱人之美，是一种高尚的力量。

温柔的女人，是爱的化身。她把热忱献给朋友，把仁孝献给长者，把慈祥献给孩子，把爱恋献给丈夫。她是良友，是孝女，是慈母，是贤妻。她是一种慈祥、热诚、仁厚、道义和爱的结晶体，坚强有力，与美丽并存。

温柔的女人，善解人意，会像尊重自己一样尊重丈夫，她感性，有血有肉，有情有义。她不会给你压力，她信任你，目光里写满鼓励与怜爱。同时，她不会叉腰骂街，不会怨天尤人，不会唠叨，不会像防贼一样地防着自己的丈夫，更不会在外人面前贬低丈夫……

她有时也会不讲道理，比如会趁你不备的时候夺走你的香烟，但她也会半夜起来陪你看足球，给你准备夜宵，让你感动得稀里哗啦。

她也许不是都市的白领，学历不那么高，厨艺不怎么样，她的手不巧，甚至是笨拙，长相也一般，总之，她算不上一个十全十美的佳人，但她却温柔，说起话来 “和风细雨”，这就足以让男人陶醉。在男人眼中，女人的这一特点比其他所有的特点都可爱。

林黛玉并不是《红楼梦》中最美的，薛宝钗就比她漂亮。贾宝玉都认为那钏八宝瓒金的项链，如果戴在宝姐姐的腕上会更美。可是宝玉还是更爱黛玉，读《红楼梦》的男人们也会觉得黛玉比宝钗更可爱。为什么？因为她比宝钗温柔，她的娇嗔，她的妩媚，她的婉转，她的细腻，她的柔弱无骨，甚至她的弱不禁风，哪个男人会不心疼这样一个林妹妹呢？又有哪个男人面对她的娇弱会不怦然心动呢？所以，在男人眼里，她就是最美的。

温柔的女人是通达的，她会让爱在一种平淡中走向坚固和永恒。

小楠是一位知识女性，她深爱着自己的丈夫，但是，她爱她丈夫的时候也没忘记珍爱自己。

小楠的丈夫常年在外经商，但他们的感情十分融洽，从未有过一丝半点的裂缝。有人问小楠：你不担心他在外面寻花问柳吗？小楠回答：我和他的爱从来都是平等的。从接受他的爱那天起，我就给了他信任，我爱他但不苛求他。我希望他成功完美，但我从未把自己的一切抵押在他身上。我担心什么呢？

温柔的女人也从不苛求于他人，对丈夫也如此。每个人都有一大堆的毛病，这在你嫁给他之前你就知道了，改变他是不可能的事。

或者换个思维，你会发现那是可爱的毛病呢，否则就由他去吧！

许多女人，总想留住自己的青春和美丽，不惜花费很多的精力去精心打扮自己，小心呵护自己的容颜。她们的目光更多的聚焦在了名牌服装和化妆品的价格上，她们的心思更多的花在了发型的改变上，以至于疏忽了老人的安康，家人的冷暖，这样的女人的美只是岁月的一个记号，终有一天要消逝。

而温柔的女人不一样，她们不会过多的去矫饰自己的容颜，而是懂得用温柔来为自己的美丽加分。尽管不再年轻，尽管时间的巨轮残酷地在那平滑的脸庞上碾下凌乱的皱纹，但温柔的女人依然是温温情情，真真切切，精精致致，悄悄地关爱着身边的亲人，在细细碎碎的呢喃中越发娇艳欲滴。温柔的女人让美丽在她们身上获得了永恒！

点评：温柔的女人是美丽的天使。作为女人，你可以不够聪颖，不够美丽，不够坚强，但你不能不够温柔！你拥有了温柔，就拥有了永恒的美丽！

二、小温柔里大智慧

女人可以不美丽，可以不再年轻，但不能没有智慧。因为智慧不但能重塑女人美丽的容颜，使美丽常驻，还能让女人的美丽有质的内涵。一个拥有智慧的女人，人生也将是丰富多彩的！

在生活当中，女人有多少智慧，其魅力就有多强大；男人对男人充满“竞争敌意”，而对女人则相反，他们愿敞开温暖的怀抱，成为女人最强大的支持者和恒久的港湾。温柔女人凭智慧征服男人，征服世界，征服命运；温柔女人的智慧无坚不摧，天下无敌。

很久以前，赵传有一首歌很流行：我很丑，可是，我很温柔。即使你不懂得什么是温柔，但从他的歌中，你也应该隐约理解到，温柔大概是一种可以弥补美丽不足的智慧吧。

现在，对温柔的理解已经不再片面地认为，温柔能让一个女人变美丽，而更多的时候，温柔是体现一个女人聪明才智的方式。一个女人，即使相貌平平，只要她懂得温柔，在别人心中，她就是美丽而且智慧的。

女人的温柔则是民族遗风、文化修养、性格培养三者共同凝炼所致。

智慧的女人善于在纷繁琐事、忙忙碌碌中温柔，善于在轻松自由欢乐幸福中温柔，善于在柳暗花明时温柔，善于在关切和疼爱中温柔，善于在负担和创造中温柔，更善于填补温柔、置换温柔，是做人的不可轻视的艺术。

古希腊神话里，雅典娜给人的一种高级智慧便是温柔——因为雅典娜是智慧女神。

在《红楼梦》中，贾宝玉说“女人是水做的”。水做的女人，应该有水一样的温柔。女人在恋爱时表现出来的温柔，有一份朦胧、一份羞涩、一份浪漫，时刻诱惑着对方；在婚姻中表现出来的温柔，则有一份母性、一份责任、一份温暖，时刻让对方牵挂。因此，温柔是女人智慧的主旋律。

温柔的智慧是一种无形的力量。温柔的智慧在于不知不觉之间，有着“润物细无声”的效果。你能想象得到，一个疲倦、脆弱的人，最需要的是什么吗？当然是温柔的呵护和照顾。

英国女王伊丽莎白的智慧毋庸置疑，但她同时也是温柔的。有一次，伊丽莎白女王与丈夫闹别扭。丈夫很生气，关门不出。很久后，伊丽莎白女王怕丈夫在里面闷坏，心疼地叫他开门，说：“快开门，我是女王。”对方硬是不开门。

于是，伊丽莎白女王很礼貌地说：“我是伊丽莎白，请开门。”丈夫还是没有理睬她。

伊丽莎白女王灵机一动，温存地说：“亲爱的，开门，我是你的妻子！”整天生活在女王影子下的丈夫，受压抑很久，听到如此温柔的话，如浴春风，叫他如何不开门。“进来吧！夫人！”于是，他眉开眼笑地开门迎妻。

这个故事也许是杜撰的，但至少听起来很有道理。一个女人无论在外面表现得多么精明能干，在家庭中，她便要充当一个温柔妻子的身份。这就是身为一个女人的智慧，这也是每一个女人都应该掌握的温柔的智慧。

温柔又智慧的女人，总是微笑着去唱生活的歌谣，从不抱怨生活给予的磨难。她把每一次的失败都归结为一次尝试。她的脸上始终挂着一片不落的灿烂。

温柔又智慧的女人是一扇窗，那摇曳的身影，那期盼的目光，那温暖的烛光，那轻声的呼唤，溢满一窗的温柔，让男人流浪的心从此有了无休止的牵挂，有了守候的渴望，有了归来的急切心情……

女人借助温柔来展现智慧。她的温柔会让人知道“人间自有真情在”，这样的女人使自己的生活真正充满阳光。在这片阳光下，每个人都在制造阳光，让周围的人感受到温暖。

巧妙地使一使小温柔，就能从中见到女人的大智慧。因为，温柔是一种魅力。一个女性只有关怀体贴别人，才能使别人感到温柔可亲；是温存可爱的人，才会给人们一个温馨美妙的世界。若一个粗俗蛮横、动辄河东狮吼的女人，身上还会存有魅力吗？

温柔的智慧，首先是一种善良。一个温柔的女人，会为路边的流浪小狗暗自流泪，她的善举能感染身边的每一个人。她待人彬彬有礼，从不骄傲自大。即使在受到委屈的时候，也不会刁蛮任性要惩罚一下对方，或者吵吵闹闹要为自己打抱不平，她会冷静地处理问题。

温柔的智慧在于，温柔的女人能使周围的人得到安宁，可拂去人们心绪上的烦恼与忧愁。能让心爱的人体会到轻松的幸福，能使爱她的人言听计从。当一个男人在外打拼已经很累的时候，回到家中，一双温柔的双手接过他的皮包，递来一双拖鞋、一杯热茶的时候，此刻，男人觉得，在外面再累，也值得！

点评：温柔是一种智慧，它可以由小见大。温柔又智慧的女人懂得以柔克刚，以静制动的道理。再大的烈火，也能在水中无声无息地熄灭。更重要的是，她懂得冷眼看世界，会用理智的头脑思索人生，为自己营建最真实的幸福。

三、最是那回眸一笑的温柔

女人的每一个回眸总是透出无尽的温柔。那是爱意，更是自信和力量。回眸一笑更是一个了不起的表情，无论是你的客户，还是你的朋友，甚或是陌生人，只要看到你的回眸一笑，都不会拒绝你。回眸一笑给这个生硬的世界带来了妩媚和温柔，也给人的心灵带来了阳光和感动。所以，一个女人脸上真诚的回眸一笑的确比那些昂贵的脂粉更能透出女人味。

女人虽然美得等级不一，但回眸一笑起来却都很令人舒心；女人虽然人人都有清爽的时候，却又不是个个都会回眸一笑。因此，懂得何时回眸一笑和善于乐于回眸一笑的女人总是很迷人的。

不论是女人的回眸一笑，还是慧心的微笑，都能表现女性的温柔。女人的笑容最能表现深奥，酒窝里藏满神秘；女人的笑容最能表现旷达，甩甩头，黑发似能倾泻千里；女人的笑容最能表现容纳，给人一种大海迎接江河时的平中生奇。

男人如山，就总想表现他的壮美与庄严；女人似水，就离不开她那波舒浪缓的笑脸。

有这样一对夫妻，丈夫瞎掉了一只眼睛，妻子是个哑巴。在陌生人的眼中，他们的结合无异是不圆满的。

李健在 13 岁那年因为贪玩，玩弹弓时误伤了自己的眼睛，结果瞎掉了一只。从此他的整个世界都因为那半阙光明的失去而日渐暗淡，直到遇到了单洋洋。单洋洋不会说话是天生的，这是自己哑子父亲的遗传。但是单洋洋会用表情说话，她能够用她无尽的笑容，带给李健很久不曾有过的快乐。她跳舞给他看，她在他的手掌里写下了对幸福的渴望。这让李健无比感动，他想他终于找到了自己的幸福。

他们终于和所有的恋人一样，甜蜜地走进了婚姻。李健每天早晨醒来的时候第一眼看到的便是单洋洋的笑脸，他惊讶于单洋洋连睡着的时候都是微笑的。他们的日子里听不到欢声笑语，但是单洋洋的笑容，对李健来说就是最美的旋律。

李健的压力始终是在单洋洋之上的，他担心失业，担心不能给单洋洋一份完整的幸福。所以李健总是显得烦躁与忧郁，事实上他是不会失掉工作的，因为这是政府给他安排的。而且至少他也是个大学本科毕业生呢。但是李健依然觉得怕，怕这份来之不易的爱情会在现实中老去。

单洋洋看得出李健的心思，她很着急，她很想说，亲爱的，你不要忧伤不要彷徨，事实上老天对我们是眷顾的，我很满足。她也很想说，亲爱的，不管岁月如何变迁，我都是爱你的。可是她一句话都说不出来，她的世界里只有沉默。她只有笑容，于是她总是笑，对他笑，对身边的每一个人笑。她相信快乐是可以传播的，并且她能够传播给他。李健留心到了单洋洋无时无刻的笑容，他便也会回应她一个甜美的笑脸。所有的亲戚邻居们都发现了他们两个脸上的笑容，他们说，李健和单洋洋一定是幸福的。

以后每次当李健遇到挫折时，单洋洋都会摊开他的手掌，在手心里写下两个字：笑脸。在李健眼里，单洋洋的笑容就是她最美丽的地方。

美丽的笑容，犹如桃花初绽，涟漪乍起，给人以温馨甜美的感觉。如果女子在各种场合能恰如其分地运用笑容，就可以传递情感，沟通心灵，甚至征服对手。

社交场合，笑容就像一种润滑剂，聪明的女人比男人更善于利用它。有时候，争得面红耳赤或剑拔弩张的双方往往只需女人一个笑容、一个眼风或一句息事宁人的话语彼此就能火气顿消，甚至握手言欢。而男子则往往做不到这一点。据美国社会心理学家南希・亨利的实验表明，在社交场中，有 89% 的妇女善于笑，男子只占 67%，还有 26% 的男子不会回报女子的笑容。在做广告时，也大多以女性为主，因为她们懂得用迷人的笑容获得人们的心，而男性做广告时，往往给人留下一个“严肃呆板”的印象。

与人初次见面，给对方一个亲切的笑容，在一瞬间就能拉近了你与对方的心理距离，消除你和对方的拘束感；与朋友见面打个招呼，点头微笑，会让朋友之间显得和谐、融洽；长辈对晚辈报以微笑，可以使晚辈消除紧张，敬畏就会被信任和亲切所代替；上级对下级一个微笑，会让下级感到上级平易近人；服务人员面带微笑，顾客就有宾至如归之感。可见，笑的作用是多么大。

女人的笑容之所以温柔，关键的一点是在许多时候以有形无声表达了情感、意向，省去了直硬干巴的语言。在东方传统文化中，偏爱的总是女性的含蓄、委婉。

女人的笑容之所以温柔，仍脱离不了“物以稀为贵”的格言……见了谁都笑是万万要不得的。真正会微笑的女人，有时常以“不笑”

来赢得对方的诚挚情感。

女人的笑容之所以温柔，那是因她爱沉思默想或天真浪漫，独行独处时，喜上心头，笑挂眉梢，此笑恰似男人的独醉独饮，自得自乐中又有一方湛蓝的天。

点评：女人的笑容之温柔，温柔在笑不露齿，额不生皱；温柔在不失仪态，不强迫他人；温柔在你知我知不求千万人知；温柔在求千万人知而不在意某人知不知；温柔在每一次开心、用心时都有一种新感觉，温柔在一朵鲜花开到老自己还不知……

四、温柔，婚姻中必不可少的润滑剂

温柔之美是女性美的最基本特征，其核心是温柔，温柔像春风细雨，像娇莺啼柳，像舒卷的云，像皎洁的月，更像荡漾的水。女性之美，美就美在“似水柔情”。作为一个女人，如果你想让你们的婚姻在平淡中历久弥新，在柴米油盐中焕发激情，那么请你把骨子里温柔的气味释放出来……

是的，柔情，是女人在婚姻中最有力的武器，它不仅为男人创造了生活中的香甜，更为女人自己创造了幸福。

女作家梅苑在《美人如水》一文中说，女人有点似水柔情，才有女人味道。真是高论妙极。可见，女性的诱人之处，正在于有似水的柔情。

韩晓在外面和几个哥们喝酒，因为好长时间没聚了，不知不觉就到了夜里 12 点，这时候韩晓的手机响了，他老婆问他在哪里？他说和几个哥们在外面喝酒呢，话还没说完，那边电话就撂了。他愣了一下，一个哥们调侃地说：“怎么？嫂子生气了？”搞得韩晓很没面子，拿起旁边的酒杯一饮而尽……

凌晨三点多的时候，烂醉如泥的韩晓被一个哥们送回了家。清醒以后，老婆又和他大闹，说什么还不喝死在外面等。从那以后，韩晓在外面的次数就越来越多，他们吵架的次数也就愈加频繁，后来他们选择了离婚。

离婚的那天，韩晓说："最后吃顿饭吧。"吃饭的时候，他对老婆说："其实，你是个好女人。"他的老婆勉强笑了笑说："都这份上了，还说这话做什么？"说着给韩晓倒了一杯酒，他们碰了一下杯，他老婆说："希望你以后找个比我好的女人。"不知是太激动了还是怎么的，韩晓呛酒了，咳嗽不止，他老婆很着急地起身给他拿餐巾纸，又轻捶他的背，边捶边问："好点没有？"那样子，完全忘记他们刚刚离婚。韩晓看着她忽然很动情地说："你今天真温柔。"他老婆不好意思地回到自己的位子上，低下了头，眼睛湿润了……也许她会想，如果当初能给丈夫多一点柔情，也许就不会落到今天的结果吧。

不要说一纸婚约无法永远守住一颗心，也没有哪份爱情会长久常新，这婚姻本来就是山花灿烂后的落英满地，走向平淡无味是必然的。但是婚姻是可以经营的，只要用心，而温柔是婚姻中最有力的武器，轻轻一击，恐怕哪个男人都逃不出你的"手心"，也不愿意逃脱。

女人的温柔像一双纤纤细手，只轻轻一扶，再强悍的男人也会被征服的。而让男人心动的，不仅是你的勤劳和能干，更有你的细心、体贴和善解人意。

展婕是那种很小女人的女人，睡懒觉、爱撒娇、爱使小性子，还动不动就抹眼泪。有一次，她又在她的妈妈面前撒娇，她妈妈开玩笑地说："这么大了还像个孩子，不改改这些臭毛病，以后恐怕嫁都嫁不出去……"

后来展婕不但嫁出去了，老公还很宠她，什么事都依着她，让着她，对她是呵护备至、疼爱有加。展婕的妈妈对女婿说：“真是亏了你对她这么好，你也别惯着她，她那些臭毛病呀该改改了。”然后就罗列了女儿一大堆“坏毛病”，没想到她的女婿竟然说：“妈，我看这都不是毛病，我觉得这样才有女人味呢。”

趁妈妈不在的时候，展婕偷偷问老公：“我真的很有女人味吗？”老公说：“是啊。”“举个例子。”展婕笑眯眯盯着老公的脸说。老公想了一会，说：“比如，你从不大声嚷嚷，说话的声音永远都很温柔动听；比如，我早上上班走的时候，你总会检查一下我的衣服，有时会摘掉沾在上面的一根头发；比如，你在看电视时，会傻傻地抹眼泪，还有……”老公突然咽下了后面的话。“还有什么？”他不答，只是坏坏地笑。展婕不依，拱在他怀里，非要他说，他说：“还有你最温柔的时候是晚上，你的脸颊绯红，眼波迷离……”展婕忙捂住了他的嘴，生气地说“你好坏，不和你说了。”老公看她脸上飞起了一团红晕，禁不住在她额头上印下了一吻……

在这个婚姻被大家喻作“爱情的坟墓”的今天，那么多女人哀叹命运的不公、男人的花心，可是你有没有想过是自己忽视掉了女人特有的温柔，才导致丈夫去外面寻找柔情来慰藉自己焦渴的心灵？

正如赵浩生教授说的“女人味就是温柔、善良、体贴……”，女人失去了温柔，事实上是一种悲哀。就像阳刚之气是男人特有的一样，温柔也是女人特有的，失去了温柔，女人也就失去了女人味。而没有女人味的女人，还有哪个男人会爱呢？

点评：女性的似水柔情，对男性来说，是一种迷人的美，也是一种可以被其征服的力量。一位诗人说：“女性向男性进攻，温柔常常是最有效的常规武器。”所以，女人一定要把温柔在婚姻中发扬光大，借助温柔的力量来打造幸福的婚姻生活。

五、女强人身上的别样温柔

在新的时代里，女强人的温柔，就是一种特殊的气质。这种特殊气质不仅限于传统的温柔、体贴、有教养，也包括一些“阳刚”，譬如作风果决、坚强、有进取心。现在有这种开放观念的女性越来越多，她们发现积极自信无损于身为女人的感觉，反而会使这些感觉更充实。

鼎鼎大名的姜玉婷，从一名小护士靠着不懈的努力和奋斗成长为一个大家心目中的女强人。但是她有一句十分著名的开场白：“你们知道我是谁吗？我是一个女人。”

这让我们听到了她作为女人的骄傲，也感受到了她身上从来都没有消散过的女人味。也许，没有谁比姜玉婷更明白，她过去和现在一直是诸多媒体和众人的焦点，最重要的大概不是因为别的，而是因为她是一个女人。“女人”这个名分，成了她的一道光环——让男人侧目，让女人自卑的光环。

在中国经理人中，护士出身的姜玉婷被尊为“打工皇后”。在信息产业界，姜玉婷是第一个成为某跨国信息产业公司中国区总经理的内地人，是唯一一个在如此高位上的女性、唯一一个只有初中文凭和成人高考英语大专文凭的总经理。

在姜玉婷谈到自己的成功时说，她的成功与自己的长相有点关系。

姜玉婷从小就不是人们眼中漂亮的孩子，她自己也坚信这一点。为此，她常抱怨爸爸妈妈为什么不把自己生成男孩，男孩长得好看不好看无所谓，但是对于女孩就完全不一样了。于是，她就拼命发挥自己的长处，她的长项就是聪明，她拼命地考第一并第一个交卷，她带着男孩子们去淘气，再后来她进篮球队，成了唯一学习好的篮球队员。于是，她也拥有了一份骄傲，她相信自己也不比漂亮的女孩差。

再后来，她成了“超级销售明星”，再后来，竟有人说她“好看”，她说第一次有人说她好看差点把她气晕。

说她好看的也是个外国女人，是她在IBM的老板之一。她看着她，直截了当的告诉她：“Juliet，you are very pretty（你真好看）！”

从此她开始学习欣赏自己，开始喜欢自己的样子。她开始穿很少女人敢穿的大红大黄的衣裳，而她穿着也的确好看，压得住，正匹配她明亮的眼睛、蓬松的头发、浑圆的曲线和强烈的性情。她终于可以完全不介意在人群中抢眼，她开始喜欢这种感觉。她从自卑走到了自信，而这一路走来又是多么艰辛，付出了多少努力，个中滋味也只有她自己知道了。

自信和温柔终于烧出了迟来的美丽。在IBM时，她的模样真可谓青春灿烂。热情的眼神，快乐的笑容，干练的身体语言，剪裁得体的职业装，是人们印象中典型的白领丽人。

她尽情地挥洒着做女人的自由和快乐，她爱唱歌，联欢会上她就尽情地唱；她爱跳，那就跳起来，疯狂热烈的西班牙舞于她正合适。在广州做华南区总经理那段时间，她玩得最疯。既然都是年轻人，都爱玩，那就索性玩个痛快。年终晚会上，简直是专业时装表演，总经理带头，一会儿皮衣皮裤皮靴的玩酷，一会儿长裙飘飘的玩浪漫。从员工到家属，从合作伙伴到媒体朋友，都卷入了青春的旋涡中。

有人问她：“这么个玩法，不怕失去权威感吗？”她说：“不会呀，只要第二天一上班，你心里想的是工作，全公司就都是工作的气氛了。”难怪有人说她是“百变女人”了。

她的成功得益于她能够及时地摆正心态，得益于她的专心和恒心、永远进取的心、永远都怀一颗感恩的心。

有人评价她："作为女人，她更像一个温文、安静的女人，带着优雅的微笑和气质，她不很在意自己的'女性意识'。她做事为人非常本色，狂潮到来时多一份清醒，逆境到来时多一份坚定。"《南方都市报》则说："将来，她一定会为纯粹女人的幸福而退隐江湖。她不太像企业里疯狂的女强人，倒有一些纯真少女的浪漫气质。"

无论如何，姜玉婷是很爱惜她所拥有的"女人"这个名分的。蛹化为蝶式的故事也好，凤凰涅槃的形容也罢，都已成为历史。作为一个女人，一个普通的女人，一个成功的女人，一个个性鲜明的女人。姜玉婷说，她希望她的能力得到承认，但不愿意她的女人魅力被忽视。

点评：每个女人都不能缺少温柔，即使是女强人也不能例外。女强人的温柔，就是有主见，不野蛮，而是回归女人本色，是一种好性情，一种智慧。女强人的温柔是一种可以让男人品尝后主动驯顺的软酒，口感细腻的佳酿。

六、母性温柔，无可替代

孩子的培养与教育不容忽视，身为母亲的你，请别只顾忙着工作与赚钱，请多出一点时间，陪陪你的孩子，一为享受人伦之乐。更重要的是，让孩子在你温柔的母爱中健康成长，因为母爱的温柔，是无可替代的。

刘菁年近三十喜得贵子，可在公司身居要职的她根本没时间带孩子，所以儿子出生没多久，就被送回南方老家托爷爷奶奶照料。眼看到了该上小学的年龄，孩子被接回北京。可是令刘菁尴尬的是，孩子跟自己和丈夫怎么也亲近不起来，而且变得沉默寡言，只有在电话里和爷爷奶奶说话的时候才能显现出孩子活泼的天性，刘菁为此大伤脑筋。

现实证明，对于30多岁正处于发展事业关键期的父母来说，尽可能待在孩子身边，陪伴他们的成长，多多少少变成了一件奢侈的事。为工作为生计忙得团团转，哪顾得上孩子？于是，隔代抚养、保姆、托管，各种代养方式应运而生。据调查，目前我国平均约30%的独生子女是由其祖辈抚养着的。孩子年龄越小，与祖父母生活在一起的比率越高。而随着社会老龄化趋势的形成，隔代抚养出现的问题也越来越普遍。而那些基本上全由保姆带大的孩子，生活习惯都随了保姆。对此，北京东明成功人生心理咨询中心的资深心理咨询师赵劭祎深表忧虑。他认为，孩子生活习惯的不同只是看得到的外在表现，相对来说还容易改变，但幼年时没有父母照顾，还可能对孩子的心理健康造成不利的影响，而这往往更加严重。

儿童教育心理学家认为：父母自己带孩子在孩子个性心理发展上有着不可比拟的优势。母亲与孩子近10个月的共同生活造就了彼此心理上的无比亲密，“母子连心”，这是父亲和其他看护人都无法取代的。只有母亲能本能地觉察孩子的需要和面临的危险；只有母亲才能本能地给孩子安全感和满足，孩子身心的健康成长尤其需要母亲不间断地关怀。

大家一定还记得那个有着甜甜嗓音及甜甜笑容的李玲玉，1995年她去日本发展，想不到在那里，幸运之神竟给她带来了一段异域姻缘。后来她怀孕了，离预产期还有半个月时，她就整天睡不着觉、躺也躺不下，站起来不到10分钟，腿就肿了。后来采取了剖腹产，产下一个9斤重的男孩。由于当时考虑事业较多，没给宝宝喂母乳。谈起这些，李玲玉有些遗憾，觉得当时考虑自己太多了。

但李玲玉从未给儿子请过保姆。她珍惜这个小宝贝，因此孩子通常是上海的爸爸妈妈带，或者是她自己带。李玲玉总是在北京、上海两地跑，有时一连几天见不到孩子一面，但她一回到上海的家，孩子就扑到她怀里，又啃、又抱、又搂、又亲。尽管蹭得她一脸鼻涕，她总是任宝宝疯个够，只要她在，宝宝吃饭、睡觉等事无巨细，她都亲力而为。她说作为妈妈最好自己带孩子，因为没有什么比孩子健康成长更重要的了。

况且小孩就像一张白纸，对各种知识接受很快，而且最初的记忆往往不容易更改。而老一辈的父母或是文化水平较低的保姆，在很多知识、观念上都已经落后于时代，因此显然不利于孩子接受新知识。而且，由于祖父母某些育儿观念相对陈旧，科学性比较欠缺，单凭个别的，表面的经验出发，抚育上对孩子过于纵容，娇纵的后果就像不给树木剪枝一样，使孩子养成许多不良的生活习惯，影响孩子的身体发育，最终令孩子步入歧途。例如，奶奶可能会说：好宝贝，杯子放得那么高，你自己拿不到，来，奶奶帮你倒上水，现在还太烫，我来吹一下再喝。你的手别碰杯子，奶奶喂你。这样导致的结果是：孩子依赖性强，处处都不想自己动手，自己解决问题，且习惯以自我为中心，不会关心别人。而现代的妈妈们一般有较高的文化水平，她们在抚育孩子上有较为科学的看法。譬如在同样的情况下，妈妈会说：杯子放在柜子里，自己去取吧！嗯，开水要倒在凉杯里过一阵子再喝，真聪明，来，妈妈也口渴了，再给妈妈倒一杯水来。

这样的结果是：孩子在妈妈的训练下，自己不但学会取杯子喝水，还能为妈妈倒水喝。这就培养了他独立解决问题的能力，生活小事上自己做决定，还能为他人着想，避免自我中心。

还有一个问题，就是对于那些从祖父母身边重新回到父母身边的孩子来说，生活环境变了，原有的平衡被打破，他必须重新建立新的平衡、新的关系，这会给他造成很大压力，需要很强的适应能力。更为严重的是，那些不在父母身边长大的孩子，他们在幼年时得到父母的爱抚、关心等大大少于其他孩子，这可能导致他们缺少安全感，长大后不容易与人正常交往及建立亲密关系。

心理专家和育儿专家认为：父母对于孩子身心成长的意义比人们想象的重要得多。如果父母能更多地参与孩子的培育，对孩子也是一种更持久的幸福。

点评：为人母亲的女人，孩子的培养与教育不容忽视，请别只忙着工作与赚钱，请多出一点时间，陪陪你的孩子，请亲自带你的孩子，一为享受人伦之乐，更重要的是，让孩子在你温柔的母爱中健康成长。

七、做善解人意的女人

善解人意的女人知道男人好虚荣，爱面子，因此，她知道男人的精神世界里存有这样或那样的一些禁区，因此她会小心翼翼地避开这些禁区，以免她的男人在尊严上受到伤害。

那个和刘辉相爱三年的女孩向他提出了分手，因为她想出国，所以她爱上了一个老外，这让刘辉很是气愤。从此他一心扑在了事业上，不到两年的工夫，就有了自己的公司。但是在感情上他再也不轻易相信别人，他认为女人真是善变的动物，一点儿也不可靠。

刘辉把女人分为四种，第一种是外貌漂亮，但这样的女人大部分是花瓶。第二种是性格泼辣，她们做事雷厉风行，从不拖泥带水，适合做工作上的朋友。第三种是功利主义很强，为了钱或者前途可以舍弃一切，他以前的女友就属于这类。第四种是温柔，善解人意，她们聪明却会装傻，装傻是为了照顾男人的面子和自尊，装傻是一种宽容，宽容男人犯的一些小错误，由此男人会对她们充满了感激。

他最喜欢最后一种，但是他觉得生活里这类女孩太少了，几乎不存在。

后来经一些好心的朋友介绍，他认识了菲菲，在接触中他惊奇地发现，菲菲就属于他喜欢的那一类女孩。比如，在朋友的聚会上，他喜欢海阔天空的神聊，菲菲总是用赞许的眼神看着他。但有时，聚会过后，他会收到菲菲给他开的“处方”，那些纸条有时藏在他的衣袋里，有时夹在书里，上面的字句，婉转地纠正了他的一些说法。刘辉对她的温柔做法和良苦用心自然是很领情的，同时心存感激。

最让他感动的是，她竟然用装傻的方式，原谅了他的一次感情错误。

在刘辉和菲菲交往一年多的时候，他向菲菲求婚了，然后他们就开始买房子准备结婚。可就在他们准备结婚的前一个月，那个和他相恋三年的女友回来了，给他打电话，说要见他。这让刘辉犹豫起来，他原以为自己沐浴在菲菲爱的阳光下，已经忘记了那个为了出国抛弃自己的女人了。可是他无法骗自己，他的心里还有她的位置，他开始动摇，他告诉自己，只是和她见面，只要不让菲菲知道，是不会伤害到她的。

于是，他为了和她见面，多次编谎言说要加班，后来竟然鬼使神差地以出差为借口，和她一起去了海南。在那里，她的这位前任女友告诉他，那个曾经要带她出国的男人，去了温柔国之后就杳无音讯了。现在，她又把刘辉当作了救命草，一定要他帮着办加拿大技术移民，还自说自话地规划着他们俩的未来。刘辉忽然发现，眼前这个女人是那么的任性和自私，与善解人意的菲菲是没法比的，想到这，心里非常后悔。

他不敢给菲菲打电话，就打到家里，他妈妈说：“菲菲这孩子真好，今天我不舒服，她来给我输液呢。儿子啊，菲菲这孩子不错，你也老大不小了，要知道珍惜。”刘辉嘴里答应着，心里更加不是滋味，接着他的妈妈又问：“对了，你这孩子是不是欺负她了，我见她眼睛红肿，我问她怎么回事，她说和一个同事闹别扭。我看不像，她那么好的一个姑娘怎么会和同事闹别扭呢？”刘辉忽然打了一个激灵，这些事公司里的同事都知道了，菲菲怎么会不知道呢？刘辉想到这心里忽然很害怕，他第一次感到自己是如此地害怕失去她。

一夜未眠，第二天一早，他就飞回了北京，在飞机上，他坚决果断地对前任女友提出的种种要求说“不”，这好像是第一次拒绝她，他忍受了她那么多次的无理要求，这次他终于有勇气去拒绝了。

重逢的那一刻，他看到了菲菲红肿着双眼，依然装出很快乐的样子迎接他，这让他感到一阵心痛。他明白她的意思，什么都没说，只是紧紧地把菲菲拥到了怀里，他想这一辈子，他都不要菲菲再为他担惊受怕，他要好好的爱她，给她幸福。

男人喜欢什么样的女人，这大概是女人私下里最热衷讨论的问题了。大多数女人认为，男人喜欢的应该是漂亮、妩媚、贤惠的女人。实际不然，大多数的男人还是对温柔的善解人意的女人情有独钟。

因为善解人意的女人无论在怎样的情况下，都不会把自己身边的男人当成自己的私有财产，也不会时时刻刻地要求这个男人对自己言听计从，因为她知道，这个男人虽然是她今生今世的至亲至爱，但是，这个男人的心属于她的同时，更多的应该是属于他自己。

因为善解人意的女人不会在男人工作繁忙的时候抱怨他没有空陪伴自己，当然也不会刻意流露男人对自己没有太多温情的牵挂。她清楚地知道，男人终究是男人，社会赋予他们“男人”的称呼，就要求他要顶天立地。

因为善解人意的女人知道，男人是既刚强又脆弱的动物，而有的男人是把荣誉和脸面看得比生命还贵重。因此，善解人意的女人知道在男人的精神世界里存在着哪些禁区，总是会很细心地避开，以免她的男人在尊严上受到伤害。而男人大多是理性的，所以他们会对女人如此的善解人意而心存感激。在他们看来，善解人意的女人才最有女人味。

点评：善解人意的女人知道，好男人就好比是那蔚蓝天空中盘旋着的雄鹰，当它飞累了，需要休息了，它才会回到女人的身边，美美地享受那滋润它、勃发它生机的爱情。

第三章　甜味
——甜而不腻让人爱

女人天生属甜的，甜食对女人的诱惑天知道有多大。有人说甜味女人才是真正的女人，她们继承了女人恒久不变的共性，爱美，虚荣，懦弱，温柔，可爱。不过，甜味的女人自然是可爱的。

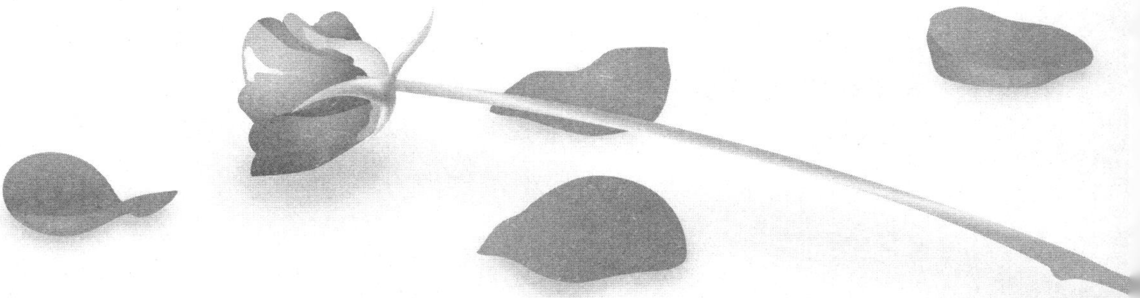

一、懂幽默的女人，俏皮又可爱

幽默不仅仅是一副活跃气氛的良剂，更是一个女人可爱的标志。

很多男士在选择爱人的时候，都希望对方是一个俏皮可爱懂得幽默的女孩。因为和一个幽默的人生活在一起，是一种无与伦比的幸福。其实，幽默也是女人的一种秘密武器。它让女人走到哪里都受到欢迎。它给人一种随和、大度的感觉，让女人随处都有朋友。

俏皮可爱的女人，把幽默当成是一种人生态度。女人的幽默不仅会使人发笑，还能带来心理上的轻松和快慰。它也是一种智慧，这种智慧中蕴含着一种宽容、谅解以及灵活的人生姿态。

懂幽默的女人，会用她的热情，她的快乐，来感染身边每一个人。她能让人忘掉所有的不开心，也能化解人与人之间的矛盾。同时，一个适当的幽默可以松弛紧张的气氛，也能减轻自身的压力，好比打开了一道闸门，压力就此消失了。

男人喜欢跟幽默的女人交朋友，其中最重要的原因就是，懂得幽默的女人可爱、容易亲近，能给人一种温暖感。懂得幽默的女人，她身边的朋友们都会被她睿智的内心世界所吸引，而淡忘了她的外在条件。即使她不美丽，也会因为幽默而变得俏皮可爱起来，以至散发出异常迷人的魅力，使得周围的人情不自禁地向她靠拢。

恩格斯曾经说过：“幽默是表明人对自己的事业具有信心并且表示自己占有优势的标志。”

俏皮可爱的幽默女人，不会斤斤计较，懂得与人为善，因为她是宽容的。她懂得如何与人相处。即使别人伤害了她，她也不会与人针锋相对，硬碰硬地拼个你死我活。只需要一句幽默的话，就会让对方无地自容。

开朗自信的女人必定懂得幽默。她们不一定会向所有的人敞开心扉，但她们有一个健康的心态。她们懂得与人分享自己的喜怒哀乐，她们不会把烦恼憋在心中，每天都郁寡欢。

乐观豁达的女人必定懂得幽默。她们心胸开阔，态度豁达，在她的笑声中，人们可以听出她的希望。即使是走到人生的低谷，她们也会一笑而过。

受人欢迎的女人必定懂得幽默，但并不是说扮演供人取乐的小丑就是一个幽默的人，因为幽默的功能绝不仅是取悦人那么简单，它是一个人身上的一种气质，它不会损害你的威信，只会让你更受人敬重。

因此，每个女人都应该懂得些幽默感，让幽默来把自己装点得更有魅力。

湘琴是一位女作家，因为她最新出版的言情小说很受人喜爱，所以在她的新书发布会上受到了很多人的追捧。但在发布会的台下，有一个人很不服气湘琴的成就。便走到湘琴的面前，当着众人，很不友好地说："你的小说写得真精彩，不过，请问是谁帮你写的呢？"

这个家伙对女作家的无礼已经表明他是来闹事的了。发布会现场的气氛顿时变得紧张，所有的祝贺声都消失了，甚至有读者尴尬地看着作家。大家都在猜想接下来会发生一场什么样的闹剧。

但是，女作家湘琴并没有表现出很生气的神情，她也没有尴尬得不知所措。反而面带微笑，礼貌地回答这个捣乱的人说："谢谢你能对我的作品进行评价，你的夸奖也很精彩，不过，请问，是谁帮你看的呢！"

女作家湘琴的反问让那个人哑口无言，只得灰溜溜地逃走了，台下是一片掌声。

如果你从来就是一个不懂得幽默的女人，不妨收起冰冷的面孔，不再做冷美人，而是学会微笑，通过阅读书籍、观看一些幽默电影和研讨喜剧等方法来培养自己的幽默感。

对于女人来说，幽默感亦要有所节制。它必须让别人知道是幽默，而不是轻薄。我们常常见到一些自以为开朗、幽默的女人，在不恰当的场合，为了表现出自己的幽默感，而讲一些引人发笑的浅薄、低俗笑话，以人身攻击为基础开别人的玩笑。周围的人虽然笑了，但不一定认为她是个睿智幽默的女人。

点评：让自己做一个懂得幽默的女人。幽默一点，你的生活中便会处处充满笑声。幽默一点，会让你的生活变得更加有生气，所以，与其终日郁郁寡欢，不如让自己学会幽默！

二、做一个播撒快乐的精灵

快乐的女人是甜美的精灵！快乐是精神的潇洒，个性的超脱，心灵的升华；快乐是幸福生活海洋里激起的温柔浪花；快乐是人生乐曲中振奋人心的音符；快乐是一种积极向上的人生态度。

快乐的女人不用靠华丽的包装去引人注目，她们周身散发出的自然的快乐气息就是最诱人的味道，让人迷恋忘返。

吕羽薇问她的男友：“亲爱的，你最欣赏哪种女人？”本来她心里已经设想好了很多答案，比如漂亮，比如有品位，比如坚强，比如温柔等，可没想到，她的男友却不假思索地说：“我最欣赏快乐的女人。”

吕羽薇品味着男友的话，她一直渴望自己成为一个漂亮、温柔、能干的女人，却从未考虑过如何成为一个快乐的女人。她一直渴望自己能成为一个自信而坚强的女人，却从未考虑过如何成为一个快乐的女人。

在很多男人的观点里，女人的漂亮、温柔、能干固然好，但真正打动男人心的是女人的快乐。因为女人快乐的时候是最温柔的时候，也是女人味最足的时候。

快乐的女人是可爱而美丽的，快乐的女人是温柔而善良的，快乐的女人是妩媚而优雅的，快乐的女人更是幸福的。快乐的女人也许不是出色的女人，但她，却是掌握人生要义的女人。假如一个漂亮的女人不快乐，那么她们的漂亮和能干又有什么意义？

每个女人的内心深处，都是渴望能拥有快乐的，但这种快乐往往被她们所承担的社会角色所掩盖。不说工作的压力、岗位的竞争和职位的高低，一个女人还要扮演多重角色，妻子、母亲、女儿，家里的一日三餐要张罗，丈夫的西装领带要操心，孩子的作业要检查，每天就像一个陀螺一样忙得团团转，可是临到睡觉的时候还是觉得有一大堆事没有做完。

可是，在这平淡的生活里也处处充满着甜蜜和温馨，如果你留心，你仍然能感受到快乐，比如在你累的时候细心体贴的丈夫为你送上一杯热茶，下了班推开家门活泼可爱的孩子喊着妈妈扑到你的怀抱，在你的努力和付出得到老板真诚认可的时候……快乐源于生活，聪明的女人要善于从生活中寻找快乐。

任何一个女人的心都是细腻而敏感的，你可以把你每天的快乐心情，可以把使你快乐的人物、事件记下来，久而久之，你就会拥有一大笔财富，那就是生活中的各种温柔美好。心血来潮的时候拿出来翻翻，你会发现那些人和事也许都淡忘了，但是那份快乐却一直在你的心里延续了下来。

偶尔奖励一下自己：在一些特殊的日子，女人似乎更在乎收没收到礼物，并以此来决定自己的心情。不要对任何人存有更多的幻想和奢望，在你没有收到礼物的时候，为什么不自己奖励一下自己呢？去买一件心仪已久的衣服或鞋子，或者是去做一次美容或按摩，甚或自己给自己买一束喜欢的花，作为送给自己的礼物，你的心情一定会随之变得雀跃。

日子是平淡的，生活在很长时间里也是毫无波澜和生色的，如果你觉得有点厌倦，不妨按照自己喜欢的方式分配一周的时间，譬如打球日、逛街日、学习日、睡觉日，这样你就会过一周充实而快乐的生活。

女人要懂得宠爱自己。每星期定好养颜滋补的时间表，吃燕窝、补品、维他命丸，做面膜……让自己随时都保持在最佳状态，眼看着自己一天比一天迷人，怎能不叫你心花怒放？

定时给自己充电。社会的发展日新月异，不给自己充电，就会被社会淘汰，所以女人要保持魅力就要定期上不同且对自己有益的兴趣班和训练课程，体验一下不同领域带来的学习乐趣和成就感，只要忙得充实有意义，你的每一种兴趣都带给你不同程度的成就感。

享受爱情和家庭，还要珍惜朋友。和睦的家庭是女人快乐的源泉，要经常和老公分享工作和生活中的点点滴滴，彼此关爱呵护，尽力去营造一个爱的氛围。有爱的女人是快乐的。

但还有一些女人在有了爱情之后，尤其是在成家之后，就忽视了和朋友的交往，慢慢地就变得孤立起来，有一天忽然想找个朋友说说话，拿起电话却不知道该打给谁，这是悲哀的。无论什么时候，都要保持和一两个闺中密友的亲密关系，偶尔一起去逛街，去喝咖啡，去爬山，重温旧时的快乐和温柔。

点评：快乐的女人知道怎样热爱生活，知道怎样让生命更有意义地度过。快乐的女人生活得有情趣，虽然平凡却有滋有味。快乐的女人就像一缕春风，给别人带来轻松愉悦。也许你什么都没有，只要你拥有快乐，那么你就是这个世界上最富有的人，就是这世界上最甜美的精灵。

三、嘴巴甜的女人惹人爱

嘴巴甜的女人与好人缘的几率堪称绝对的正比。会说话而又处事圆润的人，得到喜爱还会难吗？

做个嘴巴甜的女人。对于父母，他们觉得你是世上最孝顺的儿女；对于爱人，他觉得你是最体贴懂事的宝贝；对于朋友，他们觉得你是最珍贵难得的知己；对于同事，他们认为你是最热心上进的好青年。

要想做一个惹人喜爱的嘴甜的女人，换句话说，要想使我们的赞美起到最大的作用，最有效的方法是挠到对方的痒处，加倍成就他们自信的感觉。

日本顶尖业务员齐藤竹之助说："想轻易地发现每个人身上最普遍的弱点，是很简单的事情，因为只要你观察他们最爱谈的话题便可以知道。因为言为心声，全心全意，心中最希望的，也就是他们嘴里谈得最多的。你就在这些地方去挠他，一定能挠到他的痒处。"

如果你要赞美一位非常漂亮的女士，就要尽量避免对她美丽的容貌进行过多的赞美，因为她对这一点已经有绝对的自信，无须多言。但是，当你转而去称赞她的智慧、学识时，又恰巧她的智力不如其他人时，那么你的称赞，一定会令她芳心大悦。

在现实生活中，每个人都会希望自己被别人夸耀、赞美。赞美对方的"痒处"的接近法，使用得最多的人群是公司里的业务人员。通常，赞美对方接近法就是业务人员利用人们希望赞美自己的愿望，来达到接近顾客的目的。当然，如果你要想成为一位受欢迎的女人，也不妨使用一下。

孙嘉欣是一个专门推销各种食品罐头的女推销员，她此次的任务是要拿下本市最大型商场的订单。于是，她找到了负责人马经理。

见面后，孙嘉欣说："经理先生，我有幸逛过你们商场很多次，作为本市最大的专业食品商店，我非常欣赏你们商场高雅的店堂布局，商场货柜上也陈列了国内外许多著名品牌的食品，窗明几净，工作人员都和蔼待客，百问不厌，看得出来，您为此花费了不少心血，可敬可佩！"

听了孙嘉欣的这一席恭维话语，马经理不由得连声说："谢谢！谢谢！做得还不够，请多多指教，请多多指教！"嘴上这样说，心里却是美滋滋的。

想成为嘴甜的女人，还要知道，别人渴望被赞美的地方，最可能是他自身的亮点，要善于找到对方的亮点，就成了赞美一个人的首要前提。

当我们到朋友家里做客时，看到客厅墙上有一幅山水画，我们往往会情不自禁地赞许道："这幅画真不错，给这客厅平添了几分神韵，显出了几分雅致，谁买的？眼力可真好！"

也许，这句话只是我们不经意间随便说出来的，但我们的朋友会感到很欣慰，心中的滋味一定很不错。

然而，想象力丰富和具有创造精神的女人，经常能很快地找出对方亮点，并加以巧妙赞美。因为赞美是说给人听的，赞美物件时，必须与人挂上钩不可，我们只是称赞东西有什么特色，是无法突出对人的赞赏的。要紧紧盯住对方的知识、能力和品位进行称赞。如果我们喜欢我们的朋友，我们就不难发现他值得赞美的地方。

对于新朋友的初次接触也可以这样。一番寒暄过后，身旁的一切都可以成为恭维的话题。可以对接待室的装潢设计赞叹一番，还可以具体地谈及一下桌上、地上或是窗台上的花卉或盆景等，这些花卉和盆景造型如何新颖独特，颜色亮度等又是如何搭配得当，甚至还可以对它们的摆放位置用“恰到好处，错落有致”一类的词语来形容一番。

对于一个嘴甜如蜜的女人来说，赞美的对象固然重要，但切不可忘记，自然而诚恳的赞美才更能深入人心。所以，诚恳的态度是关键。只有态度诚恳，我们的赞美才能显得自然，别人才会对我们的赞美感兴趣，我们才能获得理想的效果。

一个人听说，外国人非常喜欢他人的赞美，特别是外国的女人，最爱听人们夸她们漂亮。后来，他出国了，就试着去赞美别人，效果不错。

一天，他去超市，迎面走来一位很胖的妇女。他习惯地说：“哦，女士，你真漂亮！”

不料那位妇女白了他一眼，不满地说：“先生，你是不是离家太久了？”

这个故事告诉我们，如果不是真心的，赞美过火，可能会让人反感，觉得我们是在拍马屁。

赞美，就是要让对方从我们的话中领会到肯定、理解、欣赏和羡慕，但如果赞美不当，就如隔靴搔痒，即使找到了对方的痒处，也起不到什么作用。

点评：不要以为赞美别人是一种付出，不会赞美别人的人，往往也失去了激励自我的机会。让我们从现在开始，不要再吝惜自己的赞美之语，把赞美别人当成一种积极的生活态度去享受吧！当你熟练地掌握了赞美的技巧后，定会成为一个嘴甜如蜜的、人见人爱的“人气女王”。

四、控制好赞美的火候

现在有很多女人这样认为：会说话其实无非是多对别人说一些赞美的话，是一件再简单不过的事了！这种观念是片面的。就像煲汤一样，火候是关键。会说话的女人，在运用自己的巧嘴时，会好好地把握住赞美别人的火候。

如果有人对一位清洁工人进行这样的赞美："你真是一位成功人士呀！你具备非凡的气质，你是一位非常伟大的人！"对方一定会认为这人是神经病，因为这些话好像跟他没有任何关系。

那些后来非常善于赞美别人的高手，刚开始时，往往会犯这样的错误。下面则是一个超级保险推销员原丽娜刚开始运用赞美时的前车之鉴。

原丽娜到一位年轻的小公司老板那里去推销保险。进了办公室后，她便赞美年轻老板："您如此年轻，就做上了老板，真了不起呀，在我们日本是不太多见的。能请教一下您是多少岁开始工作的吗？"

"17 岁。"

"17 岁！天哪，太了不起了，这个年龄时，很多人还在父母面前撒娇呢。那您什么时候开始当老板呢？"

"两年前。"

"哇，才做了两年的老板就已经有如此气度，一般人还真培养不出来。对了，您怎么这么早就出来工作了呢？"

"因为家里只有我和妹妹，家里穷，为了能让妹妹上学，我就出来干活了。"

"你妹妹也很了不起呀，你们都很了不起呀。"

就这样一问一赞，最后赞到了那位年轻老板的七大姑八大姨，越赞越远了。最后，这位老板本来已经打算上原丽娜的保险的，结果也不买了。

后来，原丽娜才知道，原来那天自己的赞美没完没了，本来刚开始时，小老板听到几句赞美后，心里很舒服，可是原丽娜说得太多了，搞得他由原来的高兴变得不胜其烦了。

女人的赞美，要恰如其分、恰到好处，要让对方感到很舒服；但赞美得多了，会过犹不及，使得赞美没有新鲜感，让对方吃不消，撑着肚子。

真正懂得赞美真谛的女人，非常懂得在赞美时控制好火候，将强弱分寸都拿捏得很得当，张弛有度，收发自如。物以稀为贵，就像一道人间美味，如果你给对方一些品尝品尝，他会觉得味道美得难忘。但是，给多了，让他吃撑了，他也只会是想吐的难忘。

很多女人不知道怎么去赞扬别人，偶尔称赞别人一次，就跟半路杀出了一个程咬金似的，使对方毫无准备，不知道是怎么回事。

一天，化妆品推销高手林玫与朋友一起到成衣店里去逛，听到了旁边有一对女孩子在说话。两位女孩一位金发一位黑发。金发女孩买了一件新衣服，穿起来很好看，黑发女孩赞她："刚才你放下的那件衣服，扣子挺漂亮的。"金发女孩突然有点生气："那是什么破衣服，扣子难看死了，看看这个。"

这时，林玫和朋友走了过去。林玫面带笑容对金发女孩说："这件衣服的领子很漂亮，衬得你的脖子像高贵的公主一样有气质，要是再配上一条项链，那就简直完美极了。"金发女孩很高兴，因为她也是这么想的。她骂黑发女孩没有欣赏眼光，黑发女孩不服气："我也是这么觉得的，只不过没说出来罢了。"

林玫对黑发女孩说："其实你可以试一下这件，它特别能衬托出你优美的身材。"黑发女孩也高兴起来了。"当然，要是你们的脸上肤色再稍护理一下，会显得气质更加优雅。”三人就开始聊起了美容化妆的话题，这是林玫最擅长和最希望的。当然，后来两人都成了她的忠实顾客。

赞美的火候就是：有了适当的机会，我们就应该说出来。反正谁都喜欢得体的赞美的。

陆红上门去推销化妆品，女主人非常客气地拒绝了她：“对不起，我现在没有钱，等我有钱了再买，你看可以吗？”

但细心的陆红看到了女主人怀里抱着一条名贵的狗，知道“没有钱购买”只是她拒绝自己的一句托词。于是，她微笑着说：“您这小狗真可爱，一看就知道是很名贵的狗。”

“没错呀！”

“那您一定在这个狗宝宝身上花了不少的钱和精力吧？”

“对呀，对呀。”女主人开始很高兴地为陆红介绍她为这条狗所花费的钱和精力。

陆红非常专心地听着女主人兴奋的介绍，在一个非常适当的时机，她插了话：“那是肯定的，能够为名贵的狗花费足够的钱和精力的人，一定不是普通阶层。就像这些化妆品，价钱比较贵，所以也不是一般人可以使用得上的，只有那些高收入、高档次的女士，才享用得起。” 女主人听后，很高兴地买下了一套化妆品。

点评：由此可见，嘴甜绝不仅仅是赞美别人这么简单的事，掌握好火候才是女人把赞美说进人心的关键。不要发愁该赞美别人什么，用心去发现每一个人、每一件事的不同之处，那就是值得你赞美的地方。

五、绽放你甜美的微笑

在任何情况下，任何场合中，经常保持甜美微笑的女人都是最受欢迎的，也是最美丽的。那些甜美的女人在每天出门的时候，都会微笑的与家人说再见，路上不小心被陌生人碰了一下，或碰了别人，她都会微笑地说“没关系”或“对不起”。到了单位，也会微笑地与领导、同事打招呼。

世界名模辛迪·克劳馥曾说过这样一句话：“女人出门时若忘了化妆，最好的补救方法便是亮出你的微笑。”女人甜美的微笑透出的是宽容，是善意，是温柔，是爱意，更是自信和力量。女人甜美的微笑是一个了不起的表情，无论是你的客户，还是你的朋友，甚或是陌生人，只要看到你的微笑，都不会拒绝你。女人甜美的微笑给这个生硬的世界带来了妩媚和温柔，也给人的心灵带来了阳光和感动。

甜美的笑容，犹如桃花初绽，涟漪乍起，给人以温馨甜美的感觉。如果女子在各种场合能恰如其分地运用微笑，就可以传递情感，沟通心灵，甚至征服对手。

与人初次见面，给对方一个甜美的微笑，在一瞬间就能拉近你与对方的心理距离，消除你和对方的拘束感；与朋友见面打个招呼，点头微笑，会让朋友之间显得和谐、融洽；长辈对晚辈报以微笑，可以使晚辈消除紧张，敬畏就会被信任和亲切所代替；上级对下级一个微笑，会让下级感到上级平易近人；服务人员面带微笑，顾客就有宾至如归之感。

假如某班机在空中发生故障，全体乘客惊慌失措，六神无主，身为航空小姐的你在安慰他们时，是以微笑的脸孔出现好呢，还是以严肃紧张的脸孔出现为妙？答案是不言而喻的，可见女人的微笑在社交场合起着至关重要的作用。

女人甜美的微笑是社交场合的通行证，是表达和交流感情的最好方式。最好的微笑往往并不是天生就有的，需要学习和寻找最适合的形态，并熟悉和反复练习。

拥有甜美的微笑其实很简单，对着镜子，嘴角微微向两边牵动，眼中由心充满喜悦之情，面部肌肉柔和而放松，不断调整嘴角牵动的幅度，找到自己最得体、最亲切、最自然的笑容和面部表情。通常，训练的笑容不宜大笑，而是微笑，微笑含蓄、柔和，有亲和力，也容易掌握和控制，有利于成为人际交往中的润滑剂。

甜美的微笑，尽管是需要学习和训练的，但不能伪装。如果你在面对别人的时候，勉强挤出一丝笑意，会让人觉得有虚假做作之感。最感人和最动人的微笑，一定是发自内心的，源自心灵深处，真挚和真实的。丧失了什么也不要丧失笑容，笑容是对自己、他人和对这世界最美丽的祝福。

点评：甜美的微笑似乎是上帝赋予女人的特权。请给朋友一个理解的微笑，请给帮助你的人一个感激的微笑，请给那些不幸的弱者一个鼓励的微笑，请给下班归来的丈夫一个体贴的微笑……请把微笑留下，它犹如盛开的鲜花，散发出淡淡的怡人的香气。

六、甜言蜜语哄男人

女人都喜欢男人的甜言蜜语，那么男人呢？男人当然也喜欢女人的甜言蜜语了！对男人甜言蜜语，博得男人的宠爱。

对男人甜言蜜语，也不是每个女人都可以做到的。有的时候，你说一千遍一万遍“我爱你”也是没用的，你哭着喊着一亿句的甜言蜜语也只能博得个旁人的同情，他依然无动于衷。

所以，女人对男人甜言蜜语，不能是言不由衷的自欺欺人，不能是只言片语的牵强附会，而是要给人一种欣快的感觉。

要想用甜言蜜语来哄男人，就要知道男人最喜欢听到什么样的恭维。

1．你好有趣

目睹法国大鼻子影星德帕迪约这样相貌平平的男人让名模靓女们发狂，我们才发现，原来男人通过风趣诙谐完全可以弥补自己相貌上的先天不足。

“阿雪最开心的笑声就是接受我的最好表示。尽管她总记不住我曾说过什么，也不为我的运动能力叫好，有时真把我活活气死，但至少有一点还值得欣慰——她特别喜欢我的风趣幽默。”如果你想用最温柔的言词赞誉男人，首先要确信这些话是发自内心的。

如果他早知道你一贯只迷恋那种风趣的男人，对他有一搭没一搭，那么你的奉承话再动听他也不会上当。“只让她觉得我仅仅是有趣还不够，我想亲耳听她说我是世界上最有趣的人”

2．你真聪明

如果一个男人夸一个女人聪明，好像就意味着她的长相有待商榷，可是如果一个女人说，“你真聪明”，男人就觉得这是他们理所应得的。其实，很多称赞夸奖的话都是废话，谁不知道自己几斤几两呢？可是既然所有的人都爱听，那么它的存在就是不能被抹杀的。温柔称赞是一种动力和承认，也是一种找回或者增加自信的很好的凭借物。

3．你真勇敢

勇敢这个词现在好像不常用了，毕竟需要勇敢的机会越来越少了，只有很少的一部分热爱极限运动或者极地探险的人除外。勇敢已经渐渐地从一种行为转换成一种思维。在这个竞争残酷的商品社会里，男人的英雄主义情结还是无处不在，毕竟任何一个新的机会的获取都是需要勇气的，无论对事还是对人，勇敢的男人永远是女人的最爱。“你真勇敢”如果不是一句讽刺的话，就一定是打心眼儿里的钦佩。

4. 你这个人，有思想

注意，这句话是要分两截说的，说到中间的时候，停顿片刻，仿佛经过短暂的思考，然后说出后面半句。其实很多内在的东西都是主观的。一个人究竟有没有思想是很难评判的，这要看评价你的人是在一个什么样的思想层面上，所以切莫过早地高兴。不过，如果听到“你这个人好有思想”这样的话，虽然男人会对这个人的智力水平产生各种各样的猜测，也一定不会对她产生太大的排斥感吧。

5. 你真幽默

有幽默感的男人总是吃香的，只要你不是一个话唠或者小丑。很多人会因为自己没有幽默感而苦恼，其实，幽默感是天生的，后天的积累也会有帮助，那不过是起个如虎添翼的作用。只要你想，我没有幽默感，我还有别的，就会安生许多。“你这个人真逗！”“你真幽默！”是那些有此禀赋的男人非常乐意听到的称赞温柔之词吧。

6. 你真大方

在我们这个物质生活还没有彻底极大丰富的社会里，慷慨的男人还是缺货的。女人们都喜欢慷慨的男人，否则找大款做什么？其实不是男人不大方，是有的人没有大方的条件，而有的人从小就养成了勤俭节约的好习惯。“你这个人真慷慨，真大方”这句话怎么听都像是从老婆嘴里说出的怨言。可是，很多话只要语气不同，意义也就完全不一样了。

7．你真能干

男人好像天生就应该是出色的。顶天立地的不是男人就是妖怪，绝对轮不到女人。女人喜欢能干的男人（双重含义），没人想要窝囊废。

其实，男人们不要因为感到自己任重道远就退缩不前，如今的女人也绝对不比你们轻松。

8．你是一个成熟的男人

随着年龄的增长，人会越来越成熟，可是不能说所有的成年人都是成熟的。成熟的男人和女人都散发一种独特的魅力。成熟的男人尤其吸引不成熟的青年女性，同样的道理，风韵犹存的少妇也不难勾引到情窦初开的少男，所以两性之间可以说是互相帮助，共同成长。

9．你是一个好丈夫

虽然男人的天性风流，可是男人还是希望自己生活在一个五好家庭里，再在头上扣一顶模范丈夫的高帽。爱护女人天经地义，爱护老婆责无旁贷，当然，百忙之中眷顾一下别人的老婆也是他的本事，只要不让人家老公有意见就万事大吉。

10．我爱你

是的，男人也爱听你说我爱你，虽然他们自己并不爱说。但他爱听的理由其实和你一样。也许你还可以动用日语、法语、希伯来语……所以请说，而且用主动语态说，而不是说：我也爱你。

点评：用你的甜言蜜语哄男人的时候还要知道，重要的不是知道他喜欢听什么，而是要了解你身边的男人究竟是怎样的一个人。只有找到了问题的根源，才能手到擒来。

七、用你的甜美声音迷倒男人

其实对于男人来说，女人的声音常常比思想更重要。一个声音好听的女人，很容易被周围的男性接受，即使她思想简单，别人会说她单纯。相反，如果女人声音难听，尽管很有头脑，别人也难有好感。当然，声音难听的女人又没有头脑，就是别人口中的傻大姐了。

女人的可爱有三个方面：声音、形象和性情。男女相爱，相互喜欢对方的声音，怎么样都能接受，即使分手，听到对方的声音，又会产生缠绵和冲动。

女人甜美的声音能征服和麻醉男人。越有阳刚之气的男人越容易被女人甜美的声音弄得晕头转向。女人向男上司请假或争取出差，用甜美的音调事情准成。有人说女人甜美的声音是酒，是看不见火却在燃烧的水。甜美声音表面很柔，但实质上却像火一样烫人。男人经常自吹是钢筋铁骨，但在甜美声音面前，却很脆弱。

现在很流行煲电话粥，如果谁有一个“迷死你”的声音女友，谁就最有福气。有些女人的声音真可谓“迷死你”，但这些女人一般不会出来与男人约会。男人一定要理解她们的羞怯，因为她们的形象准会比声音差。懂感觉的男人乐意在电话中与她们约会，并愿意回避见面，只在电话中保持亲密关系。

女人甜美的声音在电话中有无比神奇的效果，在声音的世界里，男女不仅实现了平等，而且女人还经常有比男人更多的主动权。这个世界的想象空间是最大的，男人可以在其中感受到女人的一切。

与女人在电话中交谈是一件很有趣的事，有经验的人能从女人的声音中感觉出女人的身高、体态甚至肤色和发型。当然，大部分都可能猜错女人的相貌，这不重要，重要的是你要细细地去品味女人和解读女人的声音。声音中的女人是神圣的，你如想从声音中走进女人的灵魂，唯一的通行证是爱和真诚。

当然，女人的声音也是可以训练的，这跟女人的形体一样。有些女人形体不错，但一发声，男人就想跑。现在满街都有训练形体的机构，就是没人去开一间训练女人声音的店。这应该是大生意，因为形体再好，声音不好也会遗憾。

不少人认为声音是天生的，由不得自己，这种观点不对。声音可以变美或变丑，关键是怎样把握和驾驭。女人声音像音阶，具有无限的组合能力。人能在不同环境变换不同语气，为什么不能在音频、音色和音量中寻找最佳效果呢？如果播音员是训练的结果，那么所有女人都能训练出自己最好的声音。

有些声音好听的女人经常也受到男人的反感和抵制，细究其因，发现这些女人对自己的声音有过分的骄傲和优越感。声音是女人的武器，女人应特别注意声音伤人。男人本身迷恋女人甜美的声音，但如果女人声音中总是显出过分的不可一世，男人的自尊就会受到伤害，心里就会有鱼骨卡喉的感觉。男人的记忆非常特别，一旦他反感某种声音，一辈子也不会忘记。看来，声音的教养比本人重要，好嗓音的女人一定要懂这个道理。

女人声音也是旋律，过度刻板有机械感。有些女人讲话与电脑程序差不多，很难令人对这种声音有更多的幻想。女人是世间的风景，有责任完美自己。过去总是反对女人“小资产阶级”情调，结果使许多女人变成“阴阳人”。要想改变“阴阳人”状态，女人就必须找回自己的女人味。声音是体现女人味的最佳途径，男人喜欢女人就是喜欢女人味。每个男人都有令他难忘的兴奋事，在夜深人静时听所爱女人略带轻浮的柔声，男人会永远铭记。不少女人担心男人没有真情，取得男人的真情其实很简单，只需柔声就行。女人对男人威胁、撒泼和自杀都是下策。现在是个竞争的时代，男人本身就累、有压力，潜意识里也想威胁人、想去撒泼和自杀，你再给他这些东西，他不会要。男人需要柔情，温顺声音是柔情的化身，用它对付男人，就犹如磁铁对付钉子，男人会紧紧贴住你，甚至将灵魂全部交给你。

生活正在向多元化空间挺进，面对越来越丰富的生活，你不可能事事都身临其境。利用声音在电话中处理公务，和朋友谈心甚至与分居两地的爱人在电话中缠绵都已是很现实的事。未来社会可能会明确地将电话世界与现实世界分开，那时可能会产生专门在电话中存活的“美人”。将来的一切会变得非常简单、清爽和直接，声音会在很大程度上化解现实的麻烦。

点评：有些女人不注意自己说话的声音，往往会使凤凰变乌鸦。失去声音的魅力，犹如失去女人的特征。应该呼吁所有女人像训练形体一样去训练声音。声音能增加女人的自信，并能在关键时刻帮助女人改变自己的命运。

八、“野蛮”一点更可爱

如今，野蛮女友已经成为新生代口中最时髦的一个词，在网上，“野蛮”甚至超越了“MP3”、“F4”……成了最热门的搜索词。

说到“野蛮”，很多人都觉得这样的女人根本不会有什么女人味。其实，我们这里指的野蛮不是粗鲁，而是女人对待男人温柔的小伎俩，比如，男人挨了她的粉拳，不仅不会生气，还会感觉心里甜蜜蜜的。

韩剧《我的野蛮女友》相信很多年轻男女都看过了，对于剧中的女主角，大家是喜欢得不得了。她面容娇好，身材也不错，虽有点野蛮，但就是招人喜欢。影片放映后，不光女孩子看了觉得过瘾，奇怪的是，许多男孩子也爱看，且觉得那女主角挺可爱。

小鹏的女朋友叫丽丽，小鹏一直觉得女友就像个孩子似的，比如说，下楼梯时只要看见她停着让小鹏先下，就知道是要男友背她，若是男友反应稍慢，她就会自觉爬上来，然后就是一连串的噪音在耳边嗡嗡响起，直到她肯自愿下地。她与小鹏定下约法三章，吵架不追究谁对谁错，认错的一定要是小鹏，还必须以“三字经”进行道歉：“对不起，我错了，原谅我”，缺一不可，对此，小鹏提出抗议，她却说：“吵架当然是你错，即使是我错了也是因为你错在先而导致我错，所以错的还是你。”朋友都认为女友她太野蛮了，小鹏却觉得这是她可爱的一面。

不过，对于略带“野蛮”的女人来说，有一个小前提是要知道的，野蛮固然是一种可爱，但别忘了野蛮首先是建立在可爱的基础之上。换句话说，你可爱，你才有资格野蛮；你野蛮了，或许更增一份可爱。有时候，这个因果关系藏在暗处的，如果一不留神，没把握住，还想在男人面前撒娇耍无赖甚至动拳脚。告诉你吧，可能会“死”得很难看的，不要说什么女人味了，有可能怎么上去就怎么让人扔下来。

“因为野蛮，所以可爱”，这个理由霸道得很，却也被人解释得合情合理。因为，从表面上看，这样的女孩挺野蛮，但换个角度看，又何尝不是爱的表现呢？因为真爱，所以毫无伪装，这难道不可爱吗？其实，男人换个角度想，她对你凶的时候，为什么不能忍一忍呢，如果你足够爱她的话。你想想看，为什么她总对着上司假笑，而对你大发雷霆？答案很简单，因为你是她最亲爱的人。

张昕在朋友圈中，是出了名的具有“野”味的女人，可是，朋友们对她的这个“野”都喜欢得不得了。不能否认的是，女人中有很大一部分在关键时刻不是很有主张，甚至需要别人来为自己做些决定。闺蜜花花就是一个，她办事总是拖拖拉拉，碰上急性子外加有点“可爱”的张昕后果可想而知了。

去年年底，花花正面临着一大人生问题：职业选择。本来在一家公司从事电脑网络管理，做了几年，没什么大进展，就是图个安稳，但张昕却对花花的工作评头论足：“你有没有想过将来，你已经不小了，这份工作适合你吗？几年来还是原地踏步，有没有想过另寻发展？”“嗯，我会想想的。”“就知道拖。总说会想想，到现在也不见你的实际行动。”

从此，她常在花花耳边念叨，最后，终于忍不住冲她发火了：“你就这个样一辈子算完了，朋友我才不愿操你的心呢。以后别来找我玩了。”话音刚落，她就走了。

那一走，把花花真给吓住了。此后，花花积极地准备材料，重新找工作，面试。最后进入了 IBM 公司，无论工作前景，收入都与之前大不同。张昕后来鬼笑着说：“当时要不是在我的威胁下，你能这么快实现自己的理想？”花花点头称是。

说来说去，野蛮是要建立在可爱的基础上的。在现代社会，女孩子有条件也更有底气对男人拳脚相向，而男人也更加宽容罢了。只要彼此存有真感情，哪怕是打个天翻地覆，一对对欢喜冤家想散也散不了，生活还将甜蜜蜜的继续。

点评：不管是女人的“施虐”成了一种时尚，还是男人的“受虐”成了一种审美，这个世界也总是阳光灿烂的。女人的小野蛮，换来的是男人的更加宠爱。

第四章　娇味
——人比花娇有人怜

哪个男人不喜欢“人比花娇”的女人呢？娇柔从来是女人的必杀绝技，美丽的脸蛋可以拥有一时，不能拥有一世，娇嗔的秉性却能助你心态永葆年轻、魅力不减当年。做个娇柔妩媚的女人，你还在等什么呢？

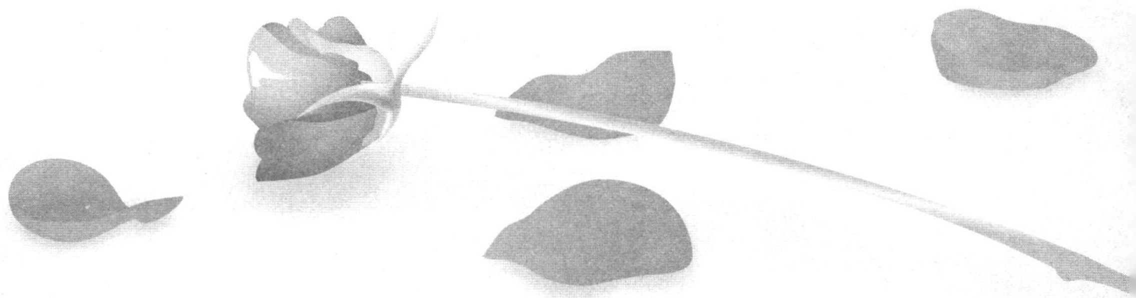

一、做个娇滴滴的女人

有的女人以为娇就是嗲，那是毫无根据的。嗲得毫无来由且令人毛骨悚然，仿佛日光光突然起了一阵阴风，连邻居家正在发情的老猫见了她也要溜着墙根走，这怎么会让男人牵肠挂肚呢？

要做女人就要做一个娇滴滴的女人。首先，就是定下心来，对着一样东西，哪怕是一卷手纸，从无到有，见景生情，直至母爱膨胀，仿佛它是你受尽欺负的爱儿，反复练习，直到以假乱真。

佛说：“你心里有荷花，眼前就盛开荷花；你心里有大粪，眼前就堆满了大粪。”与此同理，男人其实就是穿着成人西装的大婴儿，外表老成而内心单纯，你把他当孩子对待，他便对你心存感激；你轻易饶恕他的错误，他便将你视作天上才有人间难寻的天使，疼爱之情油然而生。你娇他，他自然更娇你，这是再简单不过的道理了。如果你对一卷手纸都充满了爱惜和珍贵的感觉，对于一个可以为你刷卡和付账的男人，又有何不可呢？

不仅要娇，还要会嗔。

具体说来，就是把自己想攻击他的话用最委婉的方式表达出来。你可以用录音机录一遍，再放出来听听，看有没有什么刻薄的言辞需要改进，然后再录，反复多次，定能成为“嗔”中高手。

女人学会了娇嗔之术，在男人面前就能如鱼得水，这娇嗔的计量用处实在是太多了。比如两个人有意见相左的时候，用这招，既是互相增进了解的机会，又击碎了酝酿吵架的暗礁，不伤害任何一个人，同时又客观表达自己的意见，何乐而不为呢？

《红楼梦》里面，最会说话的是林妹妹，因为她每句话都像刀子一样直插敌人的心脏，但最不会说话的也数她，因为她根本将所有人都当成了敌人，敌我不分连自己都搅了进去，最后硬是将自己的爱人推进了情敌的洞房。

聪明的女人，不仅懂娇柔，更是立场坚定不容侵犯，这方面的例子就不得不提杨恭如被掌掴事件里那位毛小姐，媒体穷追杨恭如，一会儿被掌掴一会儿被恐吓，仿佛一出独角闹剧，静等着气急败坏的主妇出来罪名一肩担；谁知道毛小姐围着皮草懒洋洋地出来看热闹，半天才说了一句：哪位杨小姐呀？我不认识她。四两拨千斤，轻轻一嗔，连凑热闹的人都觉得没劲了。

在女人的字典里写着，撒娇之术最有用武之地的还是在夫妻之间，适时地娇问："你还爱不爱我？"也许很可笑，但却绝对有必要。

点评：娇滴滴的女人是不会放过任何一次可以撒娇、耍嗔的机会的。男人即使嘴里说着不耐烦的话，心里却是很甜蜜的。不信，你也可以尝试一下，效果绝对没得说。

二、做娇妻，以柔克刚收服老公

女人大多爱撒娇，尤其爱在丈夫面前撒娇，这是女人的天性。女人的撒娇也千姿百态，有的是言语上的，有的是行动上的。

但是，估计结婚7年以上的女人都已经不再在老公面前撒娇了，不是撒腻了，而是觉得自己已无娇可撒，如果硬要撒点的话，就只剩下撒野、撒泼了。

对于这样的妻子，你的丈夫是不是有了外遇？为什么自己总是感到受忽略？为什么自己总有操不完的心？于是你哀叹做女人难，做妻子累。但你有没有自己反省过：有多少焦虑是不必要的？有多少操心是作茧自缚？只有走出迷失自己的沼泽，做丈夫的贤内助，做一个称职的“娇妻”，你才会发现婚姻生活的真谛。

带孩子、做家务，绝大部分是由妻子承担的，丈夫美其名曰“男主外，女主内”，可女人在外面也一样要工作，实际上是既主内也主外，时间长了，女人往往忽视了自己的角色和性别，哪里还想得起来撒娇？没河东狮吼就不错了。

其实，做夫妻的时间久了，爱情转变为亲情，撒娇的方式也完全可以跟着有所转变。下面举几个例子：

会说善意谎言的孙娜。孙娜和老公约好去吃饭，已经到时间了，可孙娜由于工作没交接完还没能出去。心想：老公一定会生气，他很惜时。到了餐厅一看，老公果然阴沉着脸，气呼呼地坐在那。孙娜在老公的视线里缓慢地走了过去，说：“都是这个讨厌的凉鞋，早不崴脚，晚不崴脚，偏偏赶上这时候。唉，我疼点无所谓，可是却耽误了你的时间，真让我过意不去。”说完还一脸疼痛和自责的表情，老公心疼地说：“你该让我去接你嘛，快让我看看脚。”这时，还可以借机点些自己爱吃的大骨头和排骨等东西。

随机应变的田莉。一日老公陪田莉逛街，田莉突然打起嗝来，任凭田莉屏气，喝水也无济于事，田莉就直嚷嚷难受。老公不耐烦地说：“每天就你事多，再烦我就不陪你逛街了。”见状，田莉心里很生气，觉着老公也太不体贴了，刚想发作，发觉自己不打嗝了，于是笑嘻嘻地说：“老公，你这吓唬人的招儿还真管用，我好了。”老公也顺水推舟地说：“当然了，我是故意那么说你的，否则你还得打嗝。”天知道田莉的老公当时是咋想的！

顺坡下驴的秦娇。下班后秦娇去买菜，给老公打电话问他想吃什么菜。老公想了半天说不知道。秦娇说：“那我买芸豆和黄瓜了。”老公说：“天天吃，不烦啊？”秦娇提高了分贝：“那你说买什么？”老公生气地说：“随便，我不吃了。”然后挂断了电话。秦娇冷静一下，权衡利弊后，买了鱼和豆腐。然后给老公打电话，欣喜地说：“老公，我好不容易买到了‘随便’这种菜，你还吃吗？”老公笑了说：“还是你厉害啊！吃。” 秦娇说：“第一回买这种菜，我还不会做怎么办啊？”“我做。”老公痛快地说。

欲擒故纵的杨洁。有次吵架，老公要离家出走，杨洁挡在门口说：“自古以来都是女人离家出走，你这么做不符合事物发展的正常规律。”老公说：“你想怎么样？” 杨洁坚定地说：“我走，我要把属于我的东西全带走，哼！”说完不由分说拉着老公跑下了楼。老公问：“你究竟要干什么？” 杨洁说：“你是我的东西啊！”老公说：“我才不是东西呢！”说完自觉不妥又急忙改口说：“我是东西。”两人大笑，一片乌云就这样散了。

点评：想要成为丈夫眼中的完美娇妻吗？对于任何一个女人，这都是一个颇具诱惑性的问题。答案当然是肯定的，但如何做才是问题的关键。也只有掌握了要领，才能四两拨千斤地轻易收服老公的心。

三、撒点“小谎”更能博得男人宠爱

女人偶尔说一些小谎，来博得男人的宠爱。这绝对不是欺骗，而是对自己的疼爱。不会疼爱自己的女人，男人也不会对你产生兴趣，更何谈追求呢？

很多女人在被男人追到手后，就变被爱为付出，在爱情中为了所爱的人付出很多很多，却忽视了自己的存在，结果却换来男人的离弃。这么说也许很残忍，但却不得不说：男人的变心是女人给惯出来的。男人永远是充满好奇的，再多的爱到最后男人只会觉得是应该的，时间久了都不会珍惜的。

聪明的女人总是先爱自己、保护好自己，巧妙的谎言是必不可少的。遇到这样的女人，男人想不服都不行。

什么样的小谎话是女人一定要说的呢？

谎话 1：“我看上你可不是因为你的钱（或者是你的地位）！”

仔细想一想，女人又不是白痴，什么都没有，只有爱情能当面包去吃饭吗？即使他现在没有，那么她的眼光也能看见他的以后，如果他很有能力，她肯定把他当作可升值性股票攥在手里。

谎话 2：“你以为我想去啊，是 ×× 非拉我去的。”

谁拉谁去不要紧，关键是要让他相信不是自己太任性！

谎话 3：“你做饭做得真好吃。”

女人这么说的时候千万别只顾着高兴，她的意思是：既然你做饭这么好吃，以后就你做好了……

谎话 4：“给我讲讲你和你以前的她的故事，我不会生气的。”

女人这么做不光是吃醋，还是一种诱供！哪怕那是过去了 500 年的事情，等他说完了，她们就很可能露出凶残的面目，借机把他好好修理一番，还要美其名曰“劳动改造”！

谎话 5：“她们都说 ×× 牌子的衣服很适合我。”

女人都这么说了，他自然没什么好说的，掏钱包吧！

谎话 6：“没关系，我感觉你还不胖。”

如果女人真这么说了，只是不想让他难堪，他就真要注意一下自己的身材了。

谎话 7：“老夫老妻了，我不要什么情人节礼物了。”

女人说归说，如果他真不买，他就知道她的厉害了，所以，大部分男人在听到这样的预警后，都会乖乖把礼物买回来！

谎话 8：“其实，我感觉你应该有自己的‘红颜知己’。”

别以为女人真有这么大方！她永远希望他离所有的女人远远的（除了她自己）。这样她才有安全感，如果你真有个女同学、女同事给你个电话，或者短信息什么的，她比谁都关心，耳朵还特好使！你晚上想和兄弟出去聚会的时候，她指不定就在你屁股后面跟着呢！

但要是这么说了，男人会觉得她知书达理，自己要真的有了外遇也会心生愧疚。

谎话 9：“没有钱我一样养着你！”

但凡男人闻听此言一定感动得痛哭流涕，必定决心多多挣钱，让老婆过上好日子。

在女人的口中，任何谎言都能令男人为之动容，并深信不疑。女人既能达到自己的目的，又能在男人心目中留下美好，甚至是完美的印象，就算做不成爱人，也可以成为朋友嘛。

女人总是理智而聪慧的，她们掌握着说谎的技巧，掌握着男人的心理。用小小手段保护着自己、爱护着自己。

点评：男人对于女人的谎话不会深入思考，会沉迷在女人为他营造的甜蜜里，不能自拔的爱上她，即使这一切都是假象，但女人被追逐的目的还是毫无疑问的达到了。

四、会撒娇的女人最幸福

撒娇与发嗔，最需要的是爱情的滋润，也只有在爱情里被呵护滋养，才能灌溉出这样娇媚的花朵，或者，我们可以武断地说，爱情，正是性感美丽的来源。

而事实上，女人在爱情中散发出来的千娇百媚并没有受到应有的鼓励，我们宁愿不断去强调“女为母则强”这种责任与坚毅。我们并不认为为人母者没有充满光芒的美丽，我们只是想说，单纯为了成就自己身为女人的美丽女人，应该得到肯定。

之所以说会撒娇的女人是幸福的，是因为身边的例子太多。

王丹29岁，其貌不扬，不爱做家务，但很爱打扮自己，而且极富撒娇之本事，丈夫程剑比她小一岁，却身材魁梧，英俊潇洒。相貌平平的王丹却常常把她的丈夫哄得团团转，做完家务还能心悦诚服地为她捶腿。

这让王丹思想保守的母亲一直觉得难以理解。“在家好吃懒做的女人，居然还能降住男人，真是不可思议！你说她长得漂亮吧，可也不算漂亮呀！难道是，懒人自有懒人的福气。”母亲经常嘀咕。

有一次朋友到王丹家做客，刚坐下，程剑给客人倒了杯水。王丹便对程剑娇嗔：“给我也倒杯水吧，人家洗衣服都累死了，也不知道怜香惜玉！哼！”

程剑笑答：“你又不是客人！”

王丹不干了，开始撒娇起来：“我就想喝你亲手倒的茶，怎么了？”

程剑还是笑而不动。

于是，王丹开始用温柔食引诱，暗示道：“倒嘛！不然晚上的酸菜鱼可没有了哦！”程剑终于乐呵呵地起身去倒水。

王丹的福气原来也是她自己争取来的，而且，这种福气并不是所有人都能获得的。比如很多女人，性格很强，对男人说话总是板起一副冷面孔，用命令的态度。

“把袜子洗了！”“把电脑关掉！”“跟你说了多少次了，要把柜门关紧！”她们总是用最直接的方法处理问题，用生硬的口气命令男人，而忽略了男人的心理感受，即使男人听从了她的吩咐，心里也一定是不情愿的。

一个男性朋友说过，他的女朋友很容易生气，但是撒娇的样子实在是太可爱，让他无论如何都舍不得怪她。其实，会撒娇的女人真是幸福的。

撒娇是一种情趣，更是一种智慧，是女人与爱人对话的一门艺术。

其弦外之音是“你要让着我、宠着我”。即使有少许耍赖的成分在里面，男人们也会心甘情愿地听从差遣。

夕阳西下，天气变得凉爽起来。林荫小路上，慢慢地走过来一对老人。他们正在散步，老太太还牵着一条棕色的卷毛小狗。

张大妈牵着小狗走在前面，张大爷拿着一件衣服跟在后面。一会儿，张大爷走到张大妈跟前，跟她说了句什么，张大妈把头扭了过去，好像很生气的样子，继续往前走。

过了一会儿，张大爷又走到张大妈身边，又说了句什么。张大妈把嘴巴噘得老高，开始跺起脚来，张大爷把衣服披在她身上，也被她甩开了。

远远地看着他们，觉得有些好笑。张大妈撒起娇来，像个孩子，还挺可爱的。一会儿，他们经过邻居身边的时候，张大妈把脸侧向邻居这边，微微一笑，但笑得很谨慎，生怕被身边的张大爷发现。然后，当她把脸转过去的时候，她又回复了紧绷的神情。

不用猜就知道，一定是有什么事情，张大爷惹她生气了。但现在她获得了胜利，因为那偷偷的一笑，证明了她是幸福的。

会撒娇的女人就懂得如何驾驭男人，采取一些迂回手段，让男人心服口服地听命于自己。

她们支使起男人来，易如反掌，“亲爱的，你去把碗洗一下，好吗？我明天做更好吃的给你补身子！”必要的时候配上丰富的肢体语言，她的目的达到了，气氛仍然融洽。

会撒娇的女人，让男人身上有使不完的劲儿。反过来，如果妻子直眉瞪眼，对男人河东狮吼：“还不赶紧去做饭？我也一样上班，凭什么让我伺候你！”一场家庭战争在所难免。

当撒娇变成女人对男人感情的释放，男人会在此时领略到被爱的自我价值而获得高度的心理满足，从而使夫妻间的亲密升华到一个更深的层次。

因此，未有此种体验的女人，不妨收起冷漠的面孔，撒一撒娇，千万不要觉得不好意思，因为撒娇也是女人的一种智慧。

点评：说到底，撒娇本身就是一种幸福！女人会撒娇，就能为自己和家人带来福气，不止一生好命，身边的鸡犬也跟着升天。世间的高智慧女人，都懂得撒娇要撒得恰到好处，也懂得自己的命运，其实都掌握在自己的脑袋和嘴巴里。

五、给男人制造“英雄救美”的机会

哪个男人不想当英雄呢？尤其是救美的英雄。男人生性喜欢保护弱小，聪明的女人不妨适当示弱，给男人制造一回“英雄救美”的机会，也许他从此就爱上了这个你给的“英雄”称号， 成为你一个人的“英雄”。

雪娟大学刚毕业，还没有找到合适的工作，便暂时在表姐开的一家高档酒楼当服务员，权当是体验生活。当然，这里是那些成功男人出没的地方，雪娟心里还有个小九九，也许能在这里碰到自己的贵人呢。29 岁的张超凡是一家大型国企的总经理助理，这几天将一个重要客户安排在这家酒楼，张超凡便每天晚上都要来酒楼陪客户。因为张超凡的公司是酒楼的大客户，而且张超凡不仅相貌堂堂，年轻有为，虽经常因为工作需要涉足娱乐场所，本身并不花天酒地。表姐便有意安排雪娟为张超凡他们服务。

一天晚餐后，客人提出要去 KTV 房唱歌。雪娟周到地为他们点歌，陪他们唱歌，几首歌曲热身后，张超凡颇为可惜地说：“小姐，看你只不过二十出头，怎么不趁年轻读点书啊？”雪娟道：“我大学毕业了，可还没找到工作。现在工作真难找，男朋友又离我而去了，我现在孤身一人，举目无亲。不得已，只能先在这里解决吃饭问题。”

“你是大学生？”张超凡的心像被榔头敲了一下，他连忙问道。

“大学生又怎么样？找不到工作还不是啥也不是。”雪娟说话时双眸闪着泪光。几个小时后，张超凡与客户离开了KTV房。临走时，雪娟默默地凝望着张超凡，眼神中满是无助。张超凡心里不禁涌起一股爱怜，雪娟模样清纯，不像是说假话的人；她俊俏可人，在这灯红酒绿的地方待久了，岂不耽误了前途？他留下了自己的手机号码，认真地说：“雪娟，我会帮助你的，相信我。”

再来的时候，张超凡告诉雪娟，他已经帮她找好了工作，到他们公司做办公室秘书。雪娟惊喜万分。后来，雪娟成为张超凡的下属。半年之后，她又成了张超凡的恋人。

谁说“英雄救美”，是落俗套的手法，它的成功率之高是大家都不能否认的。古往今来，英雄救美成就姻缘的故事俯拾即是。故意表现娇弱，虽然俗套，却永不过时。

装扮成娇弱的女人等待男人伸出援手其实很简单。比如，你心仪的男人站在旁边，你只需故意将手上的外套交给他，并跟他说：“抱歉你能帮我个忙，替我暂时保管几分钟吗？我想去一趟化妆室。”等你回来时，微微一笑作为答谢。不要担心他拒绝，在能够表现自己的绅士风度的场所，男人是乐于为女人效劳的。

又如，你可以找一个月色很好的夜晚，醉倒在目标男人的私车旁，并装作醉得找不到回家的路，他便只好先把你架到他家，接下来，就看你怎么把握了。你还可以在他视线中落水，在和他一起时故意崴了脚，等等。只要你有心，创造这样的机会易如反掌。

点评：需要注意的是，在你准备上演“英雄救美”的故事时，一定要确定“英雄”轻而易举就能把你这个“美人儿”救出，如

果你制造的困难太大，他会担心救美不成，反留后患，那你只能作茧自缚了。

六、娇媚是女人的资本

娇和媚并不完全是一回事。娇主要是温柔和顺，而媚却是风情万种。女孩们成为人妻之后，往往不像恋爱时一样注重装扮。尤其有些女人经常是精心打扮好后去上班，回到家里时就卸下诸般“装备”，洗尽铅华，把一个头发乱蓬蓬、衣服乱糟糟、心情急吼吼的形象呈给老公看。

记得《聊斋》上有一则故事，说是一个狐女能变成各种各样的美女，西施、貂蝉、杨贵妃、赵飞燕，想要什么样的变什么样的。这其实反映了男人的一种贪婪心态。我们虽然无法做到这一点，但不断地变换一下装束，时不时地改变一下形象，也是很有必要的。

这一点当代社会中的大多数女人其实也都做得不错的，但值得注意的是，娇媚并非完全是外表上打扮得靓丽动人，一个娇媚的女人，浑身上下都要透着风情。

女人的妩媚最令男人着迷，不少不三不四的女人往往以此勾走我们的老公，所以女人千万要注意。有人说不妖不女人，不媚不女人。好多男人被迷得魂都找不着，就是因为女人的妖媚。我们是正经的良家女子，但对自己的老公再妖再媚也不算什么吧？所以女人不要太笃信什么娴淑端庄。

有这样一个故事：古时有一大臣张敞，喜为夫人画眉。有人以此攻讦他，居然一直告到皇帝那儿。皇帝陛下也以为有伤朝廷威仪，专门召来张敞“谈话”。为此事责问张，张答道：“闺阁之内有甚于画眉者。”意思是说，在闺房这种两口子的私人空间里，比画眉更见不得人的事多着哪。就是呀，闺阁之内，夫妻之间，二人世界中，我们妖媚一下又有何妨？

首先要星眸如电。

一双媚眼要会放电，但不要不分时间地点的天天放，那样老公的敏感度就降低了，时间一长就变得麻木不仁，有道是熟视无睹，那你就徒劳无功，整天俏媚眼做给瞎子看了。所以要讲究氛围，在一个浪漫的情境里，你星眸一闪，让他心神俱醉，肯定会一生难忘。

历来狐狸精型女人勾走男人时，无不精擅此技，但如我们也会，狐狸精们在此方面就无优势可言。但切记，不要在你的婆婆面前放电给你老公，容易引发不可预测的后果。

说话要燕语莺声。

说话时一定要甜，但不是甜得发腻，太嗲了也不好。要软要温柔，要自然，而不是太害羞或者太过表现，太张扬。这方面做得不好的女人可以在业余时间自行练习一下，可以多观察模仿促销小姐、移动公司服务小姐等的语言。另外，多练练歌喉，歌喉美妙的女人男人们也是很喜欢的。

娇媚的女人立如风荷、坐如幽兰、睡如海棠。举手投足间，有时风雅，有时大方，有时妩媚，有时纯情。女人们最好多多练习，要做到很好的程度，最好学点舞蹈，多去健身运动一下。

明朝卫泳在他的《悦容篇》一书中专门讲过女人们的各种美妙形态："唇檀烘日，媚体迎风，喜之态。星眼微，柳眉重晕，怒之态。梨花带雨，蝉露秋枝，泣之态。鬓云乱洒，胸雪横舒，睡之态。金针倒拈，绣屏斜倚，懒之态……"这些虽然是旧时文人对女人们的欣赏态度，但也说明女人们的仪态在男人们的眼中是很重要的。

男人喜欢妩媚的女人，其实就是喜欢女人的本性美、自然美。当然这里说的本性美、自然美是指女性的内在素养自然而然地外在表现出来的本质美，并非是指那种忸怩作态，故作娇羞的恶心状。

古诗云："窈窕淑女，君子好逑"，聊斋里的一系列狐仙，不知道迷倒多少书生、后生。男人虽在嘴里骂着"你个小狐狸精"，其实，这就是喜爱的口头禅了。

中国男人喜欢女人狐媚之性感，那不是男人的错，相反，那是有素养的男性内在的素质外在的体现。假如一个男人见到这样的妩媚美女，连心动都没有，那他肯定有心理或者生理问题了。其实，好色就是爱美的同意语啊。当然，好色是不以占有为目的，以欣赏，关爱而作为做人的美德。

点评：自古英雄难过美人关，无论中外古今。美人大是妩媚顿生，妖娆万分，风情万种的女人。中国古代的西施、武媚娘、杨贵妃、那拉氏等无不是以妩媚娇艳而迷倒众多男人。

七、娇憨——别样的风情万种

"回眸一笑百媚生，六宫粉黛无颜色"，那样的风情，倾城倾国，甚至超越时空，流传千古，实在让所有女人自愧不如而又惊羡不已！但俗话说"万种风情"，可见女人的风情无一可寻，女人的娇憨可爱，不能不视为别样的一种风情。

提到"娇憨"，不由让人联想到在风中摇曳婆娑、枝繁叶茂、参差低垂的苍绿的树，让人想到雨后晴天里阳光下熠熠生辉、焕发光彩、干净利落的招展而盛开而妖娆的花。女人的前世也许应该是这树、这花，所以今生才如此的多姿多彩，如此的风情万种。

娇憨的经典：翁美玲。

翁美玲饰演的蓉儿是不可代替的。翁美玲其实五官并不玲珑，圆圆的眼睛，圆圆的鼻头，有些小绫子的光景，但那双眼睛实在有神，顾盼之间，灵动非凡。这样冰雪聪明的女子，实在是人间的罕物，一不留神，就暴殄天物了。

正如猫的娇憨，只在它的幼年，它足够机敏，足够狡黠，却又不可避免的天真，对于爱，未免热烈、真挚，甚至偏执，看上去活泼可爱，其实大祸临头了。

蓉儿的死震撼了全香港，出殡的时候有两万多人挥泪相送。

翁美玲的死似乎有一种孩童的赌气在里面，还不够沧桑，和男人痴缠的时间不多，只是耍耍小性，撒撒娇，本身她还是恋着这世界的，因为他还在这个世上。

翁美玲的死毁掉了汤镇业，港人见之欲呕，就连当年看着“射雕”长大的大陆观众也对他恨之入骨。一个专栏作家说，直到她在片场看到那个当年五虎将之一的汤镇业已经流落成一个满身赘肉的中年胖子，她才算原谅他。她不禁想：如果翁美玲看到这个家伙，她还会为他而死吗？

如果翁美玲沧桑起来，变成老谋深算的一只猫精，我们又该作何感想，她的死，让蓉儿永生。

一定程度的娇憨风情，女人与生俱来，但要达到炉火纯青的境界那是需要修炼的，这也应该是女人一生的终极追求。

娇憨的女人必须撒娇撒野。中国汉语中有一个词巧妙地把“娇”与“媚”紧密联系在一起，那就是“千娇百媚”。原来，“娇”与“媚”是如此的如影随形，不可分割，有多少“娇”就有多少“媚”，因此，女人想要“媚”就得必须先会“娇”。撒娇时候的女人，虽是有些嗲声嗲气，矫揉造作，但同样也是娇憨可人，让人怜爱，甚至可以顿生百媚、风情万种的。

娇憨的女人必须坚强自信。每一个女人都应该在心间为自己播种一颗自信的种子，让它破土而出，茁壮成长，参天耸立，繁茂苍绿。从容自信是女人能抬头挺胸行走如风的动力，踩着自信的步伐，女人会散发出飞扬的神采和悦人的光环，让男人痴迷神往。

娇憨的女人必须从容淡定，“海纳百川，有容乃大，立壁千仞，无欲则刚”，女人一旦拥有了大海般吞吐一切的胸怀和气概，就能闲庭信步，宠辱不惊，风清云淡。

娇憨的女人必须温柔善良。女人是水做的，柔情似水是女人的特质，温婉善良的女人是一泓透亮的清泉，晶莹剔透、澄澈见底，却荡漾着涟漪，灵巧、轻盈、奇异而恍惚。女人似水的温柔与恩泽的善心可以让铁骨铮铮甚至是洪水猛兽般的男人俯首称臣，因此，柔情对男人具有极大的杀伤力，是女人牵引不羁男人的缰绳。

娇憨的女人必须典雅高贵。内涵是一个人文化、学识、修养的综合，这是一个女人的底蕴，能够源源不断地输送精神、气质养分。有内涵的女人，必定是气质不凡的，有内涵的女人必定是独立、优雅、动人、焕发出迷人光彩的。

娇憨的女人必须有内涵。人人都有一个天性，就是对越容易得到手的就越不珍惜，对于女人更是如此。因此，女人什么时候都应该抬起高贵的头，让男人拜倒在你的石榴裙下，对于自己喜欢的男人更应该远远地避开他，与他保持距离。张爱玲是高贵的才情女子，在她喜欢的爱人胡兰成面前她总是很低很低，低到尘埃里。在他面前，她失去了自我，她无法高贵，所以她失败了！

最后，娇憨的女人必须收拾好自己的容颜，让自己光鲜亮丽。俗话说：“人靠衣妆马靠鞍”，爱美之心是人皆有之，更是女人的天性，不会梳妆打扮的女人真的很糟糕，因为一个女人没有美丽的容颜，没有姣好的身段，没有得体的衣装要想吸引男人、获得男人的垂青真的很浪费时间，也很困难。

点评：风情万种的娇憨女人，必定是身影迷人：踩着高跟鞋，

衣袖飘飘，裙摆飘飘，摇曳多姿的，这样的女人是一道亮丽的风景线，让人赏心悦目，让人心驰神往。

八、娇嗔之语，让他牵肠挂肚

撒娇耍嗔，对于任何一个女人，这都是一个颇具诱惑性的问题。但是，估计结婚 7 年以上的女人都已经不会在老公面前撒娇了，不是撒腻了，而是觉得不知道撒娇的话要如何开口，如果硬要说点什么的话，就只剩下唠叨、争吵了。

对于不会撒娇的妻子，不要等到你的丈夫有了外遇，再来感叹自己为什么总是被忽略？为什么自己总有操不完的心却换来被抛弃？不要只知道哀叹做女人的难，做妻子的累。而是要反省自己：有多少焦虑是不必要的？有多少操心是作茧自缚？只有走出迷失自己的沼泽，做丈夫的贤内助，做一个称职的"娇妻"，你才会发现婚姻生活的真谛。

带孩子、做家务，绝大部分是由妻子承担的，丈夫美其名曰"男主外，女主内"，可女人在外面也一样要工作，实际上是既主内也主外，时间长了，女人往往忽视了自己的角色和性别，没河东狮吼就不错了，哪里还想得起来撒娇？

其实，做夫妻的时间久了，爱情转变为亲情，撒娇耍嗔的方式也完全可以跟着有所转变。

会撒娇的女人总是特别有女人味，一举手一投足之间，总会让男人为之心动，女人总是希望得到男人更多的爱，最好这份爱能够如一泉水井一样取之不尽。但凡男人都喜欢看到自己的女人撒娇的样子，抿着小嘴，跺着小脚，再加上副梨花带雨的样子……心肠再硬的丈夫也会甘拜下风，撒娇是女人生命里最重要的一个法宝。

会撒娇的女人肯定温柔。会撒娇的女人，支使起男人来，易如反掌:“老公,帮我拎着包裹,你看人家的小手,都勒出红印来了。”“老公，我累了，你去做饭吧，求求你了！”那位被支使的男人即使再累，也会屁颠屁颠跑进厨房。一样的话，通过不一样的方式说出来，结果截然不同。会撒娇的女人，让她的男人愿意为她效劳。

由名模走向当红影星的林志玲，虽然不关风月，但是她的声音、眼神与表情，没有一处不是在撒娇：“人家就是这样一个女子嘛。”没有一个男人不会在深谙撒娇的女子面前败下阵来。她娇声说：“我喜欢这个，还想要那个，人家就是想和你在一起嘛，好啦好啦，人家以后不再使小性子就是啦……”在如此娇声软语面前，还有哪个男人不肯乖乖就范？这就是所谓的软刀子杀人于无形。可能只有少数修炼得道的男人，在就范之后会想想：天啊，这个爱撒娇的女人，分明就是在对男人进行一场又一场的掠夺呀！

男人们谈起女人的性格，有讨厌生猛的，有讨厌邋遢的，有讨厌酸叽的，有讨厌拖拉的……但没有讨厌温柔的。

女人，先温柔后撒娇，能更大程度满足男人的成人感、成就感。让男人的豪情和自信更淋漓尽致地发挥。女人撒一分娇，就多一分情趣，生活就更像生活，爱情就像下了蜜糖一样甜。撒娇，不仅使女人更可爱，而且还易化解生活中的矛盾，是软化矛盾的“原子弹”，无坚不摧，战无不胜。

女人撒娇可以给生活增添无穷的乐趣。

一直以来，男人们为了保持男子汉的风度，忍受着许多沉默带来的寂然和冷漠。透过那深沉凝重的背后，男人有一颗需要慰藉的心。这时，女人撒撒娇，把强烈的爱意汇在幼稚的言行和憨态中，让他们在疲于奔波的生活中获得轻松，感受欢快，那生活不也就充满了无穷的乐趣么？

女人撒娇可以为生活带来无尽的温馨。

在这个竞争激烈的社会，为事业，为理想，男人们通常深藏起喘息的机会，为了体现价值和提高生活质量他们也需要无休止地付出。过分地压抑和平静，使得他们的感情生活苍白，精神生活空虚。他们太需要有人去拭弄，去激起朵朵浪花。这时女人撒撒娇，娇嗔中透着痴情，让孤独沉重的心灵聆听一回涛声的澎湃，让他们久藏海底的灵魂感动一回暖流的涌动，那生活不也就充满了不尽的温馨吗？

女人撒娇可以为生活注入新的活力。

面对这个越来越冷酷的世界，男人们需要坚强着。他们不愿意把痛苦写在脸上，把失落带给家人，默默忍受着痛苦和失败，这个时候他们需要一双温柔的手，来抚平伤口，来按摩创伤。此时女人撒撒娇，戏中含着关心，把自己的成熟蕴藏在憨态可掬的娇声娇气里，在孩子般的举止中衬托男人的成熟和风度，让他们的保护欲得以发挥。这时他们就会重新认识自己，产生新的动力，新的生命力！那生活不也就注入了新的活力吗？

撒娇是女人的天性，女人不一定要漂亮，但一定要会撒娇，因为撒娇是武器，是对付男人强有力的杀手锏。

点评：女人大多爱撒娇，尤其爱在丈夫面前撒娇，这是女人的天性。要想使自己永葆魅力，就一定要学会用娇嗔之语，说得他心花怒放，说得他心服口服，对你言听计从，爱恋有加。

第五章　雅味
——岁月沉淀出来的味道

优雅的女人像钻石，历久弥新；优雅的女人似清茶，品尝过后，才知回味无穷；优雅的女人又如那林间的青竹，亭亭玉立，即使是身着一袭布衣，亦高贵脱俗。每当有人用“优雅”这个词赞美自己的时候，女人们一定会心花怒放。毋庸置疑，女人爱优雅，优雅是所有女人一生都追求的目标。

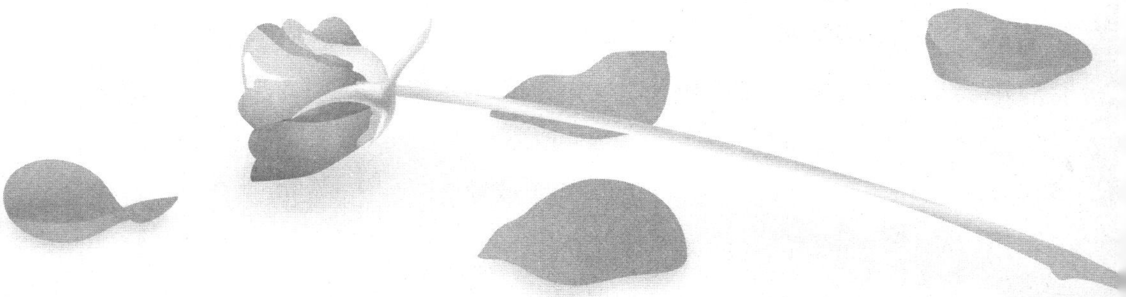

一、曼妙站姿，打造优雅第一步

随着美容技术的日益高超，漂亮的女人越来越多，但是单单是漂亮的脸蛋，苗条的身材，还仅仅停留在漂亮的初级阶段，仪态的美更是不容你忽视的。

张爱玲曾经这样描写旧时的新娘的红裙，裙腰垂下一条条半寸来宽的飘带，带端系着铃，行动时只需有一点音乐的叮当，像远山宝塔上的风铃。而在如今的婚礼仪式上，对穿着婚纱的新娘的走路姿势，虽不至于像旧时那样苛刻，但是同样不能予以轻视，因为稍有失误就有可能发生踩到裙子的意外情况。新娘正确的走路方式是：用脚尖轻踢着裙边，足底轻擦过地面，徐徐向前。严格地讲，新人的目光应该始终直视前方，尽量将视线放于 10 米前，这样有利于拍照。但为了安全起见，新娘的视线可以稍稍向下，但不可太过，以免影响形象。

当然在日常生活中，不用像婚礼上那么小心翼翼，但在日常生活中更能体现一个女人的优雅。要是一个女人站在男人面前，男人感觉到她具有一种别样的女性阴柔、端庄的气质，而这种阴柔和端庄的气质又超越了女性的外表局限，散发着清水出芙蓉的美，诗一样的美。我想，这个女子是优雅迷人的，仅仅欣赏她的站姿就是一种享受。

在站立时应当做到挺、直、高。

挺就是在站立时身体各主要部位要舒展，特别是头不能垂，颈不能曲，肩不能耸，胸不能含，背不能驼，膝不能打弯。站在那要给人一种挺拔之感，不能给人以蜷缩萎靡的感觉。

直就是在站立时脊柱这根中枢轴要尽量和地面保持垂直。脊柱是人体保持正确站立姿势的关键部位，但它并不是笔直的，在颈、胸、腰等处均有向前或向后的正常生理弯曲。所以，在站立时，要做到微收下颏，微挺前胸，微塌下腰，这样可以给人笔直的印象。身体保持直立，颈部后群肌肉、腰脊肌肉、臀部肌肉和大小腿前群肌肉也要保持适度的紧张状态。人之所以区别于动物能直立起来就是人体内强有力的各个肌群把骨髓和内脏扳立起来。因此在站立时要做到“直”必须伸展上述各肌群的力量。有些女性站立时之所以像“豆芽菜”“虾米”，就是因为肌肉乏力。因此平时要养成正确的站立姿势，就要从发展肌肉的力量入手。

高就是站立时身体重心要尽量提高。身体重心较高的人常常给人一种激越、活跃的感觉，而身体重心过低常常给人造成一种行动不便的感觉。因此要使身体重心提高，在站立时不宜将腿分得过开，腰背不宜弯曲。

看电视中那些女舞蹈演员和女体操运动员的站立姿势都是很美的，首先她们的双腿并得很拢，甚至两腿成丁字状，双腿叠合起来，显得下部十分苗条，有亭亭玉立的感觉。其次她们的身体重心较靠前，由于她们柔韧性较好，肌肉力量较强，所以上体前倾、臀上翘，显得腰肢很有弹性。另外她们的两手在体侧略上抬，加上手指的动作就显得十分优美了。

当然这只是日常生活中最基本的站姿，而在不同的场合又有不同的要求。譬如在职场中，肃立时要身体直立，双手置于身体两侧，双腿自然并拢，脚跟靠紧，脚掌分开呈“V”字形；直立时双臂下垂置于腹部，右手要搭握在左手四指，左手四指指尖不要露出。两脚可平行靠紧，也可前后略微错开。要注意的是在这种正式的场所，千万不要将手插入裤袋或交叉在胸前，更不能下意识地做小动作，如摆弄衣角、咬手指甲等，这样做不仅有失仪态的庄重，而且会给人缺乏自信，缺乏经验的印象。

在非正式场合，不像在职场中那么正规，但对于女性来说也需要注意一些地方。如在公交车上的站姿。由于公交车行驶时不平稳，尤其是突然刹车的时候，碰到别人或是倒在别人身上难免发生。有时为了站稳，还会不由自主地扯别人的衣裳，搂别人的腰等，这些都是有损自己的形象的。为了避免这些情形，你可将双脚略分开，以求保持平衡，重心放在全脚掌，膝部稍向后挺。但要注意的是分开的宽度不要超过肩宽，不要弯腰驼背，否则站是站稳了，女性的阴柔美却没了。

在等人或与人交谈时，因为气氛比较轻松，所以你就可以采取一种比较轻松的姿势。脚或前后交叉，或左右开立，肩、臂可尽量放松，自由摆放，但要注意的是头部须自然直视前方，使脊背能够挺直。在交谈时，身体不要倚门、靠墙、靠柱。双手可随说话的内容作一些手势，但不能太多太大，以免显得粗鲁。

点评：好的站姿能给人一种静态美，而好的行姿则能给人一种运动美。如果一个漂亮的女子行走时东倒西歪，或者走起路来两只脚在路面上拖得沙沙作响，也只是空有标致的美貌，难有端庄高雅的气质，更无法体现轻盈、优雅的女人味。

二、轻盈敏捷，走出来的优雅

举止是一种不说话的“语言”，它真实地反映了一个人的素质、受教育的水平及能够被人信任的程度。女人的举止尤为重要。举止是一个人自身素养在生活和行为上的反映，是映现一个人涵养的一面镜子。古代对人体的姿态和举止就有“站如松、坐如钟、行如风”的要求。如今，大到社交场合，小到居家坐立，时时刻刻都在反映一个女人的举止得不得体。

生活中我们看到许多相貌平平，穿着朴素的女性，由于举止得体，从而显得端庄典雅、彬彬有礼、充满朝气，给人留下美好而深刻的印象。一个姑娘长得不漂亮，只要化妆和服饰不出格，具有端庄优雅和彬彬有礼，她们往往要高出仅仅具备天生丽质的女人一筹。

行走时，脚尖应向着正前方，脚跟先落地，脚掌紧跟落地。抬头、收腹、挺胸，节奏快慢适当，这样才会显得自然、大方、轻盈、飘逸，给人一种优美感。如果走得太慢，慢慢吞吞地，让人觉得此女子太沉闷，缺乏活力；如果走得太快，横冲直撞，就像骑独轮车似的，一慢下来，就会倒向一边，给人一种不够稳重的感觉。

当然优美的步态必须与你身上的服饰保持和谐一致，例如穿礼服、裙子或旗袍时，就不可跨大步，否则就无法显现轻盈优美的姿态。而穿长裤时，步幅可稍大些，这样会显得生动。走路还有一点就是注意要轻，那种走起来"砰砰"作响姿态肯定不能给人美感。在某些特定场合，走路轻更是一种礼貌，如到医院探望病人，在博物馆参观，进入安静的会场等。

可以说女人是离不开高跟鞋的，常在电视里看到那些穿着高跟鞋走得袅袅婷婷，但现实生活中，并不是所有女人穿上高跟鞋走路的姿势都是那么优雅迷人的。这里教你几招穿高跟鞋的走路姿势：

（1）穿上高跟鞋，上半身挺直（注意姿势，不要前倾或后仰），吸气收小腹，把气停在胸腔的位置。

（2）以大腿的力量，将大腿轻轻抬起带动小腿往前跨出步伐。切记大腿一定要抬起来，这样步伐才不会沉重疲累，而是干脆的轻盈。

（3）跨步着地时，记得不要用脚跟或脚尖着地，要用"脚板中间的部位"着地才是正确的。这不但会让走路时对双腿产生的压力减轻，更是穿高跟鞋必备的礼貌，让鞋跟着地所产生的不悦耳噪音降至最低。

（4）两脚交互跨出时，不一定要成一直线，只要各脚自然往前走即可。两手则放松垂下，自然摆动，看起来就很大方了。

错误的走路姿势不仅会破坏你的形态美，还会导致你的腿部肥胖或者畸形，下面几种就是你必须杜绝的错误走路姿势：

1．踢着走

有些人因为怕地上的脏水或脏东西弄脏鞋子或裤子，会有一种习惯，就是踢着走。踢着走的时候身体会向前倾，走路时只有脚尖踢到地面，然后膝盖就一弯，脚跟就往上一提。所以，走路的时候腰部很少出力，很像走小碎步一般。如果你有踢着走的习惯，那么最好小心，以免使整条腿部变胖。

2．压脚走

与踢着走很类似，但是这种压脚走的方式却是双脚着地的时间比提脚走的人长。走的时候身体重量会整个压在脚尖上，然后再抬起来。如果长久如此下去，会导致腿肚的肌肉越来越发达，那就会有讨厌的罗圈腿出现。

3．内八字走法

内八字走法，看起来是不是很可爱啊！可是你知道这种内八字走法长久下来会造成O形腿。

4．外八字走法

如果你有外八字走法的习惯，那么请你注意，外八字走法会使膝盖向外，感觉就没气质，腿型也会变丑，甚至产生X形腿。

5．踮脚尖走

踮着脚尖走的人，其实本意是为了使步伐更美妙。由于过于在脚尖上用力，会使膝盖因为脚尖用力的关系而太用力于腿肚上，很容易导致萝卜腿。以上这些就是常见的走路坏姿势，为了确定自己正确的走路姿势，要在每天走路的时候多多注意！但是千万要当心走路的安全，别光顾了自己走路的姿势而忘了看红绿灯啊！

相貌平平不是一个美丽、成熟女人的绊脚石，真正的绊脚石是女人们的行为举止。所以千万不要让这样那样不雅的动作和举止成为你的绊脚石。要避免这些，应该从一点一滴做起，使自己优雅起来。

点评：达·芬奇说："精神应该通过姿势和四肢的运动来表现。"一个人的举止是另一种交际语言。女人的美丽蕴含着深层风韵，而不仅仅外貌和装扮。她们在都市流动的喧嚣中，悠然地演绎着宁和静，打造熟味。

三、牵着自己的手，优雅地去散步

优雅的女人喜欢在晚餐后，在傍晚余晖的映照下，一个人独自出门，牵着自己的手，优雅地去散步。轻柔的晚风，丝丝沁入身体的每个细胞，抚摸自己的每一寸肌肤。其实，无论有多么累，对于一个懂得优雅生活的女人来说，只要走进社区的林荫小道，看着欢快的孩子们在身边跑来跑去，一天中所有的疲惫和烦恼都烟消云散，感觉自己融入了大自然。

优雅的女人喜欢这种感觉，而这种感觉得来也非常简单。

作为一个女人，如果有什么事让你感到忧伤，让你无法自拔，不要躲在房间，暗自神伤。何不放下那些牵挂和羁绊，纷争和困扰，出门走走。让自己在外面广阔天地中，寻回久违的优雅从容。

也许现在的你，生活并不富裕；也许你没有一份体面的工作；也许你正在困境中；也许你被情所弃。但不论什么原因，请试着出门走走。

当你尝试着牵着自己的手，进行这样一次漫无目的的散步，你会发现，你的心情豁然开朗，仿佛进行了人生的一次洗礼。

电视台举办活动，主持人随机采访几位不同年龄的观众，让他们说出各自心中的偶像。年轻的男女们，有的说周杰伦，有的说蔡依林。当采访到一位五十多岁的大妈的时候，大妈很开心地说："我的偶像是苏有朋！"苏有朋应该是年轻人的偶像，大家不免觉得大妈有点追星的感觉。

但是，大妈说出了自己的理由。

在二十年前，大妈原本是一个工厂的工人，因为效益不好，工厂开源节流的时候，她下岗了。接着，她的孩子在一次车祸中丧生，她的家庭本来就很困难，在为生计发愁的时候，又意外接到这个噩耗。这让她几乎痛不欲生。

一年多的时间，大妈不再张罗着找工作，几乎不主动跟家人说话，也很少出门见人，因为她不再有那份心情。

在大妈处于人生最低谷的某一天里，大妈不经意间听到了院子外面广播中传来的歌声，正是苏有朋唱的那首《出去走走》：

"出去走走，忙里偷点闲，出去走走，烦恼抛一边，好心情就在一瞬间。随绿色蔓延，从嘴角到心田，从今天到永远，热雷雨过后挂一道彩虹天空多耀眼。"

一首歌，顿时让她醍醐灌顶。是啊，为什么不出去走走？既然选择了生活，为什么不活得好一点？

她决定出去走走，把所有的烦恼都丢在一边，只欣赏美好的东西。

于是，她背上行李，暂时离开家人，离开那个让她伤心的地方，到南边的某个城市，找了一份工作，之后她不断用工作充实自己。现在，她已经是一家服装公司的老板。

回想起来，大妈意味深长地说："幸亏当初走了出来，否则不知道自己现在会过着什么样的生活，所以，我很感谢那首歌，是它改变了我的一生。"

一个人出门散步，能让你的心灵获得一片宁静。只要能保持一种淡泊清净的心境，守住一片温馨的宁静，就能够理智、从容地对待生活。你也会发现人生处处有美丽的风景，生活时时有温馨的笑靥。

牵着自己的手，优雅地穿过小区的公园，走过回廊里那条清幽小道。晒晒阳光，吹吹清风，驻足对视一下树枝上对你叫个不停的小鸟。这个时候，你会发现，阳光并不像平时那样刺眼，而是给了你温暖；清风不会吹乱你的头发，而是温柔地给你抚摸；鸟叫声也并不那么刺耳，而是那样地和悦。

优雅的女人绝不会给自己规定目的地，只是漫无目的的四处游走。即使走到天边也无妨。她不需要担心自己迷路，因为只有这个时候，她的思绪是最放松的，最清醒的。走累了，她大可以坐在石头上歇息。

当然，也可以坐在地上，尽情地倾听自己内心的声音。平时忙着与别人说话，听别人说话，忽略了自己内心的声音，那么，就让自己说个够吧！此时此刻，这个世界是你的，你可以晃晃悠悠地走，也可以蹦蹦跳跳地跑，不必在意别人的眼光，也不必窥探别人的心事，这里，没有利益之争，没有猜疑，没有压力，你体会到的，只有轻松。

点评：人生就是一场马拉松式的运动，时刻绷紧神经，蓄势待发，会让你身心疲惫，难以负荷。女人大可不必如此紧张，不如找点空闲，穿上舒适的鞋子，迈出家门，把心灵放飞在自由自在的天空和大地！

四、散发优雅魅力的办公室女郎

办公室是个很特别的地方，女人要想建立良好的人际关系，得到上司的重视，光靠埋头工作是远远不够的，你还要充分利用女人的优势，展现你优雅得体的内涵。

干净整洁的妆容给人留下好印象

作为一名职业女性，一副干净整洁的妆容是对自己的尊重更是对别人的尊重。记住头发保持干净整洁，不要使用太多发胶；发型大方、干练，有刘海儿的要注意不要让前发遮住眼睛和脸；不要浓妆艳抹，工作的环境，淡素蛾眉的妆容最为讨好，若太浓的妆或在工作位置经常补妆，有欠礼貌兼妨碍工作。同样，手也是别人目光自然的焦点，所以平时要精心呵护出白皙的手指，并修理指甲，指甲不能太长，造型不能太怪，指甲油可以用白色、粉色、肉色或其他不浓艳的颜色。

服饰要符合公司的气氛

“我们的公司对服装方面要求不严，可有位新来的女职员穿得也太过分了。前些日子跟客户谈事时，竟然穿着迷彩纹猎装式的衣服。如果只是同事也就算了，但是有客人，真没面子。”这是位公司职员对新来女职员的评价。衣着如同化妆一样，是女人的脸面，尤其在办公室，一旦穿着不慎，事关自己的前途和事业，所以万万马虎不得。

上班一族穿什么？这是每位职业女性都要面对的问题，穿什么要取决于公司的气氛。如果气氛比较宽松，大家的服饰也都不那么中规中矩的，那么你就可以自然一些，不用那么保守，但也不可追求过火，那些低胸衣、迷你裙、夸张的饰物除影响周围同事工作的专心程度，更令人怀疑你的工作能力。同事不会喜欢，上司更不会接受，也许还会因此挨批。如果公司的气氛比较庄重，大家都穿套装，你当然就不能随便了，也去效仿着买一套吧，否则别人一水的套装，你却穿着休闲服，就显得你格格不入了。

经常保持微笑

微笑是你最好的武器，微笑可以最直接地得到对方的好感，也会意想不到地得到对方的原谅。某公司职员小张说：“我特别喜欢新来的那个同事的微笑，总是很亲切很善意的样子，如果她出点小错误也不会责怪她。”所以，女人行走在职场，和别人交往时要保持微笑，不管是已经很熟的同事，还是没见过几次的陌生同事，比如在电梯或洗手间遇到同事，即便不说话，只报以微笑，也会给别人留下很好的印象。

说话要有礼貌

语言是一门艺术，首先要有礼貌，礼貌是对别人最起码的尊重。一海外客商到某地某公司商谈合资办厂事宜。公司经理在会客室专候，并准备了烟茶水果。客商进公司大门后，迎候在门厅秘书小姐和客商握过手，说："我们经理在上面（指二楼会客室），他叫你去。"客商一听，当即一愣：他叫我去？我又不是他的下属，凭什么叫我？于是这客商转身，说："贵公司如有合作诚意，叫你们经理到我住的宾馆去谈吧。"说完拂袖而去。如果那位秘书不说"叫"，而说"请"，情况又会如何呢？

仅仅是一字之差，效果却是天壤之别，怪只怪那位秘书说话不懂礼貌。如果哪位不小心踩了你的脚，连声对不起都不愿意说，恐怕你的心里也是老大的不乐意。“请”“谢谢”“对不起”这些词都是最基本的礼貌用语。在公司这样特殊的场合，更应该保持礼貌，否则也许就会像那位秘书小姐一样闯下大祸。

接打电话的声音要柔和

在接听电话时你所代表的是公司而不是个人，所以不仅要言语文明、讲究礼貌、音调适中，更要柔和。柔和的语调能给人留下更深更好的印象。

细心的女人会在电话机旁放一些小纸片和笔，以便对每一个重要的电话都做详细的电话记录，包括来电话的时间，来电话的公司及联系人，通话内容等，如此会给上司留下你做事认真的印象。

不要在盥洗室的镜子前逗留

“过分关注自身形象的女人在工作上多半没有什么创意”，这也许是偏见。但你不妨作以下换位思考，如果你是上司，面对一个关注自己妆容的时间比关注工作多的女士，你怎么看呢？恐怕你也会对她心存不满吧？

不做与工作无关的事

在任何一个工作岗位上，你首先要做的就是努力工作，在上班时间不要做与工作无关的事。比如，女人向来是煲电话粥的能手，但记住不要在上班的时间煲。在手机几乎人手一部的时代，在办公时间偶尔接打工作以外的电话本来无可厚非，但切忌长时间的聊天，不仅影响自己的工作进度，也影响他人。无论是通过电话对话抑或是与相恋同事在办公室公然谈情，莺声笑语都会影响旁边的同事工作，即使你的工作再出色，在形象方面也会大打折扣。另外工作期间不要用电脑聊天消磨时光，或者与同事聊美容、减肥等与工作无关的事。更不要存在不会被上司发现的侥幸心理，事实证明，你的一举一动，上司都看在眼里，记在心里呢。

握手的礼仪

握手是人与人的身体接触，能够给人留下深刻的印象。当与某人握手感觉不舒服时，我们常常会联想到那个人消极的性格特征。强有力的握手、眼睛直视对方将会搭起积极交流的舞台。这里请女士们要注意的是，为了避免在介绍时发生误会，在与人打招呼时最好先伸出手。记住，在工作场所男女是平等的。

真诚的道歉

即使你在工作中做得完美无缺，也不可避免地会冒犯别人。如果发生这样的事情，要真诚的道歉，哪怕责任不全在你；如果你道歉了，反而显出你的大度和宽容。道歉的时候，要真诚，否则只会把矛盾进一步激化。

点评：办公室小姐总是给人干练的印象，但过于精明强干的女性形象，往往会成为女人建立良好人际关系的绊脚石。所以，女人要想取得事业上的成功，光靠埋头工作是远远不够的，你还要充分利用女人的优势，展现你优雅得体的内涵。

五、温良淡雅为人妻

女人们，当你披上婚纱，被一个男人牵着走近结婚礼堂的那一刻，你就要把自己那些所有关于爱情的美好憧憬收藏起来，不是说你们的爱已经终结，而是你们的爱才刚刚开始，这种刚刚开始的爱更多的需要你的尊重、理解和宽容。

婚前的女人是不食人间烟火，只懂爱的天使，而婚后的女人忽然一下子成了整日为柴米油盐操心的俗人，老公在婚前有求必应，婚后你要有求必应，这好比把一个仙女从天界扔到了凡间，使她一下子无法接受，无法适应。其实结婚不仅是女人身份的一次蜕变，还是一场心理的考验。如果你认为这个和自己同眠共枕亲密无间的男人是自家人了，完全可以像对待私有财产一样随意，那么你就错了，一个聪明的妻子，对待自己的丈夫，要像对待客人一样，文雅有礼。

结婚后，你是否觉得这个男人已经属于你了，然后变得不爱打扮，总是大大咧咧在他面前晃来晃去，可是这真的是他的想法吗？作为新女性，好老婆，一定要做个温文尔雅的贤惠妻子！

结婚后想为他拥有优雅女人味并非易事，没有一定文化底蕴，修养层次，以及人生阅历的女人，无法烹调出醉人的味道。结婚后，你是否忘记了自我的提升和创造，只顾得一天蓬头垢面地为丈夫为家庭为小孩，却独独忘了为自己？

优雅女人味是做妻子的根本属性，是一种内涵，是女人的“自然性”。

做淡雅妻子的根本就是有品位。没有品位的女人，任你如何修炼都只能是浅显的苍白。要乐于学习，经常充电；要经常浏览新闻时事；每天至少看一份报纸，每月至少读两份杂志。此外，文学、历史以及新兴的时尚书籍都应广泛涉猎。不是为了增加与朋友聊天时的谈资，而是为了多给自己一些心灵的积淀。当然，学学外语、练练书法，学习茶道和插花，练练瑜伽，都是培养品位的不错选择。

沉闷时，也不妨看看电影。但不要仅关心情节，而要从中看到不一样的东西。只记得《花样年华》里的张曼玉的精致旗袍和《罗马假日》里赫本的发型，都是流于表面的肤浅。要参透她们骨子里的柔媚，懂得她们灵魂的流水，看到一个时代下光怪陆离的社会本质。

有位女人的丈夫得了胃病，一次到吃饭的时候了，他丈夫还在看书，虽然她很心疼和关心丈夫，专门给丈夫煲了汤，但她却在喊丈夫吃饭的时候说：“还磨蹭什么？自己有胃病不知道？快来吃饭，当心得胃癌。”一句话说得她丈夫脸色铁青，心想这个婆娘居然咒我得胃癌……其实如果她能够温柔一点，礼貌一点，对丈夫说：“快来吃饭吧，你的胃不好，我今天给你煲了汤，很养胃的。”意思一样，但是这句会让丈夫感激不尽，而前一句却让丈夫恼火不已。

现实生活中有那么多的女人，常常会去对自己的老公发威，却未曾与她们的同事或朋友声色俱厉。作为妻子如果你能像对待其他人那样宽容地对待自己的丈夫，你们的感情又怎么会日益疏远？

俄国的著名小说家屠格涅夫这样说过：“假如能有一个女人，或一个地方，关心着我，等着我归去吃饭的话，我将会放弃我所拥有的天赋及我一切的著作等。”

荷兰人有一种风俗，便是在人们进屋时，必须将鞋子摆在门外。换句话说，就是在入家门时，要把一天的不如意，全抛置在脑后。

每一位为人妻子的，都很清楚他丈夫的一切行为，因为这些早在她的预料之中。于是，她便永远搞不清楚该爱她的丈夫，还是该讨厌她的丈夫。而做丈夫的却宁可与妻子大吵一场架，或耗损他一些钱，为她购买新物，也不愿去奉承他的妻子。这是众多婚姻失败的原因。

如果妻子不去理会丈夫有多么不可原谅，坚定地选择体贴及温文多礼的态度，那么，你的家庭该是多么美满、快乐和幸福。

很多女人都以为，结婚了彼此的距离就近了，事实上，距离越近越容易伤害到彼此，就像那两只刺猬互相取暖，太近的时候总是扎到对方。但是太远了就感受不到了彼此的温度，所以你要把握好这个度。既要对丈夫关心体贴，有时候还要像对待朋友和客人那样，温文多礼，谦让三分。

做这样的妻子，是一种淡雅，一种淡定，一种对生活对人生的目标静静追寻的从容。有独立的人格，独立的经济支撑，独立的思想境界。爱钱，却无铜臭，别人看她挣钱的过程都是一种愉悦，她连爱钱都爱得优雅，自己赚钱买花戴。很多女人一旦与钱沾边便失去了优雅，为什么？因为对钱的态度不对，赚钱的仪态和姿势也不对，难免惹得一身铜臭，还被男人愤愤然地批评。

婚姻之道其实就是两个人的相处之道，聪明女人，当你想对丈夫发火的时候，请你不妨把他当作你的朋友或者客人来对待。然后你就会发现，你的礼貌使你这只刺猬身上的刺不仅没有扎伤自己最亲近的人，反而使他感受到了你身上的温度。

点评：做妻子要有淡雅的味道，要自我修炼，自我提升。重视自我价值的培养和肯定，女人的前程定当不可限量。如此，即使老夫老妻，在他的眼里，你仍然是那个结婚前的美丽天使，但比那时候更成熟，更有女人味。

六、优雅，岁月送给女人的礼物

女人的优雅，绝非天生，而是需要一个慢慢沉淀的过程。从来没有见到过，二十几岁的年轻女孩身上散发着优雅的气质。因为优雅的女人，是需要岁月的磨砺，在人生的种种境遇中，不断成熟、完善。久而久之，哪怕是你的一个眼神，一个手势，都会显得优雅。

优雅是年龄赋予内在的一种旋律，是生命韵律与智慧的自然体现，是心灵善良光芒的不由自主的焕发，是才情与艺术修养巧妙融合后的本真流露。

优雅是一种恒久的时尚。优雅的女人像茶，品尝过后是令人回味无穷的芳香。优雅的女人又像一口井，她的魅力是越挖越深的，不是别人"一目了然"的，她会留给别人无穷的想象空间。当优雅成为一种自然气质时，这位女性一定显得成熟、温柔又善解人意，无须太多的言语就能与你进行心灵的交流，达成心灵的默契。

温克尔曼说："优雅是一种天国的恩赐……它包含在心灵的单纯与宁静之中……它赋予人的一切行为和动作以愉悦感。"

真正的优雅不是故作姿态装出来的，伪装只能伪装一时，而优雅是一个人性情气质的自然流露。优雅不是指脸蛋漂亮、衣着华贵，它是一个人内在文化素养与外在表象的完美结合。优雅也不是不食人间烟火，它具有人性的所有温暖，同时也充分显现了人性的脆弱。当我们眼前出现一个优雅的女人时，我们的眼睛会猛地亮起来，心也会为之一动，因为优雅让人感受到美的不可多得，因为不可多得，所以显得弥足可贵。优雅就这样使我们的身心同时得到双重的愉悦。

曾听人说起过俄罗斯女郎的浪漫与优雅，哪怕她身上贫困得只剩下一个卢布，也要为自己买一枝玫瑰花，而不是一块可以充饥的面包，这样的优雅让人吃惊，甚至想流泪。

对于很多优秀的女人，越年长就越优雅。已经百岁高龄的知识女性杨绛女士，就是一个非常优雅的人。她与钱钟书先生一起，辉映着 20 世纪中国的知识界与文坛。两位亲人相继离她而去，这种打击对一位老人来说无疑是沉痛的，致命的，但是她仍能心境平和地著书立说。这样的优雅怎么不让人佩服和感动？

还有一位妇产科专家，70 多岁的老太太，满头银发一丝不乱地拢在帽子下面，已经不再清亮的眼睛里，满是慈祥悲悯的母性的光芒，舒缓轻柔的嗓音，有力地握住你手，让不安的产妇感觉那么塌实而有依靠。那是一种说不出的优雅，沁人心脾。

优雅的女人体现着教养与时尚，优雅的女人是同类中的尤物，让女人们嫉妒，让男人们欣赏。真正的优雅不是故作姿态装出来的，伪装只能得逞一时，而优雅是一个人性情气质的自然流露。

日本有一部电影叫《川流不息》，说的是少女时代就离开故乡的一位女作家，60 岁患癌症时返回了故乡。她拒绝动手术，动手术虽然能延长生命，但要躺在床上失去行动的自由，而不动手术只能活三个月。她选择了这三个月，为的是返回故乡、与初恋情人及旧时好友团聚。

女作家虽然不再年轻，但依然富有魅力，这种魅力缘于她一生无悔的追求所造就的优雅气质。临死之前，女作家化好妆，身着华丽的和服，端坐在椅子上对着摄像机，诉说着自己最后的人生感悟，并深情地唱起了一首歌。她好像不是在走向人生的末路，而是去开始新的征程。她会死去，但她身上散发出来的优雅永远都不会老。

优雅的女人并不一定要天生丽质、沉鱼落雁。三毛和张爱玲都不是倾国倾城的绝色佳丽，但她们都有绝佳的气质。她们用文字将她们的美别致地表现出来，她们的一生都充满着传奇，她们的一举手一投足都流露出修养、智慧和善良。谁敢否认她们的优雅呢？

一部《上海的金枝玉叶》让我们认识并永远记得了Daisy（戴西——一位集优雅、美貌、智慧、高尚、纯洁、坚强于一身的奇女子。出身名门的她在“文革”岁月中历经苦难在屈辱中活了下来，但她并没有成为一个因心碎而刻毒的老人。当有外国人问起她的那段劳改岁月时，她能优雅地直起背和脖子说：“那些劳动，有利于我保持身材的苗条。”而她在86岁的时候，与三个年轻女子一起出去吃饭，只在一起走了几分钟，那三个女子就感到像是三个男子陪一个迷人的美女去餐馆，而不是三个女子陪一个老太太。

当然，我们从Daisy身上看到的不仅仅是优雅，还看到了一颗像花朵一样芬芳的心灵。她的优雅来源于她所接受的良好教育，来源于她高尚的人格。她的优雅成为她气质的组成部分。

提到优雅我们也不能不提香奈尔女士，是的，就是拥有这个名字的女人创造了那么多奇迹，不只为她自己还为众多的女性。香奈尔系列香水和香奈尔服装的诞生，具有开创性的历史意义，它典雅、简约的美感几十年来征服了全球数亿妇女的心。她让女人们的身体和心灵同时从沉睡中和桎梏中醒来，懂得了自尊与自爱，更懂得了工作的幸福与独立的价值。

在上海，一个祖母级的女人用她的平凡向人们展示着她醉人的优雅。她是袁媛的外婆，平时一眼望去，也就是上海马路上常见的那种买脆烧、衣着普通、慈祥温和的老人。她常常为袁媛和袁媛的朋友烧了好吃的，坐在一旁微笑地看着他们狼吞虎咽。

一日小区动迁，因了祖屋产权问题，区领导和香港的开发商上门协商。洽谈之间，适逢袁媛和朋友们归来，惊见之下，唏嘘不已，袁媛一辈子也不会忘记：这七旬老人，着一淡灰色旗袍，配一小朵银色胸花，发髻梳得一丝不乱，唇上还涂了淡淡的口红，面慈浅笑，娓娓而谈。七旬老人啊！那底蕴深厚的优雅，那非一朝一夕的高贵，那弥散在空间的诱惑，轻易就征服了她孙辈的青春男人，征服了所有的客人，岂是一个“味”字了得！

点评：女人可以因为没有年龄的优势而不再美丽，毕竟无情的光阴会把每个人的外形弄得面目全非。但优雅是心灵宁静和简单生活的化合物，她和身份无关，和地位无关。一个优雅的女人，哪怕老得就剩一把骨头了，优雅还是能从骨子里冒出来。

七、选择优雅的生活

世界著名时装设计大师升罗兰说：“优雅是表现风度举止的一种方法，也是顺应生活多种不同状态的智慧。”这是如今公认的对“优雅”的权威诠释。可是，现代社会，快节奏的生活方式、巨大的工作压力、喧嚣的生活环境使今天的女人已经快要忘记还有“优雅”这个词汇了。

女人最常说的一个字，大概就是“忙”，每天从睁开眼睛开始就不断地安排整天的工作生活计划，时间已经精确到了分秒，而吃的是速食和快餐，即便是方便面、汉堡包也总是在没有被充分咀嚼前就被吞咽下去……女人们忙着工作，忙着照顾老公、孩子，忙得没有时间去看一场电影，甚至没有足够的时间和爱人享受一顿晚饭。

忙得焦头烂额，团团转的女人忘记了生活也是用来享受的，忘记了那种阳光下捧一本好书的优雅，那种冲一杯咖啡领略夕阳的优雅。她会说，谁还有那种兴致呢？其实选择生活方式的权利在你自己手中，只要你愿意，你一样可以选择优雅的生活，让自己优雅的享受生活的美好。

优雅与美无关，与年龄无关，但却与你的生活息息相关。不要借口说自己如何忙，连国家主席都有闲暇喝杯下午茶，何况你？不要老推托自己没有时间，鲁迅说过，时间就像海绵里的水，是挤出来的。你挤了吗？无论你身兼几职，你都可以，完全可以选择优雅的生活。优雅的生活的前提是无论你有多忙，你都必须给自己留有足够的闲暇时间。在这些属于自己的时间里，听音乐、读书、画画、习字、喝茶，甚至是去看夕阳、去散步等，去做一切让你心情愉悦的事情，目的是让自己全身心地停下来，去享受生活中的美好。

有一位品位高雅、境界非凡的女性，她受到良好的家庭氛围的熏陶，才情横溢，气质优雅，谈吐芬芳。后来她随时代的变化而顺势发展，创办了一家广告公司，由于她具有出色的审美和创意能力，公司发展很快，业务蒸蒸日上。她整天在公司忙碌，晚上还要拖着疲惫的身躯在交际场所应酬。久而久之，家中的钢琴蒙上了一层厚厚的灰尘，油画颜料也渐渐干枯，她没有时间阅读诗歌或聆听音乐。内心之中典雅幽深之情愫也随着时间的流逝离她而去，她变得坚强、果敢。数年后的一次同学聚会上，大家都说她变了，没有了以前的恬静和温柔，这让她有点怅然，若有所失。这种内在的销蚀是如此可怕，令人有着恍若隔世的感觉。

的确如此，生活中许多人由于太匆忙而无法洞察生活的全貌。她们没有时间去养育优雅的品性她们热衷于明快的生活方式；她们追求明确的效果与目标，不与无谓的事物打交道；她们精通算计，通晓人际关系更甚于知晓艺术作品。有些时代女性甚至剔掉了天性中忧郁伤感的一面，在社会的历练中变得通达、圆熟和精明。结果是，她们的钱袋鼓起来了，花费更多的投资于外在的修饰上，却忽视了优雅主要靠的是灵魂宁静的滋养。

小芬是 IT 界的精英，她的工作性质决定了她经常和男人打交道，工作压力很大。她的同事大部分都更愿意选择计算机和网络来打发时间，但小芬不一样，她有众多的爱好和兴趣，从小喜欢运动的她把高尔夫和网球变成业余时间里的两大内容，也因此交到更多朋友。

她说：“女人要有情趣，要有爱好，这样你才不容易偏激和单调，才可以更好地调节工作的情绪。”

生活总是平淡而真实的，工作是紧张而枯燥的，小芬却始终保持着对生活的新鲜感：“我总是在想办法给自己减压，没有人逼着你非要做到哪一步，是你自己在逼迫自己。换一种方式跟别人讲话，换一个角度处理问题，一切就会改变。如果你什么都喜欢，都乐于参与，你就会活得有滋有味。”

人不是机器，不可以连轴转。不是有句话说，只有会休息的人才会工作吗？其实，整天工作并不一定效率就高，工作效果和花费的时间不一定成正比。所以女人选择优雅的生活就要注意调整工作节奏，在追求效率的同时尽可能的追求完美，这是一种优雅、愉悦的工作境界。时间是我们仅有的一切，它使我们在地球上享有一片空间，我们不必为了过完它而去填补它。时间不是金钱，是不能积蓄的，是无法替代的，要学会去享受它，才会拥有美好的生活。

20 世纪 70 年代出生的女作家赵波这样形容她对女人味的看法：透明、自然、不做作，从内而外散发着可以激发你想象的东西。她说：“我特别恐惧把一个个的个体变成统一整体中的一分子，没有个性，大家都一样的生活，因此选择了写作。我在家工作，自己安排时间，很多时候我比上班的人工作要辛苦，时间要长，但因为完全是我自己控制，所以很享受。”作为女人，你完全有权选择自己的生活方式。

所以，如果你想变得优雅就去选择优雅的生活，而优雅的生活也很简单，只需要给自己一点儿闲暇时间，去大自然中走一走、发现一些简单的快乐、维持与亲友的亲密关系、享受孤独。或许有一天，你和平常一样从窗口望出去，正好看见被风吹动的蒲公英吹到你面前，你将会有不同的感触。优雅、惬意的生活就掌握在你的手中，往日已逝，未来不可测，选择优雅的生活，你就是优雅的。

点评：优雅的生活就是无论有多忙，你都有足够的闲暇时间，坐在露台上欣赏晨曦或日落或夜间的月光，或者让诗歌和音乐像水滴落在宣纸上那样慢慢地渗透进你的灵魂……

八、做典雅的知性美人

如同优雅，知性是女人的专利。年轻靓丽的女孩，好比山涧里欢快奔流的小溪，活力四射；而那些人到中年的知性女人，则婉约有致、内涵丰富，像宽阔平稳的江河。经历多了，故事也多了，这便是财富。有了财富，女人的心便少了许多茫然和焦躁，无意中流露出一种岁月历练后的美丽与智慧。虽然落红少了、色彩淡了，可积淀多了、韵味足了，她的每一条波纹、每一滴流水声，都让人心醉！

对于女人，人生的经历多了，属于自己的故事也就有了。随着故事的丰富，女人的心少了许多茫然和焦躁，常常会在休闲的午后，与朋友相对，在一曲舒缓的萨克斯音乐里轻轻举杯，低声细语地说着彼此感兴趣的话题。这个世界对女人不光光是强调个性、感性，同样，还需要具备知性，只有三者兼而有之，才算得上美女的称谓。它集气质美、内涵美、品质美与外在美于一体，否则最多是一幅画，却称不得美人。

知性与年龄有关，20 岁的女人通常个性突出、张扬，30 岁的女人内敛、温和、饱满；知性和书有关，对书籍的钟爱使她们思想深刻、不肤浅、处事冷静、遇事不惊，可以从容地观察世界；知性还与才气有关，女人的知性是由内而外的散发，不矫揉、不做作、内外兼修，时而娴静儒雅、时而妩媚动人，有一种身在世外的闲情逸致。

如娱乐圈中的刘若英、蔡琴、张艾嘉，她们虽算不上天姿国色，但却都很有才情，而且温和、清爽、真实。一如她们的歌声，飘散着温润的芬芳，愈品愈香浓，其中不仅有藏不住的妩媚动人的女人味，还沁出了淡淡诗情……

知性女人，对书有钟爱。书能让女人收获思想、收获人生感悟，从而可以从容的观察世界。

知性女人，微笑留香。平凡的你我，只需抬头微笑，就可将人生中的遗憾或心愿变成圆满，变成最后的欣慰。

知性女人，不同于性感、热烈的美女，也不同于清纯、可爱的玉女，她们的美是美丽与气质的综合，或淡定从容，或优雅大方，或冷艳低调，或聪慧娴淑……无论怎样，脱俗的精致外表下总有那份不经意间流露出来的知性。

张曼玉可以说是知性美女的第一代言人 。

《花样年华》里的张曼玉，成为了人们眼中不可替代的知性而优雅的女人。细细的柳叶眉、勾人的双眸、花瓣似的嘴唇、摇曳的身姿、美丽的旗袍，张曼玉的美是一种传统的古典美，含蓄而温婉、成熟而大方。

都说女人最怕岁月的折磨与煎熬，但张曼玉经过时间的洗礼、生活的沉淀、阅历的积累，反而渐渐褪去了昔日稚嫩与无知，成为人们心目中风情万种的“知性女神”。

徐静蕾更是知性女人的典范。

平淡如菊的笑容、闪着智慧光芒的眼神、标致的小巧五官，作为中国影视的四小花旦之一的徐静蕾不仅拥有清秀的外表以及秀外慧中的气质，更重要的是她拥有那份过人的才气，正因为如此，昔日的“玉女掌门人”才逐渐蜕变成为众多网友及观众眼中的“知性美女”。

徐静蕾的美，是一种知性的美，是一种由内而外的美。从《一场风花雪月的事》崭露头角，到自编自演《一个陌生女人的来信》，再到“老徐的博客”直升 3000 万的点击率，这个清新自然、健康美丽的女孩创造了一个又一个奇迹，成为当代年轻人公认的知性女星。

知性女人，典雅却不孤傲，内敛却不失风趣。女人的知性，就像一句广告语：有内涵，有主张。她有灵性，而且“才貌双全”。她可以无视岁月对容貌的侵蚀，但绝不束手就擒。她可以与魔鬼身材、轻盈体态相差甚远，但她懂得用智慧的头脑把自己打扮得精致而品位高尚。知性不仅仅只刺激着周围人的视觉，更重要的是给人一种感觉，这种感觉中有热情、有温暖、有快乐。

点评：才貌双全是一个内涵极丰富的词，它不仅指让人怦然心动的外表，它更是气质、魅力、修养、品质等的一种混合物。内外兼修，你也能成为才貌双全的知性女人。

第六章　羞味
——羞答答的玫瑰悄悄地开

女人羞涩是一种美，是一种特有的魅力。羞涩，是女性独具的特色，是特有的风韵和美色。诚然，男性也会有羞涩，然而更多的、更频繁的、更鲜艳迷人的羞涩，却总爱浮现在女人的脸上。女人脸上羞涩的阵阵红晕，是世界上最美丽的花朵。

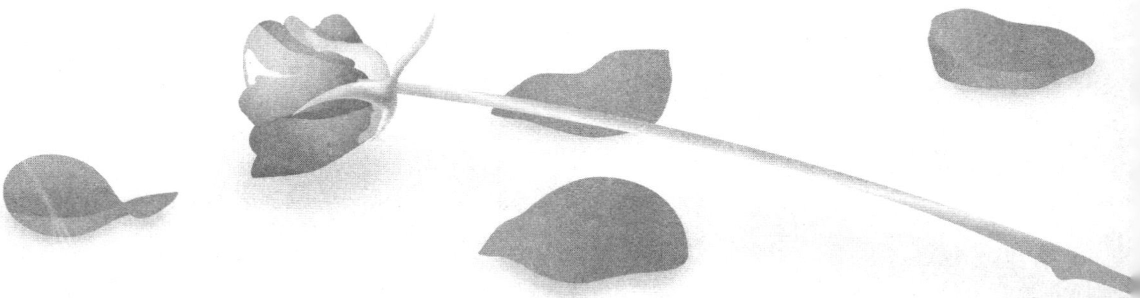

一、娇羞，男人心中永恒的经典

时下衡量女人魅力性感的指向，被越来越主动、越来越游刃有余的空前新鲜感而短暂代替。然而，最终吸引人的还是本色的氧气，“犹抱琵琶半遮面”的古典情结将带着久远的余香，被男人们视为心中永恒的经典。

古代的中国女人是极具传统、内敛的，随着社会进步，新事物、新思想的不断更替，事实上，今天让一个都市女郎成为真正意义上的传统女人显然已不现实，但适宜的娇羞技巧，却不可不知。无论多喜欢女人开放的男人，他也常会希望自己身边的女人偶尔细声细语、羞涩忸怩，遇事征求他的一些意见、想法。这样，他会更加为你着迷，魂牵梦绕。

张民在美国留学期间，曾有一个美国女友佛杰恩，她火热开放的性格每每让他感受新奇，她做事从不讲章法，常常给他很多惊喜，“我们很合拍”，张民认为这就是自己要寻找的另一半。然而，当他与小美接触后，他感到东方古典的娇媚更令人着迷。那不胜娇羞的神态、含蓄的肢体语言与迎合间的矜持、欲拒还迎的半推半就、躲躲闪闪的目光无不让他疯狂，真真吊足了胃口！小美从不主动，但张民看来，这正是她迷人的地方。最后，他总结说，女人适宜的羞涩也是性感的一种表现。

对待男人，适宜的娇羞就好像兵法中“欲擒故纵”一般，娇羞只是手段，为了我们的结果用点不伤皮肉的手段，何乐而不为呢？男人基本都有保护弱小的欲望，你的羞羞答答，正是满足了他保护弱小的欲望，想想看，这样的你，他怎么能不喜欢？

马霞，一个有原则的单身女人，独自闯荡上海滩，美貌、高挑，性格外向、大大咧咧，她的性格是许多同她打交道的男人羡慕的。来上海几年间，事业如她性格一般，风风火火。偶然的机会，她认识同样在上海发展的香港老板林福，成为莫逆。林福有妻子，他妻子是传统的中国女人，温柔、善良、贤惠，但他与妻子的感情用他自己的话说就是“白开水一般。”

林福与马霞两人常在一起，林福喜欢马霞的性格，开放、自主、自立，觉得现代女人本该如此。而马霞喜欢林福的男人味，两人一拍即合。就这样，在上海的日子里，两人开始了同居生活。

两人在一起后，马霞依然故我，凡事自己决定，从不与林福商量。林福开始觉得这是女强人必备的基本素质，可是日子久了，林福开始承受不了了，觉得这是不在乎自己，不拿自己当回事。两人因纷争开始争吵，和好，再争吵……，2 年后，以分手结束这段感情。林福这时开始怀念自己妻子的温文尔雅和总是那股羞答答的样子，原来这才是女人本色啊。

中国男人喜欢含蓄的女人，他们也许会把偶尔与“开放”女人过招作为“餐点”满足一下好奇的胃口，却很少下定决心与之携手、共结连理。女人适当以“羞”的方式表达自己的性感，会引发无数联想。就像旗袍，全身都裹得严严实实，只留出两条开衩，一双玉腿若隐若现，魅力最是无限。

男人始终是不喜欢女人强大的，因为如果女人总是那么强大、自主，就容易威胁男人的强大，打击男人的自信。适宜的娇羞，会像是吃惯了冰激凌后，在阳光温暖的下午，品尝一杯沁人心脾的绿茶，让人回味良久，暖人也舒心。

一个女人即使在外雷厉风行，工作时独当一面，回到自己爱人身边，也要从容面对。你可以性格开朗、外向，不拘小节，但是不能忘记女人本色。适时的温柔、体贴，并带上一点点的羞涩，正是男人们所需要的。

点评：欲擒故纵是中国古代兵法中很厉害的一招，用在男女关系中也妙趣横生。娇羞的女人就像小鸟一样滑过林间、像精灵一样躲躲闪闪、像鱼儿一样稍纵即逝，这些都刺激着男人的全部感官，当他感觉使出全身力量捉住她时，那种“凯旋”给足了他最大的身心愉悦之快感。

二、恰到好处的“示弱”让男人疼惜

每个女人都应该是美丽的，每个女人也都希望得到丈夫的宠爱。自古以来许许多多贤妻费力不讨好地度过了一生。而聪明的娇妻不一定有闭月羞花之容貌，不一定是贤妻良母的典范，也不一定对丈夫百依百顺，但是却能不露声色地得到丈夫一辈子的宠爱。对女人来说，找个自己爱的人是基础，找个爱自己的人是目标，但不是每个女人都有这个条件，这需要女人们深知其中的一些小窍门。比如说，在你与爱人相处时，一些小事就让他为你做主吧。不是你能力不行，这么做，只是为了体现他是你十分需要的人。而被人需要本身就是一种幸福，因为，它能让人得到满足感。

一直以来，露路都是姐妹们公认的家庭好手，家里从买房装修到买菜做饭全是她一手包揽。丈夫被她伺候成了“老爷”。虽然她一副做事麻利的样子，但也常常在朋友面前吐苦水，每次我们都是异口同声笑她“能干过了头”。有一段时间后，她的生活好像起了变化。丈夫居然开始主动做家务了，她自是笑得合不拢嘴。姐妹们纷纷打听她用了什么“妖术”。她神神秘秘地说出她的小秘密。她的头脑“开窍”是从家中买新餐桌那天开始。

“家里买了一套新餐桌，送货工人不负责安装，扔下一堆零散的材料就走了。”

“当时，老公在打三国游戏，我摆弄着零部件，想把它装好。可装了半天也没装好，我把零件摆了一地，冲着在沙发上打游戏的老公：‘怎么安不上去呢？’老公走了过来，研究会儿图纸，又看看地上的零件，开始拼装，半小时后，桌子装好了。

于是，我无限羡慕地称赞他：‘哟，你真是有才啊，学理的就是空间想象力和动手能力强，我们这些学文的还真是不行。看来，我们纸上谈谈兵还行，要动真格的，还是要你出马呀！’

“老公很得意地欣赏着自己的‘杰作’，看着我无限崇拜的表情，大受鼓舞，接下来把家里的吊灯也拆下来清洗了一遍。我看在眼里，喜在心头。”

“从那天以后，只要我一表现‘无能，弱智’的小女人状，他的积极性和热情就表现出来了。后来，事情发展成他能够把烦琐的家务活都一一记下，下班回到家中，就想着该帮我做什么，可能他在想：‘这都是我家小路做不来的，我不做谁做？’”

不知不觉中，露路和丈夫的角色就这样调换了过来。你看，这是多好的一个说明啊，露路的小女人表现，起到了多么大的作用。其实生活中许多事，也是一个习惯的养成。你习惯了什么都由你来做，那么，你的爱人自然就退让了，久而久之，他就习惯了你的“能干”，而他，只需要一边待着享受就可以了。这是你想要的结果吗？应该不是。你希望的是你的一切所作所为，他都可以和你一同分担、经历、感受。只有让男人意识到女人需要他们，家庭需要他们，他们才会有用武之地！而这个时候，女人如果还抱着“我什么都可以做”的话，就实在不是明智的了。

做个会“示弱”的小女人吧，偶尔，不防站在男人的角度来看看，你希望你的她是个无所不能的，还是一个有着自己特点，不过，又有一丝不足，总需要你在恰当时候帮助一下的呢，答案不言而喻。

云儿的婚姻没超过两年就破灭了。原来，云儿的婚姻破灭是由于他们夫妻间有了第三者。婚后，云儿担当起了丈夫的妈妈一职，生活起居照顾得无微不至，而且还托人为丈夫安排好工作，上下班走哪条路，都为丈夫标注清楚。她丈夫就像她的孩子一样，任由其安排。最终，丈夫结识了其他女人。从知道这个事实那天起，她就一直保持一个态度——宁为玉碎、不为瓦全。她不解，自己是这样深爱着他和这个家，怎么就破碎了呢？在她的内心深处，她仍渴望这个婚姻可以继续下去。她在等待丈夫的忏悔。最终，云儿等到了男人的忏悔：我对不起你，我知道你很坚强，但是她比你软弱、无助，她比你更需要我。令云儿伤心的是，为什么结婚这么久了，丈夫却一直不了解她，她其实是貌似坚强，内心是一样的脆弱啊。是的，为什么女人不把她的弱点在关键时刻表现出来呢。

著名心理学家凯琳娜·穆尔塔扎洛娃曾经说过，女人对男人有很多误解，如男人就应该主动一点；男人喜欢口无遮拦和直率的女人；你对男人越糟糕，他对你就越好。其实恰恰相反……女人如果在男人面前，表现得脆弱点、无助些，用最恰当的方式向自己的爱人示弱，寻求他的理解、帮助，从而挽救感情、挽救婚姻。那么，相信人间就会少很多情感破裂而分道扬镳的男男女女了吧。

点评：女人的坚强有很多的证明，示弱，却是许多女人生活中大多不愿去做的。做个懂得示弱的小女人，并不是代表我们不坚强。懂得示弱，这只是一种途径，一种让自己更加幸福的途径。

三、羞涩朦胧谓最美

羞涩是人类特有的本色，是人类文明进化的产物。任何动物，包括最接近人类的猩猩，是绝对不会害羞的，自然也就没有羞涩心理。羞涩是人类最天然、最纯真的感情现象，它是一种感到难为情、不好意思的心理活动。这让人想起伊甸园中的亚当和夏娃，把树叶放在自己身上遮羞，也许就代表着人类最初的羞涩吧。词典里解释“羞涩”：往往伴随着甜蜜的惊慌、异常的心跳，外在的表现就是态度不自然，脸上荡漾起红晕。

曾经看过一篇故事——

第二次世界大战中，德国军队在占领一个村庄后，准备进行屠城，这时，最高长官看到村子中一位妇女一直在盯着她丈夫看，全然没有面对死亡时惊慌的神情。便走上前问道，为什么这样看他。看见敌人站在面前，女子十分慌张，她的丈夫握紧了她的双手，示意她用不着紧张。她很快冷静下来，面颊微红的看着丈夫，对长官说：我为我可以和我的爱人一起死去，而感到幸福。说完，像做了见不得人的事一样，羞涩的把头低下，手还在紧紧攥着丈夫的衣袖。军官见此情形，被这痴情女子所震撼，她羞涩的表情，对丈夫的信任，都深深打动了他。随即，决定留下这个村子人们的性命。

羞涩朦胧的表情，魅力无穷。康德说：羞怯是大自然的某种秘密，用来抑制放纵的欲望，它顺其自然的召唤，但永远同善行、德行和谐一致。羞涩，是女性独具的特色，是特有的风韵和风情。

有一次，唐朝官宦在江苏扬州选美，邀请灵心善感、明目善睐的大诗人崔钰一同前往。

那日，如云美女会聚一地，她们身着或艳丽如火、或清秀似荷，百花闹春般地让人眼花缭乱。在官家的指使下，她们站成一排，低着头，接受检阅。

崔钰在一旁默不作声，静然观察。但见其中一女子听唤其名，不作犹豫扬头直视，另一女子则腼腆婉转的抬头，还有一个女子，先不抬头，再三唤之，才慢慢抬起头来，她目光风情万种，好像在看人又实非看人，等官家鉴定后，她又以眼光施以悱恻的一扫，才又低下头去。

崔钰以他敏感的心性和深厚的学养，描写了这个女子的羞涩和妩媚，她脸上泛起的红晕，是含露的两片花瓣，是一章优美的律诗，是女子特有的风韵媚态。可谓最美！

也正如老舍所说：“女子的心在羞耻上运用着一大半。一个女子的脸红胜过一大片话。”女人脸上的红晕，就是青春羞涩的花朵。女人羞涩是一种美，是一种特别的魅力，羞涩底下展示的迷人风情是许多男人向往、追求的。

菲雪看完法国电影《蝴蝶》，许久不肯闭上眼睛。仿佛眼睑一合，那些影像便要淡去，世界将重又归于嘈切、繁嚣。她说，这部电影像一组清新的田园诗，用细腻隽永的方式，一点点讲述，再一点点渗入眼耳。它没有刻意做秀的煽情，也没有跌宕起伏的剧情，只是一场平淡的讲述。这其中，柯莱儿布翁尼许的出色演技最为突出，那双纯澈的蓝眼睛，以及羞怯迷人的笑容是对这个残酷世界的无言抵抗，让人久久不能忘记。

有人说，羞涩，是一种感情信号，常常是一种动情的外部表现，是被陌生环境、场面所触发的紧张情绪和被异性拨动了心弦的表现。一张羞涩的脸，大多时候就像是一首优美的诗。女人的羞涩，往往就是男人致命要害。男人不怕你张扬，不怕你棱角突出，有时却最怕你用“犹抱琵琶半遮面”“插柳不让春知道”的神韵来面对他，这样的风情下，能刺激人丰富的想象力，甚至让人热血沸腾并深深着迷。

许多女人结婚后，对于自己该以什么样的态度面对老公不以为然，她们以为夫妻之间朝夕相处、亲密无间，还讲求什么呢？泼辣、蛮不讲理者大有人在。温柔、羞涩、轻声细语等婚前一切美好品质都荡然无存了。要知道，婚姻是需要经营的。根据统计发现，想离婚的男人中有百分之六十觉得妻子和结识之前判若两人。张健说，结婚前，她温柔可人，有时我说点黄笑话，她会面颊绯红，生气。而如今，她大嗓门，说话跟吆喝似的，再也看不见曾经的迷人风情了，全无可爱之处。

无论你是怎样性格的女人，请千万不要忘记在你面对男人的时候，彰显个性无可厚非，但是，羞答答的模样也是男人们的最爱之一，适时的用你羞涩迷人的风情来表现自己，可能会收到不一样的效果。

点评：动人的表情、迷人的色彩、文雅的举止、朦胧的神韵、温柔的蕴藉，羞答答的女人就有如此大的神奇魅力和功能！在世上所有的色彩中，羞答答的女人是一种特别的色彩。

四、泪光闪闪，魅力无止境

火车站，一对夫妻脸色铁青地坐在那里，显然刚经历过一场激烈的争吵。紧接着，女的抽泣起来，肩膀抽动着，充满了委屈。最初，男的有点视若无睹，眼睛四处乱看，可是过了几分钟，他沉不住气了，坐不下去，先是从口袋里掏出皱巴巴的手帕塞给妻子，见她仍在生气，又用手掌轻轻拍着她的后背，像哄小孩子似的轻声赔着不是：“不要哭了，是我不好，是我不好……”

由此可见，只要这个男人不是无赖，或者对你已不再爱了，那么，一般就不会对女人的眼泪无动于衷。“女人伤心，男人心痛”是个真理，就像一些男人常在嘴边说的那句话：我不怕她凶，就怕她哭。从根本上来说，男人是喜欢那些会哭会笑不做作的真女人的，所以，适当地哭泣，是向男人展示你的温情，而这也是征服男人的一种方式。当然，并不是说你可以无理取闹、动辄哭闹，撒泼和适时哭泣一定要分清楚。过了则适得其反，这是女人与男人相处时的大忌。

下面介绍几种情况，你可以适时选择机会流几滴清泪，不妨供你参考。1. 相约去看悲惨的电影或电视，哭得像个泪人，让他知道你有一颗多么脆弱善感的心。2. 你不小心犯了错，没有狡辩的机会，那就不要等他大发雷霆，就先做出十分委屈的样子。泪光点点让他一腔怒火也变成怜惜疼爱。3. 彼此争吵时，他说了重话，或者他有了二心，都是落泪的“必要”时机。特别是两人闹意见闹得不可开交时，与其硬碰硬两败俱伤，倒不如适时运用“泪弹”化解气氛，让男人心软。要知道，很多时候，泪水有可能是你们结束战争的最佳使者。

当第一次，女人还是女孩子的时候，第一次看见可爱的男生，双颊绯红，心咚咚地狂跳，只敢偷偷地、远远地看着那个男孩。这种少女怀春的心情，是淡淡的，是无法割舍的，又特别害怕别人知道自己的心思。当两个人真正相处以后，时间久了，彼此都那么毫无保留地暴露给对方，彼此争吵、互相埋怨。女人如果不懂得适时把握火候，与男人硬碰硬，那么，结果可想而知了。其实，争吵之后，在某个暖暖的午后，回想往事，将过往的岁月一遍一遍地想起。不管是怎样的纷争，人世起伏，彼此间曾经的悸动仍可以打动你。那么，彼此在矛盾的时候，为什么不换一种方式来处理两人的感情呢？一点点泪光，默默无语的抽泣，只会让他更心疼你、更怜惜你。这么简单的做法，常常换回的是你们依旧甜蜜如初、依旧心热如初，仿佛又回到了初恋的年代。

有人说，眼泪是女人的通行证，在它面前，一切自然规律和由男人制定的法则瞬间就熄火了。我国历史上就有孟姜女哭倒长城的典故，还有什么比女人的眼泪更让我们熟悉呢？上帝说：“我创造女人时就让她与众不同。我让她的肩膀坚强得足以承担这个世界的重量；但又足够温柔，给人慰藉……这是为人类而流下的泪水。”原来上帝都偏袒女人，也可以看出上帝对女人的期望有多高，所以，女人在适当的时候，何不用你的眼泪为自己增添魅力之分呢。如果，不懂得眼泪的妙用，那你真是要好好去补一课了。

聪明女人一生守着欲擒故纵的最高原则，即使到了紧要关头也不例外，因为紧要关头更需要非常的含蓄与矜持才能济事，如眼泪。现在有这么一句话似乎很流行：“真正爱你的人不会让你流眼泪；不爱你的人不值得为他流眼泪！”其实，这话只说对了一半。让你流泪的人未必不是你爱的人，只是女人要善用自己的眼泪。让眼泪服务于你，那就是成功了。

上帝说：“好丈夫从不伤害妻子，但有时会考验她的力量，考验她是否有决心毫不迟疑地站在他身边。”女人要切记上帝的旨意，不能滥用你的特权哦！让我们都能用心生活、用心去爱，做一个魅力不减的女人！

点评：有人说，男人因为要面子才不流眼泪，而女人因为要面子才流眼泪。女人的美丽在于自知和自处，你不一定需要漂亮的面孔，但你一定要懂得如何为自己加分。适时的眼泪，是打动人心、增添魅力的必要招数。

五、做水一样的柔情女人

如今在一些企业里，有很多居于要职的女人，因为作风趋向于男性化，缺乏女人最起码的品性，所以被大家在背地里称作“男人婆”，这个称呼虽然难听，却反映出一个问题，那就是：女人，无论你是什么身份、身居什么位置，你可以干练洒脱、可以独立坚强，但是你都不能没有温柔。

张昭儿，今年 28 岁，闲时没事爱上网转悠，常和投缘的陌生人山南海北的侃大山。一次，一位网友告诉她说："我是结过婚的男人，但我仍爱同女性聊天，因为我的另一半也是男人。" 张昭儿听了吓得花容失色，说："不会吧？……"那边很快发来一个笑脸说："对不起，我的话让你误会了。"

接着他告诉张昭儿，他妻子虽说不是男人，但却更像男人。工作上雷厉风行，说话办事干脆利索，否则也不会在那么短的时间里升为主管。但是回到家也改不了，说话都用命令的口气，从来不会温柔。而且争强好胜，凡事都要胜出，斤斤计较，否则就喊男女不平等。

张昭儿方恍然大悟，说："先生，我非常同情你的处境。"同时，她觉得，那位被丈夫称作男人的女士更值得同情，因为她缺少女性的温柔，丢失了自己的性别。

温柔的女人不是只知道在家相夫教子，大门不出，二门不迈。她健康，她懂得享受，她也会偶尔撒个娇，样样都不缺。同时，她不会叉腰骂街，不会怨天尤人，不会唠叨，不会像防贼一样地防着自己的丈夫，更不会在外人面前贬低丈夫……

温柔的女人不是没有主见的"乖"，也不是野蛮女友的"野蛮"，而是回归女人本色，是一种好性情、一种智慧、一种女人味。女人的温柔是一种可以让男人品尝后主动驯服的淡酒，口感细腻的佳酿。

不幸的是，有许多女人不知道温柔是女性特有的力量，也不知道温柔是一种可以克刚的武器，她们害怕失去自己在男人心目中的地位，为了维护这种地位，她们常常抛弃温柔，使出蛮横，显示出女性最粗糙的一面。可想而知，这样的结果只会适得其反。贾宝玉早已说过：男人是泥，女人是水，再强硬的泥若遇到柔情的水都会软化。

造物者用了最和谐的美学原则来创造人类，它赋予了男性阳刚之美，又赋予女性阴柔之美，正因为两性之间各有其独特形态而形成鲜明对比，才使男女对立统一地组成了人类绝妙完美的世界。

《红楼梦》中贾宝玉说：“女儿是水做的骨肉。” 用一“水”字来形容女性的柔美，比喻真是再恰当不过了。一语道破了其中的妙韵。曹雪芹先生笔下的女人，个个如水一般动人、纯真、娇嫩，是多少女人羡慕的对象。

柔情的女人，在自己的日常生活中，十分注意性格上的涵养。为此，她们忌怒、忌狂，讲究语言美，把那些影响柔情发挥的不良性情彻底克服掉，让温柔的鲜花为女人的魅力而怒放。当然，女人的温柔，不是柔弱、柔软、柔顺，丧失了自己独立人格和独立个性，也绝非女人之美德，而是一种耻辱。女人之温柔，是柔中有刚、柔韧有度，所以才柔媚可人。柔情似水，是女性诱人的魅力，是一种征服他人的巨大力量。

没有柔情的女人，如同一杯白开水，男人只有饥渴难耐时，才用得着它；而充满柔情的女人则不同，她就像一杯散发着幽香的葡萄酒，男人端起便不忍放手，因为他会感到她越品越有味道。

许多女人，总想留住自己的青春和美丽，不惜花费很多精力去精心打扮自己，小心呵护自己的容颜。她们的目光更多地聚焦在了名牌服装和化妆品的价码上，她们的心思更多的花在了发型的改变上，以至于疏忽了老人的安康、家人的冷暖，这样女人的美只是岁月的一个记号，终有一天要消逝。而柔情的女人不一样，她们不会过多地去矫饰自己的容颜，她们把更多的时间献给自己身边的人。尽管不再年轻，尽管时间的巨轮残酷地在那平滑的脸庞上碾下凌乱的皱纹，但温柔的女人依然是温温情情、真真切切、精精致致，悄悄地关爱着身边的亲人，在细细碎碎的呢喃中越发娇艳欲滴。

女人的柔情就像春天的阳光、夏季的星空、秋夜的明月，总是为生活平添了温馨和平静，目光中不会有咄咄逼人的光芒，而只有温暖的柔光，沁人心脾。

点评：女人可爱之处在于柔，贾宝玉也说，女人是水做的。要知道，这水能滋润男人的心田，能洗涤男人身上的晦暗，能给男人一片晴朗明净的天空。何况，在这片天空下，女人自己也能享受和风细雨。

六、嗲一点，男人才会把你当宝

嗲是对女性的一种赞美。发嗲，包括了一个女人的娇媚、温柔、情趣、谈吐、姿态、出身、学历、技巧等，其中既有小女生的撒娇弄俏，也有年轻少妇的忸怩作态等一系列显示女性柔弱、娇媚的魅力的举止。

自古女人一嗲，男人骨头就软，嗲的女人容易被宠、被怜、被爱。女人嗲起来威力绝不会小。古代商王朝的毁灭，虽说商王本身就没有治理国家的才能，昏庸不堪，但是不能不说的是，苏妲己的嗲功却也是商王朝毁灭的一个重要因素。

有人说，几乎没有一个男人不喜欢嗲的女人，几乎没有一个会发嗲的女人在男人面前不受宠。聪明的女人要求男人做什么事、干什么活、买什么东西、不吵、不闹、不凶，不唠唠叨叨、不发号施令，只要会嗲、善嗲，那常常就事半功倍了。很少见嗲的女人生气，很少见嗲的女人发愁，她们整天活得开开心心，逍遥自在。因为知道，只要有什么事，发挥自己的常处——嗲功即可。

发嗲的女人，是因为知道自己的性别优势。会嗲的女人，是为了让别人知道她的风情万种。现在会发嗲的女人越来越多了起来。不过，要说发嗲功力厉害就不能不谈谈台湾女人。曾看过一期台湾综艺节目《女人我最大》，再次对台湾女人的发嗲功力佩服不已，最初，看时全身起鸡皮疙瘩。但结合看了些关于发嗲女人的文章，才发觉，女人发嗲撒娇其实是一件很受用的事。

总结了一下，会发嗲的女人好处还真是多多。

首先，可以充分调动木讷老公的情趣，你一句“老公，最近回来得好晚，也不早点回家陪我，以后可不允许这样哦——”，还有，在老公生气时你撒娇地抱他一下，在他口出粗言时，吻一下他的嘴巴，他不但骂不下去而且还会苦笑着拿你没办法！这么嗲一下，化解了矛盾，还让夫妻之间爱意浓浓。只要您懂得撒娇和体贴，就能增进夫妻情感，享受家庭的幸福！

另外，发嗲还可以起到美容的功效呢。发嗲一般是娇嗔微笑着的，常常微笑，保持心情愉快，怎么会不漂亮呢？

最后，发嗲能助你事业走向成功。两个同水平的女人，若是竞争同一岗位，会撒娇、发嗲的那个一般是能先获得机会的，试想，谁不喜欢别人和你甜甜的、半带撒娇似的样子呢。

不过，据调查发现，现代女人似乎会嗲的、善嗲的越来越少了。调查原因显示，女人因为操心太多，压力太大，没有精力也没有情致让自己学习发嗲。其实，这是一个循环过程，你越是觉得生活的劳累和压力已经促使你不愿意去发嗲、撒娇，那么越是说明，你的心理状态需要改变了。换一种方式，或许你会改变现状，发现别有洞天。促使向良性循环的道路上发展。

有一个情感咨询师在指导女性征服丈夫时推出了三大法宝，其中之一就是发嗲。不要认为发嗲只是十八九岁小姑娘的权利，年近三四十的你同样有发嗲的权利。发嗲不是仅仅针对年轻女性，它是适用于全部女性的。

当然，我们说的发嗲，在程度上女人一定要分清楚，时间、地点、人物和场合也都要考虑，如果你不考虑这些，和谁都没有克制的发嗲，那只能说你太幼稚了，发嗲一定要掌握分寸，不要总那么哼哼唧唧的，撒娇无度，就适得其反了。即便是与自己老公也一样。世界上任何事物，都需要讲究方式、方法。不注意“度”的把握，任何小窍门在你这里也只能成为冗余的东西。

朋友说了这样一个小故事，听起来很有趣。她大学时候有个校友，本来说的一口流利的普通话，突然有一天，满口的台湾腔调，“讨厌啦”，“人家不喜欢了啦啊”，这在别人说可能不是那么打紧的事，但是这个说话的女生长着一身肥膘，加之夸张做作的表情姿态，最终把所有男生吓得几顿饭都没法吃，对其避而远之。这说明，发嗲从某种意义上来说，还是需要一点点基本条件的，如果你的形象不是太好，那么，发嗲仅仅意思一下就可以了，切不可过分夸张，非但达不到效果，还把旁人吓坏，那就不好了。

但是，总地来说，发嗲，对于女人是益处多多的。女人应该学会发嗲，发嗲可以充当女人的魅力武器，发嗲可以让你得到更多的宠爱，化解麻烦。

点评：当女人眨着天真的眼睛，表情或委屈、或无辜、或可爱、或渴求时，温柔地对男人说：亲爱的，人家就是要这样嘛。相信没有哪个男人可以抵挡得住吧！

七、楚楚可怜惹人疼

提到楚楚可怜，许多人都在说女人实在不需要楚楚可怜了。但事实上，楚楚可怜，一直是女人的一件法宝。无论是多么坚强、冷漠的男人，面对一个楚楚可怜的女人，不动恻隐之心是不大可能的。

细想想，在周围的生活中有太多这样的事例：女强人往往恨嫁，而那些惯做小鸟依人样的女孩却有大堆男人怜惜。影视剧中，特别是琼瑶剧中，男主角倘若有了外遇，就可以振振有词地说：“你让我觉得压抑，而 ×× 那么温柔体贴，她才能给我安慰。” 这都不能不说明，女人的楚楚可怜，正是中了男人的下怀。

曾经舒婷的那首《致橡树》很是振奋了一群有志女性，鼓动她们自尊自强；木棉和橡树，也一度成为经典的情侣现象。但现在看起来，不免觉得女人有些一厢情愿。若是当你觉得自己不需要依附男人、争取对等的爱情时，男人可能也同样觉得你可有可无。他有可能会说，你那么坚强，有我没我，都没关系。而我需要的是一个温婉可人、小鸟依人型的女人。原来，坚强又成了罪过。

大凡男性心底都是有怜香惜玉的情怀，平常可能连自己都忽略了，甚至自己都不愿意承认这一点，但一旦遇到了导火索，就会被强势地激发出来。这种导火索，就是女人的楚楚可怜。

生活中总有一些外表柔弱而内在精明的女人，她们把男人心理洞察得一清二楚。泪水是她们的矛，乖巧温顺就是她们的盾，苍白的小脸简直就是无敌的进攻。这些有心计扮无辜的“可怜”女人，在争夺男人的战争上是不遗余力的。尽管那些男人的身边，或许已经有了很厉害的原配。但是这有什么关系呢，无论多险峻的环境，她们有着必胜的法宝呀。

其中，出类拔萃的，非琼瑶莫属。她是著名的言情女作家，有才华，刚出道便和出版商平鑫涛展开婚外恋。当时平鑫涛已婚，并有子女三名。一家四口其乐融融，面对平太太，处于第三者地位的琼瑶，深知女性特点，面对“敌人”她非但不酸溜溜说坏话，反而盛赞其美貌贤淑、出身名门。她的通情达理、楚楚可怜，使得平鑫涛越觉得她委屈。折腾了八年后，用了一招“以退为进”，突然提出要嫁给别人远走高飞，这给平鑫涛当头一棒，随即也彻底收服了这个男人。于是平太太黯然离开，“木棉”琼瑶与丈夫这棵“橡树”从此出书拍戏两不误。

这段心路历程，在她的小说中有很好地表现：《菟丝花》、《一颗红豆》等，都是弱不禁风的二奶踢飞又美丽又贤慧的大奶奶，而且踢得理直气壮，非要大奶奶含泪承认他们的爱情感天动地不可。到了自己转正成平太太时，此调则不复弹，在热播的《还珠3》里的二奶知画和小燕子抢老公，结局的凄惨就足以说明这个问题！

这么说，不是主张女人都去做第三者，论才干外貌，新人未必比得过旧爱，主动和旧爱过招一定损失惨重。不过，如果一个女人具备楚楚可怜的情怀和小伎俩，那么，你收获的可能不仅仅是爱情，还有男人对你无法自拔的依恋哦。其实，学会这个并不是什么难事，你只需要尽量展示自己的忠诚和委屈，唤醒男人的英雄主义情结，让他们爱你爱到无法自拔，他们内心会深深的以为，“天，她离开了我，还怎么活下去”，如果，已经到了这一步，恭喜你，你已成功虏获这个男人的心了。

女人太过坚强、独立，不能说这是缺点，但有时会给男人威胁，甚至成为男人的敌人。男人对其渴望出于天生爱征服的心态，但是，一旦征服了，他对你就会失去之前的兴趣，容易再次寻觅下一个“猎物”了。而孱弱瘦小、楚楚可怜的女人则总能满足男人的心理需要，让他关爱、让他保护，男人找到强烈的自信，感受到自己的无比重要性。试问，他怎么能对你不牵肠挂肚呢。

许多男人年轻时，选择老婆或者选女朋友，看的都是身材和脸蛋。人品性格和脾气都不考虑，真正在一起之后，才发现：原来女人的美，不在外表，而在具有包容心和好脾气的个性。尤其是会撒娇的女人，一旦撒娇撒到男人的死穴上，这时，就算要男人为她去死，男人也会带着微笑和满足的表情“从容就义”。可见，女人撒娇、装可怜对于男人简直是无往不利，通杀！再坚强的男人，一旦碰上女人哀怨的眼神，柔声细语和楚楚可怜的表情，百练钢也能化成绕指柔。

有些男人的妻子做事粗枝大叶，常丢三落四。总是支使他到单位给自己送钥匙送手机什么的，或者回家关水龙头、煤气阀。但这个男人却一点也不生气，朋友都问他为什么不发火呀，他说有时路上也想冲她嚷几句，你知道，有时看她那么糊涂，是挺烦的，可妻子总是眨着大眼睛无辜地看着他，这却让他无论如何舍不得再去怪她了。哪一个男人不喜欢自己爱的女人对他撒娇？

朋友说完，突然明白了女人楚楚可怜的样子其实就是爱的代名词。在男人心中，装“可怜”的女人温柔、娇憨、可爱、可怜，男人一看到，骨头就会有麻酥酥的感觉。

点评：当女人撒娇、耍赖皮、装“可怜”的时候，男人的幸福感便油然而生。感觉特温馨、真实，也许这才是生活。女人只要会撒娇，男人就一定会好好地宠你，好好爱你！

第七章　香味
——暗香浮动醉人心

还记得那句曾打动无数女人心的广告语吗？“香水是女人的第二层肌肤。”女人若有似无的香味变幻全身化妆或服饰，可以给人留下深刻的第一印象，但是令人永久不忘的却是香味。隐隐约约飘散着的香气，正是衬托出女性魅力的无形装饰品。

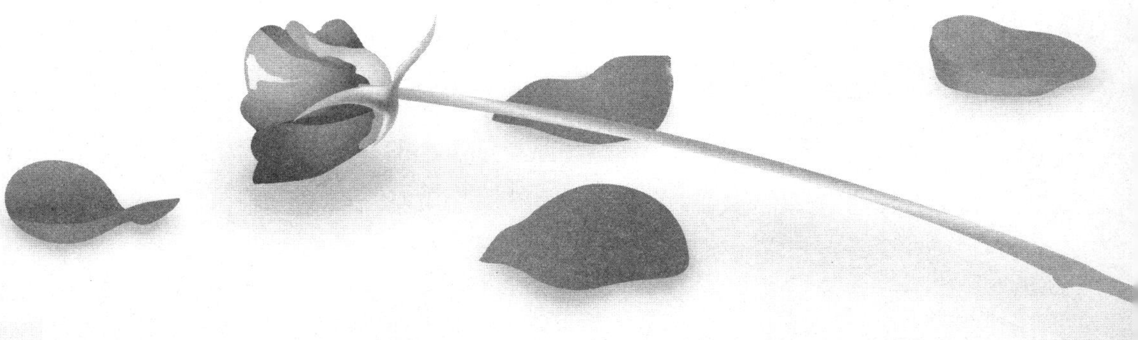

一、选一款属于你的香水

香水往往在无声无息间泄露着你的修养、学识和品位。香水混合了茉莉、玫瑰、檀香、香油树花等香味，花香味馥郁甘甜，总是有种难以言语的纵深感，而这抹香，只有懂得生活，有生活经历的女人能更淋漓尽致地发挥其魅力。正确选择香水，让自己成为香水女人。

美国香水专家杰奎琳·贝宁说，香水是体现女人万种风情的最佳手段，只要是女人，没有谁不爱香气袭人的感觉。同时，香水也是有其品位和个性的，只有适合你的香水才能烘托出你独特的美丽和韵味。

是的，世界上有那么多美好的事物，只有找到适合自己的，才能给自己加分。那么，怎么找到属于自己的香水呢？选择合适的香水，可是门真正的艺术。一旦你有了选香的诀窍，相信你离成为一个魅力满满的女人就不远了。

擦上香水是为了提升味道，让自己心情愉悦，不可以随随便便。切忌的是，香水必须要先试用后才能确定究竟是否适合你。选择的香水，它的香味应不具有刺激性，不能引起反感，相反，它应该是提高情绪，让人陶醉的。在你和香味之间应产生相互的好感。然后再根据不同的季节、场合选用与你的心情相配合的香水。所以，选购香水不能单单凭视觉、嗅觉。

一般选香水分为 3 类，即视觉、听觉、嗅觉。

许多女人习惯以香水广告来对香水产生好感，或者依靠听觉，“我听说这款香水……”当然，想从琳琅满目的香水中，挑选自己喜爱并适合自己的香水，可不是一件容易的事哦。

可以教你个小窍门，选香前，你可以回忆一下，在你曾经闻过的气味中，哪一种营造过最舒适、和谐的瞬间，以此来确定你的定位。以下为选购香水的几点建议：

（1）早起后，人在清晨嗅觉最好，鼻子很灵敏。

（2）穿上衬托你要表达气质的衣服。香水柜台小姐容易根据你的形象、气质向你推荐适合你的香水。

（3）选香前，身上不要用有香味的化妆品，那样，容易干扰你的嗅觉。

（4）准备几块小手帕或几块法兰绒布，用来试洒香水。以便你当场无法决定带回家再仔细嗅嗅。

（5）要有足够的时间，先闻一下洒过香水的手帕，然后离柜台或外出走上一圈，若干小时后再返回。其间可以让你有足够的时间去体验香水。

（6）不要试闻多款香水，鼻子也会厌烦。

当然，在你试闻香水时，尽量不要超过3种：

①把第一款香水涂在左手腕，隔数分钟后再闻闻看；

②数分钟后把第二款香水涂在右手腕，隔数分钟后再闻闻看；

③再过数分钟后，把第三款香水涂在左手臂弯内，数分钟后再闻闻看。

（7）最终，当决定要买时，让自己作出决定是否购买，不要征求同伴或营业员的意见。即便是你的生活伴侣，也不要强迫他和你一同试闻香水。

如果没有找到喜欢的香水或无法判断时，最好改天再来。想要找寻自己喜爱的香水，勤快多跑几趟才是最好的方法。要知道，选香是纯属个人的事，不能勉强自己接受某种香味。

知道这几点基本的选香技巧，离选到一款适合自己的香水就不远了。

再说说香味的分类，以便你选择自己认为适合的香味与香水。

①水果般的香味，橘味、梨味、水蜜桃味以及玫瑰、百合等花束的混合剂会给你带来香水的舒适感。

②罗曼蒂克的香味，从鸢尾花到紫罗兰、从蔷薇类花朵制成的新千年谱曲。

③女权香味，从龙涎香到芫荽子，这是以东方混合剂所制尖端香水的强力发动机。

④感性香味，从玫瑰到檀香木，古典的诱惑性的香水。

⑤享受者之香味，从葡萄柚到肉豆蔻花。

此外，选香还有个潜规则，你也需要知道。一般来说皮肤白皙及头发色淡的女性，宜选择柔和细腻、清新花香味的香水，而肤色较深的女性，则适宜选用东方调与花香调混合的香水，比纯花香的香水较为浓烈，给人以高贵极富女人味的感觉。

气候和季节也会影响女性对香水的选择。比如冬季会比较喜欢轻淡、细致的香味，而夏季则爱较浓郁的香味，因为在温暖的时候，淡香氛比浓烈的香氛挥发得快。

当你在使用香水时，除了选择香水的香型、气味之外，自己个性、职业、使用香水的场合等因素也是要考虑在内的。

成功买回自己喜爱的香水后，还有最后检验的步骤。它会不会引起你和你的家人的不快症状，如果家人因受到刺激，有头晕、头痛、眼痛、情绪低落的现象，这也是不合适的。测试的方法是，你可以在衣服上洒上几滴，让房间里充满香味，检查一下，如果这一天里家人都没有不适，精神饱满，那么，你的选择是对的。

点评：女人精致的妆容与得体的服饰，可以给人留下深刻的第一印象，但是，令人永久不忘的却是她身上那股若有若无的香味。那隐约飘散出来的香气，正是女人味的无形装饰品。

二、妙用香水，让女人味隐约飘散

说起来，其实每个女人都有自己的颜色，在那心灵深幽的世界中，就像一朵含苞待放的花儿渐渐丰润起来，与众不同、清香而神秘。人们说，女人是水做的。什么水？答：香水呗！更有甚者说，不会用香水的女人就像根木头，一点味道也没有。虽说这话听起来有些不悦耳，不过，细想想，还是有些道理的。

时下女人们会和你说“第六感觉”、“毒药”、“女人味”、“Gucci”，如果你不了解香水，你肯定是云里雾里，落后一大截了。香水能带给你与众不同、清香而神秘，每当发现并嗅到芬芳时，快乐就会如此地鲜亮、爽朗乃至透明起来，这岂是你能拒绝的，自由自在任香水挥洒心情。香水的妙处就在于它神秘而又缭绕的芬芳气味。但是，香水该如何使用于身体上或贴身衣物上？香水可以补妆吗？在何种场合该用何种香水？香水有何使用禁忌？如何保持香味长久？怎样才能享受香水带来的乐趣……

下面就来说说如何巧用香水。

由于香水本身的特性，当抹上香水后，随着时间的消逝，香味渐渐地与肌肤融合、然后变为即将消失的余香。香味会随着时间的消逝，一点一点地产生变化，这就是香味的变化，一般可分成3个阶段，前味、中味和后味。若想成为一个香水的使用高手，有些必要的步骤还是要记得。

第一，一般在早上出门前10～20分钟抹上香水

使用香水后的20～30分钟，是香水散发味道的最佳时机，所以，在出门前擦抹香水的时间很重要。习惯是上妆之前抹香水，这样，当你在化妆的时候，会因为被香气包围而觉得全身舒畅，充满幸福的感觉。

第二，选准香水的使用部位，会让你散发高雅品位

现在商场出售的香水品种、味道千奇百态。买到了适合自己的香水，却不懂得搽抹在适当的部位，那也是件头痛的事。善用香水的使用部位与方法，是让自己成为一个高明的香水使用者的捷径之一。

搽抹香水是要让它散发芬芳的香气，所以香水一定要搽在肌肤上，但是要注意避开阳光照得到的部位。曝晒在紫外线下容易造成皮肤斑点；需要注意的是，搽抹香水一般选择在身体的内侧上，内侧体毛少，加之体温也较高，抹香水的效果会更好。若想让自己举手投足都能散发迷人的香气，一般具体是搽在下面这些部位上，会使香水的味道发挥到最佳。

(1) 耳后。搽香水通常最普遍的地方就是这个部位，体温高又不受紫外线的影响。

(2) 后颈部。如果是长发，可以用头发盖住避免紫外线的照射。

(3) 头发。在发梢抹上香水，风吹过，轻轻摆摆头，就可以洋溢着迷人香气。

(4) 手肘内侧。手肘内侧属于体温高的部位，只要摆动手肘就会散发出芬芳的香气。

(5) 手腕。把香水搽在静脉上，这个部位的体温较高，又经常活动，是香气很容易散发的地方。

(6) 腰部。参加聚餐时香水搽在腰部以下的部位，能使香味随着肢体摆动而摇曳生香。

(7) 指尖。指尖很容易沾上各种味道，但是，请注意不要将香味沾得到处都是。

(8) 膝盖内侧。在膝盖内侧抹上香水，在你站起来时，由下往上散发出香气。

(9) 腿部。当你穿上丝袜之前，先在腿部、膝盖及脚踝内侧搽上香水，这样散发出来的香气不但典雅而且持久。

(10) 脚踝。在脚踝上方阿基里斯肌腱内侧搽上香水，在每次轻移脚步你都会散发出淡淡的幽香。

(11) 裙摆。只要你摆动裙子，香味轻柔的扩散，飘荡在空气中。

第三，擦香水的基本方法

一般在搽香水的时候，都容易犯搽得太浓的问题。常常对自己来说，是恰好的香味，但是对别人而言，香味的浓郁可能已经产生了“嗅觉灾难”。如果你觉得香味稍稍不足是抹香水正常的分量，若是自己不能确定有多香时，那么请问问周围的亲朋好友吧。

其次，要记住，抹香水要广泛平均地擦在身体上。香精是以“点”、香水是“线”，淡香水是以“面”的方式。可以利用指尖沾上香水一点一点的搽在身上的六七个部位。当你想使用的更广泛时，建议可以选择喷雾器，穿上衣服之前，选择两三个部位直接喷在肌肤上。让喷雾器距离身体约 10 ～ 20 厘米，使喷出来的香水形成雾状，喷洒的范围较广。如果担心这样还会喷洒太多香水，就把香水往空中喷，然后走过香雾里，让香水均匀落在身上，这样就只剩下淡淡的清香了。

有人戏称，若是你没有女人味，总要有女人“味”。虽说这是句玩笑话，但也不是完全没有道理的。一直以来，香水总在世间男女中施展着浪漫魔法，它不仅是一种气味，更代表着每个人不同的特质、品位。正确的喷洒香水会将香气散发的淋漓尽致，会使你的女人味道长久弥漫在空气中。

点评：女人是水做的，所以女人与香水就多了一份亲和力。香水的滋润能使女人多一份娇柔妩媚，多一份高贵典雅。香水，不仅体现的是女人爱美的一面，更是体现现代女人的一种品位。做美丽女人，更要做个美丽的香水女人。

三、裙角飘出浓浓女人香

女人是水做的骨肉，清秀、妩媚，天生丽质，走在街上本就是一道亮丽风景，加之各色衣裙的衬托，更是婀娜多姿，尽展了风采。

夏日里，是阅读女人裙装的最佳时节。这时，各种裙子的“展示”达到顶峰，放眼望去，长可及地的、短而露臀的、宽可装象的，还有那种紧裹在身的，有的裙角下垂，而有的飘飘欲飞，总之，无论是选料、款式，还是风格，都独具匠心。女人就在这片裙角飞扬的世界里展示自己的女人味。长裙端庄，雍容而神秘。短裙热情、活泼，不拘一格，充满活力。一步裙展示曲线，喇叭裙俏皮、可爱，连衣裙温婉动人。裙子于女人的美丽真是各逞其能、争相斗艳，演绎不同的风情、性格。

穿裙子也不仅是因为美丽，更重要的是它还有其他几个优点。

首先，就是方便，没有束缚感。两条腿总是享有一个自由的空间，穿裤子则享受不了这份优越；

其次，它能够掩盖女人的身材缺陷，让女人看起来更美。如果你有双纤细的小腿，但大腿却粗壮结实，那么穿上到膝盖处的裙子，人们的目光只定格在小腿流畅的曲线上，至于大腿怎样，有谁能知道呢？

最后，如果你的下半身的身材不尽如人意的话，裙子就更是你的保护伞了，你可以选择长裙，将下面都遮起来；总之，裙子在展现女人外形美上，比裤子更“安全”有效。

社会发展到今天，裙子是生活审美发展赋予女人的专利产品，存在肯定有它一定的道理。

不过，男人们常把眼球定格在超短裙上。女性身体的 S 形，使得她本身就是一件无与伦比的艺术品，再穿上超短裙，常使欣赏者的眼睛为之一亮。超短裙欲盖弥彰地晃来晃去，时常摇晃地男人们一脸的焦躁不安，恐怕意志坚强的，也难免不浮想联翩。

如今，越来越多的女性穿上经改良后的低胸无吊带裙，这类裙子前身是欧洲女性的晚礼服样式。改良后穿在身上，恰到好处的展示了女性似露非露的穿着效果，让女性更为神秘、性感、诱惑。的确，穿上裙子使女人更有魅力、更具有女人味，而这一点对于女人来说，实在是太重要太重要了。

娇就是一个爱穿裙子的女人。她说，穿上裙子的女人才特别好看。飘着长发穿上裙子有一种“英英妙舞腰肢软”“回眸一笑百媚生”的感觉！其实女人一年四季都可以穿裙子，现在的裙子那么多样式，薄的、厚的、长的、短的，每一个季节都能找到适合你的裙子。穿上裙子会很舒适飘逸，总有一种空间之外的感觉，心情常常会亦如裙摆般悠悠逸逸，自如舒适的裙裾，迎着徐徐清风，在天高云淡时融入大自然的怀抱，“云想衣裳花想容，春风拂槛露华浓。”在春意盎然秋意浓浓时漫步在每一个地方。

女人穿裙子天经地义。女人的裙子，往往在诉说着她的内心独白。想了解她是一个什么样的女人，是婉约还是奔放、是追求富贵还是崇尚自然、是高雅还是低俗，看她穿的什么样的裙子，你就能知道。穿裙子的女人或有青春的飘逸，或有成熟的典雅，每一款，都展示女人的不同风情。如今，是一个追求个性的时代，所以即使是很冷很冷的冬天，在闹市街头，你也能看到几个身着裙装的女人傲然走过，就这么不张扬的为苍白冰冷的冬天添加了许多浪漫。

穿裙子的女人有那婀娜多姿的迷人风情，这是一种含蓄美的隐藏，一种矜持美的缓释。春暖花开，阳光明媚，看一眼穿裙子的女人，俏立街头，突出了女人的妩媚、展现了女人的魅力。

点评：难怪有人说，如果你是男人，就该建议你的女友多多穿裙子。如果你是女人，不穿裙子，怎么能感受到做女人的快乐心情呢。不管你的身材如何，不要担心穿得效果不好，只要穿上，你就会知道，其实做女人，做一个穿裙子的女人真好！

四、款款风衣变身经典女人味

风衣，是成熟女人的标志。有风的日子里，风衣是最动人的衣服。随风舞动的衣摆包含着对秋天的种种眷恋，洒脱的女人用它来挥洒风度，而柔弱的女子也用它来包裹自怜自爱。在渐渐有一丝寒意的秋风里，风衣让你有种被拥抱着的安全感。

风衣，在刚刚诞生之际，是只讲求功能性的男装，如今，越来越演变成女性装束了。《卡萨布兰卡》中的英格丽·褒曼以风衣造就出冷峻的中性魅力，来成就那段可歌可泣的爱情故事；21世纪的时尚圣经《欲望城市》中莎拉·杰西卡·帕克所扮演的女作家Carrie，在拍摄新书封面时，穿遍华服的她却选择最经典的风衣来表现其性感的都会魅力。

难怪有人说：“风衣很注重功能性。它对任何一个年代的人来说都很时髦。风衣是真正的经典之作。”

风衣，如今给人的不是那么硬朗，男性的感觉了。风衣用它不同的款式、质地、风格展示女人味的不同面。军装风格的风衣让女人看起来更加干练；闪亮的漆皮风衣带来浓郁的都市摩登气息；皮草风衣在低调的色彩中尽显华丽与高贵，不凡的品位自然流露着；毛线风衣在柔美静谧中展现平淡与宁静。

风衣是许多女人的秋冬必备，简约的经典款、低调的灰色彩都是营造优雅的有效手段。如果是挑战的性感穿法，就把风衣单穿吧，裸露的双腿可用深色丝袜来装饰，又或者连丝袜都抛开，下面露出一双美腿，内里似幻似真让人向往不已。

许多女人，都视它为可以体现女人味的物品之一。不过，想要用风衣展示女人味，也是有小窍门的。时下的裙摆式风衣款式越出越多，除了有保留风衣基本特征的收腰伞摆款式外，无领、短袖、印花等各种连衣裙的元素都运用在其中，将风衣与连衣裙的界线就此模糊，只是为了塑造女人更多变的妩媚女人味。

我们东方女性，身材大多属娇小、玲珑型。长款风衣是不适合的，因为穿不出西方女性的气势，不少品牌推出了改良式超短风衣，腰部以上完全遵循传统风衣的特征，所不同的只是将下摆裁短，这么一来，就起到将身材拉高的神奇功效了。短款风衣在近年来日趋热门，尤其是及腰的宽松款，更成为许多女人的必备装，它们比起长款风衣来说更为轻便，也有更多搭配性。

1．短款风衣可以搭配高腰阔腿裤，这是令你身材看来更为修长的好办法之一。再搭配双高跟鞋，气质立刻呈现开来。

2．如果觉得自己的腰部线条还不够完美，却有一双美腿，宽松式短款风衣搭配短裤，是扬长避短的最佳方案。

对于东方女性来说，短款风衣的受众面更广。

如果你的身材是梨形的话，风衣则可以让你扬长避短，显出女人味。建议你可以选择长度及臀，腰部宽松的风衣款式。如果你想呈现 20 世纪 50 年代的乡村甜美风格，短款风衣加上碎花伞裙，轻松帮你实现愿望。想体现现代味，那么你就选择 H 形大衣，下半身搭配五分裤；如果你有纤细的小腿，那么芭蕾舞鞋是搭配宽松式风衣的最佳选择；想体现女性的浪漫气息，就请选择带有中式元素的风衣吧。

还记得 20 世纪 60 年代奥黛丽・赫本的娃娃式风衣吗？她以直身 A 字裙以及鲜艳的塑胶珠子项链搭配宽松式风衣，在当年曾轰动一时。如今，这也是许多想走甜美优雅风格的女性一直追随的。如果你的身形太过丰满，那么，A 字形风衣对你是不适合的，穿上看起来有可能会像是孕妇。

无论是帅气的中性风格，还是女人味十足的裙摆款式，或是尝试毛线等不同质地，女人才明白原来最 Man 的风衣竟然可以将自己的七情六欲演绎得栩栩如生，这种介乎强势与浪漫之间的平衡才是女人内心真实的渴望。

点评：风衣发展到今天，早已不再拘泥于传统的款式。或许你觉得它不够美丽惊艳、华丽迷人，但是，它却会精心地将女人包裹。穿上它，能从骨子里透出最坚定的优雅与最冷艳的性感。

五、不要让女人味在职业装里迷失

现代女性不是那种大门不出，二门不迈的了，她们追求时尚、个性突出。她们有主见、坚持学习，工作积极，有着自己坚定的人生目标。

在现代社会的激烈竞争中，在个人能力和职位不再与性别有关的今天，女人常把自己包裹在职业装里，收藏起从前的柔弱和娇嗔，用干练和硬朗去与男人竞争。女人，你是否已经忽略掉自己的性别身份，忘记了女人味的艺术？

你可能会说，穿着职业装，怎么去体现女人味？其实，换个角度去想，迷人性感的姿态有千万种，身着职业装，一样可以打造美丽与性感。只需做到搭配得体，避免太过张扬就可以了。试想想，公司里有那么多男性的灰调子、蓝调子、黑调子的衣服，女性的光彩照人也是老板们愿意见到的。

路易·威登的中国公关顾问赵晓静说："上帝让你做女人，你就好好地做个女人。一个女人每天很漂亮地来到办公室，坦然、风趣、得体、细心，赏心悦目，别人凭什么不喜欢你？女人如果老想学男人一样强硬，那你就彻底失败了。因为你只能做失败的女人和蹩脚的男人。"

工作成就了女性持久的美丽。流露品位、释放自信、引导时尚……她们自然成为最出色的一个群体。一直以来，人们对职业女性的感官似乎也跟职业装一样，生硬而缺少色彩，女性职业装与男装的区别几乎仅在于尺寸的变化。其实，年轻的白领们在影响着时尚的步伐，近年的职业装已经悄悄发生了不少变化，东方仙玛时装公司设计师向记者介绍，时装界在波西米亚风的疯狂吹拂下，水晶、珠绣、花边、花朵等元素开始运用在职业装的设计中，女性的精致心情终于被调动起来。

如果你不想让自己的女人味淹没在职业装里，在原本熟悉又普通的基本款中，加入几点潮流元素，整个造型就会立刻变得时髦耀眼，职业装也可以很时尚，这才是最实用高效的职场穿衣之道。这其中，最温柔的配饰莫过于丝绸与羊绒了。一款别致的小方巾，巧妙的系法能让你看起来妩媚、动人。设计师建议，用羊绒饰品与现有服装风格合理搭配，也是提升女性魅力的手段之一，当然，不必从头到脚全副武装。

如果你不想让女人味淹没在职业装里，你还可以选一款柔软长靴，短及小腿、长及膝上，仅露出一圈袜口。良好质地的长靴能让你走路的姿势充满着女性魅力。

如果你不想让女人味淹没在职业装里，短裙与传统大衣的搭配，也是衣橱里不可缺少的服装。短裙可选择百褶裙或窄口裙，隐约透出你的娇柔味。但需要注意，职业装中的短裙应在膝上 10 厘米以内为宜。因为工作性质，丝袜一般以纯色为主流，职业装搭配肉色长筒丝袜最雅致。

除去上面说的几方面，下面再介绍几款能迅速提升你女人味的办公室装束：

（1）A字形连衣裙应该搭配宽松的高领衫，呈现出可爱的淑女风范，足下选一双金属亮感凉鞋为恬静的造型带来几分潮流信息，让人眼前一亮。

（2）褶皱衬衫+长裤塑造出干练的H形，在主打服装是普通款式的情况下，特别要注意上下装的色调和谐很关键。闪亮感的漆皮腰带勾勒出身体曲线，也让整体造型更加立体。

（3）黑色基调的服装外加银色高跟鞋。这款造型让鞋子成为整个造型的主角。选一袭水墨画风格的及膝裙装点身体，顿时有了一种飘逸灵动的气质。

（4）那个最常见的衬衫与套装的搭配，衬衫选择彩色真丝衬衫，可以展现女人飘逸的感觉，这款套装的职业感毋庸置疑是NO.1了。你可以再背上一个很有质感的大包包，无疑锦上添花。

自信也被职场女人认为是女人味的首要美容剂。想要做味道女人，就不能放过暗淡无光的八小时。

点评：懂得女人味的女人应该是女性世界中最聪明的女人，在男人和女人的世界里，她们懂得进取，也适时地妥协；她们承认差异，也善于利用这种差异；她们懂得爱，更懂得爱自己。

六、香水调制不同女人味

女人味，到底是什么味？

女人味，静若清池、动如涟漪。朱自清先生有过这样一段对女人的描述：女人有她温柔的空气，如听箫声，如嗅玫瑰，如水似蜜，如烟似雾，笼罩着我们。她的一举步，一伸腰，一掠发，一转眼，都如蜜在流，水在荡……女人的微笑是半开的花朵，里面流溢着诗与画，还有无声的音乐。

年轻的女孩以新鲜的自然香味，表现年轻人不畏缩，勇于挑战未来的精神；温柔的女性以紫丁香的花香，表现女性的柔美；优雅的女性以玫瑰的芬芳，展现深层次的魅力气质；神秘成熟的女性以柠檬、柑橘的香气，表现女性的清洁感；干练的女强人以木香类香水加深印象，展现自己的成熟魅力。

生活中需要有味道的女人。有女人味的女人，喜欢学习，天天看报，经常上网，但并不是只知道迷恋时尚杂志和八卦新闻。而善于用香水却是女人味的另一种体现。女人三六九种，不同的女人类型使用不同的香水。不过，每种香都是为了展现她不同的美。

纯情女人，对世界和梦想有着很大的渴望，也经常因感情问题而情绪波动，对生活质量不是很在意，在意的是要不要真心的爱对方。那么，这种女人，花魅型香水再适合不过了。

温柔女人，适合甜点型香水。她无论是化妆还是不化妆，随意的牛仔裤，格子衬衫，什么装束都不会有损于她的真诚。她温柔的话语总能使周围人舒服，即使有时候发火，别人也能理解她。这样的女人用什么香来展现自己呢？甜点型的香水，经过配制，如美味的饭后甜食般的香水，这种香味常会影响到我们的情绪，甜点型香水常常能激发一种满意的情感，人们常常会把这种情感转嫁到抹香水的女人身上。

高雅女人，喜欢用古典型香水。高雅的女人，一般已经拥有了家庭、社会地位以及金钱。不知名的东西不会进入她的视野，不知名的人想必也很难成为她的朋友、家人。她常以漫不经心的态度对待人和物。她身上的香气也基本属高级的，玫瑰、丁香、百合、兰花、乳香、檀香木可以调出她的高雅气质。

自信女人，自信的女人知道自己要什么，她会清楚、准确地表达出来。她需要的是可以给人诚实可靠感觉的香水。信号型香水给人的印象是诚实的、可靠的，且令人不可思议地招人喜欢。紫罗兰、莲花、香柠檬、菠萝和少量薄荷经常被用在信号型香水中，并且散发着轻微的香味。如果想要突出你的美德，选择信号型香水是合适的。对方会认为你是个体贴别人、含蓄克制和知识丰富的人哦。

有这样一种女人，她不愿受约束，她永远不知道明天要穿得衣服又跑哪儿去了。她在感情上总是大起大落。喜欢内容纷杂的香水，肉豆蔻、香草、葡萄干、麝香和肉桂等。她喜欢尝试新事物，就是常常不能坚持下去。认为她没有头脑，那你就错了。她常常在杂乱无章中带有魅力和幽默，异调型香水是属于她的。

性感女性，她温柔、敏感，喜欢留一头卷发，嘴唇厚而凸出，成群的男人围着她转，并很乐意与她在一起。她常散发着自然野性的气味，对男人总是具有一种磁石般的吸引力。她喜欢香味强留而持久的，因为这种香水能让人兴奋骚动。那么，这样的性感女人就适合柔顺型香水了。

挑逗的眼神、诱人的唇、凸凹有致的曲线、神秘的黑色衣装……这些都给人妖冶的感觉，这类女人不喜欢正常的生活，一本正经的男人她们连看都不看。其实，许多身边的男人都曾幻想过偶尔和一个妖冶的女人调调情。性感型香水，再适合不过这类女人了。广藿香、麝香、龙涎香、香根草或苔藓，通常混合在这类香型基调中，能增强性感香水的诱惑和持久作用。它的作用常是令人迷乱的，甚至有一点使人忘乎所以。但是，女人必须要知道的是，性感型香水也是重型炮弹，必须巧妙使用，如果你不想成为男人的太太，只愿意做一个妖冶女人，那么，性感型香水可以成功为你迷住男人。

还有种女人，她可爱、幸福，性格不复杂。人们都愿意喜欢她，接近她，她是社会型的，适合带有清爽早晨气息的香水。紫藤、香忍冬、睡莲、莲花、风信子等都能弥漫这样的气息，这种香水属心理型香水味，十分适合亲切的女人。

点评：温柔的、高雅的、自信的……还是那句话，天底下有多少女人，就有多少种女人类型。每一种类型，都有着不同的韵味、女人味。每一种香水都是为某一种女人而配制的。欲说还休女人味，说不清的女人味啊！

七、做个淡香袅袅的女人

也许你没有如花的容颜，但你却可以用淡淡的心境创造出如花的人生。淡是一种心境，是一种为人处世的态度，是一种生活方式。就这么淡淡的享受简约与宁静，欣赏悄然和从容，拥有善良与温柔，鄙视刻薄和尖酸。淡香袅袅的女人，没有扑鼻的香，只有一丝若隐若现的余香，但是，这股余香的回味却常常久久，令人难以忘怀。

米兰·昆德拉说：女人的一生，就是从上一个家到下一个家。女人的一生，就是与各种角色共舞的一生。在女人的一生中，就像一道亮丽的风景线，芬芳扑鼻的、灿烂鲜艳的、淡香袅袅的，千奇百态。

没有香气的女人，她们就好像没有芳香的鲜花，时间久了，就会让人产生疲倦，不由得打哈欠。带着点淡淡香气女人，像是刺激人的神经，兴奋地把目光追随到那人身上，喜欢那股淡淡的感觉，不张扬、不凸显，这样的女人是真女人，不仅让生活有了味道，也让生活变得多彩。

女人香是如此，做人亦是。淡香的小女人很少出头露面，她总是淡淡而来，悄然而去，当别人在一起议论家长里短，是是非非时，她却捧一杯香茗在灵动的诗行里绚丽自己的人生，或者翻开菜谱学几样好菜让美味飘到家人的心中，她也会在闲暇时将破旧的居所收拾的干干净净，让内心在清净和有条不紊中宁静。

幸福是每个人积极追求的，它对于不同的女人，有不同的解答。有的女人觉得一生中真正爱过一次，就幸福了；有的女人会觉得嫁了个好男人，就幸福了；有的女人觉得自己有个懂事的孩子，就幸福了……其实，一个女人的幸福并不取决于别人，包括她爱的男人、孩子、父母，以及其他关心她的人，而在于她自己。对于一个女人，婚姻的幸福，首先要找到一个疼爱自己的男人，然后享受与爱人在一起的分秒，哪怕只是粗茶淡饭。她从不埋怨老公无能，在她眼里，老公是世界上最优秀的男人，当他失落时，她会将他轻揽入怀，给他以母性的安慰；当他得意时，她又会淡淡地提醒，不要骄傲，还有人上人；她愿意在宁静淡薄中和家人共度人生。

下班的路上，如果迎面走过来的女性香气逼人，迎着风吹到你面前，浓郁得有点惊慌不安，若太过强烈的话往往还会让你有股恶心感。仔细看看，她们衣装华贵，戴着名贵项链，浓妆重抹，美是很美，不过，总觉得缺少些什么，总觉得没有什么活力似的，总难让人吸引。相反，扑面而来的如果是一股淡淡的女人香，则怡人多了。女人的美丽并不是奢侈品的堆砌，她常常像秋叶般静美，给人以宁静和淡淡的欲望，生活简单却有味道。

朋友张嘉对女人的最高赞誉是：嗯，不错，味道蛮淡的。不明其理的人还以为这是对一个不放调料仍能把菜煮出神仙味道的厨子的恭维。其实，对女人来讲，“淡”不仅是个简单的形容词，还是种态度，更是种境界。能达此境界的女人绝对是少数中的少数，这点你要坚信。女人“淡”要淡得毫不扎眼，一望就能使人全身上下经脉顿开，气血舒畅，好似大热天里喝了冰镇的苏打水，清爽极了。“淡”也要“淡”得有些思想，淡香的女人知足常乐，常怀感恩。

她从不戚戚于贫贱，更不汲汲于富贵，她始终保持一种随心所欲的坦然和神游千仞的豁达乐观。她也会羡慕，但从不嫉妒。她会羡慕那些比自己优秀的人，但她只会在心里祝福对方，然后悄悄地努力提高自己，学人所长，补己之短，让自己变得更加优秀；她懂得忙里偷闲修饰自己，滋养自己，用自己淡然的心境去呵护长长的秀发，还会定期去做美容，让自己的容颜永远充满淡淡的清新。她可能并不出类拔萃，没有女强人的魄力，没有高贵的地位，没有荣华富贵，思想也很简单，凡事不多考虑，她满足现状，不会张扬，在许多人眼里，她可能是笨笨的，傻傻的，没有出息的小女人。这正如你去爱一个人一般，太过激的爱，往往男人招架不住，会吓跑的。若是不温不火，却刚刚好。

点评：爱情也好，生活也罢，需要女人用一种理性，一种淡洎却又坚韧的情致，在漫漫人生中闲看云卷云舒。淡香的女人，镇定自若，不为世俗名利所染。在细致中品位人生的韵味，在精致中享受人生的乐趣。

八、智慧添点女人香

女人爱美丽，每当有人用“美丽”这个词赞美自己的时候，女人们都会心花怒放。因为美意味着别人羡慕的眼光。美丽是所有女人一生都追求的东西。然而，美丽却是一个内涵极丰富的词，它不仅仅指让人怦然心动的外表，它更是气质、智慧、修养、品质等的混合物；它不仅仅只刺激着周围人的视觉，更重要的是给人一种感觉。

在当今的社会，女性不仅继续承担着传统的相夫教子的职责，而且和男性一样，需要撑起事业的“半边天”。身兼“贤妻良母”

和“职业女性”两重角色的当代女性，女性意识越来越模糊，而“女性健康”的概念更不会是简单的“就医驱病”。女性要获得真正的健康，就必须清楚地认识到她们想要得到的智慧的真正含义是什么，她们必须认识到，这种智慧遍及她们的整个身体、心灵以及精神。

唯有智慧能重赋美丽，唯有智慧能使美丽长驻。“女子无才便是德”，对现在的女人而言早已是陈年往事了。如今社会对女性的要求恰恰相反“女子有才便是德”。用自己的智慧演绎着人生，创造着生活，添点女人香，这不仅仅是因为外表，更是因为内在的修养，这样的味道是种不言而喻的美。

女人都希望自己与众不同，这是提高自信的一种手段。而对男人来讲，更希望拥哪种女人入怀呢？据一份数据显示，男人希望与有智慧的女人相交比与仅有美貌的女人相处比例要高得多。如同事小马说，女人美貌像云烟一样，迟早会随着年华而老去，再美的容颜总有一天会成为过去，不老的只有她的头脑——智慧。没有哪个男人希望自己和不学无术的女人生活在一起。一个女人，若写得一手好字，见字如见人；若写得一手好文章，这个女子虽不一定是博古通今，也必定是学识广博；若擅长画画，若弹一手好琴……试想，与这样的女人相伴，哪个男人不梦想呢？

作为一个女人，不论她天生是否丽质，只要她是个自信充满智慧的女人，就一定是一个美丽的女人。美丽而又自信的女人，是一幅令人赏心悦目的旖旎的画卷，既有迷人的风韵，又有惊人的魄力。对这样的女人而言，人生不是等待，而是创造，命运从来都掌握在自己手中。

生活终究是归于平淡的，平淡的生活里，女人如果只剩下那张貌美如花的脸蛋就显得太过苍白了。女人如花，花如女人。如花的女人需要的是内涵，是智慧。上天赐予女人美丽的容貌、妖娆的体态，但决定女人是善良、平和、公道、浪漫、温柔，还是丑恶、自私、毒辣、无知的，应该是文化思想和内涵品质。女人可以不美丽，但不能没有智慧，唯有智慧能赋予美丽以灵魂，唯有智慧能使美丽得到质的升华。倘若一位女子度量狭隘、谈吐庸俗，纵使其有闭月羞花之貌，也只会顿时失色。

一个女人，拥有了美貌，会添了更多的自信，人生路走起来更顺畅，无论从自身还是外界看，女人拥有智慧都是件有百利而无一害的事。让智慧缠绕女人，让美丽突显外在，拥有智慧的女人，才能在美貌的基础上，更添几分柔情，增添了几分典雅。拥有智慧的女人，即使是岁月的轻霜爬上脸颊，女人也会风韵犹存，也会不失典雅的风范。智慧女人，话语从她们的口中说出来，常常如同春雨般沁人心田。不论何时、不论何种场合、何种问题，她们都会依据自己的知识，有独特的看法、独到的见解。在别人绞尽脑汁、不知如何解决问题时，她们会根据自己的经验和积累，来解决问题。这样的女人对男人来讲，如果懂得珍惜拥有，必然是男人不可或缺的财富。

点评：现在来美饰女人的化妆品实在是太多太多。你是随波逐流，还是另辟蹊径？女人可以换一种美饰自己的方式，那就是添点智慧。试试做个香气缭绕的智慧女人吧！

第八章　熟味

——成熟让你如此有魅力

成熟女人懂得主宰自己的生活，经营自己的美丽。率性而为，打造自己的梦想，敢作敢当，承担自己的愿望。成熟的女人，用一颗平和的心，看远去的风、远去的云、远去的似水流年。对于男人而言，一个成熟、有味道的女人，无疑是具有非凡魅力的，所有男人都无法让她走出自己的视线。

一、控制情绪，时刻保持美丽的良方

情绪是人对事物的态度的体验。愉快、忿怒、恐惧等都是常见的情绪体验。

情绪是人对客观事物与人的需要之间的关系的反映。它是以需要为中介的一种反映形式。客观事物并不全部都能引发人的情绪，只有与人的需要有关的事物，才能引发人的情绪。我们知道，每个人的心情都会时好时坏，有情绪并不是什么错误。只要学会控制好自己的情绪才是我们获得快乐的秘诀。人与人之间的情绪是很容易相互感染的。比如正在相恋的两个人，如果其中一个人的心情不好，那么另一个人也不会好到哪去。女人如果懂得控制自己的情绪，这也是你迈向成熟的一个标志。

人类实在是情感很丰富的一种动物。高兴、激动、生气、悲伤、颓废，每一种感情都被表现得淋漓尽致。在感情里是最容易情绪化的，有时哪怕是对方的一个眼神都可能都会让你思量许久。其实，这样是不好的，自己的情绪总是处于紧张，怎么能有一个愉快的生活呢？在许多事面前，不要太拘泥于小节，太情绪化的人，总让人有应接不暇之感。

比如，如果有一个人说了一句你认为是错的话，或许他就是错的。如果你直接在别人面前就说你这句话说错了，应该是什么什么样的。可能，这个人会觉得你很不给他留面子，其实每个人都是把面子看得很重的。即使他已经知道自己是说错了，但此时的他或许还是会很不高兴的回驳你一句，“就你对，你是真理。”你要是听了这句话，你可能又要想了，我给他提出错误应该是件好事啊，他怎么能这样说我呢？然后，你们两个人的心情由此而变得烦躁。

但是，如果你换一种说话的方式，你说："是这样的，我有个新的想法，但或许也有可能不对，如果我说错了还请你们多多包涵。"这种情况下把你的想法说出来的话，我想他会很赞成你正确说法的。而且他兴许还会很高兴能够认识你这个朋友呢。

女人如果不能控制好自己的情绪，一有什么事就大呼小叫，甚至哭哭啼啼的，会让身边的人很头痛，一个不懂得控制自己情绪的人，常让爱人很想躲开，这倒不是说意味着你要装假，只是让你学会控制自己的情绪。

一家大企业的技术主管廖梅，被"猎"到一家民营制造企业担任制造总监。虽说职务和薪金都涨了一大截，但她很快就发现这家公司问题颇多：管理混乱、保险不健全、老板经常变换思路等。有一次，情急之下她对老板抱怨说："你请我来是干事业的，不是来和你们变来变去的。"她平日午休时也常对其他员工"诉苦"，后悔当初选择这家公司，如今已经让她忍无可忍，准备再次跳槽。

老板知道后，很恼火，请她走人了。因为在他看来，连自己情绪都不能很好控制的员工，留她下来，会成为公司未来发展的不安定因素。

当你伤心难过、情绪不好的时候，要尽量让自己冷静下来。想发的脾气，试着去忍耐一下，让自己冷静思考几分钟，选择一个环境愉悦的地方待一会儿，或者去找老朋友聚会，去逛街购物，去做一切让自己高兴的事情。如果你想大声哭，你也有权利这么做，然而，需要考虑的是，何时何地何人面前放声大哭。在适当的时候、适当的男性面前运用"泪弹"，含泪欲滴、低声哭诉，或许更能博取同情，达到自己的目的！要学会控制自己的情绪，勇敢面对失败和压力，只有这样，才能赢得男人的尊敬和同事的认可，为自己赢得那片瓦蓝瓦蓝的开阔天空。

工作中、生活里，谁都难免会遇到这样那样的烦恼，在面对这些时，成熟的女人首先应该有自制力，能游刃有余控制自己的情绪。这并不是说压抑自己，你可以采取一些措施使自己轻松面对不良情绪，你还可以丰富自己的业余生活。这不是指看电视、读小说、闲聊什么的，成熟女人的业余生活应该丰富多彩，选择积极的、创造性的利于挑战性的事来做，像健身操、瑜伽、爬山运动等都能使得你心境放平和。

况且，长期不能自控情绪的话，对女人的健康也是有影响的。情绪上的长期紧张和焦虑往往会降低人体抵抗细菌和由它引发疾病的能力。尤其是气愤和懊恼的情绪是引起许多心身性疾病的主要原因。俗话说的好，“笑一笑，十年少。愁一愁，白了头。”

点评：我们知道，相对男性而言，女性更会表达自己的情感。但是，如果想让自己具有成熟女人味，一定要学会控制自己的情绪。因为过于情绪化的反应，在破坏女人自身形象的同时，还会影响女性的整体魅力。

二、动人的谈吐让你“熟”味俱增

女人说话有分寸，是提升自己品质的一个重要因素。对人尖酸刻薄，总为几毛钱讨价还价，生活中不占点小便宜似乎就不能活下去，这样的女人，平庸、苍白、缺少内涵。语言，是与人打交道的第一道关卡，会说话的女人无疑成功地越过了这道卡。

许多女人谈恋爱时比较注意说话的技巧，因为想展现给对方最美好的一面。一旦结婚后，对于日常生活的一些细节就疏忽起来，没有节制的唠叨、喋喋不休地说一个问题。在她们看来，既然已成夫妻，哪里需要那么多小节呢？结果并不是这样。据统计，想离婚的男人中有百分之七十是因为受不了老婆没有节制的唠叨。怎样说话，才是一个成熟女人的表现呢？

一个女人在社会上生存会与各种复杂人物打交道，如果掌握一些说话的规则和技巧，这将使你在各种场合中应付得体，进退自如。简单归纳了一下，主要有下面几方面。

（1）培养自己说“谢谢”的习惯，不管是对朋友还是爱人。

（2）尽可能找到对方的优点，并习惯去赞美他 / 她。

（3）当有不同意见时，诚恳地表达自己的看法，语言婉转，不易得罪人。

（4）根据对方的心理及时调整自己的状态和情感，做一个让别人乐于听你讲话的女人。

（5）虚心的听别人讲话，不光是要听语言还要听语调。一个会说话的人往往是一个高明的听众。

（6）尽量避免论人是非，俗话说，“常在河边走，怎能不湿鞋”，说人是非多了，就是惹祸上身的开端。

（7）开玩笑不要过头，要适可而止，即使与自己的爱人也是如此。

（8）平日习惯吸收各方面的知识，多读、多看、多听。

女人在恋爱中，可以使用一些小技巧，暗示幽默法。举个例子：

有一对小夫妻，晚饭后，他们一起出去散步，来到了青青的河滩，看见有一头牛在默默地吃草，缓缓地移动。丈夫指着牛说：“看那头牛多好呀，悠然自得，乐不思返。”妻子微微一笑：“那头牛是好，但也有不尽如人意的地方。”

丈夫说：“怎么不尽如人意？”

妻子：“要是这头牛吃了晚饭，把碗筷统统端进厨房洗了就尽如人意了。”

丈夫呵呵一笑，显然是接受了妻子的幽默暗示，记起自己在岳母家吃了饭便一丢碗筷的事。

看，这个女人多会说话，如果她和丈夫嚷，“为什么吃晚饭连碗都不知道洗呢，妈妈辛苦做给我们吃，吃完就走人吗？”估计这么说的结果是两人的不欢而散吧。

我们会夸奖这样的女人会说话，会说话的女人说出来的话总是能让人高兴的接受，听着心里也舒坦。比如，两个女人说同样一件事，其中一个说：“她皮肤很白，但是长得太胖了。”另一个则说：“她很胖，但是皮肤很白。”假如这两句话是说你的，你更喜欢哪一种说法呢？

由此可知，只要稍微改变一下说法，即可产生完全不同的效果。例如，两位女子坐在那里喝咖啡，这时凑巧进来了一位演员，其中一位悄悄地说“嘿！你们快看！那不是某某吗？”另一位答曰：“真的！不过比电视上难看。”如果她换一句话说：“嗯，还是电视上的她比较好看。”这样听起来是不是更感觉舒服呢？

再比如，有个同事正忙着工作，你正好有事找她，她却不耐烦地说：“唉呀！讨厌！我忙死了！”这时，你千万不要与她争吵，你可以说：“啊！对不起，我正在失业中，如果您有事，尽管吩咐……”在那一瞬间，你的这句回答必可缓和紧张的气氛，对方也会感觉自己说话太过分，她必会道歉：“我真抱歉，对你实在太不客气了。”

说话要分场合，要看人，也要掌握分寸，最关键的是要得体。不卑不亢的说话态度，优雅的肢体语言，活泼俏皮的幽默语言，往往都是你成功的捷径。合时地说话技巧能让你轻松拥有一份自信，娴熟地使用语言艺术，体现着成熟女人的魅力。

点评：成功一定有方法，失败一定有原因。人们都喜欢会说话的人，会说话的女人尤其是。俗话说，一句话说得哈哈笑，一句话也能说得哇哇跳。就是这个道理。

三、女人要有平常心

这个世界因为有了女人而显得色彩斑斓、多姿绚丽，一个美丽的女人像宝石，一个智慧女人就像宝藏，一个善良的女人像阳光。

人的欲望是无止境的，成熟的女人通常都有节制欲望的能力，当然，这不是一朝一夕的性情使然，而是长期修身养性的一种境界。每个人都有许多的物欲，房子、车子、票子、女人、孩子，总被人说来说去。成熟女人从不把期望值定得太高，她们从容、平和、乐观而向上，并且用一颗平常心与人为伴。她们像花儿一样，在成千上万朵的花丛中，她们平凡的闪烁，纷繁却不杂乱，错落有致却不单调，像雨后的空气般清新、芬香。

成熟女人懂得刻意想要的东西不一定就能得到，只要努力了、奋斗了，是你的总有一天会找上门来。成熟女人懂得，有钱的人不一定幸福，一点金钱也没有也不一定是不幸福。她们的精神被一种淡然、从容、柔和的氛围所包围。这样的女人像一杯清茶，“落花无言，人淡如菊”。

拥有平常心的女人，会认为幸福很简单，真正的幸福应该是想到一个人就会很自然的笑，而且是那种从心底流露到脸上的笑。如果没有钱，她说，可以少逛商场，少去超市啊，甚至可以用香皂洗脸。没有自己的房子，那就去租个小屋吧，没有车，她更喜欢这样牵着手漫步呢，并且告诉你，这才是浪漫。

她是个很有意思的女人。她上初中的儿子看到别人的孩子上学有车接送，就经常会对她说：“他们怎么都有私家车，而我们没有。我什么时候成为百万富翁，一定买最好的车。”有一天这个女人领儿子去见一名百万富翁，让儿子学习成为富翁的秘诀。年轻人迫不及待地问："我什么时候能拥有你那么多的金钱啊？"富翁略加思索不紧不慢地说："我宁愿把所有的资产都给你，以换取你的年龄。"她用这个教育自己的儿子，你看，拥有一百万也没什么了不起的，你有的是他拿金钱换都换不来的宝贵东西呢。这就是成熟女人的平常心。对名利看得总是很淡薄，或者说，她们总有办法使自己过得更幸福些。

她们不羡慕别人的房子比自己大，却只希望有一个疼爱自己的好老公；她们不嫉妒别人的孩子比自己的孩子学历高，她们更注重树立孩子的自信心，鼓励孩子的生存能力；她们不在意别人的老公比自己的帅气，在意的是自己的老公是否忠诚；她们更不愿意打肿脸充胖子，她们善解人意、相夫教子、勤劳节俭。她们有滋有味地活着，不贪慕虚荣。

王湘是一个崇尚独立的女性，一心想要成就自己的事业。不甘愿平凡的活着，认为人来到这个世上，就应该有番成就。

最初她从家乡的小城市来到北京，觉得一切都是新鲜的，她羡慕人家有那么宽敞的房子，还有在家乡只有政府官员和大老板才能坐上的汽车，在这里竟然是许多家庭的私家车。她进行一番攀比之后，发现自己真的很"贫穷"。许多年后，当王湘也开办了自己的公司，一切梦想都实现后，回头去看，才发觉自己年轻时是那么不成熟、可笑。曾经努力奋斗的日子，虽为她换来了物质上的丰裕，但她却一点儿也不快乐。她明白了，自己要做个什么样的女人——拥有平常心的女人。

是的，成熟淡然的女人像秋叶般的静美，给人以宁静，给人以淡淡的欲望，活得简单而有味道。她们用自己那温雅如兰的外表和气质，用她那吐气如兰的声音关心着她所爱的男人，不会把她的爱人和别人去比较，总在他最失意的时候给他以赞赏和鼓励，让他以山的伟岸撑起自己的一片天空。

点评：生活是死的，常常平淡无味，可人是活的，会创新的。拥有平常心的女人懂得用心去欣赏生活，懂得创造能改变乏味，因为她们知道生活可以更美的。

四、做个聪明的“傻女人”

人们都说，聪明的女人，三分流水二分尘，不会把所有的事探究一清二楚，就算你天生有一双火眼金睛，世事洞明，到头来伤了的不仅仅是眼睛，还会连累婚姻，只要把握住婚姻生活的大方向，不偏离正常的轨道，不偏离道德的航线，不妨试试在小事上装一次傻，说不定你会爱上“装傻”这种生活方式，因为这种方式离幸福很近。

朱蕾前几天和老公吵架了，不是什么大事，因为他父母的事情。小两口结婚没几年，夫妻白手起家，开了个小公司。老公的父母都是工薪阶层，所有的积蓄都培养儿子了，加上岁数大了，身体有这样那样的小毛病，经济不怎么富裕。老公总想补贴一下父母，但又说不出口。大概是男女思考问题的方式也不同，就造成了小夫妻之间的分歧。

朱蕾很想与老公好好谈谈，可他就是不会把不同的意见说出来。不知道想说什么。

和朋友这么一说后，朋友是位心理医生，给了她一个建议。她让朱蕾试着就这么装作不知道，拎着礼品去公婆家。朱蕾就这么去了。一顿饭下来，说说笑笑的，什么也没提及，老公丈二和尚摸不着头脑。临走，她塞给了公婆 2000 块钱，却没和老公说一句话。这么做，果然奏效，晚上，老公就早早地回来了。四目相视，嫣然一笑，两人和好如初。

你看，这就是“傻女人”的聪明之处了。如果大吵大闹，结果差不多就是不欢而散；如果继续生闷气，一是自己受伤；二是问题得不到解决。生活中很多事情，我们只需要换一种解决的途径，结果就会出乎意料地好。其实，在这个过程中，自己并没有损失什么。

选择安静、选择沉默、选择糊涂。做个糊涂的女人，多几分洒脱；做个糊涂的女人，多几分豁达；做个糊涂女人，多几分自信，难得糊涂嘛。

张洁也遇到了类似的烦恼，男友让她在他校友录中代他发个小消息，张洁不经意地浏览到他校友录的发送消息时，看见了他给一个号码在不同年、月、日，不同时间重复的发了5遍“还记得我吗？怎么不和我联系啊，我是谁谁谁，给我打电话吧！等你电话……”的时候，眼泪还是不经意流了下来。张洁说，自己不是那种心思缜密的人，但是总是多愁善感，怜惜着身边的一草一木；自己也不是那种过于霸道的人，但是总是在忧郁中展现任性。

张洁知道他的密码，但是觉得恋爱双方还是两个自由的个体，基本上不去干涉男友的私人交往，不偷窥他的私人生活，不关心他的私人秘密。在她的概念里，恋人是亲密的，是没有一纸婚书的爱人，彼此仍然是独立的、自我的，所以尊重他的自由。

日子平淡地过着，张洁让自己逐渐遗忘了这件事。张洁说，与其记住不开心的，不如忘记不开心的；与其伤感着，不如快乐点；与其痛苦的煎熬着，不如幸福的淡忘着；做一个“傻”女人，至少可以让自己开心的度过每一天。两人依旧手拉手地上街、依旧亲亲密密地过马路、依旧嘻嘻哈哈地互相开玩笑。其实自己不是个大度的女人，只是知道，男人一时的彷徨与留恋都是正常的。

多聪明的女人！她深谙男人就像女人手中的沙子一样，有时你越是想要抓紧，他流走的速度反而越快。其实，生活中不缺少那些精明与计较，缺少的是睁只眼、闭只眼。尤其对于女人，做一个聪明的“傻女人”好处真是多多。偶尔的犯傻，体现的是屡经世事沧桑之后的成熟和从容。这种“傻”与不明事理的真傻截然相反，它是人生大彻大悟之后宁静心态的写照，是女人心智成熟的一个体现。

做个聪明的“傻女人”，“傻”不是昏庸、不是傻冒、不是白痴、不是愚昧；相反，是一种智慧。古语说：“水至清则无鱼”。恋人相处亦该如此。“装傻”不是猜谜语，更不是“留一手”，“秋后算账”。而是为了给对方留点面子，为矛盾缓解留点余地，彼此增添点朦胧美。其实，女人装傻，男人也不是不明白，他虽然嘴上不说，但是会在心里感激你。因而，这样可能还是你们增进情感的一个契机。

做个聪明的“傻女人”，该糊涂的时候就要装糊涂。每个人都有他的天地，都有不想让别人知道的地方，只要彼此有爱，给对方一定的空间，对方就会还你一份情坚意笃的感情。

点评：其实“装傻”是一种宽容，一种大度。人与人之间需要宽容，需要空间。恋人之间只要还有爱，并以此为中心，以彼此的宽容和包涵为基本点，这样的爱情才唯美，这样爱情里的女人才更有味道。

五、变通让女人进退自如

有个女人参加演出，在后台化妆时，朋友风风火火跑来说，你丈夫跟别的女人走了。她听后惨然一笑，并没有停止化妆，反而，她把那个妆化得十分精致，十几分钟后，她带着灿烂的微笑一如既往地走上舞台。她和观众互动，说着轻松的笑话，她的观众十分地开心。回到后台，卸下妆来，她仍然没有哭。她就是靳羽西，她的事业因为婚变而辉煌，她的生活因为婚变而精彩，无论走到哪里，她都是笑意盈盈。

感情是双方的事，需要两个人共同维护才能完成。如果其中一个人践踏了它的完美，另一个人付出再多也是无补。当爱人不再爱你，一味死缠、紧抓不放，都只会让女人更加痛苦。一个女人可以生得不漂亮，但是一定要活得漂亮。活得漂亮，就是活出一种精神、一种品位、一份至真至性的精彩。适时地放手、变通，让自己全身而退，不失为成熟女人的另一特点。

除了花瓶中的塑料花，岁月不会迁就任何一个女人，而好心态是保鲜美丽的最好方法。作为女人，你的外貌不漂亮不要紧，只要心漂亮，你的生活就会充满朝气和活力，而你也会因此变成真正美丽的公主。一位哲人说："你的心态就是你真正的主人。"

有许多事情，是难以解释，也无法解释的，许久的期盼和等待，只能换来更深的痛苦和寂寞。既然心不在了，弥补和挽留又有什么用呢，还是将目光朝向未来吧，前面路上还会有鲜花和希望，转变自己，给自己多一次机会，你会发现前面风景更好。

原来听过这样一个故事，说得很有哲理。有一个老太太，她有两个女儿，大女儿是染布的，小女儿是卖伞的，她整天为两个女儿发愁。天一下雨，她就会为大女儿发愁，因为不能晒布了；天一放晴，她又会为小女儿发愁，因为不下雨小女儿的伞就卖不出去。老太太总是愁眉不展，没有一天开心的日子，弄得身体状况每况愈下。一位教书先生劝说她，为什么不反过来想呢？天一下雨，你就为小女儿高兴，因为她可以卖伞了；天一放晴，你就为大女儿高兴，因为她可以晒布了。在教书先生的开导下，老太太以后天天都是乐呵呵的，身体慢慢地健康起来。

是的，任何事情我们都可以换一个角度来看，问题就在于当事者看它的哪一面。懂得变通的奥妙，你会发现，生活里竟是美好的事物。有人不喜欢夏天，认为蚊子多；有人喜欢夏天，因为夏天可以展露自己美妙的身姿。生活中多多少少都有些不愉快的事，我们若只是盯住阴暗面不放，那可以想象，生活该是怎样地乏味啊。

叶子的老公是个大忙人，终年在外面飞来飞去。与叶子聚少离多。叶子多希望丈夫能够在家陪陪她，可是知道男人的事业黄金期就是这最初的几年，虽说有些埋怨，但是还是忍住了没说什么。老公怎么能不知道自己妻子的怨言呢，可是，工作的繁忙，实在容不得自己抽出身来在家陪陪妻子。慢慢地，老公发现叶子不再唉声叹气了，整个人精神饱满，兴致勃勃的，每天都好像有许多事要做似的。老公对此不解，心想，她能有什么要做的呢。与妻子谈天后，哈哈大笑起来。原来，叶子把对老公常年不能在家陪伴她的情绪想开了，自己在网上报名参加许多活动，参加一些公益组织，还做了组织者，把自己的才能发挥出来，整天忙得是不亦乐乎。叶子说，与其痛苦地在家生你的闷气，不如我转变想法，去做我自己喜欢的事好了。等你休假的时候，我们再好好出去玩玩。变通后的叶子，不再是暗淡无光，找到了自己的兴致所在，活出精彩。有人说，女人可以不漂亮，但要活得漂亮。生活中不如意事十之八九，不可能一帆风顺，只要你学会转变想法，看到事物的另一面，你就可以活出自己的自信来。

点评：人生就是这样，不是说只要你喜欢，你就可以拥有。有些东西，可能永远都与你差之毫厘，无论怎样，你就是得不到。那么，就要求我们学会变通，在变通中求得希望和幸福。

六、宽容，成熟女人的标志

宽容是女人成熟的象征，幼稚的女人从来不懂宽容，她们偏激、暴怒、盲目行动、“嫉恶如仇”，而且自己却屡犯不可“宽容”的错误。

相传古代有位老禅师，一日夜晚在禅院里散步，看见墙角边有一张椅子，他便知有位出家人违犯寺规越墙出去溜达了。老禅师不声张，走到墙边，移开椅子，就地而蹲。少顷，果真有一小和尚翻墙，黑暗中踩着老禅师的背脊跳进了院子。当他双脚着地时，才发觉刚才踏的不是椅子，而是自己的师父。小和尚顿时惊慌失措、张口结舌，但出乎小和尚意料的是，师父并没有厉声责备他，只是以平静的语调说："夜深天凉，快去多穿一件衣服。"

可以想见听到老禅师此话后，他弟子的心情，在这种宽容的教育中，弟子怎么能不被教育？想必这比大声呵斥要有用得多。宽容对于女人亦是如此。

当爱人把你珍贵的花瓶打碎后，你可以严厉地对他嚷，"你怎么这么不小心啊，知道这个花瓶有多贵吗？"也可以对他温柔地说："碎片有没有扎到你的手？下次要小心一点儿。"结果怎样，不用多说了。

朋友燕妮说，有一次，她匆匆行走在路上的时候，被一位素不相识的路人撞倒了。撞得肩膀生疼，不友好的话下一秒从口中愤愤而出。她本以为一场口水战即将拉开序幕，没想到，对方及时说了句："对不起，小姐，是我挡住了你的道。"燕妮听到这话后，反而尴尬起来。一时竟语塞不知道说些什么好。

这就是生活中的宽容。同样，宽容对于女人，只会为女人加分。宽容的女人让人喜欢，也更加美丽。试想，一件本是意外的事，在事后，追究谁对谁错，已经于事无补。不妨，用一颗宽容的心去面对，就不会睚眦必报、得理不饶人。

有一个老太太做饭的时候，一个邻居来借东西，结果她们就你一言我一语地聊起了家常。

当她们闻到锅里的糊味时，才发现菜已经烧焦了，铁锅已经没法再用。老太太是到儿子家看孙子的，本想烧个好菜等儿媳回家吃饭，没想到出了这样的尴尬事情，不知道如何向儿媳交代。

当儿子和媳妇下班回家，闻到屋里的糊味的时候，就知道发生了什么事情。老太太怀着愧疚的心情，还没开口向他们说明一切，大度的媳妇就安慰起婆婆来，“没事的。今天我们正好可以带你到餐馆尝尝北京的烤鸭。我们也好久没吃了，正想吃呢！”

这个女人的宽宏大量让老太太心存感激。她本害怕媳妇说她老糊涂，没想到媳妇却如此有涵养。从此以后，她不仅没有烧焦菜，还用心地照顾儿媳的起居，逢人便夸自己的媳妇有多好。

对于男女之间也是一样。女人与自己相爱的男人是在不同环境下长大，有着不同的经历，最终走到一起，必然会有一个相互了解相互适应的过程。懂得宽容的女人在这个过程中，不会企图去改造她的爱人，她知道那将得不偿失，终究他忍受不了你了，离开你的日子也就不远了。

能够允许男人沉迷一些没有意义的小事是一种宽容。比如整夜地打电脑游戏，偶尔和朋友出去喝酒、聚会。男人往往通过这些“毛病”达到心理缓冲。这个时候，你的宽容、允许本身可能是一种更好的关切和督促。

男人在女人面前吹牛往往不过是一种缺乏自信的表现，女人如果此时不能倾听男人，男人的自信心弄不好就会垮掉。这个时候，你的专注倾听，就是最大的宽容，而不要去在意他说的究竟对不对，错没错。

没有男人会喜欢女人总像机器一样喋喋不休，查手机、翻口袋、进邮箱，他们需要女人对自己足够的自信与信任，这包括有绝对的自由、隐私。每个人都有属于自己的隐私，你不能要求男人像阳光底下的树木一样，总是展露无余、一眼望穿。这不是爱，这是管制。谁能够对这样的女人长期保有热情？

男人天生喜欢寻找和欣赏异性身上的美，但并不是所有的男人都见一个爱一个。事实上，有欣赏力的男人多半会很好地爱妻子。而你的宽松环境会让男人溜达了一圈之后，发现还是你最好，最终死心塌地地回到你的身边。

可见，宽容不但是一种成熟，也是智慧。

点评：宽容的女人，像雨后树林里芬芳的气味一样，有点湿，却又那么舒心，走在其中，是那么放松、那么怡然。毋庸置疑，她一定是美丽的。

七、嫉妒是女人心灵的毒药

嫉妒是一种心理不成熟的象征，是一种不良的心理状态，一般是由于个人与他人比较，发现别人在某一方面或某几方面比自己强而产生的一种羞愧、不满、怨恨、愤怒等组成的复杂情绪。

报纸上曾经刊载过这么一则消息：有个女人嫉妒人家的一个男孩长得好，竟然将那男孩掐死扔进井里。当然，这是极端嫉妒者的典型。但是，在生活中，嫉妒的危害是显而易见的。

朋友中一直以为自己幸福快乐的绫子最近感觉自己不再快乐，不为别的，只原因她碰到了一个比她更幸福的人。绫子大学毕业后顺利地考上了公务员，不久与在机关单位工作的同事结了婚，是端铁饭碗的小夫妻，让人羡慕不已。

可是，一天逛街的时候，绫子看见了大学同学夏雨若。绫子在学校的时候，跟她算得上是好朋友，两人条件差不多，成绩也差不多，自从毕业后就渐渐地失去了联系。这次，她看到的夏雨若已经不是以前的夏雨若了，她开着自己的宝马车，戴着一副墨镜，很神气的样子。

本来自我感觉良好的绫子，心里突然感觉酸酸的。接下来，又一次无意中，她碰到了夏雨若，她们在购物中心，夏雨若正在试穿一件裘皮大衣。那件衣服典雅大方，无论是工艺、材质，还是品牌，最重要的是价格，都是绫子可望而不可即的。“给我包起来吧，试过的衣服，我都要了！”绫子进去跟她打招呼的时候，夏雨若正这样对营业员说。

她的举动深深地打击了绫子。随后，邀绫子到自己家中玩，绫子没有去，她觉得自己在夏雨若面前，有一种灰溜溜的感觉。

回家后，她越想越不是滋味。本来大家都在同一起跑线上的，现在却有着天壤之别，她心中的那份失落就别提了。沮丧、烦恼、失落突然间占据了绫子的心。

接下来的日子里，绫子的眼前总有夏雨若的影子。她也不知道自己为什么突然对夏雨若的事情特别感兴趣，特别是夏雨若的隐私。终于，她发现了一条让自己很得意的线索，夏雨若以前被一个结了婚的香港富人包养，后来与富人的妻子大打出手，两人结束了包养关系。现在做生意的这些资本大概是那个时候的包养费吧。

以后只要见到大学的同学，绫子都会很有兴趣地把自己对夏雨若的分析讲给同学们听，甚至恶语中伤：“她有什么可神气的，不就是把自己卖了，挣了点儿钱吗？”

一时间，关于夏雨若的流言蜚语在同学们嘴里传开了。绫子听到这些流言的时候，感觉心里得到了些许的平衡。

或许你也有这样的感觉，别人的成功、别人的幸福、别人的春风得意，让你突然感觉到很失落，即使你表面上比较平静，但内心同样是波涛汹涌，感觉有一种无形的东西被摧毁了。这就是悄悄在你内心滋生的妒忌之情。在生活中，我们与别人总是有差别，有差别便自然会有比较，有比较就难免会有嫉妒之心。培根说，“嫉妒永远不休假”。可以羡慕，但不可以嫉妒。嫉妒则是对比自己好的人，心怀憎恨之情，古人说“心贼最为灾”。一个多么优秀的人，如果染上“嫉妒”，那么他的所作所为就容易失去理智。而且嫉妒的心常会因时间、环境急剧膨胀，甚至爆炸。那么，结果可想而知了。

许多人都听过这个小故事，说有一个人遇见了上帝，上帝说：“现在我可以满足你任何的一个愿望，” 那个人听了高兴不已，“但有一个前提，就是你的邻居会得到双份的报酬。”上帝接着说。那个人的脸马上就沉了下来。他心想：如果我得到一份田产，我的邻居就会得到两份田产了；如果我要一箱金子，那邻居就会得到两箱金子了；如果我要一个漂亮的女人做妻子。那么，那个穷光蛋就会得到两个漂亮的妻子。他想来想去，觉得不值得，为什么自己遇到了上帝，却便宜了邻居？他实在不甘心让邻居占便宜。最后，他一咬牙，对上帝说：“您挖我一只眼珠吧！”当然，你可以想象到，这个人被挖掉了一只眼珠，他的邻居相应地被挖掉了两只眼珠。因为不想便宜邻居，他宁愿失去自己的眼睛。他不愿意跟邻居一起高兴，却愿意跟邻居一起痛苦。这个故事，虽然有些夸张和不切实际，但是生活中有这种思想的人绝不是不存在。

细细想来，嫉妒的下场能让我们得到什么？打击了那些比我们成功的人，我们就能获得成功吗？伤害了那些比我们幸福的人，我们就能获得幸福吗？当然不是，可能最终我们落得更加失败、更加不幸福。

有的女人当看到别人比自己有钱、比自己美丽、比自己优秀就产生了强烈嫉妒心，甚至坐寝不安。舍不得怪自己，只好怨天、怨地，怨丈夫没本事，怨生不逢时。和丈夫生气，甚至吵闹。嫉妒是与生俱来的一种情绪，如果把嫉妒化作鞭策自己的力量，努力提高自己去追赶上目标者，这是积极向上的态度。没有别人美丽，通过后天努力，塑造另一番美，或优雅、或高贵，或小鸟依人；没有别人有钱，那就让我们做精神上的富翁吧；总之，若因嫉妒产生偏激心理，终日妒火中升，存有卑鄙心理者，最终结果必定是引火自焚。细想想，哪有人的生活都一样的呢。古语说的好，龙生九子，却皆不同呢，更何况我们人呢。

女人对待爱情时，有轻微嫉妒心理的话，无异为爱情添加灵魂。如果嫉妒心过了头，必定使爱情之花枯萎，不是自取灭亡便是同归于尽。

嫉妒破坏友谊、损害团结，给他人带来损失和痛苦，既贻害自己的心灵又殃及自己的身体健康。因此，必须坚决地、彻底地与嫉妒心理告别。

说到底，嫉妒源于自己那颗不自信的心。在这个世界上，有很多人生活得比你好，比你富有，但是，每个人都有自己的幸福，你也有他人没有的快乐。与其嫉妒别人，不如享受自己的幸福，做好自己的事情！

点评：对别人的羡慕会使我们感到很不快乐，虽然我们并没有缺少什么，但是我们就是因为没有得到某样东西而觉得不快乐。豁达一些，凡事要积极地看。要知道，只有胸怀宽广者，才能心存清静。

八、能独当一面的成熟女人让人爱

真正的女人味是体现在许多方面的，小鸟依人的温柔是女人味，自信优雅的气质是女人味，淡定从容的韵味是女人味。一个女人在不断追逐梦想的道路上所表现出来的坚定、努力、自信和独当一面同样也是女人味。

说起女人味，许多男人会说那些“上得厅堂，下得厨房”的女人更让男人心仪。这反映了他们的心理取向。有许多男人和女人相反，对那些带着浓郁女人味的职业女性更钦佩。如今的职业女性在厨房和办公室之间赛跑，她们较之过去的老辈多了很多权利，但同时也多了很多辛苦。但是她们并没有因此丧失身上的女人味道，相反她们身上的女人味却因为梦想而变得更加浓烈和迷人。

在办公室里、在大街上、咖啡馆，到处都能看到这样女子的身影。她或许也会和你轻言细语地商量，却语气坚定，不达目的不罢休。在工作上她是一个完全可以独当一面的“铁娘子”，而在家人面前，则是一个彻彻底底的绝对女人，会脆弱、会羞涩、会撒娇。这样的女人也很爱美，更讲究一种整体的气质锤炼，追求的是独特的韵味和魅力。至于品性，随和，没有架子，偶而会对着亲密的爱人耍点小脾气。

现在对女人的欣赏再不是单单以那种温柔贤淑为唯一标准了，当代的新女性已越来越多地表现出自己坚强独立的一面。许多男人很欣赏那种有自己思想、个性突出、可以独当一面的女人。当然，在她身上还必须保留天生的女性特质与气质，或者说是女人味，毕竟女人和男人是不同的。常话说，女人因为气质而美丽。气质就是美，而没了气质的美是苍白的。

如果你习惯依赖别人，工作、生活中的问题都不能独自解决，那么，看看下面能让你独当一面的小妙招吧。

第一，要知道学习，要相信唯有知识的积淀，才能让你最终遇事不惊，方寸不乱。肤浅、没有知识的女人，是不可能有应付问题能力的。

第二，要有自己独立的见解，不人云亦云。女人若像墙头草一样的话，你说，她怎么能独当一面？

第三，一旦确定目标，要有持之以恒的信心。

第四，工作中，敢于承担同事忽略的事情。

同事张华说，选女人要选具备新时代女性特质的女人。一个女人的气质和教养是丰富内心的流露，也是与别人真正拉开距离的所在。女人的知识和教养是学习而来的，一个不爱看书、不爱学习的女人犹如一间没有窗户的屋子。经典的书籍和音乐能让岁月与生活的琐碎无法在她的心灵上烙下痕迹。丰富的知识，使她有思想、有品位。有思想，使得她不屑于插足别人之间的闲话，她从来都是个“绝缘体”。有品位，使得她能匠心独运地表达自己的风格，在工作、生活中能力出众，具有一技之长，甚至独当一面。只有在工作中的女人才没有太多时间疑神疑鬼，才能很好地控制自己的情绪。有了一技之长会使她自得其乐，处处充满迷人的个性魅力。出众的才华是拴住男人的金腰带。

点评：自信、独立，有作为的女人，是不会没有人爱的。因为在她们坚定的外表下，还藏着一颗成熟的女人心。

九、善于倾听——成熟女人的基本标准

古希腊哲人苏格拉底说：上天赐人以两耳两目，但只有一口，欲使其多闻多见而少言。短短几句，形象而深刻地说明了“听”的重要性。人与人之间需要沟通、交流、协作、共事，善不善于倾听，不仅体现着一个人的道德修养水准，还关系到能否与他人建立起一种正常和谐的人际关系。

我们知道，成功的处世高手，通常也是最佳的倾听者。倾听是对别人的尊重和关注，也是每一个人自幼学会的与别人沟通的一个组成部分，它在日常的人际交往中具有非常重要的作用。

成熟女人味的另一个体现应该是一个善于倾听的人。首先善于

倾听别人的所说，你才可能达到与别人沟通的目的。一个优秀的听众，常常能激起谈话者的情绪、思维，甚至开阔谈话者的创造力。只满足了自己说而忘记了听的人，会错过很多有利的学习机会。

倾听可以让你了解别人的思维方式，用别人的眼睛看问题；倾听是搜集信息和知识的过程；倾听可以解除他人的压力；倾听成功者的故事，可以吸取他们的经验；倾听不成功者的抱怨，理解为什么他们会失败；倾听还是对人的一种尊重，专心地听别人讲话，是你所能给予别人的最有效的，也是最大的赞美。

会倾听别人话语的女人，通常都具有这么几个优点：

（1）在与别人交谈时，首先她的目光与讲话者对应，面部会随着对方的话有所反应。

（2）她也会让身体前倾，表示对你的谈话感兴趣、很关注。

（3）她还会在谈话过程中，善于运用自己的姿态、表情、插入语和感叹词。诸如：微笑、点头等，都会使谈话更加的融洽。切忌左顾右盼、心不在焉，或不时地看手表、看窗外、伸懒腰等表示无可奈何的动作。

（4）最后，她还懂得所答即所问，因为这说明她在与你交流。

（5）她不会随时打断别人的话，有些人的说话内容很多，或者由于情绪激动等原因语言表达有些零散甚至混乱，遇到这种情况她都会耐心的听完他的叙述，即使有些内容是她不想听的。在他人说完后，她可能反驳或者表示自己的不同观点。但不会在别人没有表达完自己的意思时，随意地打断别人的话语。她知道，当别人流畅地谈话时，随便插话打岔，改变说话人的思路和话题，或者任意发表评论，都是一种没有教养或不礼貌的行为。

美国汽车推销之王乔·吉拉德曾有过这样一次经历。一次，某名人来向他买车，他推荐了一款最好的车型给对方。那人对车很满意，并掏出现钞准备付款，眼看就要达成交易，对方却突然变卦而去。

乔·吉拉德为此事懊恼了一下午，百思不得其解。到了晚上他忍不住打电话给对方："您好！我是乔·吉拉德，下午您来买车我们见过面的，眼看您就要买下，却突然走了。""非常抱歉，现在已经是晚上，我知道不该来打搅您，但是我检讨了一下午，实在想不出自己错在哪里了，因此特地打电话向您讨教。"

"真的吗？"

"是的。"

"很好！你用心在听我说话吗？"

"对，非常用心。"

"可是今天下午你根本没有用心听我说话。就在签字之前，我提到儿子的学科成绩、运动能力以及他将来的抱负，知道吗，我以他为荣。而且，吉米即将进入大学念医科，不过，这些，你听起来却毫无反应。"

吉拉德不记得对方曾说过这些事，因为他当时只注意生意了。

这就是吉拉德失败的原因。对方除了来买车，也同样需要得到别人对自己优秀儿子的称赞。

乔·吉拉德没有做到倾听对方的话，以致生意没谈成。

我们知道，在生活中、工作中每天都需要与人接触、交流。那么就要求我们要学会倾听。倾听爱人的，能与他分享喜悦，用体贴化解忧虑、烦恼；倾听孩子的，用朋友的身份感知那颗心灵，给予他们前行的信心；倾听父母的，能及时排解老人内心的孤独；倾听同事和朋友的，真诚地为对方的进步而高兴，成为他们的助威团。

乐于倾听、学会倾听、善于倾听，这是女人一种优良的品质和修养。

如果你还没有学会如何懂得倾听，那么从今天开始，请试着改掉你的这些习惯吧。

1. 目光不在讲话者的身上，左顾右盼。

2. 不断地打断别人讲话。

3. 心不在焉，手中在做其他事。

4. 假装在听。

5. 消极、懒散、松懈的身体语言。

6. 过分强调与对方的不同点而争执。

点评：孔子说，“敏而好学，不耻下问。”“三人行，必有我师焉。”这是一种虚心求教的精神。倾听就是虚心的表现，没有人能够做到百事通。因此，聪明的女人，应该是一个会倾听的女人，善于倾听，就会让你处处受到欢迎。

十、成熟的女人懂信任

有人说爱情就是信任，没有信任何谈爱情。爱情只是一种感觉，信任却是现实的积累，需要时间与磨砺。有了信任，就好比我们搭建了一座桥梁，桥这边到桥那边，畅通无阻了。

信任是体现女人成熟的标志之一。人与人之间都要有信任。成熟女人，不会刻意地去拴紧自己的爱人，虽然那样会很放心，但却不比男人的自由宝贵。成熟女人，也不会去查看男人的皮包、口袋，因为彼此心中有爱，也有对方的叮嘱或者说是约定，那就应该默默地遵守吧，任何的不相信、不信任，爱情都不会长远。凡事都有一种限度，物极必反也情有可原，放开手也许不是一种爱情危机，信任他，让爱情在一个合适的土地上生长。

最近因为一条信息，小刘的女朋友和他闹得不可开交。小刘在一家杂志社工作，他的一位女性朋友，确切地说是一位作者，因为工作的需要常常向他投稿，因一些文章词句的揣摩经常与他切磋。

最近他因为网络问题，很少上网。结果就收到了那个女性作者的一条“暧昧”的短信息。

信息是这样的“不见面不等于不思念，不联络是为掩饰深深的眷恋。时间会延续真挚的情感，空间能容纳美好的祝愿，即使没有你的信息，我也会默默祝你快乐每一天！”

很普通的一条信息，从网上下载后，然后转发，你发给我，我发给你。许多人都经常收到这样的短信，没什么大不了的。可偏偏就有人把它当成严重的“手机事件”。当他的女朋友发现给他发这种暧昧短信的是个女性时，就认为他一定有什么不可告人的秘密隐瞒了她。于是，她悄悄地拿着他的手机试探性地给对方也回复了暧昧信息，她想知道对方究竟与自己的男朋友是什么关系。可想而知，本来简单的事情变得复杂起来。

大家不理解的是，为什么两个人彼此深深相爱，却不能相信对方。爱一个人为什么不多给自己一点信心，每天像防贼一样，防着别人，防着爱人。这种生活多累呀。

生活中需要信任，对爱人、对家人、对朋友均是如此。信任不是凭空建立起来的。无条件的信任大概也没有，即使有也是不会太长久。对于已建立起来的相互信任，相爱着的双方都应加倍珍惜，极其谨慎地去维护。信任着的爱好比一朵美丽娇艳的花，她美丽，却很娇嫩，又易枯萎，需精心爱护才是。成熟女人不会去随意猜忌，会信任对方，给对方一条沟通的途径。没有信任的情感，是很难长久的。当然，信任也是需要时间的磨砺，当他说：我爱你，爱得好深。是发自肺腑的声音，是用心在说。而他如果对你说：我信任你。要知道，那是用大脑的理智说的，值得你更加珍惜。

信任不仅是对爱人，信任对于工作、家庭、生活，时时刻刻也都需要。

在公司上班的赵小姐，最初只是大专毕业，是以最后一名走进这家公司的大门的。到公司后，她深知竞争的激烈，时刻记着自己要努力学习业务知识。一年下来，她的成绩大家有目共睹，老板对她的能力默许了，许多事情，都交由她处理。而赵小姐对老板交代的几件工作也完成得十分出色。慢慢地，她由普通员工升为部门经理，公司副总，最终走到华北区销售总监的位置上。回想从毕业时来公司的青涩，到如今业务的熟练，她在公司年底总结大会上这样说："我并没有什么特殊的能力，能有今天，源于自己努力和时刻不放松之外，最重要的是公司信任我，给了我一次又一次的机会，没有这种信任，我是无论如何不可能走到现在……"可见，信任对一个人来说是多么重要。

信任，其实就是一双希望的手，当希望不存在的时候，一切都可以毁灭。把信任撒向世界的每一个角落吧，说不定它会还你一个惊喜。

点评：当女人恋爱的时候，认为爱情最重要。当女人结婚的时候，认为享受与占有最重要。当有一天分手的时候，才发现，原来是自己缺乏了最基本的信任而已。既然爱，就要信任，这样爱情才得以长久。从现在起建立信任，让自己迈向成熟。

第九章　情味

——款款情调尽妖娆

什么是情调？对于妖娆妩媚的女人来说，情调也许是一句话、一个眼神、一个表情、一个细微的动作，情调还应该是一种精神状态，它是由内而外散发出来的一股魔力。就像婀娜多姿的柳枝，又像挥发在空气中的精油，芳香迷人、沁人心脾。女人有了如此的情调，怎能不让男人迷醉？

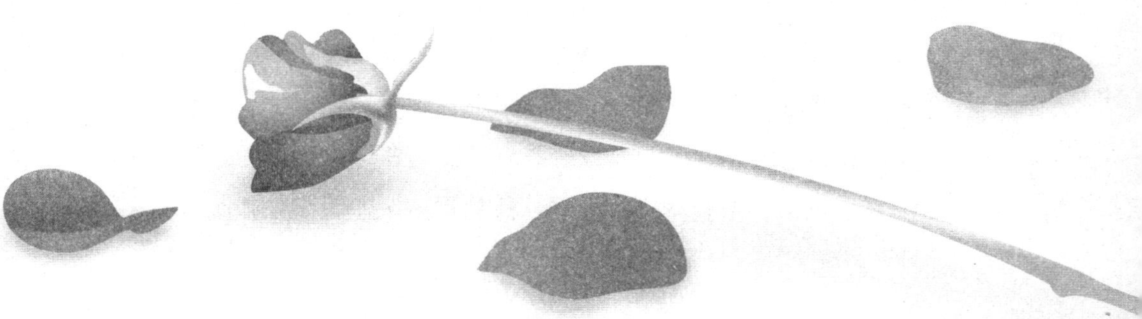

一、家居生活展示女人味

一个时尚女人，要从一点一滴做起，从一言一行、一举一动做起，从“斯是陋室，惟吾德馨”的家做起。像最简单的洗脸刷牙、柴米油盐都能展示女人味。真正有情调的女人不仅要为“悦己者容”，更要令自己“自我陶醉、意乱情迷”，在自己的小窝里，先做一个不折不扣的精致细腻的女主人吧。

家的温馨之处，在于它能让人的心灵得到释放。有情调的女人善于经营家，她们通晓家的营造并不依赖于奢侈的物品，一些细节装饰，同样能使家呈现丰富的内容。家是盛装记忆的容器，是唯一随岁月流逝而魅力常在的地方。幽谧温馨的灯光，柔滑宽松的睡衣，玫瑰色的床单、软绵绵的床垫，波浪式翻动的拖地窗帘，淡黄色木质装修的地板，一盆鲜花……这些都是获得心平气和、轻松自如的前提条件，家是展示一个女人味的最佳途径。

生活在女人的眼里是彩色的，所以爱家的女人，她懂得把彩色的生活带到家里。冬天，她会把一盆盛开的君子兰不厌其烦地在家里搬来搬去，总是想搬到最显眼的地方，让家人能够感受到的地方，虽然外面万物萧条，冷冷清清，但她仍想让家人感到生命和春天的气息。在不同的季节家也要用不同的颜色，她对窗帘的颜色也是选择两套，冬天用暖色点缀，夏天用冷色打扮。让家人在冬天感到温暖，夏天感到凉爽，总是让你感到生活在幸福中。

“有朋自远方来，不亦乐乎”。有品位的女人常会邀三两知己来家中做客，客厅里酒柜的装点决不容忽视，酒柜除了红酒之外，咖啡器皿也是少不了的，细看看，酒柜里有牙买加蓝山咖啡、马爹利 XO、糖果、罐装啤酒、红酒、葡萄酒……她们深知如此“鱼和熊掌可以兼得”。无论什么客人来这自然都会依依不舍、流连忘返。

她们对于书房的点缀也毫不含糊。因为若你是个文盲或者半文盲的话，那么再怎么包装、浓抹、时髦，你的骨子里、气质上还是文盲或半文盲。所以书房的装扮是女人们比装点梳妆台还过之的空间。因为有书卷味的女人就是有一点与众不同。男人常横眉漠视女人一张不化妆的脸，却不能忍受她有一个不化妆的笨脑袋。

如果一个女人的梳妆台上没有至少九九八十一种化妆品，绝对不是女人中的女人，且每种都要井井有条、俨然有序。试想女人在出门前看着一堆凌乱的化妆品，哪还有心情去化妆。井然有序的化妆品搭配是女人形象的基本前沿。彩妆几套，护肤品几套，口红要不就来个六六三十六管，这才是“有备而战，战无不美”的最起码装备。

古话说“民以食为天”，在欧洲还有句名言，“看厨房，才知道主人的生活品位。”可见，厨房的重要性非同寻常。所以女人在家居装扮上，对厨房的实用性和快捷性一样不容掉以轻心，与其弄得油烟四起，不如让微波炉、面包机、榨汁机、咖啡壶一一登场做主角，是你的首选。

舒适、美观、个性化，女人要想让自己的家居变得更时尚，这三点是不可或缺的，不必把家弄得太复杂，凌乱不堪的家，让人怎么都很难平静下来的。想让家居变简单，就要给它一个“淡妆”。

从前两年的“超级女声”到如今“我型我秀”，一个个新名词日益走进人们的目光——中性，现代社会是一个多元的构成，工作压力越来越大，生活节奏的加快越来越成为时代趋势，女人面对的不仅是工作、一日三餐、相夫教子，对家居生活的营造可以让我们劳碌一天的身体有最后一块宁静的栖息地。

床单、被套、枕套、床罩，这些床上布艺是现代睡床的脸面。选一款品质优良的床上布艺，带给家人的绝不仅是体面可人的外观，更是自由自在的心情，是一夜安眠的体验。

家居装饰品设计领域在不断创新，糅合了时装潮流与生活方式，这给有情味的女人更多的选择机会。聪明的女人时刻也不会忘记打造生活的时尚感，她除了选用名师设计的成套布艺之外，自己选配、度身订造，也是一种选择。当然这恐怕是对你眼光的绝对考验了。她们会亲自躺在床褥上，试试睡在上面的感觉。一套舒适的床具可以陪伴她们恬然度过夜间生活。

家品的趣味在于人们在使用中发现其奥妙。当她看到一个漂亮的小家品，有情调的女人会先考虑它的外形和色彩，而不会盲目采购。细致、细心、用心是情调女人必备的素质。她们对塑造生活的信心容不得半点马虎。

点评：西蒙·波娃曾说过一句让女人自豪的话，“我们不是生为女人，而是要做女人”，现在，她们会对你大声说，我们不但要做一个女人，还要做个情调女人。

二、插花的艺术——情味女人必修课

插花起源于佛教的供花。近几年随着人们对生活品味的追求，插花走进了千家万户。女人若追求生活的情调，那么插花无疑是你成为情味女人的必修课。先不说插花如何陶冶人的情操、修身养性的优点，就只说细致的插花动作，专注插花的神情，纤纤十指彼此配合，摆弄出一款款造型不同的花，这幅景致下，它就如同一种艺术欣赏。

虽然现在将女人形容成花会有人说老土，但女人与花总是有不解之缘的。插花就是一门既古老又时尚，而且充满浓郁生活气息的高雅艺术。现如今不乏时尚女性，她们或成熟、或典雅、或妩媚、或妖冶，但是追求情调的女人就是想把大自然的绿色和鲜花带回家。她们想通过自己动手和布置，来调剂生活，陶冶情操，追求不一样的女人味。

你可能问，如何成为一个插花高手呢？下面就简单和你说说：

插花本身是一种艺术，讲究颇多。总地来说，插花一般选择花朵尚未完全盛开的，最好选择带一部分叶片与似开非开的花蕾。

插瓶时，可以先选插一枝主体花枝，两侧各搭陪衬枝，然后选择一些观花、观果、观叶的不同花枝，与之相容，使之为一体。

若想瓶中的花开得鲜、开得久，有浸烫法、水中切取、扩大切口面、水浸法等。以浸烫法和扩大切口面为例，浸烫法：主要是将花枝基部浸入沸水中，10 分钟拿起，这样做可以梗塞切口防止花枝组织液汁外溢，对草本花卉有较好的效果；扩大切口面：将花枝基部斜切，或者切开后嵌入小石粒，以扩大基部吸水面，玉兰、丁香、紫藤、绣球等花用此法效果好。

当然，还可用保鲜剂来保鲜。可用 1/3000 的阿司匹林溶液或 1/2000 的高锰酸钾水溶液插菖蒲等，能延长花期 3 ～ 5 天。若在溶液中加适量的硫黄、食盐、硼酸、石碳酸、维生素及生长刺激素、蔗糖等，对延长花期效果也很好。

插花瓶中的清水以多少为宜呢？一般以装至七八成为宜，水温宜与气温相同，最好是用雨、雪水这样的天落水，且应天天更换，以保水质新鲜。

女人只有培养自己广泛的兴趣爱好，才能够沉淀情调女人的内敛和心灵。而插花是向往有情调的女人的必修课。一个美丽的女人，带着自己的插花作品，本身就是一幅多么动人的画面。在安静的房间里，让自己平静，看着摊开一桌的香艳花草，赏心悦目，为平凡的现代生活增加典雅的意味。有情调的女人不仅是学插花，或许她还会学学英语、练练书法、学习茶道、练练瑜伽呢。拥有了情调的女人味，那早已经成为了你的一部分啦！

说起如何插花，就必须得说说插花器皿的选择，因为讲究情调的女人是追求精致的，不同的花器衬托花的韵味也是不同的。俗话也说，“好马还要好鞍配”。没有一个精致的花瓶怎么可以。插花器皿你也大可不必一定要到商店去购买，其实，能盛水的盆、碗、杯子、酒瓶、椰子壳……哪个不能担当起花瓶的角色呢。

首先，要依据花卉的品种、颜色、形状的不同，选择与之匹配花瓶器皿也就理当不同。第二，如今的花瓶器皿种类繁多，但要知道的是，作为花的陪衬物，应该选择造型简洁大方、材质优雅的花器为最佳。不同花器的衬托效果也会给花卉带来意外惊喜。如：透明的玻璃器皿，可以直观地看到花卉的自然交叉，具有美感；而粗犷的陶器皿，却可以把花的娇艳、纤细之多姿媚态做出对比。

外表漂亮的女人不一定有味，有味的女人却一定很美。凭借着一举一动、一言一语之优势，她显得至善至美。想让自己是个有情调的女人，不妨购买鲜花一束，学着把它们一枝枝插入瓶中，放入室内，增添你的生活情趣。

点评：女人如花，只有女人更像花。插花，其实就是依靠花材的自然形态和所表达的意境美分门别类的组合在一起。剔去粗糙，留下精致！情味女人会像插花一般，偶尔把心放下来，给自己做个修剪，使自己成为一个花一样的女人。

三、品咖啡的情调女人

记得谁说过，女人好像咖啡，一种集众多味道的极品生活的饮料。

咖啡已成为现代生活中品位格调的象征，也是女性享受生活情调的一种方式。而情调是附在女人身上的精灵，无色无形，令人捉摸不透。

在现代生活里，聪明的女人总会给自己一些时间，来独自释放情绪。咖啡虽苦，却不失优雅，善用这份苦便自成品位。女人静静地落座咖啡馆，气定心闲地叫上一杯咖啡……情调之味不言而喻。明智的女人更愿意自我消享有情调的苦涩，有节制的浪漫！

女人喜欢咖啡，是因为女人与咖啡有相似之处。咖啡的空灵如同女人的聪慧；咖啡的静谧亦如女人的温驯。咖啡常在静夜中绽放她独特的美丽，就如同可心的女人在夜色中释放她醉人的风情一般。咖啡的益处也确实好处多多：

1．咖啡含有一定的营养成分。咖啡的烟酸含有维他命B，烘焙后的咖啡豆含量更高。并且有游离脂肪酸、咖啡因、单宁酸等。

2．咖啡对皮肤有益处。咖啡可以促进代谢机能，活络消化器官，对治便秘有很大功效。使用咖啡粉洗澡是一种温热疗法，有减肥的作用。

3．咖啡有解酒的功能。酒后喝咖啡，将使由酒精转变而来的乙醛快速氧化，分解成水和二氧化碳而排出体外。

4．咖啡还可以消除疲劳。要消除疲劳，必须补充营养、休息与睡眠、促进代谢功能，而咖啡则具有这些功能。

5．常喝咖啡可防止放射线伤害。印度原子研究人员在老鼠实验中得到这一结论，并表示可以应用到人类。

6．咖啡对情绪具有影响力。实验表明，一般人一天吸收300毫克（约3杯煮泡咖啡）的咖啡因，对一个人的机警和情绪会带来良好的影响。

现代的女人是社会中的一员，工作、家庭都牵扯了女人的大量精力。繁忙的工作间隙，来一杯咖啡，释放一下自己紧张的情绪，细细品着咖啡那略带苦涩而又回味无穷的香味。科学对咖啡的解释是，它不仅减轻疲劳感，还可以增强记忆，推理及智力、听觉及视觉反应也会变得敏锐。

喝咖啡不像喝酒或果汁，满杯的咖啡，看了就失去喝的兴趣。普通都只到七八分满为适量，分量适中的咖啡不仅会刺激味觉，喝完后也不会有腻的感觉，反而回味无穷。同时，适量的咖啡能适度地促使身体从疲劳中恢复，头脑为之清爽。咖啡的味道有浓淡之分，要知道，喝咖啡不能像喝茶或可乐一样，连续喝几杯，喝入过多的咖啡因，会有恶心的感觉，那就适得其反了。若想连续喝几杯，你可以试着将咖啡的浓度冲淡了，或者是加入大量的牛奶，在糖分的调配上也不妨多些变化，使咖啡更具美味。

咖啡虽好，但是我们知道任何事物都是物极必反的，喝多了也一定会有弊端。比如：咖啡喝过量会影响食欲，也可能会引起呕吐和痉挛，使身体感到疲乏无力；大量喝咖啡会使尿量增加，危害膀胱，可能会引起尿道感染；如果体内咖啡因过多会对神经系统有消极影响，会使人失眠、手发抖和讲话含混不清。

喝咖啡的女人，是情调女人。她们懂得享受，她们对咖啡有一种情感，一种抛开一切为之寄托的情感。喝咖啡的时候，女人眼光大都是带着一半满足，一半寂寞的，精致的杯勺、温暖的光线，映射着她们的脸庞，透着迷人的韵味。咖啡能使女人更加雅致细腻，多情和孤傲落寞，如果你读懂了咖啡的清幽，大概也就能读懂女人的情感了。

情调女人多是有着丰富的内涵的，她们就像一本耐人寻味、百读不厌的书。她们用淡漠的心态来读人生百态。她们用理智的思绪面对世态炎凉。她们用坚强的胸怀包容万事万物。也许她们经历了不幸，但她们依然会嫣然一笑，笑对生活。

喜欢喝咖啡的女人，是喜欢它那种独特的香、色、味，透着忧郁和冷寂，让你忍不住为她动容，你品她，她也品你，你品咖啡的寂寞，咖啡读你的空虚。你可以洞穿她的心事，她同样可以看透你的玄机。

点评：咖啡衬女人，女人品咖啡，就这么不知不觉中演绎情调的韵味。咖啡兑糖，兑牛奶，可以兑出无数种味道，香的、涩的、浓郁的、芬芳的，正如女人千千种一般。

四、情调音乐——女人心灵的寄托

有人说，音乐给女人以憧憬、幻想、回忆。丝丝缕缕，潺潺淌淌，多少音符如相间的溪流，如春野的鸟，轻轻地诉说女人的情怀。

对现代的年轻男女来说，学会倾听音乐是一门必须精通的课程，否则，就会让人感觉太没有情调细胞了。

音乐就像是天使的语言，它最容易触动我们的心灵，带给我们唯美的享受。一个有情调的女人一定懂得倾听音乐，不是因为需要你成为谷建芬，也不是让你成为下一个王菲，女人只是需要掌握一门乐器。如果你会一点音乐，懂得一门乐器，你的情味会立刻燃烧起来，你的才情就流淌在你的歌声中、琴声中。还有一个优点，你可以成为你的孩子的音乐启蒙老师，你的一点点的音乐才能也会令他睁大惊奇的双眸，开启他对这个领域的第一扇窗。但实际上，许多女人并不热爱音乐。她们认为音乐就是迪斯科式蹦跳的气氛烘托。

我们知道，常常有些女人听“抒情钢琴”或者萨克斯容易多愁善感，如果一个男人多愁善感，总难免神经质嫌疑，你也会觉得怪怪的，而女人则是天经地义。这种多愁善感是真实的，你丝毫不会觉得虚假。当一个人内心的躁动或压力到达一个临界点时，就必须有一种方式来舒缓紧张，可能就会有需要声音刺激的冲动，这就好比爱抽烟的人，烟瘾发作，那就必须来一支，求得压力均衡，缓解情绪。

音乐是女人，女人就是音乐。爱音乐的女人，灵魂像被幽幽琴声招了来，扑朔迷离。爱听音乐的女人常能得到男人的欢心，大概就是因为显示出具有古典的忧伤的美，当轻柔缥缈的旋律响起时，烦躁和郁闷全部都悄然逝去，音乐的魅力，着实让人有几分沉醉。

音乐能陶冶人特别是女人的心灵，音乐使女人更为妩媚更为灵动。没有音乐的日子，女人会感到单调乏味，度日如年；有了音乐的夜晚，如同黑暗中有了星星，远航的人看见了引航灯一般，忧郁转化成了快乐，荒漠里找到了绿洲，愁苦幻化成了平和，贫穷变成了富有。情味女人，总是离不开音乐的，音乐于她像鸟儿的天空、像鱼儿的水、像花儿的阳光。

在古代的世界，音乐还是身份的象征。贵族们由于身份的不同，拥有规模不一的乐队。他们自己对音乐也颇有造诣，否则会被别的贵族轻视，低人一等。而如果一个乡下人在音乐方面是个天才，反而会被贵族所接受。比如说贝多芬吧，这个农民的儿子，甚至成为奥地利皇储的老师，受到全体王室成员的尊敬，这不能不说是音乐的魅力。

艺术大师丰子恺有句名言：“女人本身就是音乐”。这是因为女性含蓄，而音乐空灵；女性柔媚，而音乐流转；女人是水做的，而音乐起伏如波，二者在情调与氛围上都颇为相似。热爱音乐的女人是女人中的情味女人，她们懂得陶冶情操、交流情感，相信音乐可以为她们的生活增添魅力。

古代才女卓文君，当她听了司马相如弹奏的《凤求凰》时，随即领悟到这是对她的爱的倾诉和呼唤，感动至极，遂答应与之私奔。而法国作曲家柏辽兹爱上了女演员斯米荪，就以乐曲代替情书，谱写了《幻想交响曲》，表达了对她的爱情的期待与渴望，她听了感动得泪流满面，激动得拥抱了他，连声地说：“好，好，我嫁给你。”是的，情味的女人常是音乐的知音，总能洞察微妙之处，这一点是男人远远所无法相比的。对此，有位哲学家说得好极了：“对于音乐来说，男人只是人，而女人则是半人半神。”

女性天性敏锐，多情善感，其感情细腻、委婉、炽热、缠绵，其心灵更易于感受音乐，更易于触动情弦。每当夜深人静，一天的忙碌和劳累后，情味女人总愿呼唤音乐来抚慰心灵，她会捧一杯香茗，伴一段舒缓的音乐，立即送上了精神的宁静与睡眠的甜蜜。即便还留有淡淡的忧伤，也没什么关系，若还留有幽幽的思念，这是灵魂喜悦的游走。

女人在音乐中的气息总让人浮想联翩。女人用天生的音乐灵感，演绎着生活的舞曲，舞得诱惑而迷人，她美化了人生，也美化了女人的灵魂。音乐中的女人，眼神里流露一种自然和默契；音乐中的女人，天是纯净的，水是透明的；音乐中的女人，纯粹吻合浪漫，温馨挽留脚步。女人用音乐舞出了自己的人生，舞出了生活的真谛，舞出了自己的魅力，让那些熟悉的、不熟悉的人，皆因女人和音乐的挥舞，搭伴而交融、更加灵动和美丽！

点评：音乐，是一种生活方式。只要热爱生活，一定会沉醉在自己喜欢的音乐中。有了美妙音乐的陪伴，生活才有了更加绚烂的色彩，心灵的孤寂也才能在阳光出来之前依然温暖安宁。

五、女人的小资情调

常看到这样一类女人，她们着装不追求奢华，清新、淡雅远离艳丽，永远透着无法隐藏的气质，工作上相当努力、会说外语、爱喝美酒，咖啡也是少不了的，她们追求优质生活，但不需要靠大量财富、权势、名位来获得，只需要一些智慧、一些品位、一些割舍来取得。优质生活的最终目的是要活得快乐，她们认为活得快乐比活得富裕更重要。这类女子总被人称为小资女人。

小资们到底是怎样的一群人？

小资女人大部分是有文化有修养的人，一般都有本科以上学历，受过一些欧美文化的熏染，年龄多在 25 至 35 之间。她们分散在各栋大厦的写字楼里，她们不同于早年 40 岁以上的女性，风风火火、粗声大气。她们工作的时候严谨，一丝不苟，举止优雅大方，语速中等、语音标准、富有磁性、温和。处理问题考虑周到、得体，总是充分发挥女性的柔中带刚的优点。对待下属时，不颐指气使，甚至面对门卫都是微微一笑的表情，无论何时都是心平气和、气宇淡然。

虽然小资女人无一例外是资深网民，可她们仍然没有忘记更有品位的生活细节——阅读。“小资女人”都有阅读习惯，她们喜欢在一个阳光明媚的下午或者阴雨绵绵的天气拿着本小说坐在咖啡吧品香读书。《廊桥遗梦》、《乱世佳人》，等等，当然三毛、张爱玲的作品是小资女人一直的偏爱。

小资的女人都会说外语，这成为了一个潜规则。有的甚者不仅是可以熟练说英文，还会说其他外文语种。现如今，“小资女人”的领头人物已开始不屑于说英文了，偶尔来句日文或法文，似乎这才能彰显自己的不同。

以咖啡助氛围也是必不可少的，咖啡伴一盏菊灯营造的是一种心情，一支闪闪的烛火也有着别样的美丽。一个宁静的午后，音乐悠悠飘散开来，品味寂寞里的心情，轻缓地在键盘上敲下一小段心情文字。“咖啡的心情令人陶醉，不是寂寞没人陪……只因咖啡喝不醉……”这样的午后、这样的落寞，尤其值得回味，这也是小资女人最浓烈的味道。

常看到这样一个句式，“我不在 ×××，就在去 ××× 的路上。”这里的 ××× 可以替换成香格里拉或者星巴克等。小资，就是一群常用这个固定句式乐此不疲地造出无数优美的句子的女人。

不过也不是每个女人都小资，当然，想成为小资女人也不是随随便便就可以的。小资女人总地来说占女人中很小的比例。要么知识学历不达标，要么她不会说外语，要么她因家庭的收入而困惑，最终也只能在心里埋藏着这种情结了。很多女人不屑于做个小资女人，想必除了这种种原因之外，还有些酸葡萄的心理吧。

都说爱写作的女人都有些小资的情调，不是刻意的追求，而是她与生俱来的内在气质。张爱玲、三毛等是许多小资女人竞相效仿的范本。

张爱玲，出身豪门，这使得她天生高傲。那句“生命是一袭华美的袍子，上面爬满了虱子。”袍子和虱子的引喻是张爱玲最有代表性的话语，此后它也成了无数小资们津津乐道的语言。她的作品，与政治和民族是无关的，是大上海一个世纪的喧嚣华丽、风流云散的寓言，也是人性中最让人绝望的那一层窗户纸。她的这种写作姿态成为以后的小资们竞相仿效的范本，如今小资的写作中你是看不到政治、国家那些大命题的。

三毛所经历的爱情是后来的小资们可望而不可即的。极度的幸福感里，搀着生离死别的预感——这恰恰是小资们所要求的绝不落俗的爱情。她与荷西的爱情是小资们对自己爱情的预设，同时，又觉得死亡的结局太过凄惨而不能忍受。

爱写作的女人举手投足都会透着与别人不一样的内涵。在别人眼里平常的生活索然无味，可是在她们眼里由于欣赏的角度不同，对待生活的态度也就不尽相同。文笔时而锋利、时而云淡风清，能坐看云卷云舒，能为知己随风洒泪，文字婉约清丽如饮茶香。

如今的小资理想高于现实，个性高于共性——过去是“我是我自己的，我们要走自己的路”，今天的小资更实际一些，“让我们AA制”吧。

你是哪一种呢？

点评：如今，对于女人来讲，小资几乎成为流行的代名词，小资衍生的另一种情调当然就为女人所喜爱和接受。不一定你非要成为小资女人，只是作为女人，偶尔有一些小资的小情小调，散发女性的柔美与味道，不是很好吗？

六、在家中也能享受SPA的情调

说起享受这个词，大部分是和金钱连接在一起的，SPA 也不能例外，所以并不是每个女人都有条件及机会去收费不算低的 SPA 场所享受情调的。我们要把 SPA 平民化，让每个女人都能享受到它的非凡魅力。

使 SPA 从贵族化走向平民化，我们无力在价钱上打主意，但是我们可以在自己身上打主意。首先我们要确立一个观念，SPA 不只是一个项目，而是一种观念，一种享受生活的观念。既然是一种观念，那么我们不必非要到 SPA 场所享受服务才算是享受 SPA，只要你善于从平常的生活细节中去营造，从 SPA 的角度重新看待现有的生活，一点一滴慢慢改变目前的生活方式，让居家生活向 SPA 靠拢，一样能获得美颜、美体的效果及怡然自得的心境。

比如，利用一些现有的物品、材料或设备来打理容貌，花点心思营造一点 SPA 的氛围舒解压力等，都是不错的居家 SPA 主张啊！下面 48 个生活细节就能让你完完全全变得 SPA 起来！

1. 想美白是吧？没问题。用胡萝卜或西红柿打成泥来裹敷身体，与牛奶或蜂蜜一起使用，经济实惠自不必说，美白效果超级棒。

2. 夏天到了，海边的风景不错，与家人或朋友去游玩，感觉不错。玩的时候别忘了顺便带点粗沙回来，配上点精油和乳液就是很好的足部去角质材料哦，效果可是一点不差的。

3．椰子汁喝起来很爽口，但喝完汁后的椰子壳不要丢，壳内的纤维晒干后更是去身体角质的好帮手。

4．买瓶自己最爱的精油，每天滴几滴在香包里，随身携带，包你神清气爽一整天。

5．下班回家后放满一浴缸热水，洒上点浴盐或鲜花瓣，美美地泡个澡，保管让你疲乏尽除、神清气爽、压力全消。泡澡的时候如果是你自己在家，别忘了把手机暂时关掉，否则泡得正舒服的时候，电话铃声骤响，那可是有点扫兴的。

6．就寝前在卧室里点起香薰灯或芳香蜡烛，浪漫氛围中轻松入眠睡个好觉，第二天你会发现自己不再那样没精打采。

7．多买几瓶香味及瓶身色彩皆不同的沐浴精，不但能美化浴室，让肌肤爽滑，还能带给自己一份好心情。

8．早上闹钟响的时候，最好不要赖床，可以先在床上伸个懒腰，开始穿衣起床，到窗口来几下伸展运动，深呼吸3次，然后开始洗漱。刷牙洗脸前，先和镜中的自己凝视1分钟，与心灵来次美丽对话。不慌不忙的起床过程，会给你一天都带来好心情。

9．洗漱完毕，千万别忘记给自己准备一份营养丰富的早餐，你要像爱自己的脸一样爱惜自己的健康，因为没有什么比健康更重要。

10．外出旅行或公干都别忘了随身带上喜爱的精油，在飞机上或火车上可以提神，滴在酒店的枕头上还能使你放松心情。

11．随身带着矿泉水喷雾瓶，随时记得给脸部肌肤保湿。

12．尽量远离炸、煎、烤等用大量食用油调理的食物，不但热量极高，还加速细胞氧化，对美容瘦身有百害而无一利。膳食纤维能清肠排毒、健胃促消化，因此宜多吃水果，尽量少喝含纤维素少的果汁，这不仅对美容有很好的功效，更有利于你的健康。

13．窗外下大雨时，不妨临窗听雨声，这是安抚心灵最好的SPA疗程，很快让心情释然，压力消解。

14. 用无糖口香糖代替含尼古丁的香烟，吸烟只能使你的肌肤黯淡无光。

15. 吃东西放慢速度，细嚼慢咽，不但有利于减肥，还能让自己看起来显得优雅一点。

16. 如果有机会出国，一定要好好享受当地的 SPA，让 SPA 成为旅行的必经驿站，贵一点也无妨，反正就一次嘛，机会难得啊，奢侈一次算是对自己的犒劳。

17. 每天都在家与单位之间行走，是不是已经忘记了运动的感觉了？如果单位居家不是太远，不妨放弃坐车，试试徒步或骑自行车，这是最简单的运动，易坚持下去，如果你想减肥，那就赶紧行动吧。

18. 若肌肤状况不好，那就养成多运动、多流汗的习惯吧，这可是让肌肤排毒的好机会。

19、多喝水，每天不少于 2000 毫升，可有效净化身体。尤其常常对着电脑的女士们，更要及时补充水分。

20. 多与水接近，无论是喝水、游泳、洗澡，都有利于健康，因为水是解压的良方。

21. 如果你想保持好的身段，就坚持练瑜伽吧，四五十岁影视明星们的好身段、靓容颜大多得益于瑜伽，麦当娜便是例证。

22. 也许你总是很忙，那么就养成深呼吸的习惯吧，无论何时何地都可以进行，不但有助于美化体形，对于促进血液循环及增进身体健康皆有帮助。

23. 去角质可以促进血液循环，每周应至少给身体去一次角质，能防止老化。

24. 海藻类食物是美容佳品，多吃海带、多用海藻、海泥护肤，可获得瘦身、美颜的双重效果。

25. 头皮和身体一样需要按摩，不妨借助洗头、洗澡的时机进行自我按摩，既可强身健体，又可缓解肌肉紧张和不适。

26. 吃东西时最好坐着吃，有助于消化吸收。还有不要单侧咀嚼食物，对健美牙齿、面颊肌肉至关重要。

27. 如果你长期和电脑打交道，为了保持明亮的双眼，每天给自己泡点菊花茶喝。

28. 如果你是个电脑虫，不想自己脸上长难看的粉刺和痘痘，记得在用完电脑后彻底清洗脸部。因为在电脑前坐久了，屏幕上的灰尘会附着在脸上，如果不彻底清洗干净，容易堵塞毛孔。

29. 出门在外，别忘了带上防晒用品（防晒霜、太阳伞等）。

30. 就寝前冥想几分钟，有助于放松心情，尽快入睡，获得高质量的睡眠。

31. 星期一尽量穿颜色鲜亮的衣服，别穿得太晦暗，以轻松愉悦的心情迎接新一周的生活。

32. 尽量让自己的身边充满橘色、粉红色及粉紫色，这些都是令人愉悦的颜色。

33. 每天都别忘了呵护承载你重量的双脚及辛勤操劳的双手，护足霜、护手霜一个都不能少，坚持每天晚上用热水泡泡脚。

34. 化妆能美化容貌，但运动或睡觉时千万记得要卸妆，以使皮肤自然呼吸。

35. 快凋谢的鲜花别马上丢弃，将花瓣摘下来洗净，用来泡澡，享受其余香，也算得上泡花浴了。或者把叶片、花瓣做成简易的干燥花，就成了天然的空气芳香包。

36. 一日三餐定时定量有规律自有其科学合理性，别因减肥或没时间而打破这种规律，否则只会产生负面效果。

37. 抛弃爱吃夜宵的习惯，别让肠胃夜间负担太重。

38. 橄榄油、椰子油、葵花油、芝麻油这些食用油都可以用来美容护肤，不妨翻翻书查一下，怎样有效利用它们来自己做美容。

39. 与其吃高热量的汉堡、热狗，不如吃小巧玲珑、低热量的寿司，日本女性大多身材苗条纤细，和她们的饮食习惯不无关系。

40. 多去中药店蹓跶蹓跶，你会发现一大堆跟 SPA 有关的辛香料及草本植物，买回家自己 SPA，其乐无穷。

41. 饮食和健康关系密切，与其经常吃油腻、不新鲜的外卖食物，不如买几本健康食谱在家做，既有乐趣又有利于增进健康、保持身材。

42. 早上起床后若发现眼睛浮肿、眼袋明显，用冷冻茶包冷敷可缓解这类损美症状。

43. 早上尽量不听有歌词的音乐，别让歌词局限了你一天的心情与感觉。

44. 若经常坐在电脑前工作，每周别忘了自己敷 1-2 次眼膜，可补充眼部肌肤水分，缓解眼部疲劳。

45. 和好友不断交流美容瘦身经验，对自己是一种激励和鼓舞。

46. 被生活压力压得喘不过气或精神沮丧时，看看可以让你笑到哭的喜剧片或哭到笑的悲剧片，让情绪来个大的转折以释放压力、舒缓心情，很快挥去心头阴霾。

47. 多看绿色和蓝色的物体，不但有益于视力，减轻眼睛疲劳，心情也会随之变得平和。

48. 每天给自己半个小时，纯属于自己的半个小时，可以听听喜欢的音乐，翻翻喜欢的时尚杂志，以放松心情。

点评：不要以为情调的营造一定需要付出不菲的金钱，其实，SPA 就是这样简单，不用花费多少金钱，不用专门抽出时间，在家中，你每时每刻都可以享受到 SPA 的情调。

七、情调睡衣，营造出夜的华丽和浪漫

睡衣是女人表现真实性情的物件，是女人穿给自己、穿给最亲近的人的东西。正因为此，睡衣常常流露女人梦想的姿态和女人拥有的心情。

都说衣服是女人的第二皮肤，女人因衣服的衬托而显出万种风情，或天真、或可爱、或清纯、或干练、或神秘、或端庄、或优雅、或妩媚、或妖娆、或性感……

夜晚，洗去铅华，披一身肌肤的香气，纤尘不染地穿上睡衣，这时的女人就像一条幸福的鱼，在玻璃缸里看外面纷繁的世界。而睡衣如同她们的鳞，紧贴着肌肤，那种感觉丝丝入扣。睡衣是光滑细腻的，肌肤也是光滑细腻的。两种光滑如缎的东西在慵懒的脚步中轻轻触摸，舒适自在流遍全身。平凡的女人，穿上一件丝滑、柔软的睡衣，伴着昏暗的落地灯光，女性味道顿时漫溢满屋。

女人是多变且神秘的。睡衣之于女人更是一种隐秘的美丽，之所以说是隐秘，因为睡衣纯粹是闺房之物，无论如何也不能示之于众的。除了自己的爱人，别人是无法看到一个身着睡衣的女人的神态。

睡衣，顾名思义，它限制了活动的空间。曾几何时，睡衣却成了许多女人的时尚、时装，或者说真正的“便衣”。大街上、商店中，五颜六色大行其道、应有尽有，实在令人目不忍睹。如果，一个女人穿着睡衣满大街蹓跶的话，必然给人粗俗、懒散的感觉，那份妖冶、那份神秘荡然无存。即便是有客人来家中拜访，也应换下睡衣接待，以显示自己的大方和对客人的尊重，这也是一种礼节。

情调女人几乎无一例外地喜欢睡衣，因为睡衣柔软的质地、面料能给女性最温柔的呵护。苏曼是个特别喜欢浪漫的女人，逛街最

喜欢去的就是睡衣店，她说，惊讶于设计师有那么丰富的体贴女性的想法和创意。每次去内衣店，她总是先去看睡衣架上各种美丽的睡衣，碰到自己心仪的，就买下来。几年下来，衣橱里竟然有了款式、质地不同的十几件睡衣。天蓝、鹅黄、桃红、杏紫，色彩斑斓、赏心悦目。

每年的 3 月 21 日是世界睡眠日，不久前，北京市睡眠协会发布的一项研究报告指出，失眠虽然只是一种症状，但治疗失眠却要讲究方式方法。治疗失眠不必依赖安眠药，而应从生活点滴开始，卧室、床、睡衣的选择都至关重要。可见，睡衣是提高睡眠质量的一项重要指标。

首先睡衣在颜色上就给人不同的视觉、心理感受。

白色睡衣：洁净的白色让人一看就有种舒适温馨感；红色睡衣：鲜艳的颜色热情而奔放，又略带一些性感，红色让夜晚和即将到来的睡眠满含了喜悦，它是您与爱人夜晚温情的必选睡衣之一；紫色睡衣：紫色一直就是属于女性的颜色，它高贵而带着优雅；粉色睡衣：亮丽的粉色同样是每个女人都无法拒绝的颜色，充满了青春的可爱；而黑色的睡衣似乎还暗含着特殊的味道：我是自己的。

其次，无论何种款式的睡衣，均要以宽松为好，但也不应太肥大，以免翻卷缠绕身体，压迫致使呼吸不畅；睡衣上的纽扣要越少越好，免得压在皮肤上产生不适。

最后，睡衣中的上品是质地柔软、薄如丝绸，用手一抖，哗地散开，没有一丝褶皱；它的式样还应该香艳，两根细细的吊带，胸前、下摆镂空的花边。穿这种睡衣的女人若是再有纤纤的细腰、清秀的面庞，会多分仙气。即使没有如此美丽，朦胧了的女人总是会平添几分妩媚、动人的。当然，这只能是女人闺房里的故事，这种美也许注定一生就那么一个人可以欣赏到。

女人若选得自己中意的一款睡衣，对于生活质量的提高是有大益处的。一件丝绸的睡衣会使女人显得高贵中有几分妩媚，在带着几分温馨气息的房间里，穿上丝质的睡衣慵懒地倚靠在沙发上，随意翻着一本书，或者闭目养神，犹如油画中的女子，涂上一层朦胧和神秘。而一件棉质舒适的睡衣会使女人看起来是那么舒心、温暖，家的暖暖之意立即呈现开来，她随意中夹杂了几分闲适，穿上一双松软的拖鞋，穿行在地毯或地板上，去冲上一杯咖啡，坐下来慢慢品尝，则更富有情趣。

无论穿哪种颜色，哪种款式、质地睡衣的女人都是夜色中一道婉约的风景。睡衣是生活的一分子，是女人生活的见证，是女人味最隐秘的体现。

相信你的每件睡衣里都有很多温馨的回忆和故事。睡衣因女人而鲜活灵动，夜晚，因为女人的睡衣而变得华丽和浪漫。

点评：睡衣，摇曳多姿，它本身就极大地赋予女性柔美之意。睡衣装饰了女人，它让女人有种隐蔽的美丽，正是因为隐蔽，使得女人的每件睡衣里都藏有许多的温馨回忆和故事。

八、女人的生活情调：偷得浮生半日闲

唐代诗人李涉那首《题鹤林寺壁》“因过竹院逢僧话，偷得浮生半日闲。” 这首诗的大概意思是从烦闷、失意中解脱出来，去到一个幽雅脱俗的地方，让身心得到修养。

是的，你发现了没有，你的步调如今越来越快了，早上一起床，就马不停蹄地开始一天的日程。今天的公车堵不堵；我的报告还差多少才能完成；再不交，上司那张脸就像绿豆一样啦；晚上还和好姐妹约好去酒吧；还有什么，再想想……不知道什么时候，自己像

弓箭了，随时紧绷，准备放出去，一旦放出就快速发射，直奔靶心。

有没有想过，女人要疼爱自己一点，给自己一点休闲的时间，最简单的，放自己半天假，想要如何度过都没有关系。睡个懒觉、读本好书、栽花种草、悠游漫步……是的，把你的节奏调慢一点，享受“闲”的境界。适时地释放心灵，做最完美的享受。

还记得不记得，上次花了一整个晚上去想做些真正想做的事，那是多久以前了？生活总是一如既往地匆忙，以至于“闲”成了一种理想，很难实现。那么多诗句中对“闲”的描写让我们知道，即使在节奏缓慢的古代，闲，好像也不是一件轻而易得的东西，“闲敲棋子落灯花”，“将谓偷闲学少年”……在今天这忙碌的年代里，即使偷得半日闲，搞不好你还在研究股市，或者网上漫游。闲，是不是被挤到一个狭小的角落里去？

累了，就给自己放个假，卸下所有的负担，丢开所有的工作，关掉手机，找一种可以放松自己的方式，彻底地给自己放个假。仅为放松自己紧绷的神经，时间也不一定很长，也许半天一天就可以，在舒适的环境中，只为自己而存在。要知道，生活绝不会因为你的暂时离开起轩然大波。短暂的假期，除了调整自己、放松自己，也给自己一次冷静思考的机会，整装待发，准备下一次的出发。

每个人从呱呱落地，到呀呀学语，完成学业，成家立业。一路走来，经历着纷繁的世事，常不知不觉被喧闹的都市吞没，迷失过、彷徨过。

随着年龄的增长，儿时的闺蜜都已为人妻，为人母，如今见了面，变成了相敬如宾，聊的内容大多是家长里短，忙活生计，孩子如何如何等乏味的内容。儿时的梦想，也随着时光的消失慢慢淡去，就像一首歌里唱的：我看见天空很蓝，就像你在我身边的温暖。生命有太多遗憾，人越成长越觉得孤单。我很想飞，多远都不会累。我只想飞，在我的天空飞……

虽然休闲是当今最常被提及的话题，然而，曾几何时，休闲本身也变成一种忙了，过节放假，经济繁忙，火车、飞机，光在路上就耽搁几日。最终到目的地了，好山好水的风光已经被忙着休闲的人们塞得水泄不通，何处涵养性灵？只能走马观花，匆匆忙忙度过，最终，“休闲”变成一次豪华大餐。

不过，有情调的女人知道，闲情不是菜，是心境，是清风流水，不夹杂忙碌的，今天的所谓休闲，是真正的“忙中偷闲”，但最终是只有闲字，情字却丢了。

在钢筋混凝土打造的森林中，在熙熙攘攘的人群里，女人，你还在忙碌吗？累了，就放下手中的活儿，抽出一点时间闲一下吧，放一段自己喜爱的歌曲，闭上双目，美美地欣赏、慢慢地回味，回味一下儿时的天、小时候的石头路，暂时摆脱一下城市的喧嚣，放慢一下快节奏的工作。给自己的心放个假，再哼上一段，放松心情，自我疗伤，那分惬意，那分酸涩，会随着旋律的悠扬起伏，慢慢流淌，殆失至尽……

点评：对女人来说，每天似乎都有忙不完的事情，工作、家务，老公、孩子，但无论多忙，也要在忙碌的间隙中找点“闲”，静静地和身边人携手看夕阳，让你的心得到宁静、安逸，这是生活不可或缺的情调。

九、情调女人的性感新主张

有人认为性感就是在一瞥之下便能让人唤起潜意识本能冲动或联想的形象。譬如女性隆起而富有弹性的双乳、丰满而浑圆的臀部、柔软的腰肢、娇艳的面容以及光泽的肌肤等，都会引起异性的冲动和想象。但事实上，性感还表现在很多方面，那是一种风情，由外而内，由有形而幻化为无形。更高境界及富美感的性感，是杀人于无形的“性感在骨子里”。

毫无疑问，女性应该挖掘自己的性感魅力，培育自己的性感魅力，这是夫妻间性爱之道，也是夫妻感情升华的最佳契机。

看过以下的种种性感新主张，你自会更懂得从内至外，从头到脚趾尾去发掘、释放及表达你潜藏着的性感魅惑。

1．抛个媚眼

媚眼是女性魅力的无声语言。运用得当，能使他读懂一颗怀春的心；倘若分寸失度，眼波“飞短流长”，就成了弄巧成拙的败笔。无论是忧郁的、迷惘的、缥缈的、懒洋洋的、天真带笑的或眼中藏着火焰的，只要有神韵及充满流盼，眼波便是性感的发源地。

2．醉意朦胧

很多女人都是不胜酒力的，想象一下，在酒精的作用下，女人两颊绯红，嘴角含着醉意的微笑，眼神朦胧而柔和，那该是多么令人销魂的性感和美丽。当然，饮酒要适度，否则会适得其反。

3．流露慵懒状

为什么唐朝会被史学家认为是盛产像杨贵妃那样倾国倾城的性感美女的时代？古代女性宽衣解带时的专注与缓慢，眼神流眸四盼的神韵，说话时的快慢错落有致，足以构成一种叫人觉得性感的风情。

看张曼玉做的广告，一副刚刚睡醒的朦胧样子，多性感！在卧室里，有哪个男人会喜欢一个风风火火的女人呢？所以，当你躺在床上的时候，不妨把你急旋风般的脾气收敛一点，把属于女人的慵懒的美态与性感发挥出来。

4．内衣外穿

结婚后的女人在卧室里也许早已习惯了与丈夫裸体相对，开始的时候，丈夫看到你很快就会产生欲望。但时间长了，就会变得麻木，你的身体就会对他失去原有的吸引力。

其实，在夫妻的生活中，不仅仅只有裸体能表达性感。有专家在对女性的忠告中说，不要赤身裸体，但裹得厚厚的当然也是没有必要的。最好的方式不如试试将内衣外穿，比如，你可以将外衣的纽扣打开，露出非常性感的内衣，或者更直接地内衣外穿。可以想象，当你不经意地展示具有内衣细节的蕾丝花边或者缎子吊带时，习惯了面对你裸体的丈夫会怎样的双目炽热、激情澎湃。

5．羞答答的玫瑰

“犹抱琵琶半遮面”、“欲走还休，却把青梅嗅”，人美而含羞，两相映照，互发光辉，更增加了女性的迷离朦胧。这是一种含蓄的美，是一种使女人充满无限韵味的美，就像梦中花、水中月，使女性别有一番韵味和美色。

在卧室里，女性的羞怯也是男性兴奋的催化剂。面对男性热情的拥抱，女性忸怩的姿态实在有着道不尽的风情。

6．让彩绘为身体添色

现如今行为艺术已走进了大街小巷的居家生活，我们不妨也让它加入你们的床笫生活。如果你们的夜生活已趋于程序化，那就不妨使用此招“拿来主义”。试想你用了一个下午的爱和柔情绘制了一幅田园美丽风情，那么在他晚上撩起你衣襟的时候，会有怎样的激情与感动！

7．散开的长发

很多男人都认为，女人的长发就是性感的标识。斯特里普正是凭着披肩金发吸引了“猎鹿”男友罗伯特•德尼罗。一般在工作环境里，都是不允许散开长发的，那样容易给别人发出错误的信号。而在卧室里，你不妨把你浓密的秀发散开，吸引你丈夫的注意力。

8．诱人的体味

很奇怪，某种程度的体味往往也是构成性感的根源。有些男性就因为某种体味而记住一位女性。若你没有香汗或女人味，那亦可挑选一些专为撩起幽思春情而调制的香水。

9．出水芙蓉

有人说沐浴后的女人是最美的，就如出水芙蓉。半湿的头发、淡淡的香味、光洁而富有弹性的皮肤，多么让人迷醉。

女人是水做的，一个女人也只有和水联系在一起，性感才显得更加灵动。很多男人都描述最让他们心潮澎湃的是女人刚从浴室走出来的那一刻，那时，她是清新的、纯洁的。也许每一个男人心目中都有处女情结，所以每一次出浴的女人，都多少满足了他们内心寻找清纯的情结。

10．让唇印“温柔”到底

唇语永远是女人无法言传的性感经典，任何男人都会为之动情。精心描画你的唇，然后将一张印满你唇印的香巾纸摆放在你们恩爱的枕边，相信那一个个栩栩如生、性感撩人的红唇印能瞬间使他的身体温暖起来。

11．性感内衣

性感的内衣几乎是女人在卧室增加自己性感的必备工具，沐浴之后，裸身穿上性感迷人的内衣，最好不要穿鞋，在柔和的灯光下走来走去，丰满的胸部及乳沟若隐若现。那种感觉就像一个五颜六色的贝壳在阳光下的沙滩上晃来晃去，又像一条漂亮的凤尾鱼在清澈见底的泉水中游荡，是多么美妙的一件事。

12．露得有意境

以暴露来达到性感实在是一门微妙的艺术。大原则之一是若隐若现，之二是要有选择性，若你有漂亮的肚脐、小蛮腰、骨感的肩膊、细长的后颈，那便不妨让它们露两露。若不，还是那句话：“献丑不如藏拙”。

13．牛仔裤贴身穿

从来，十之八九的牛仔裤广告都是“卖”性感，可见牛仔裤对性感的经营和服务。除了卖牛仔裤的模特本身，牛仔裤广告经常投射的不羁与我行我素的形象，其实某程度跟性感都有份微妙的关系。为 Guess、Diesel 卖牛仔裤广告的模特儿乃至当年为 Levi’s 趴在地上卖牛仔裤广告的钟楚红，都是穿了剪裁完美的牛仔裤而令性感指数倍升！

14．性感特区戴配饰

女人身上有多个性感特区如脚踝、耳垂、肩膀、后颈、手臂、锁喉位等，因此，在脚踝部位带条小细绳、小脚链，在耳垂吊个大耳环或小圆圈，在手臂上戴个臂环或印个小刺青，在锁喉位戴条精巧的 choker 或项链，都能令女人的性感指数明显地飙升。

15．穿高跟凉鞋

女性的脚踝及脚部早已被性学专家认为是重要的性征。而凉鞋及高跟鞋向来就是女性用以张扬腿部性感的武器。男性喜欢凝望女性穿着凉鞋时裸露的脚踝、穿露跟的高跟鞋时更婀娜的姿态，已是女性不甚介意的公开被偷窥行为。顺带一提，据东西方性学研究人员揭示，原来经常穿高跟鞋（当然是合乎足部健康的高跟鞋），会令腿部内侧的肌肉更结实，从而有提高女性性能力的妙用！

16．添一点异国情调

异国情调（exoticism）不一定只能吸引西方人，很多人都会被异国情调中那份遥异、野性及神秘的异味吸引。而常用方法是穿戴一点富有民族色彩的衣饰、披一头又直又长的及腰的长发（不妨让它有点凌乱美）。而让自己多一点游历及一点时间去流浪就更是涵养一份异国情调的最佳方法。

17．不经意的自我触摸

在各式身体语言中，不经意的自我触摸（self touching）正是最教人销魂的小动作。如不经意地咬手指、托腮、不经意地把头发潇洒地向后拨，双手轻轻地捧着脸庞、无奈时耸耸肩膀、交叉双手轻抚着肩头或后颈以及把手伸到毛衣内等都是些妩媚的小动作。曾在《海角惊魂》、《天生杀人狂》中扮演主要角色的朱丽叶特·刘易斯就最擅长此道，难怪她被很多导演视为烫手的性感女演员。

点评：性感之所以是性感，在于它能引发一种性的吸引力。性感，放之于不同的女性身上，自会散发出不同的味道或产生异样的效果，这要看其发放的形式是否高明及是否有意境。

第十章　品位
——非凡品位最诱人

所有女人都希望别人夸赞自己有品位，因为在品位装点下的女人，如同百花齐放，姿态各异。可以清淡如菊，或者高雅似兰；也可以是百合的馥郁，或者是蔷薇的倔强……每一个品位女人就是一朵独一无二的花，越是品位非凡就愈加珍贵，愈加有魅力，愈加让男人沉醉。

一、着装体现你的品位

和一个女人见面，我们第一眼看到的就是她的穿着，她穿衣的风格也正体现了她的品位。如果一个 50 多岁的女人还穿得像个 18 岁少女，比如朝鲜族风格的小连衣裙，胸部收紧，裙长刚刚及膝，就像老妖精一样，别说品位了，只会让人大倒胃口。但如果穿的是套装，整个人的形象就大不一样了，品位立即起死回生。

新时代的女性审美观，强调的是个性与自信。所以，如何由内至外穿戴出属于自己的独特品位，展现个人的风采与魅力。并在举手投足之间，牢牢吸引众人的目光，是身为现代美女的你，必修的内外美学。

女人要想穿出自己的品位，就必须知道一个原则，那就是“人装合一”。一个美貌的女人，若是把一件不合身的衣服往自己身上套，效果可想而知了。服饰的流行是没有尽头的，但是一些基本的服饰是没有流行不流行之说的，比如风衣、及膝裙、粗花呢宽腿长裤、白衬衫……这些都是哪怕穿十年都不会退出流行大潮的镇山之宝。不仅穿起来好看，穿着时间也长，绝对值得爱美女性拥有。拥有了类似的基本服饰，每年、每季只要根据时尚风向，适当选购一些流行服饰来搭配就行了。

另外，可能这样的情况是你常遇到的，你的衣橱里永远有某件物品找不到它理想的伴侣。例如有一条裙子，始终找不到合适的上衣；或者一件心爱的洋装，永远都缺少一双可搭配的鞋子。对于这些单品，请认真为它们做一张购物提醒卡片，上面记录着：某某裙子，缺衬衫一件，或者：某某长裤，缺外套一件。逛街时记得把这张购物卡片随身携带，如此就会清楚地知道自己实际上到底需要或想要些什么，而不再是漫无目的地乱逛，买回你已经有的或其他怎么配也配不起来的东西。

当然，要想让自己与众不同，穿出自己的品位，就要在自己原有的优点上下工夫。找到自己最亮丽的一点，努力去展示它。切记不要盲目跟风。别人穿着好看未必你就一定穿着也好看，千万不要一不小心充分暴露了自己的缺点。好多女人都是有一个习惯，看到自己认为美丽的东东，就觉得适合自己，然后买回。其实不然，女人若想穿得有品位、有气质，那么就需要找准自己的定位。假如让一个重量级的胖女人去穿小女生的 A 字小裙，让一个不足 160cm 的小女生，去穿高腰直筒裤，这都是贻笑大方的事。所以，只有找准自己的方向，在选购衣服时，才能够事半功倍。

身材较丰满的美眉，可以选择穿深色衣服，因为深色的衣服能使人看起来更瘦一些，而浅色则往往让人看起来偏胖。另外，以竖条纹裙装展现优雅的品位，细长的条纹裙装有修长感，都是比较适合肥胖者在正式场合的穿着。身材娇小的女人，全身服装色调最好相同或相近以修长身型。当然，上下身不同颜色的衣服也可以穿，但要注意身材比例，最好上浅下深，把别人的注意力引向头部或肩部。对于娇小身材的美眉来说，若是要穿出可爱的气息并显得身材高挑，短裙和短裤的搭配都非常适合。体形矮小瘦弱的人宜选素色、无花纹的服装，如果你一定想穿花纹的衣服，大格子的花型最好不选，花纹会显得人更瘦。而应选择小方格的花纹，那样看起来更丰满一些。

总之，女人想要穿出品位，就一定要懂得如何遮掩自己的缺陷。不要打肿脸充胖子，把一切流行元素不假思索地堆砌在自己身上。要记住衣服体现的是你的品位，要根据自己的年龄，根据不同的场合，选择适合自己的着装风格。只有选择最适合自己的服装，你才会更美、更有品位。

点评：穿衣是一门艺术，也是一种风格，不但能展现你的个人魅力，还能体现你的品位，所以马虎不得。虽然你不至于穿着运动裤，却踩着尖头皮鞋，但是，也许你会在办公室穿着暴露，记住这同样有损于你的品位。

二、百般搭配，打造非凡品位

俗话说："人靠衣装，佛靠金装。"但是金装也需要搭配才能金光闪耀，同时也会给人赏心悦目的感觉。

我们常常看到这样的女人，她们总是在出门前不知道自己该穿什么，望着衣柜里满满的衣服，却一筹莫展。这是为什么呢？买了好看的衣服，却不懂得如何让自己穿，这大体上归结于不懂得搭配衣服的缘故。下面来说说搭配的基本原理吧。

1．10件衣服穿出20套的效果

衣服不在多，会搭配就行，有的女人虽然衣橱里塞满了衣服，但每次约会的时候，还是将所有的衣服试了一次后觉得没有可穿的。而有穿衣品位的女人注重搭配，能将10件衣服穿出20套的效果。

有的女人总是羡慕别人的衣服，每天穿的衣服似乎从来都不重样，于是自己宁愿饿肚子也要把所有的钱财投资在衣服上。其实，一些女人之所以每天都给人新鲜的感觉，并不是因为她们衣服多，而是因为她们善于搭配，同样的上衣搭配着不同的裙装和裤装，或者同样的裙装搭配不同的上衣，就俨然搭配出不同的风情和味道。

所以，选购衣服的时候，不要一时心血来潮因为喜欢就买下来，而要先忖度一下：这件衣服能和我橱柜里的哪件衣服相配？或者琢磨琢磨——我是否能很容易买到和这件衣服相搭配的衣服？

2. 巧妙利用配饰将一件平淡无奇的衣服穿出别样味道

百般变化不一定非要彻头彻尾来个大变身，往往一个小小配饰的变化就能演变出不同的风格，虽然丝巾、项链这类细节看似不起眼，但往往能折射出女人更深刻的品位。有品位的女人常能利用配饰将一件平淡无奇的衣服穿出别样效果，进而渲染出不同的自己。

比如小巧的耳钉体现出女人的精致，而较夸张的耳坠就女人味十足，金色的坤包凸显了女人的优雅，较大的韩国包包就显示出女人随意的气质。

3. 衣服不选最贵的，但一定是与自己的气质最匹配的

在衣服的选择上，有品位的女人不会刻意求贵，不会非哪个品牌不买，品牌的东西不一定就是最合适自己的，而且品牌的服饰往往价格不菲，或许购买一件品牌的服装的价钱能够购买十件非品牌的服装。

在有品位的女人看来，“不求最好，但求最贵”绝对是失败的购衣策略，一是投资和收益不成比例，花了重金后，也不过只能穿那么一次，二是，衣服的生命力毕竟有限，就算是出自名家的香奈儿，反反复复穿了三年后，再次拿出来，也时过境迁成了出土文物。“坏”女人的购衣准则是：衣服不一定是最贵的，但一定是与自己的气质最匹配的。

有品位的女人善于淘衣服，总能在逛街的时候从林林总总的毫无新意的服饰中选出最别致的那件，而且“坏”女人倾向于在网上购买衣服，因为同样的衣服，通过网络，总会便宜得多。

很多女人总是在抗议男人的心善变，容易移情别恋，男人却很无辜地摊了摊手：日久天长地面对着一个一成不变的女人，就像是让你天天吃鲍鱼，再好的东西吃时间长了也要倒胃口啊。世界上没有永恒的东西，如果说有，那么可能就是变化。

4. 色彩的搭配很关键

当你懂得掌握风格的变化时，衣着的细节就变得更为重要。不同的肤色搭配不同的服装颜色，而在多层次搭配非常流行的当下，很多女人掌握了一个流行风格，却常常忘记了色彩搭配的重要性，对颜色的敏锐度不高，搭在一起的颜色显得突兀没有协调的美感，若是颜色搭配错误就算懂得创造自我风格也算不上有品位。

造型师小冰说，要学习搭配色彩，可以先以清爽的浅色为搭配主题，然后渐进练习，多照镜子，或者最好拿相机拍下自己试穿衣服的模样，慢慢就能提高自己的审美观。同样用拍照的方法，对于衣着线条也能做一个好的分类规划，就拿西装外套来说不同的线条也展现不同的身体曲线，可以性感时髦也能很老气横秋，大部分时候衣着是能够显示身材的，如果能勤于练习，穿对了衣服就能隐恶扬善！

一般地说，全身上下衣服颜色最多只能用三色。如果是两个对比强烈的颜色搭配时，最好以其中一色为基础，另一色为配色，两种颜色之间要有一种中性色过渡。如黑与白之间对比强烈，可用灰色过渡，如灰色背包、腰带、围巾等。如用同种色搭配，要注意色与色之间相差不能太近也不能过远。最好有深、中、浅三个层次。少于三种层次的搭配比较单调，而层次过多则过于烦琐。

看来会穿衣可不是天生的，需要不断地练习改进，以期实现自己想要达到的效果。衣服的搭配是一门很深的学问，就像食物的营养搭配，一个漂亮聪慧的女人会遵循自己的身体条件，在给自己足够营养的条件下，也时不时的给自己制造一点惊喜。比如将细肩带加背心、裙子加牛仔裤，或者将最简单的几项单品搭配在一起，立刻就能展现出时髦的风格。如果你想让自己的服装凸显自己的品位，就要在色彩的搭配上多下点功夫。

点评：女为悦己者容。无论春夏秋冬，女人都希望自己成为别人瞩目的焦点，而同样的衣服穿在不同的女人身上味道是不同的，差别就在于搭配。不要羡慕别人，也来为自己排演一出精彩的时装大戏吧！不为得到大奖，却是对自己品位的提升、风格的突破。

三、时尚：丈量你与美的距离

女人们永远与流行、时尚联系在一起。一句“最新流行”的广告语便可成为服装的促销名词。时尚浪尖上的女明星们的着装往往又是女人们追逐的热点。常常看到这样一些女性，身着流行新款服装穿梭街头，至于那些服饰是否适合自己，大多是不去在意的，在意的只是它是不是当今的流行。

女人具有强烈的好奇心，使得她们能以最快的速度接受新生事物。再加上女人的天性，表现欲望强烈，总希望自己鹤立鸡群，领先同性，成为别人效仿的对象，获得他人的赞美。这也是女性抗拒不了“时尚”与“流行”的原因。

时尚犹如一把尺子，最能丈量出女人靠近美的距离。曾有人这么说过，如果你的着装比别人先进一年，那么，你一定是一个前卫的时尚人士；如果你的时尚触觉在多年后仍被人们顶礼膜拜，那么，你肯定就是窈窕女人的典型。事实上，时尚形象与女人气质的完美结合，才能使女人成为一首耐人寻味的诗、一幅生动自然的画。

千差万别的身体如果穿上同一款式的服装，形象也各有不同，这里难免有俗不可耐的形象。比如，一个身体肥胖的女人，穿着一身紧裹身体的套装，怎么看也找不到那种令人心动的感觉，尽管套装是名牌服装。这就是说，流行的、时尚的并不一定都适合你。穿着打扮如同做人、如同处世，讲究的正是不经意之间的流露与收获。

时尚只不过是在生活中获得轻松和快乐的一种方式而已。

时尚的潮流经过几个轮回之后，如今，女人们越来越对时尚有了清醒的认识，这种清醒的认识就是越来越多的女人开始不再盲目地追求时尚了，而是对时尚进行个性化的选择。聪慧的现代女人不再是只屈从于名牌，更多的是忠实自己的感觉，流行趋势在了解后仅作为她的参考，对时尚多了一份洒脱。

究竟什么是时尚？时尚是一种气势，永远有一种力量。时尚是一点点心思，有时是可爱的小情调。女人对时尚流行总是表示出如同鱼儿在水底般的亲近，女人，特别是现代都市中的女人，她们始终生活在时尚的前沿。

流行的时尚与内在的优雅气质达到完美的结合，主要是取决于女人不同的身体。身体有胖瘦之分，气质也有俗雅之别。合体的时装不仅可以满足你对时尚的渴求，而且可以达到女人气质的较高境界。把握时尚，追求自己特殊的气质，是女人真正美的体现。

除了衣着的时尚之外，女人的妆容也同样在体现着女性的美丽。如今早已不再流行浓妆艳抹，而是清新与淡雅的自然妆，给人一种若有若无的感觉。淡淡的妆容，总是最自然地显露出你肌肤的质感，这才是一种至高的化妆境界。它不会让你面目全非，只是从一大堆化妆品中重新塑造一个本来面目的你，如：粉底、胭脂、眼影和唇膏等。看着自己清新的妆容，皮肤滋润细腻，能够自由地呼吸，这会让你看起来魅力无比。

有人说，化妆就像写文章一样，它不需要词句的堆砌，最好的文章，总是作家自然的流露，它不依靠词藻的堆砌，它清新、自然，读起来，跃然纸上，像是一个个鲜活的生命。

着装也好，化妆也罢，这些都只是女人追求时尚的一个方面。真正可以改变一个女人的，不仅仅是这个，更主要的是女人的睡眠是否充足、能够坚持运动与平日里的营养保健等更多方面。注意了这些，才有可能使你的皮肤得到改善，精神更充沛。当然，美不仅仅表现在肌肤的细嫩白皙上，女性的美更表现在气质优雅、成熟、有文化的内涵上。如果想在气质上与众不同，还需要多读书，欣赏艺术，积极乐观的生活，心地善良、自爱而有尊严，这样的人，就是不化妆也是时尚而富有魅力的。

总之，时尚让女人会心，让女人会意，却不容女人一味盲从、炮制。同时，时尚又会告诉你，它并非遥不可及。随心就好，随意就行。时尚的本质，就是生活的本色。不要刻意领先时尚，又不能对时尚无动于衷。

点评：时尚，其实只是一种感觉，你感觉适合你，那就是你心目中的时尚，女人都幻想拥有灰姑娘的“水晶鞋”，但终究要看自己的脚适不适合穿这双“水晶鞋”呀。

四、女人品位的另一境界：让爱好与工作融为一体

女人的品位不仅表现的穿衣上，更体现在她的人生观上，比如，没有品位的女人认为，女人最好的归宿就是找个有钱的老公养自己。而有品位的女人，则会想，自己一定要选择自己喜欢的职业，做自己喜欢的事情。

当一切都随心所欲时，世界是不是会变得很美好？答案是当然。当你所从事的工作刚好与你的爱好相符时，你不知道你有多幸运呢？知道现在上班族最流行什么吗？就是把爱好和工作合二为一。

王然，喜欢逛街，几十块钱的衣服让她搭配起来，品位就立刻呈现出来。于是，总琢磨自己开家服装小店，选自己喜欢的服饰来卖，

最直接的益处就是自己先以批发价落一身。但反对声音不绝于耳，如，如今服装行业多如牛毛，肯定不赚钱，进货渠道困难等。就这样，她的梦想蹉跎了几年，也让她在不快乐中工作了几年。最终，她下定决心，把梦想付诸实施。现在，她身上的衣服品位十足，甚至有了自己的设计。她的快乐在美丽的衣服搭配当中实现，自己的爱好与工作合二为一了。

在许多人的意识里，爱好和工作很难碰到一起。其实不然。一次对全美国成功人士的调查说明：他们之中94%以上都做着他们最喜爱的工作。一个对于工作感到不满的人，不管他如何努力，也绝不会有优越的表现。许多事实说明：大多数人的失败，都是由于工作的不适宜。快乐工作一般有以下几个标准：

首先兴趣和爱好合二为一。兴趣是一个人力求认识、掌握某种事物，并经常参与该种活动的心理倾向。有的人对研究发明感兴趣；有的人对形象设计感兴趣，擅长创造美；有的人对文字感兴趣，一篇篇优美的文章从她的指缝间流出……不同的职业需要不同的兴趣特征。一个擅长研究的人，如果把她的兴趣转移到娱乐媒体上来，她就会感到举步维艰，无用武之地。正是这些兴趣上的差异，构成人们选择职业的重要依据。

人们对某种职业感兴趣，就会对该种职业活动表现出肯定的态度，在工作中调动整个心理活动的积极性，开拓进取，努力工作，有助于事业的成功。反之，强迫做自己不愿意做的工作，对精力、才能都是一种浪费。

兴趣引导贝多芬迷恋神奇的音乐世界，终成举世闻名的伟大音乐家。

个人的兴趣爱好有很多，一般说来，兴趣爱好广泛的人，选择职业时的面就大一些。广泛的兴趣可以促使人注意和接触多方面的事物，为自己选择职业创造更多有利特长与职业合二为一的条件。

其次，特长与职业合二为一。美国哈佛大学心理学家加德纳认为，一个人的智能是以组合的方式构成的，每个人都是具有多种能力的组合体，人的智能是多元的，除了言语——语言能力和逻辑——数理智力两种基本智力以外，还有视觉——空间智力、音乐——节奏智力、身体——运动智力、自我认识智力等。

有些女人说，自己似乎对什么工作都不感兴趣，以致在任何工作中都感觉不到快乐，她们也出去工作，但只是勉强地服从客观环境而工作，对于工作她并不感兴趣，甚至感到讨厌，产生不愉快的感情，她们工作的唯一目的，就是为了赚钱，为了生活。做任何一件事，我们在达到目的的同时，比如：获得收入，都应该是积极的快乐的，因为，要做生活的主人。

当你发觉什么工作都不能让你感兴趣，你试着想想看，你在儿童时代，最喜欢的是些什么游戏？这个游戏可指明你喜欢的那种工作。又或者，曾经年少时，自己有没有什么样的渴望。相信小时候，大人都问过“长大后你要做什么？”之类的问题。知道了这个志愿，可作为指明你发展方向的一个参考了。若是好的，对于自己和社会都有好处，就去大胆地做吧！不管有多大的艰难和牺牲，要坚持到底！

因此，仔细衡量一下自己，找一找个人的特长。能力特征能直接影响活动的效率，是活动顺利完成的个性心理特征。任何一种职业对工作者的能力都有一定的要求。在选择职业时不能好高骛远或单从兴趣爱好出发，要实事求是地检测一下自己的学识水平和职业能力，这样才能找到有“用武之地”的合适工作。

朱德庸上学时，绝对是个不招老师喜欢的学生。上学的时候，他每当挨了老师的骂，都会偷偷画下一幅老师的漫画，想尽办法地丑化。第二天老师再骂时，心里暗笑：你已经被我画成那样了，还有什么可凶的？心情就好了许多。

当他总算熬过学生时代，以为可以摆脱束缚时，他又发觉每天只需工作 3 个小时且无人监管的报社工作同样让他不快乐。每天都要在家里磨到不能再待时才出家门。出了门之后，还要先顺路拖着脚步走一会儿，直到只剩下十几分钟时才打车去单位。这样子过了几年，突然有一天，他顿悟：原来自己根本就不喜欢上班，这些都不是他的兴趣所在，就像儿时不喜欢上学一样。他决定不再这样工作，随即辞职，拿起了画笔，靠画漫画赚钱。一开始，赚钱不多，但他很享受那一切。后来，成名了，名利兼得的他笑称：总算自己还有一项可以养活自己的爱好。

点评：让自己的爱好融入到工作当中，你会更加自信，得心应手。没有爱好，可以培养爱好，爱好广泛，选择工作的机会就更多。女人让自己爱好和工作交融是感受快乐工作的捷径之一。

五、你有什么样的业余爱好

如果说工作成就一个人的事业，那么，爱好决定了一个人的品位。

不同的业余爱好，也能体现女人不同的品位。比如，一个女人在业余时间仅仅喜欢打麻将、玩扑克等，那么她这个人是没有什么情趣和品位的。如果她利用业余时间摄影、读书、画画，那么她的品位很显然比喜欢打麻将的女人要高。

明末清初四大高僧之一的莲池大师在他写的《竹窗随笔》里就有一段精彩无比的关于一个人业余爱好的描述，《好乐》——人处世各有所好，亦各随所好以度日而终老，但清浊不同耳。至浊者好财，其次好色，其次好饮。稍清，则或好古玩，或好琴棋，或好山水，或好吟咏。又进之，则好读书。开卷有益，诸好之中，读书为胜矣！

然此犹世间法。又进之，则好读内典（即佛经）。又进之，则好净其心。好至于净其心，而世出世间之好最胜矣！渐入佳境如食蔗喻。

有一个很快乐的女士，她总是笑得很开心，有人问她秘密何在，她说，每次我有心事的时候，我就学一样东西，现在，我会弹钢琴、拉小提琴、跳舞、下象棋、跆拳道——想一想，自己会这么多东西，真的很自豪，想不开心都难。

可见，培养一二项业余爱好，可以给女性的生活增添新的情趣，让生活保持精彩。拥有业余爱好看似微不足道，但业余爱好对于女人的意义不仅仅是学会某一样东西，更多的是在你学习这个的过程中，你走进了另一个世界，而当你彻底进入里面后，你能体会到里面无穷无尽的乐趣。丰富了知识，也获得了快乐。每个人的一生，都是在不断学习的过程中，在学习中获得知识，在知识里提高自己。

一个人一生中必须有两种或三种业余爱好，这里所说的，必须是真正的业余爱好。不能说等到自己老了的时候，才开始找自己有哪些业余爱好，那时已经没有任何意义了。在我国，大多数女人提到业余爱好，就会说，吃饭、睡觉、逛街什么的。严格意义上说这不是爱好，只能说是自己的兴趣所在。

在荷兰，男人一个月除去税收和照顾孩子等因素，一般月薪在3000欧元以上，女人多半放弃工作在家带孩子或是照顾老公起居。家务毕竟是有限的，特别是孩子到了读书年龄，相对空余时间就多了。所以，荷兰女人基本都有些自己的业余爱好，涉及种类也很多。如艺术、体育、音乐、烹调、旅行、园艺等。艺术所需的各种材料都可以在当地画材商店找到。荷兰女人杰琳说：找到自己的爱好，就好像找到另一个不同的自己，她鞭策着自己把所学的都熟练掌握，另一方面，自己在这个过程中，变得自信、充实，证明自己不仅仅是个家庭妇女。

是的，在大是大非面前，我们应该保持清醒。不能因为结婚了，就全然没有自我，结婚后也请你保持婚前良好的生活习惯。当然，有些个人的生活习惯我们应该在婚后的二人世界里做必要的妥协，不要让自己的固执伤害到爱人的情感，但是有更多是需要自己坚持的，就像做自己喜欢的事情、拥有自己的业余爱好，这些都需要保留，因为那是我们心灵深处的火种，是情感不竭的源泉。

一般来讲，一种可以伴随终生的爱好是需要有文化内涵做基础的，需要一个比较长的时间来培育，就像马克思喜欢朗诵、丘吉尔倾情于油画一样，他们将这些爱好保持终生。真正的爱好，雅俗之别不在于别人怎样评说，而在于这种爱好持续的吸引力和对身心的颐养程度如何。如果你拥有一种爱好，常会体味到“迷失”之乐。

爱好是你度过闲暇时间的一种有趣的方式，也是你寻求乐趣的一种活动。它就像一个由你选择的特殊的朋友，它吸引着你，你也喜欢它，并愿意为它花费精力。“迷失”，是种很棒的感觉，当你发现有件事情可以让你全神贯注时，就千万别错过了。

当你真的为一种爱好所吸引，这种爱好也许会伴随你一生。爱好有你起初意想不到的好处：获得满足感，当看到自己的劳动成果——你画的画或编织的围巾，这些会使你感到自豪。你还会发现，当你醉心于某种爱好时，你即使独自一人也不会感到寂寞。当你选择好了你所感兴趣的爱好时，它就会时时给你快乐，并引着你走向充满希望、富有创造性的未来。

生活中也有这样一些女人，她们以工作为乐，但却不知道自己有什么爱好，工作之余，她们只是窝在家里。这样的女人是最需要通过一种兴趣或爱好使自己适时忘记工作的人，因为，拥有广泛的兴趣爱好，不仅可以丰富知识，还可以陶冶人的情操，在你与人聊天时，丰富的谈资使你成为众人的焦点。如果你说没有什么爱好，没有关系，现在就开始培养，还来得及！

点评：女人要善于创造美，并不仅是外在的，找到自己的爱好所在，并坚持下来。你会发现，在享受爱好的同时，获得了满足感，提升了自己的品位，只要你愿意，就一定可以找到适合自己的爱好。

六、有品位的女人选择什么样的男人

最能反映女人品位的，不仅仅是她的衣着、爱好，还有最重要的一点是，她会选择一个什么样的男人来爱。

俗话说，男怕入错行，女怕嫁错郎。女人选择了什么样的男人，就等于选择了什么样的人生。

那么，应该选择一个怎样的男人才能算是有最高的品位呢？以下几点供女性朋友参考——

1．事业和家庭兼顾的男人

男人绝对不能没有事业心，但如果他的事业心太重，他用在家庭和你身上的心思就会很少，你要他陪你逛街，他说没意思；你要他陪你看电影，他说没时间。他事业取得了成功，你也跟着风光，但那是别人看到的，别人看不到的是漫漫时光里你的寂寞。而那些事业心不是过重的男人，则懂得对你体贴入微，宠爱有加。

2．不太在乎你容貌的男人

岁月是女人的敌人，男人四十岁、五十岁的时候魅力有增无减，而你，再美丽的脸也会起皱。相反，如果他首先在乎的是你的内在气质，他也会发现你的魅力随岁月渐增。

3．有情有义、有始有终的男人

从喜欢上你的第一天起，你就是他的全部，你是地球，他就是月亮，你的笑脸就是他的好心情。有了你，他不会再把视线转移到别的女性身上，服侍你是他的终身事业。遇到这样的男人，不要计较他有没有钱、有没有地位、有没有好工作，跟他一辈子，就是幸福。

4．浪漫温情、优雅高贵的男人

他的袖口永远扎得那样整齐，皮鞋上永远不会沾染灰尘，没有一句粗俗的话语，永远那样沉着、洒脱，微笑的在你需要的时候出现。这样的男人可遇不可求，也许你们只有一起喝咖啡或者赏月的缘分，但是他的贵族气质、绅士风度会让你留恋一辈子，所以碰到这样的男人，如果氛围适合，情调相宜，不要拒绝，也不要犹豫。

5．不太会谈恋爱的男人

人不是天生就会谈恋爱，太会谈恋爱的男人，说明其情场经验丰富，这样的男人更适合做朋友。如果一个男人为给你送花在楼下傻等半小时，而玫瑰又错买成月季，没关系，他心里送的是玫瑰。

6．性格爽直、豪放粗犷的男人

也许他不拘小节，爱耍贫嘴，常爱惹你生气，可有人欺侮你的时候，他会用坚实的臂膀来保护你。他为了你努力工作，为了你做许多傻事却不让你知道，他受伤了也不要你担心，他爱在女人中间周旋，喝醉了甚至跟别的女人上床，可是最疼爱的还是你。在这种爱的保护下，女人会更像小女人，如果你喜欢做小女人的话，跟他吧。

也许，你觉得选择这样的男人，哪里能体现出自己的品位呢？不过，只要你比较一下，就能看出来了。看看下面这几类男人：

1．“花心大少”一样的“浪子”型男人

他们交际很广，从来都没有打算一辈子厮守着一个女人。可是“男人不坏、女人不爱”，许多不信邪的女人往往跃跃欲试，想用真情或者纯情去捆住他们，这只不过是一厢情愿的做法。

2．酗酒赌博的男人

这类男人自制力甚差，缺乏理智，易为他人或环境摆布。他们对妻子自然缺少温存，当他们做自己喜欢做的事时，会全然忘记妻子的存在。这类男人往往还会易怒，好胜，爱用强制手段支配他人。做这类人的太太，不但感受不到爱，而且还会受辱，令人难过。

3. 志大而才疏的男人

这种男人好高骛远，追求完美的生活和成功的事业，而又没有实际才干。所以他们按照社会的期望把自己的生活安排得很满，工作、交友和娱乐活动都不曾错过，并且都想赶在潮流的最前沿。而往往他们缺乏内涵，没有真才实学，因此才让许多事情来充塞时间，给你一种成功男士的假相。你如果和他在一起生活，时间一长就会发现他只是一个假好男人，本质上缺乏稳重的气质，显得虚浮缥缈，使人对他缺乏信任感。这类男人往往终生都不会有多大出息。

4. 心理阴暗的男人

这类男人说话假仁假义，外人看上去并不觉得他有多大不妥，其实质上为人残忍，不宽容，为达到目的，可以使用卑劣手段而不以为耻。与这类人共同生活，会感到生活阴森可怕，危机四伏，心中蒙上阴影，终生无法抹去。

5. 胆小懦弱的男人

这类男人一般都无所作为，常常被别人看不起。他们遇事常寻求妻子意见，凡是也会让妻子先一步尝试，因为他们在父母跟前时也是这样做的。

6. 举止轻浮的男人

看见美女就连路都走不动，还一个劲地猛流口水，把身边的你视若无物的男人，该是多么的轻浮。这类男人对两性关系看得很随便，尤其对美女会紧追不舍，追上后又会赶紧想着换一下口味。除非你也与他观点相同，否则你会无法忍受他的浪荡行径，无法忍受就会争吵，你就休想得到安宁、和谐。

想想看，如果你选择了以上任何一种男人，你的朋友和亲人会说什么呢？毫无疑问，一定会说你没有品位，而你自己到了清醒的那一天，也一定会后悔当初的决定。要知道和这样的男人在一起，你会不知不觉的掉价，更别说提升自己的品位了。

点评：女人的品位体现在方方面面，但是最重要的一点是爱情。有人把嫁人比作女人的第二次投胎，这足以说明，选择一个什么样的男人对女人的重要性。这体现的不仅是品位，而且决定着女人一生的幸福。

七、女人味如此“烹饪”出来

中国自古有句古话，女人要“上得厅堂，下得厨房”。虽说这是句比喻，但仍可见，拥有一手的烹饪技艺，对提高一个女人的品位也是至关重要的。

曾经看过一本杂志的封面，是我国著名的物理学家、复旦大学校长谢希德教授的照片。照片中的谢教授系着围裙，在厨房中一边做饭，一边回头对着镜头和善地微笑。

这张照片给人留下了很深的印象。著名的大物理学家、堂堂的复旦校长原来也有这么普通的家居生活。

还有一则关于英国前首相撒切尔夫人的报道：撒切尔夫人任首相时，家里从来没有请过保姆。只要她晚上没有国务活动，总是在六点钟之前赶回家里，忙着给丈夫和孩子做晚餐。撒切尔夫人的这种居家角色恐怕是许多人都想不到的。

这些在事业上取得了骄人成就的女强人在家庭中还能将妻子、母亲的角色扮演得这么到位，的确让人可敬可叹。干练的女人，回到家中，系上围裙，那一刻，就会发现，她身上平添了许多女人味，变得更加温柔、美丽。

中国还有句俗语，要想拴住男人的心，先要拴住男人的胃。也许，被宠爱着的女人，无须出入厨房，但男人其实应该都是希望自己的女人能烧一手的好菜，能满足自己的胃，谁愿意总是在外面饭店凑合吃，又或者，实在没办法了，男人自己操刀，把持着厨房的重地呢？

人在疲倦的时候，总是希望能回到家，吃上一顿香甜可口的饭菜。因为，毕竟，那才有家的感觉。

从事 IT 工作的苏飞说：每每天黑下班回家的时候，快到家的那条小路，正好能看见家里的厨房，我就特别希望厨房的灯是亮着的，要是再看见妻子的身影在里面，顿时就觉得疲劳退去，不自觉地就会加快回家的脚步。

其实做一个女人，挺好的。常常进厨房也挺好的，做饭有人品尝就更好了。女人应该常下厨房，厨房里的你，看起来总是那么不一样，你会觉得自己是这个家里不可缺少的人物。会做饭，并不等于天天要做，但最起码，在最关键的时候，需要你表现这种能力，你应该具有这样的能力。

现代社会对女性的要求早已不像多年前那样了。女人像男人一样工作、学习，甚至比男人还要忙碌。如果想要做菜一定好吃，有点难度，但做出些家常菜，并不是太难的。所以，如果足够幸福，不用自己操心这些事的话，只需具备这种能力也足矣，万一某一时刻，急需你的这种表现，便可派上用场，而不用在需要你时，却手足无措的发现自己根本没有这种能力。

谈恋爱的时候，男人对一个娇滴滴下不得厨房的小女人觉得挺可爱，真要是娶老婆，男人还是希望找那种“上得厅堂，下得厨房”的女人吧，娶到这样的女人，他们会觉得是一种造化。

在女人有了孩子之后，做饭，就变成了一个母亲最神圣的职责了。一个女人当上了母亲后，一般都会有极大的改变，最大的改变是有了为孩子甘于牺牲一切的精神。为了让孩子拥有健壮的体格，做妈妈的往往是亲力亲为，遍寻食谱、营养谱。但如果一个不会做饭的女人不幸成了母亲，直到孩子长大成人，从来没有吃过妈妈做过的一顿饭，这听起来是一种怎样的悲哀啊！

学会烹饪，其实也是培养女性热爱人生、心灵手巧美化生活的情怀。一片片、一段段、一块块的菜料从刀下切出来，阵阵菜香从锅内飘出来，一盘盘色香味俱全的佳肴从自己手中端到餐桌上，阵阵菜香也把女人味给飘出来了。这是一种成功的快乐，会让人有一种无法言表的满足。

点评：都说只有传说中的仙女才不食人间烟火，既然我们身在凡间，哪有不沾半点油烟之理呢？烹饪美食的同时，你的女人味也油然而出。

八、品位，源于你的知识库

我们不能想象一个目不识丁的女人会比一个知识渊博的女人品位高，其实，一个女人品位的高低，不仅和她的修养有关，和她内在的知识更是息息相关。

如果没有知识作为铺垫或者根基，那么女人的品位就无从谈起。知识就像新鲜的空气一样，闻闻它，顿感神清气爽。日本女人在结婚后一般都会做全职主妇。但是，这并不是说，她们可以不学无术，相反，大多数日本女人从一出生，就开始接受教育。据统计，近些年来，日本男人在选择妻子时女人的学识是被放在首位的。

随着社会的不断进步，人们的受教育程度越来越高，在我们身边正越来越多地聚集着一个崭新的亮丽群体——知识女性群。她们的味道源于她们丰厚的学识、高雅的气质、独特的风采。

在现在这个知识经济的时代，对知识型人才的要求越来越高，这让很多职业女性都感到有些吃力，所以，我们要使自己成为既具有专业性又具备各方面综合知识的高素质人才，这样才不会在人老珠黄时，从风口浪尖上掉下来。女人的美丽容颜很容易随着时间的流逝而渐渐老去，而你如果拥有强大的知识库的话，就像有了一件保护衣，任凭狂风暴雨，你都依然可以绽放你的美丽。更何况，知识会越积累越丰厚。正如犹太人所说，“我身上的任何东西，包括生命，别人都可以轻易拿去，唯独我脑子里的东西是别人无论如何也拿不走的。”

许多女人喜欢穿华丽的衣装，想借此吸引男人的目光，也想换得所有女人的羡慕，她们往往害怕摘掉满身的金银首饰和衣服上的花哨，失去这些就像失去安全感般，但是对于有自信心的知识女性来说，她们靠的是内在的修养与功力，这需要有足够的文化底蕴和艺术鉴赏做储备，需要有善良温柔的心态和从容的气质做内蓄。在我们这个有悠久历史文化的国家，盛赞这种美为“淑美”，而西方社会则把它当作是代表上流社会的文化涵养和高贵气质。

女人的学习时间不像男人那样集中和固定，而利用零散时间学习来的很多知识，并不是马上就能运用到实践中去的，因此要想方设法把知识有效地储存起来，以备后用。要有效地储存知识，关键在于掌握知识的条理性。

女性爱美、热爱生活，注重打扮自己。任何人在社会中都存在着公共性和私密性两种不同空间的生活，女性对此具有一种天生的敏感并善加利用，或许女性更懂得生活。而从个体的审美趣味来看，每个人可能都有着独特的爱好和情感倾向性。如何利用自己的智慧和才情使自己成为一个风情万种、有个性、有味道的女人？因为邋遢的、没有情趣的女人是没有吸引力的，更谈不上给人以美的感染。那么就需要女人及时更新你的知识库。

美女总有容颜老去、光华不再的一天，而才女的魅力却会随着时间的流逝而历久弥新。才女之所以是才女，是因为她们有着敏捷的思维、敏锐的目光、犀利的笔调和多感的灵悟。这与众不同的才气让她们区别于其他女人，也自成一道美丽的风景。

要想做一个有味道的，迷人的女人，首先要转换角色观念和行为模式，懂得保持良好的心境。真正的美丽不是源于外在，而是内心的升华。内在美的女性终究比外在美的女性更吸引人。没有教养与知识的言语，总让人觉得乏味。胡言乱语与毫无意义的话题，更是令人却步。

要想做一个有魅力的女性，你就必须拥有知识。因为在这个社会，没有一个男人能对一个什么都不懂得的女人保有真心。想让男人永远为你痴迷，你就抓紧去更新自己的知识库吧。很多女人因为知识而改变了自己的命运，就像海轮·凯勒；很多女人因为知识让自己成为一个内外兼修，有味道的女人。

点评：先天的美可遇而不可求，也难免浮于表面，会随着岁月的流逝而流逝。聪明的女人会借助知识来提升自己的品位，只有这种品位才能伴随女人一生，与岁月无关！

九、从容淡定，我的生活我做主

古往今来，人们称女人是“红颜祸水”、“红颜薄命”、“女子无才便是德”等。从这些词中，我们可以感受到身为女人的悲哀和无奈，女人的命运，似乎是命中注定就要受苦的；女人的命运，不是掌握在自己手中，而是任凭命运来摆布。

真正从容淡定的女人，会从内到外散发出来一种独立的美，也是自我意识的体现。既要有对男人致命的吸引力，又要能驾驭自己的命运。认为该做的事，就绝不客气，兴趣所到之处，就是行动之时。

该爱自己的时候，要学会爱自己。

一个人若不爱自己，又怎能指望别人去爱你？在人生的大舞台上，悲剧往往留给女人，不管剧情如何变化，累的、伤的、哭的，最后一无所有的还是女人，这是因为很多女人是重情的，所谓衣带渐宽终不悔，为伊消得人憔悴，为爱情舍弃一切，牺牲一切，唯独忘却了自己。

女人可以去爱一个男人，但是不会把自己的全部都赔进去。没有男人值得你用生命去讨好。世界是如此的精彩与多变，倘若孤注一掷，一旦自己所爱的男人一个转身，你这个痴情的女子就是一无所有。一个男人永远不可能带给一个女人一个完整多彩的世界，女人也只是男人的一部分，永远成不了他的全部。

该读书时要多读书。

从容的女人拥有永久的时尚，她们永远都不过时。因为她们读书。此话有一定的道理，读书是一个女人气质和精神永葆青春的源泉。一个美丽的女人，文字是她灵魂的依托。读书能增长见识、陶冶情操、提高品质，读书能使女人举止优雅、气质深沉、淡泊明志、宁静致远。

所以，女人在闲暇的时候，远离喧嚣和嘈杂，泡上一杯清茶，读一读喜欢的书籍，那既是一种惬意的生活，也是一种动人的美丽。

主宰自己就是要自立。

从容的女人的立足之本是自立自强，如果女人在金钱上完全依靠男人，就会失去自己独立的人格和尊严。要知道，男人和女人毕竟是两个独立的个体，他的成功并不代表你的成功，他对世界的感知也代替不了你的反应。

从容的女人要有独立生存的本领，面对生活中的压力和困境，艰辛与磨难，学会能沉着冷静，应对自如，只有这样才能不依附男人而生存。

永远不要无休止地围着你喜欢的那个男人转，尽管你喜欢他都快要掏心掏肺地死掉了，也还是要学着给他空间，否则，你要小心缠得太紧勒死了他。

从容的女人有自己的生活，要知道爱情和家庭并不是自己的全部。大千世界，天宽地阔，人生旅途，五彩缤纷。女人应该把握好自己的天空，珍惜自己，充实自己，只有这样，在男人绝情而去的时侯，才能很潇洒地收拾悲伤，不让他带走自己的一片云彩。

做主宰自己生活的女人，如果一个男人对你说喜欢你，相信他。如果他说不再爱你，也相信他。任何时候，要告诉自己，一个不爱你的人离开，绝对是一种幸运！当一个男人对你说：分手吧。请不要哭泣和流泪，应该笑着说：等你说这话很久了！然后转身走掉。

男人是最好的鉴赏家，他绝不会放弃一个美丽女人。女人经营好美丽，也就守住了自己的幸福。

做个从容的女人。学会从容面对生活，积极面对生活。生活定会如你所愿，如同明早，太阳依旧会如时升起。每天打扮得优雅从容，出门注意给自己带上不同的笑容。

只要是从容的女人想做的事，她们就会去做，无所谓对错。当一个女人郁闷的时候，她们不是痛苦地压抑，去喜欢的酒吧泡吧是她们最快乐的事，一个美艳的女子，手握高脚杯摇曳在舞池中，或者抽支烟，哪里还会有寂寞与忧伤。

岁月虽然带走了容颜，但绝不能让它带走女人的自信。从容的女人要学会装扮自己，得体的衣着，优雅的举止都会给人以美的享受。闲情时候自己煮花茶喝或者做茶点吃，放一段柔情音乐，翻阅几页好书，然后睡个懒觉，快哉。

点评：优雅的女人要主宰自己的生活，经营自己的美丽。率性而为，打造自己的梦想，敢作敢当，承担自己的愿望。从容淡定的女人，用一颗平和的心，看远去的风、远去的云、远去的似水流年。

十、安静地思考，享受独处的快乐

所谓享受独处，并不是说一个人单独待着什么都不干，而是说，抛开一切烦心的事，抓住瞬间宁静的快乐，让自己的心灵得到净化和澄清。

善于抛开一切烦心的事情，一旦养成了习惯，你的生活将得到很大改善，把你从混乱无章的感觉中解救出来，让头脑得到彻底净化，对那些吞噬自己快乐的因素说“不”的目的就是要挑战人性的弱点，把一切烦心的事情抛弃，对自己充分地进行挑战。而那些所谓如影随形的烦心事可能恰恰是我们没有做好或是很难做好的事。所以要想从心里把这些东西赶走并不是一件容易的事。

尤其当一个女人经历了纷繁的生活后，便也越来越有意识地给自己多点时间独处。

下雨天，在书房里，一书一茶相伴，然后安静地思考。

在不得不去的派对上，一个人悄悄地走到阳台上，或者躲进洗手间，闭眼，深呼吸几下，然后安静地思考。

树荫下，借着黄昏的余晖，独自静静地走一段，偶尔看树叶衬着天空多彩的一角，听几声啁啁鸟叫，然后安静地思考。

清晨的微露，趁家人还在酣睡，轻轻走到厨房里，从冰箱里拿出橙汁与鸡蛋，打开灶头，看淡蓝的火焰轻舔着锅底，电热水壶的水汽也在一点点出来，然后闻到了茶香，一抬眼，看到了窗边的第一缕霞光……然后安静地思考。

偶尔，丈夫带着孩子出去了，你一个人在家里，专心而安静地打扫房子，最后把脏衣服都放到洗衣机里，走到厨房给自己煮杯茶，坐下，面对窗外的街景，身后是洗衣机的轻声轰鸣，嗡嗡嗡，像春天的蜂群……然后安静地思考。

坐在长途飞机上，盘起腿，闭目，调匀呼吸，一呼一吸之间，已浑然忘却四周黑压压的陌生旅伴，或者干脆走到宽敞的后舱，做一套轻便瑜伽，全然不去管空姐或旅伴惊异的目光。这其实也是一种思考。

女人要想达到思考目的，享受独处是最好的方法。玛丽说："我现在每星期都留一个下午，什么力所能及的事都不做，静下心来忘却烦恼的事，用心去享受独处的宁静与祥和，所以能精神抖擞地重新面对生活。"

的确，心灵清扫原本就是取与舍的一个挣扎与奋斗的过程。不过，你可以告诉自己：每一次的清扫，并不表示这就是最后一次。而且，没有人规定你必须一次全部扫干净。你可以每次扫一点，但你必须立刻丢弃那些会拖累你的东西。

如果要我们给取舍一个恰当的心理环境的话，恐怕"独处"最合适不过了，因为大多数人会在成群的人堆中寻找成功的路子，却希望渺茫，一旦有独处的机会，就会突然发现独处可以让我们更冷静更理智地取舍生活中的所得和所失，这样我们才能顺其自然地走上最快乐的生活之道。

独处有助于女人减轻快节奏生活造成的压力，带给你安详平和的心境。如果你发现自己总是被家人、同事、朋友所围绕，总是因客户一句刺耳的话提心吊胆，总是因为上司一句不痛不痒的话而担忧，总是因耳边充斥的噪声而烦躁，总是被繁忙的工作、烦琐的家庭事物折磨……你每天的神经都绷得紧紧的，甚至得不到一丝喘息的机会，那你真该好好计划一下了。

找一天静一静，让那段时间全属于自己。把平常为之牵肠挂肚的一切抛得远远的，一个人去海滨游泳、散步、看海、听风、闻花香、听鸟语……之后，好好睡上一觉，彻底放松一下。

我们总是处于茫茫人群之中，在喧闹的人群里你甚至听不见自己的脚步声。唯有独处远离生活时，我们才能重新认识到自我的存在，回归原点，发现自己原本可以听得到很多悦耳的声音，可以看到很多赏心悦目的东西，可以感触到很多久违的东西。当然，对于有工作又有家庭的人来说，寻找独处的机会很不容易。

你可以和家人、朋友进行交流，向他们说明情况，征求他们的意见。那些关心爱护你的人，一定会给予你谅解和支持。从沉重的生活压力中解脱出来，你才能心境平和地处理工作，对待家人、朋友，更好地增进你们之间的感情。

推崇快乐生活的玛丽说："几年前，我还没有意识到独处的快乐，那时候，我每天都忙个不停，不是工作开会就是约会，每天的日程都排得满满的。就算能稍微空闲一点，放松一下，我的脑子还是充满了形形色色的人，各种各样的事，我的生活简直一片混乱。"

点评：享受独处可以让每一个女人重新审视自我，及时地思考。给自己的心做个清扫，让自己在繁忙的生活和工作中随时找到释然和轻松的感觉，让自己在人生道路上迈着更加轻快的步伐前进。

第十一章　爱味

——源自心灵的味道

有爱心的女人是善良的、仁慈的、宽厚的，她们有一颗水晶般的心，她们是良友，是孝女，是慈母，是贤妻。女人有爱心，方能爱味长留，温柔幽远！

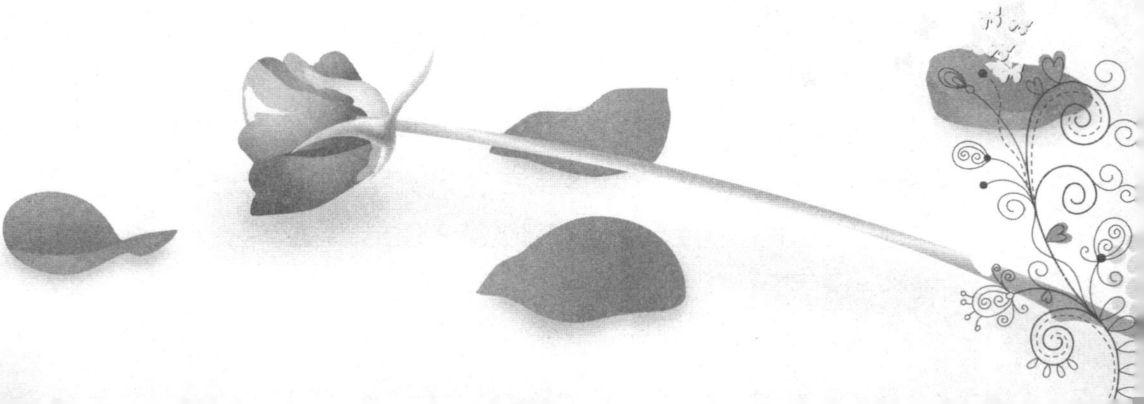

一、爱自己，做自己的好朋友

有时候，女人也需要珍爱自己，做自己的朋友。爱自己的女人心中有条柔和的绸带，将细腻之感传递着；爱自己的女人有着迷人的笑魇，懂得如何爱自己与被人爱，爱自己的女人才是真正温柔的女人……

方婷是一个年轻女孩，她总是渴望能有一个知心朋友，在自己不快乐的时候，能安安静静地陪着自己，听听自己那些无关紧要的牢骚话；在开心的时候，能够有一个贴心朋友，跟自己一起分享快乐和喜悦。

然而，方婷身边的朋友，总是行色匆匆，没有一个人愿意花费大量的时间来倾听一些与自己无关紧要的故事，方婷的朋友们总是那样忙碌，那样势利。因此，方婷总是显得孤孤单单，郁郁寡欢。

正是这种孤单和安宁，让方婷学会了与自己做好朋友。她学会了对自己诉说，然后又学会了倾听自己的心声。快乐时有一个自己与自己干杯，一同笑着欣赏杯中得意的笑靥；悲伤时有一个自己递过纸巾，接住那滴看不见的眼泪。

空闲的时候，方婷一个人坐在屋子的阳台上，沐浴着阳光，享受着微风，桌边一杯水，手中一本书。这种宁静的生活，让她并不觉得有多么地悲伤和寂寞。反而庆幸自己可以在一个人的时候，静静地享受那种自在的独处空间。

古人说：人生得一知己足矣。三毛也曾说过：知音，能有一个已经很好了，不必太多，如果实在一个也没有，还有自己，好好对待自己，跟自己相处，自己就是最亲密的朋友。

爱惜自己，做自己的朋友，在这样的日子里，女人就不会因为别人的冷落而伤神。在这段日子里，女人能感觉到自己一点一点地成长，会变得更加坚强，更懂得为自己而生活。

爱惜自己，做自己的朋友，就等于有了心灵的清洁工，它能扫除忧叹与烦恼，摒弃悲观与怨恨，给自己留一块神圣的绿洲。做自己的朋友，心灵就多了一位保护神，它将为你抵挡阴风苦雨，击退冷枪暗箭，给自己拓一角洁净的蓝天。

身为一个现代女性，要活得精彩充实，就一定要懂得爱惜自己，关心自己。在这个瞬息万变的世界，无论世事如何变迁，无论外部环境如何改变，当所有的繁华退去，当所有的人都离你远去，别忘了向自己问一声好。要知道，在人生漫长的道路上，只有自己才是最了解自己的人。

做自己的朋友，是给自己一份自信，给自己一点儿闲暇，构筑一个属于自己的心灵花园。就算只有自己一个人，也要想办法活得很好，包括爱情在内，都不能依赖，这在人生中是一个很重要的成长，也是必要的成长。

做自己的朋友，是把心的一部分交给自己，把爱的一部分留给自己，对自己给予适度的关爱。不管成功与失败，不管富有与贫穷，不管是荣是辱，都要给自己一个微笑，给自己一份温暖。做自己的朋友，最大的回报是内心的宁静。

点评：是的，做自己的朋友，善待自己、关怀自己、珍爱自己！以一种宁静的心、一种宽容的心、一种感恩的心，对待生活，对待身边的一切。在受到伤害的时候听听音乐，喝杯咖啡，放松自己，以一种冷静的心态来对待失败和挫折，以一种平常心来感受，微笑着面对窗外的阳光。

二、没有爱的女人，生命之花将枯萎

在女人的一生中，爱如影相随，如果没有了爱，这个女人的生命是枯萎的，生活是苍白的。因为女人的心中充满了圣洁的爱，所以她们的脸上有最温柔的微笑，她们的身上散发出最醉人的女人味。

由让·雷诺和广末凉子主演的《绿芥警探》中，有一句台词非常打动人心，剧中那位很有风韵的女人对男主人公说：“我不漂亮，也不会做饭，但我懂得爱。”这样一句女人味十足的话，哪个男人听了不动容呢？

女人心中燃烧着爱的火焰，但这种爱并不是肆意蔓延的，每一份爱都有它自己的方向和温度。首先她们要懂得爱自己，一个不爱自己的女人恐怕无法更好的去爱别人。

每个女人都有自己的魅力，如果你懂得爱自己，善待自己，别人就容易看到你的魅力，会称赞你，你会从这些赞扬得到更多的自信，你也就会活得越发光彩，永远保持对生活的热情，这是个良性循环。

女人要学会爱自己，不要怨恨自己，柔软地、温和地关怀自己，学会原谅自己。印度的奥修说：“学习如何原谅自己。不要太无情，不要反对自己。那么你会像一朵花，在开放的过程中，将吸引别的花朵。石头吸引石头，花朵吸引花朵。如此一来，会有一种优雅的、温柔的、充满祝福的关系存在。如果你能够寻得这样的关系，那将升华为虔诚的祈祷，极致的喜乐，透过这样的爱，你将领悟到神性。”

工作中风风火火的孙莉莉，生活中也是一个懂得宠爱自己的女人。在紧张忙碌的工作下，她懂得用各种方式来调剂自己的生活：购物时用自己赚的钱给自己买喜欢的东西，旅游的过程中体验放松同时汲取新鲜的感受。对于她来说，宠爱自己意味着独立、自由、进取。

她说："做演员、写剧本、做影视策划，工作强度比较大，经常忙得昏天黑地的。做这一行常常让我思考，你活着究竟是为什么，是为了挣钱吗？但是挣多少算个够呢？思考的结果我给自己总结了一个理念：生活里最重要的，是让自己快乐。"

她还说："每拍完一部戏，我都会找一个最快乐的方式让自己放松。因为做演员的关系，我买的最多的是衣服，购买心得很简单：不一定要最贵的，一定要自己最喜欢的。我现在的家里，有一个房间专门作为衣帽间，因为里面有整整一房间的衣服，哈哈，听起来是不是有点过分啊。但是我觉得，女人活着不就是为了让自己开心吗？花钱能买来开心，值！"

也许我们无法像孙莉莉一样给自己那么多的物质宠爱，但我们可以像她一样时时刻刻让自己快乐，而让自己开心的方式却有很多种，比如累的时候听听音乐，周末的时候约上好友去逛街，做自己喜欢的事就会开心。让自己开心就是对自己最大的宠爱。

爱自己就是对自己的欣赏和喜欢，因为这个世界上你是独一无二的，你就是这个世界的唯一。爱自己，并不是盲目自恋，而是能够认识到自己的缺点，坦然地接受自己的一切，不管是优点还是缺点。真心爱自己的女人懂得快乐的秘密不在于获得更多，而是珍惜所拥有的一切。你会觉得自己是那样地受上天的恩宠，是那样幸福地生活在这个世界。这是一份难得的乐观心境，更是快乐的始点。具有这样的心境的女人，无论是对生活、环境，还是对周围的亲人、朋友，都会自然流露出一股喜悦之情，感动自己，影响他人。

也许你会说，谁不爱自己呢？是的，没有谁不爱自己，但真正是不是、会不会爱自己，却是一个问题。比如说，你每天为自己真正预留了多少 My time ？ My time 就是专属自己的时光，没有动机、没有功利、没有交换，只是让自己充分自在地舒展开来，感受着自己、感知到自己，然后才知道，如何才是真正爱自己。在更多的时间里，你恐怕都忙于应付各种需要了：为丈夫、为工作、为孩子……即使一人独处不需要应酬谁时，你是不是也常会忘记要应酬自己？而依然在行为上或者脑子里惯性地应酬着这个或那个，或者自觉在鞭策自己，去充电，恶补情商或者管理经？

爱自己，不是以物质贿赂自己——一掷千金并不见得是犒赏自己；不是拿成就激励自己——成功也不见得能喂饱自己；当然更不是以男人之眼苛求自己——他的爱情小说未必是你最喜欢的角色；不是为别人的期待而要求自己——别人都满意了，你却不一定能够满意。

点评："爱自己是万爱之源，学会爱自己，因为这是世界上最伟大的爱。"如果你要想成为一个受欢迎的魅力女人，请从爱自己开始吧！只有把爱常留心中，才能有一颗清澈的心去更好的爱别人，才能不让生命之花枯萎！

三、做一个懂得感受爱情的妻子

在男人眼里，一个不懂生活、不懂爱情的女人，毫无魅力可言。虽然女人独立了，有自己工作和事业，但是也不能忘记给自己一点时间去品味生活，去品味爱情。

懂得感受爱情的女人是生活的艺术家，她们对生活不苛求，对爱情不苛求，但她们更懂得如何把握工作与生活和爱情之间的平衡，品出平凡中的甘甜。

悦蓉算得上是女中豪杰，年轻漂亮，又有自己的事业。悦蓉从英国留学回来后自己开了一家公司，平时真的是很忙，上班期间自不必说，下班了也不能消停，各种应酬都推脱不掉。

但是悦蓉却有两个雷打不动的习惯，一个是每天必到公司附近的一个咖啡馆里坐上半个小时，有时候是中午，有时候是下午，或者是加班后的晚上。来一杯咖啡，翻翻自己喜欢的时尚杂志，或者就挑一个靠窗的座位，看看外面的车流人群，想想自己的心事，再或者约几位知心好友聊上几句女人的贴心话。她的很多朋友都奇怪她保持这个习惯，她却笑笑说："我不是一个工作的机器，生活里除了工作还有很多，我必须给自己一点时间让我自己回到真实的生活里。在那里，没有工作，没有应酬，只有我自己，一个平凡的女人。如果没有这半个小时，我想，我将会错过生活中的许多温柔。"

另一个就是周日的时候，悦蓉会把手机关掉，和自己的男友去旅游或者散步，她说在这段时间只属于他。他的男友为此非常感激她，有时怕她忙，就说约会的事可以改到下一周，可是悦蓉却微笑着说："有什么比你的约会更重要呢？"他愈加地爱她，迷恋她。

爱情和生活在女人手中是一杯茶，懂得感受的女人，才能得其精华，让爱情和生活的清香在体内萦绕不绝。管彤大学毕业后，在一所高中当了一名教师，工作不算太忙碌。聪慧而不甘寂寞的她在业余时间里自学了会计，后来又在朋友的介绍下，去一家公司兼职会计。于是，她原本清闲的工作一下就忙了起来，常常很晚才能回来，所有的家务活都落在了丈夫身上，开始的时候丈夫心疼她，每天都劝她不要太累了。有时晚上回到家，丈夫想和她亲热，但是她累得根本没有心情，丈夫说她不尽妻子的义务，她说丈夫不理解自己。于是冷战开始了，他们很久谁都不理谁，以前甜蜜的日子不见了。

她向自己的好友诉说苦衷，她的朋友说："不要让工作破坏了你们的感情，因为你们之间的爱比工作重要的多。如果你是因为工作而忽略了自己的丈夫，那么你将得不偿失啊。"管彤恍然大悟，于是，她向公司说明了情况，公司妥善安排了她的工作，她只需每周日去一趟公司做账就可以了。

于是，她又恢复了以往的自己，每天下班回家做做家务，和丈夫聊聊天，或者一起出去跳舞。她们的日子又恢复了以往的平静，她丈夫向她道歉说自己以前不对，以后她周日去公司上班，他就在家做好吃的等她。他们恩爱的日子终于回来了，这让管彤很欣慰。

点评：所有聪明的女人绝对不会因为工作的忙碌而忽视爱情。时间是我们仅有的一切，它使我们在地球上享有一片空间，我们不必为了过完它而去填补它。时间不是金钱，是不能积蓄的，是无法替代的，我们要在仅有的时间里学会感受爱情和生活，才能让男人更加地爱你。

四、婚姻需要用爱心去经营

很多女人，为了过上幸福的生活，而努力地去学习，努力地去工作，努力经营好自己的事业，但她们唯独忘了经营好自己的爱情和婚姻。

爱的感觉总是很甜蜜。身边多了个知心的人相伴，你不再有面对孤独时不知所措的感觉。你懂得牵挂，开始思念。即使是偶尔的伤痛，你也愿意去背负。然而，什么事情都有起始和高潮部分，当高潮过后，一切便趋于平淡。爱情也免不了落入俗套。

结婚前，当你要吃虾，他会主动剥好了放在你嘴中；婚后，当你要他剥虾，他会认为你在开玩笑。结婚前，当你要看电影，他会排上一夜的队去买电影票；婚后，当你要他一起去看电影，他会说他连跟你一起出门的兴趣都没有。结婚前，当你露出迷人的微笑，他会傻傻地端详着你的脸庞；婚后，当你坐在他身边的时候，他连看也懒得看你一眼。

难怪越来越多的人发出“只想谈谈恋爱”的宣言，一辈子都不肯走入婚姻的殿堂，原因是，她们只愿意享受高潮，而不愿意面对高潮过后的平淡。或者说，她们不懂爱情，更不懂得婚姻。

步入婚姻的殿堂不是一次冒险的过程，婚姻也并不像有人说的是“爱情的坟墓”那样糟糕，只要你稍稍用点智慧来经营它，便可以让爱情的小车在婚姻的轨道上顺利前行，越走越远。

实际上，经营爱情有很大的学问。有人说对待婚姻就像做生意一样，人生的婚礼就像生意开始时的开业典礼，以后是赚还是赔，根本没人知道。爱情只是支持你运转的成本，你要让你的生意运转起来，不是让爱情堆积在库房而不去管它。

生意的好坏，当然要看经营者的水平和经营理念。那么婚姻如果真是一笔生意，自然也有它的一套生意经。婚姻若是经营得好，便会收益无穷；如果经营得不好，连最初的爱情成本也会赔进去，最终血本无归。

经营一桩婚姻，需要勇气。无论生意还是婚姻，都会有它的风险。要么赔，要么赚。一旦你踏入了第一步，就需要不停地往前，想办法让它盈利。不是每个人都有承担失败的勇气。因此，如果你还没有做好准备，请不要轻易地去尝试。

经营一桩婚姻，需要责任。从缔结婚姻的那天起，你便对婚姻负起了一种神圣的责任，不管遇到什么艰难险阻，你都有不可推卸的责任来维护它的完整。与合伙人同舟共济，携手并进。它的成功与否关系到你的幸福。在这里，你是老板，而不应是个“事不关己高高挂起”的打工者。

经营一桩婚姻，需要智慧。有能力有思想的人，通过生意赚得盆满钵满，幸福快乐双丰收；不动脑筋的人，糊里糊涂落得个关门大吉。会做生意的人知道什么时候应该信任，什么时候应该圆滑，什么时候应该忍让，什么时候应该争取。当然，更重要的一点是，与合伙人保持步调一致。

点评：女人一定要学会经营你的爱情，经营你的婚姻。爱情虽然没有形状，无法触摸，但是在生活中却可以感受到它的存在。尤其在婚姻中，爱情，更是一项资本，没有了，小家庭的经营就要出现亏损，那时候，婚姻这桩生意也就再也经营不下去了。

五、让家变成一个温馨的港湾

著名作家蒋子龙曾这样谈“家”：“家是一个男人的城堡，一个女人的天堂。劳累了一天的男人，希望回到一个情意融融、轻松、舒适的家。家，便是他身心俱累时休息的港湾。在家里，男人都渴望得到妻子的体贴和抚慰，消除疲劳，恢复体力。而作为妻子的你，就要扮演好妻子、朋友、情人等多种角色，给男人一个温馨的家。”而能做到这些的，就是一个聪明、会理家的妻子。

一个让家温暖的女人，是一个聪明的女人。一个聪明的女人善于经营婚姻，一个善于经营婚姻的女人首先是一个善于理家的女人。

曾听说过这样一个故事。有一对夫妻，他们为了爱走到了一起。两个人都是两手空空，辛苦地成立一个家，但是很穷很穷，一贫如洗。在破旧的家中，除了他们一些日常必需的生活用品之外，唯一的奢侈品可能就是摆在屋中间的那台 14 寸的黑白电视机了。日子虽然过得清贫，但他们彼此宽容、互敬互爱，日子倒也过得闲适。这个电视机是他们唯一的消遣，丈夫爱看球赛，妻子爱看电视剧。妻子看电视时，丈夫若无其事地在一旁看书；反之，妻子也一样。安静的生活终因电视机坏了被打破。电视的图像一闪一闪，总是定不了格，时隐时现，声音也沙沙的。更要命的是，此时正在直播一场重要的足球比赛。这下让平时温文谦和的丈夫心急如焚，拼命地对着电视机拍拍打打。文静的妻子也放下书本，着急地把天线拨来拨去，可是全无效果。一番摆弄之后“好了！”随着妻子惊喜的叫声，电视图像又清晰了，声音也好了起来。“还是老婆你行！”丈夫又坐了下来，妻子也准备继续看书。可刚一离开，图像又恢复原样了。回到原地方，图像又清晰了。“这回可真是好了！”图像稳定一段时间后，丈夫兴高采烈地接着看下去，全身心投入的他没有注意到妻子一直站在那儿。

“进球……快，射门呀，哈，进了，耶！”球赛结束了，丈夫心情变得激动、兴奋，一抬头正要招呼妻子，却发现妻子站在电视机旁手扶天线，正在打瞌睡。丈夫叫醒妻子，妻子手一松，天线落下。又开始闪动，电视机的屏幕又模糊了，图像又开始一闪一闪。

后来，他们生活好转，家里装上了进口的电视。但曾经跟随他们的那台困难时期的黑白电视机，却是怎么也舍不得扔掉。丈夫说，如果没有这样的好妻子，他也没有那么大的信心创业，他不想让妻子再受累过苦日子了，所以下定决心努力做出一番事业，最后他终于成功了，而妻子也为他营造了一个温暖的家，如果丈夫在外面遇到挫折，只要回到这个港湾里就会觉得家是最好的，它可以让人消除疲惫，重燃斗志。一个好妻子就可以给他这样一个家。

男人和女人组成了家庭，都希望自己的家温暖和谐、充满欢声笑语，想拥有这样的家庭需要两个人共同努力来营造，但女人在家庭中的作用似乎更大。女人特有的细腻，温柔，及天生具有的善良母性是家庭的一道保护墙。每个女人都要走向家庭，这只不过是一个迟早的问题，作为女人本身应该意识到“男女有别”，要充分发挥女人美丽、温柔、细腻、善良的一面，如果女人像男人一样，做粗活，东奔西颠的，那么女人和男人还有什么区别？这世界也就缺少一道美丽的风景了。

七仙女爱上董永只是一个美好的神话，也许男人更喜欢这样的神话。不过凡夫俗子的生活毕竟是琐碎又俗气的，一日三餐、上班睡觉、柴米油盐永远是芸芸众生的生活主题。

一个聪明的女人，她将会把自己变成一个出得厅堂、入得厨房的女人。男人婚前把你当仙女供着，婚后你得明白，自己不能永远当仙女，还是要做回凡人。凡人就有七情六欲，就有喜怒哀乐。生活中的磕磕碰碰就难免，怎么样能让家经营得更完美，对一个女人来说这是一个一生的课题。比如，做丈夫的在外面奔波劳碌了一天，回到家里，就想舒舒服服地享受一下家庭的温暖，享受女人对他的千般温柔，这时做妻子的要关心一下丈夫的工作情况，了解一下丈夫的思想动态，多些鼓励、少些唠叨。

在如今快速发展的世界里，男人面对得是竞争、打拼分秒必争；作为女人，如不希望自己丈夫的身体和精神完全被工作控制，要想使他们在工作上有最好的表现，那就应创造一个快乐而安详的气氛，就需要给他一个温馨的家。

不管男人女人，对于家除了干净整洁之外，都需要快乐祥和的气氛，这种气氛能够让人彻底放松。女人想去经营和创造一个豪华而富有的家，远没有去经营和创造一个温馨的家，更能展示你们的天性和魅力！

点评：其实家不需要有多么华丽，多么宽敞，家就是一盏引他前行的灯，让他走多远都不会迷失方向。女人用你细腻的心思，精致的双手，守护自己的家，为丈夫营造一个温馨的港湾。

六、爱心，让女人散发出醉人的芬芳

“爱心”顾名思义，就是女人的韵味，这种韵味又分为形韵和神韵两种。形韵指的是女人身体曲线的玲珑、丰盈优美的体态以及适宜的衣着。神韵指的是女人由内而外自然散发出来的一种气质、一种精神和修养。

如今爱心已经成为一个热门话题，但是很多人都在说的是现在的女人越来越没有爱心，或者缺乏爱心。这是真的吗？让我们先到大街上去看一看吧——

只见一个女孩从公交车上跳了下来，头发理得比一些男生还要短，穿着一件藏青色的牛仔裤，一件印着不知名图案的宽松T恤，脚上踩着一双高帮球鞋，要不是她手里拎着一个女式包包，真是难以相信她是女儿身，明摆一个帅小伙嘛。本来她的这身打扮也无可厚非，也许这是个具有另类爱心的女人呢。但是她说了一句话，这句话让所有注视她的人一下子失望了，她在下车的时候，有一个人走路比较匆忙撞了她一下，她嚷道：“他妈的，眼睛瞎了呀。”谁敢说这样的女孩有爱心，听人说这叫“酷”。这样的酷谁又敢恭维呢？

在一辆人头攒动的公交车上，一位老奶奶上来了，售票员说：“哪位乘客少坐一会，给老人让个座？”接连喊了几声，都没人搭理，这时旁边一个女的往男友的身边靠了靠，说：“这么大年纪了，往公交车上凑什么热闹啊？切。”说着从包里摸出一个很精致的化妆镜照了起来。公平点说，她的脸蛋算是漂亮的，妆也化得恰到好处，穿一个吊带背心，很得体，也看得出来，她的身材很是妖娆。可是她仍然是没有爱心的，她的举动甚至让人厌恶。

其实，爱心也并不是那么难以寻觅，请看——

商场里，一个怀孕的妈妈在挑选婴儿的衣服，她的动作有点轻缓，一只手不时地抚一下自己的肚子。她的眼睛里流露出来的是爱，她的脸上洋溢着一种母性的光芒，虽然她的身材已经严重变形了，可是所有的人都会觉得她很美，美得像一尊女神，这就是爱心。

马路上，一个女人手里捏着吃剩下的苹果核走了很远的路才看到垃圾桶，她把苹果核扔了进去，然后轻轻地离开，这就是爱心。

男人工作到深夜，很晚才回到家，他的妻子打来一盆温水，为他脱掉鞋袜，轻揉着他的脚说："亲爱的，让你辛苦了。"这就是爱心，因为她的善解人意。

公司里要举办一个活动，需要写一张海报，问谁的毛笔字漂亮，只见那个平时不声不响的刚调过来的女大学生点了点头，脸上居然还泛出一层红晕。然后大家惊讶地看着她，不到半个小时的工夫就整出一张漂亮的海报。这就是爱心，因为她的羞态。

公司的狂欢会上，平时工作雷厉风行的她居然一展歌喉，唱了一首温情脉脉的歌曲，声情并茂，让大家惊喜不已。这就是爱心，因为她的柔情。

一个三十多岁的女人，结婚有了一个孩子后，又想考研，别人都劝她还是算了吧，但是她硬是每天晚上坚持看书复习。别人说，30多岁了，记忆力已经下降了，她笑笑说，关键在尽力。这就是爱心，因为她的自信。

半夜里，妈妈悄悄地披衣下床，蹑手蹑脚地走进儿子的卧室，把他蹬掉的被子掖好，然后又蹑手蹑脚地离开。这就是爱心，因为她的爱。

一个女人含着泪走向了捐款箱，因为她听说还有很多山区的孩子因为交不起学费而走不进课堂，他们的命运牵着她的心。这就是爱心，因为她的善良。

病床上，女儿一脸轻松地笑着对患有绝症的母亲说："妈，你的病没事，大夫说做个小手术就能好了。”出了病房泪雨滂沱，这也是爱心，因为她的孝心。

爱心首先来自她的身体之美，身段柔和、黑发如瀑、肌肤似雪，再加湖水般宁静的眼波、玫瑰样娇美的笑容，她的爱心就会扑面而来。其次，爱心更多地是来自她们的内心深处，它是一个女人本我中的温情、智慧、自信、优雅的真实流露。没有一定文化底蕴、修养层次、人生阅历，便无法烹调出醉人的味道。

点评：有爱心的女人是一个晶莹剔透的女人，一个柔情似水的女人，一个善解人意的女人，一个仪态万千的女人，但最为重要的是，爱心让女人散发着优雅的芬芳。爱心就在我们的身边，体现在很多细节上，只要你留心，就会发现。

七、用“情人”的心来爱老公

婚前与婚后有着巨大的差别。曾经有过的海誓山盟，甜言蜜语，最后都归为平淡和乏味，于是两个人由当初的亲密无间，慢慢地疏远。当然，这一切并不是不可挽救，只要你有爱。但是婚后的爱不同于婚前的爱，因为前者需要一点技巧。

知道为什么一个男人在爱着他老婆的同时，还会找情人吗？而且他一边和情人缠绵不休，但另一方面，他并不想以牺牲家庭为代价。一是因为情人具备老婆所不具备的特质，他能从情人那里得到从老婆那里得不到的温情、浪漫、新鲜、刺激或其他。二是因为老婆亦具有情人所不具备的一些特质，比如贤惠，比如更适合过日子等。这两者哪个更重要很难说，但是如果你能够将其合二为一不就圆满了吗？也就是做老婆的时候，不忘保留一颗情人的心，如此一个完美温柔的女人对老公的吸引力将是致命的。

欧阳薇薇有一个幸福的婚姻，用她自己的话说是，“结婚十几年了，我对丈夫情同初恋。”但是他们之间也不是没有分歧，没有争吵，也同样经历了从激情恋爱到平淡婚姻的过渡，但是因为欧阳薇薇都轻松地把这些可能导致婚姻不幸福的因素化解掉了。

欧阳薇薇给丈夫打电话，总是那么甜蜜，叮嘱他：少抽烟、多喝水、早休息。无微不至。就像他的姐姐，母亲一般宠爱他。在外边再强大的男人，也有心理最脆弱的地方。他有苦、有难，都要自己扛。所以，他需要女性的呵护、关怀和安慰。她认为，丈夫是用来疼爱、宠爱的。

欧阳薇薇经营婚姻的高招就是不断地制造浪漫，并且乐此不疲。她说：“当轰轰烈烈的恋爱退守为平平淡淡的日常生活，我却在不断地制造浪漫。”不断地制造浪漫，给丈夫欣喜，让生活时刻充满新鲜感，这就是欧阳薇薇打造幸福婚姻的最大智慧。

每当孩子、丈夫、父母过生日、两人的结婚纪念日以及每年“五一”、“十一”、春节，大大小小的节日，都成了欧阳薇薇发挥的机会。

有一次，她在丈夫过生日的头一天夜里，一个人悄悄地爬起来在客厅里给几十个大气球充上了气，并在每一个气球上写了一句祝福的话语。第二天一早，当丈夫走进客厅时，被眼前的景象惊呆了：“你是魔术大师啊？”不擅浪漫的丈夫被幸福簇拥着，情不自禁地紧紧拥抱住了她……

除了这些节日，欧阳薇薇还善于在生活的任何细节中打造浪漫的氛围，比如买的洗脸毛巾，分别是两只可爱的小胖熊，丈夫不解地问：“我一个大男人，怎么给我买这样的毛巾？”她说：“可是，你不觉得这两只小熊就像我们夫妻两个人，每天都坐在一起，眉目传情，多有意思啊。”过段时间，再换上印着两颗心的毛巾。

她就是这样让生活里处处都弥漫着温馨和浪漫，虽然有的时候丈夫常常不解风情，但是她从不气馁，还是一如继往地制造着浪漫。比如，出差多日，夫妻小别，像新婚一样拥吻。再比如，一起散步的时候，像年轻情侣一样手牵着手。她说："其实，幸福的家庭也是各有各的高招。女人是幸福的领航员，是家庭的甜蜜素。作为妻子，要往生活里加盐，加糖，加味精，让每一天都有滋有味，值得回味。"

欧阳薇薇就是用她绵绵细细的爱滋润着丈夫，滋润着这个家。她说："爱情是必须努力经营的。也许，爱情就是这样的，它比花前月下的绵绵情话更动人，所有的付出，都是为爱情加分。"

如今大家都在费尽心思寻找经营婚姻的智慧，其实，很简单，就是爱，无私的爱。在家里，欧阳薇薇给自己的定位，就是一切为了家庭。所有家务都是由她自己打理。丈夫、女儿的衣食住行她都要亲力亲为。她给他们当保姆，一切以他们满意为自己的快乐，从来都把自己放在最后。她说："他们高兴，就是自己的快乐。"

她说："我并不要求先生什么，我认为，男人在感情方面远不如女人细腻，而这正是女人尽可以千娇百媚施展自己魅力的地方。做老婆，也要保留做情人的心，要像雨像雾又像风。"

一句话道出了婚姻的真谛：夫妻之间，保留情人心。当下有多少婚姻破裂是因为对方在外面有了情人，虽然出轨者在这一点上输给了道德和伦理，但这是不是也给了对方一个警醒：他（她）为什么选择情人？而且冒着受人谴责的风险，自己是不是也有责任呢？

很多时候，出轨者会对情人说："家里那个，我早不爱她了。"作为受害一方，听了这句话自然是悲从中来。但是不是也要认真反思一下自己。有男人经常对老婆说："自从结了婚，你就不再打扮自己了，生了孩子之后也不注意身材的保养。"而女人也有向丈夫抱怨的："结了婚，你就开始脏衣服乱扔了，不做家务了，再也不像结婚前一样温柔了。"事实是不是这样呢？只要看看你一天中有多少时间在对方面前注意过自己的形象就知道了，不要说自己没有时间，那都是借口，除非你不想使自己更有魅力，不想让对方更爱你。

点评：人是喜欢新鲜刺激的动物，平淡的生活和一成不变的你让对方失去了激情，那是再自然不过的事情。抱怨、甚至离婚，这都解决不了问题，问题在于，在对方面前，你要做一个智慧的人，要懂得经营婚姻。不管是你刚结婚，还是已经结婚数年，都不妨试一试永远为对方保留一份情人的心。

八、爱他也要爱他的家人

未婚的人问已婚的人：结婚前和结婚后，究竟有什么不同。

已婚人回答道："结婚前是两个人的事，结婚后是两家人的事。"区别就这么简单。婚姻的复杂正缘于此。

谈恋爱的时候，你感受到的一切，只是单纯的他对你的爱。他对你所说的话，仅代表他个人的想法，他对你所做的一切仅代表他个人的举动。

当你们趋于安定，谈婚论嫁的时候，你就要考虑到他的家人。他的父母、他的亲朋好友坐在一起，开始端详你、观察你、评价你的时候，你感觉到要想融入他的家庭，并没那么容易。你得通过他家族一步一步的审核。谁不愿意自己的孩子过得好一点？所以，如果幸运，你们的爱情会顺利通过，如果不幸，有可能半路夭折。当然，对于他，你的家人、亲朋也是一样的。

舒慧本来与男朋友相处得很融洽，男朋友也不在乎她说话大大咧咧。但在第一次见男朋友父母的时候，她就因为说话大大咧咧，说错了一句话而无奈地结束了他们的感情。

她对男朋友的妈妈说："媳妇和婆婆天生是情敌。"结果惹得男朋友的妈妈不高兴了，果真把她当成了自己的情敌。

结婚建立家庭后，进入到你们二人世界中的人多了，关系也就变复杂了。甜甜和魏伟两个相爱的人，经历了情感的分分合合，总算走到了一起。

魏伟出生于农村，很有上进心，工作很努力。甜甜是单亲家庭，从小就没有父亲，母亲是一个医生。母亲有些瞧不起农村人。

母亲的思维总是要影响到女儿的正常生活。这让女儿很为难，女婿和岳母的关系越来越紧张。

有一天，魏伟的父母从乡下来看望儿子和儿媳妇。生活习惯的不同，严重影响到了小两口的生活起居。

每天早上，当甜甜还在睡梦中的时候，老两口就起床了，母亲在厨房做早餐，父亲在客厅看电视。晚上看电视的时候，老人们喜欢看戏曲，他们不得不耐心地陪着看他们不爱看的节目。

魏伟忙于工作，照顾老两口的任务就落在了媳妇身上。一直生活在城市的媳妇，突然与来自农村的公婆生活在一起，有很多的不适。她感到很疲惫。岳母心疼女儿，装病把女儿叫回家"照顾"自己，实际上想让女儿在自己身旁多休息一下。恰恰岳母装病的事情，让女婿知道了。就这样，本来平静的一场婚姻，进入了太多的人，变得不平静起来。

有人把婚姻分为三种境界：第一种，和一个自己所爱的人结婚；第二种，和一个自己所爱的人及他（她）的习惯结婚；第三种，和一个自己所爱的人及他（她）的习惯还有他（她）的背景结婚。

尊重长者、孝敬父母是中华民族的传统美德，在中国自古就有"百善孝为先"的古训。可见，人们对孝敬父母的重视。人世间最难报的就是父母恩，所以我们更应该以反哺之心奉敬父母，以感恩之心孝顺父母，让父母体会到子女爱的回报。

点评：婚姻的现实，在于它牵涉到了更多的人。我们能做的是维持好各方面的关系。你在嫁给他之前，请先了解他的家人；当你嫁给了他，请善待他的家人。当两个家庭融洽了，你们还有什么理由不幸福？

九、用宽容的爱赢回丈夫的心

家庭生活琐碎繁杂且平淡，矛盾是不可避免的，面对矛盾要学会忍让，以宽容的心态来解决问题。这样才能营造和谐长久的家庭幸福。

陈子坤在外面有了情人，经常夜不归家。他提出要和妻子分手，但他的妻子却拒绝与他离异，并说自己仍然爱他，同时也相信丈夫是会回心转意的。

一天早晨，刚和情人在外度过一夜的陈子坤独自开车驶过家门，看见妻子做好早饭让孩子们吃，并安排他们去上学，一种对温暖和正常生活的渴望油然而生，他恳求妻子原谅他，因为他真正地认识到了妻子的价值。从此以后，他们重归于好。

只要有了宽容，夫妻间的感情就是温柔而富有生机的。幸福与宽容者同在。家庭刚刚诞生，它有如刚刚成活的幼苗，非常脆弱，需要彼此的精心呵护。有资料证明，现代社会的离婚率超过了以往任何一个时代，相当于各个时期离婚率总和的 1/6 ～ 1/3。

原因出在哪里呢？据社会学家调查，一个重要的原因就是大家都奉行感情至上的原则。热恋中的人们憧憬着自己的家庭生活，把它看得绚丽夺目，认为那是一个温柔的好前程，家庭生活在他们看来是多么令人向往！他们对未来无所畏惧，认为只要能够在一起就能所向披靡！

相信爱情是非常重要的，但是绝不要以为只要有了爱情，其他一切就会迎刃而解。青年的夫妻们迟早要理解，生活是多么地不简单！家庭的幸福不单单是取决于人们的感情，而且取决于他们内心的品质和温柔德：心地善良、品德温柔、恭谨谦让关心别人、利他主义。爱情需要我们去珍惜和呵护，更需要温暖和光明。如果缺少这些，家庭就有可能凋谢乃至夭折。

当我们的婚姻的蜜月期过去以后，双方就会从狂热转变为冷静，他们就开始用清醒的目光相互观察。结果发现，他们完全不像结婚前所期望的那样，他们之间的爱好、憧憬的家庭生活比所想象的相差甚远，而且他（她）的意中人还有许多缺点。结婚前，恋人总是竭力表现自己的优点，而在日常生活中就未必能够长期掩盖自己的缺点。结果，他（她）甚至会得出一个结论：世界上根本没有爱情。

有些恋人在彼此间还互不了解的情况下就匆忙结婚，一下子便改变了原先独身的生活方式，家庭生活要由两个人支配，这样，很容易出现两种性格不相容、两个“我”的不适应。彼此都没有足够的心理准备和对婚姻的理性认识，最终会让双方非常痛苦，以致分手。

在结婚之后，双方应该学会适应另一种全新的生活，适应自己“另一半”的生活习惯，永远也不要企图按自己的模式把“另一半”改造过来。因为这种改造往往是有害的。须知，没有不带缺点的个性。法国谚语称，我们的缺点乃是我们优点的组成部分之一。话虽偏颇，但是不无道理。

没有冲突的家庭是不存在的。任何一种冲突都应该在没有吵闹声中得以解决。如果你觉得内心很气恼，很想发泄，那么，此刻你最好离开，让自己去做点别的什么事情。待冷静下来，你也就不想吵了，也许你会认为本来就没有什么可吵的。

我们必须在自己身上培养一种叫忍耐性的品德。所谓忍耐性，是指容忍彼此日常生活中经常发生的一些琐事。夫妻双方要学会在日常生活中忍让，尤其要学会在争吵中让步，这一点十分重要。

要坦率承认自己的错误。

必须把冲突压缩在最小的范围里，也不要重提过去的一切过错。

要态度和蔼，语气温柔，善意友好地交换对对方缺点的看法。生活经验证明，凶狠地对待别人，别人就会“以牙还牙”。在家庭生活中缺乏与人为善的精神是不行的。

学会并愿意在争吵中理解对方，而且要从“内心深处”来理解对方。

共同担负家务劳动，对一个家庭来讲也是十分重要的。打扫住所、下厨房、洗衣服以及处理其他零星琐事，对和谐家庭生活、发展和巩固夫妻之间的爱情至关重要。如果一切家务劳动都压在妻子身上，那么，因劳累和不平等，她就要抱怨丈夫，产生不满情绪。把家务劳动都推给丈夫一个人来做的家庭，也存在着危机性的失调。以后随着孩子的问世，时间更是越来越少，家务劳动越来越多，令人操劳的生活琐事更使人厌烦。面对现实，双方更应该合理地分担家务劳动。

点评：面对婚姻生活，我们要有心理准备，它不像恋爱时那么令人心醉神迷，更多的时候，我们面对的是琐碎的家务和平淡无奇的生活，还有随时都可能爆发的矛盾，这些都需要我们用耐心和宽容去解决。

今天怎样教写作

JIN TIAN ZEN YANG JIAO XIE ZUO

唐建新 著

江苏人民出版社

图书在版编目(CIP)数据

今天怎样教写作 / 唐建新著. --南京:江苏人民出版社,2021.11

ISBN 978-7-214-26597-5

Ⅰ.①今… Ⅱ.①唐… Ⅲ.①汉语—写作—教学研究 Ⅳ.①H15

中国版本图书馆CIP数据核字(2021)第200728号

书　　名	今天怎样教写作
著　　者	唐建新
责任编辑	张延安
装帧设计	刘　俊
责任监制	王　娟
出版发行	江苏人民出版社
地　　址	南京市湖南路1号A楼,邮编:210009
照　　排	江苏凤凰制版有限公司
印　　刷	江苏凤凰通达印刷有限公司
开　　本	652毫米×960毫米　1/16
印　　张	19　插页2
字　　数	247千字
版　　次	2021年11月第1版
印　　次	2021年11月第1次印刷
标准书号	ISBN 978-7-214-26597-5
定　　价	58.00元

(江苏人民出版社图书凡印装错误可向承印厂调换)

前 言

今天怎样教写作，这是令很多语文教师难以回答的问题。

顶尖名校重点班的正高或特级老师常常会认为，学生的写作根本不用教，他们在报纸杂志早有发表的作品了，中考高考从来都是名列前茅。只要不限制思维，学生自会用创新思维写出锦绣文章来。

普通学校的老师则认为写作没有办法教，老祖宗早就有言在先——功夫在诗外，写得好全靠天赋，写不好也是一种无奈的客观存在，老师再累也是白累。

顶尖名校的精英学生毕竟是极少数，普通教师面对绝大多数学生所进行的义务教育、国民教育，如何在今天进行写作教学，的确是不容回避且需要回应实践需求的富有价值的问题。

在义务教育早已经普及、高中教育不断扩大办学规模、高等教育已经进入大众化的今天，我们面对的教育对象已经与过去的学校精英教育时代大不一样了。社会对国民的语文素养包括写作需求也发生了重大的变化。因此，认真思考今天的写作教学用什么做载体，朝哪个方向发力，通过什么路径提高普通学生的写作能力，就成为绝大多数语文教育工作者应有的职业思考。

本书针对写作教学中普遍存在的问题，贴近前沿、植根实际，从走进教材让教有凭借、看准方向让教有目标、琢磨教学让教有实效、引导再写让教有成长等四方面分类讨论，期待对中青年同行理清思路、更新观念、引导学生体验和进行写作，有些微的帮助。

本书是自己20世纪70年代开始在全公社周六下午教师业务学习会上做讲座的认识积累，直至现在的有关写作教学的观察分享，参与编写写作教材的琢磨研究，尤其是20世纪90年代中开始写博客以来留下的思考与讨论，长长短短200多篇。笔者从中精选出90余篇，汇编成《今天怎样教写作》。书中大多是聊天式的分享，少数较长篇幅的是杂志刊发的文字。短章开门见山直奔目的，节约时间解疑答惑；长文则不时谈点概念的来龙去脉或历史发展的烙印，给中青年同行以发展认知。

这里没有教科书式的说教，没有工作手册类的规程，更没有包治百病、吹糠见米、立刻提高作文分数的灵丹妙药，有的只是轨迹溯源、问题讨论和案例分析，里面充满的是同业者的真诚分享，过来人的尽职求索。

但愿本书能够在拓展视野、理清思路、提升站位、研究教学、助力发展、降低能耗上对大家教写作有一些帮助。

目录

第一辑　走进教材 教有凭借

第二辑　领悟标准 教有方向

第三辑　琢磨教学 教有实效

第四辑　引导再写 教有提升

第一辑

走进教材　教有凭借

在精英教育时代，语文是不需要写作，也不需要阅读写作教材的。

今天，当我们在从事全员性的义务教育、基础教育、保底教育时，则需要有教材也需要有语文学科中的写作教材。

写作教材集中了编写时众多人的写作研究成果和教学实践智慧，给出了写作教学的具体抓手，使教有凭借，也使教有计划、有内容、有支架，从理论上回应了时代的需求——写作就是用笔来分享交流，用写来梳理思考。

走进教材，用好教材，让自己的写作教学去掉假大虚空，逐渐轻松上路，有序有效起来。

01 写作教学的艰难探索

——关于部编初中语文教材写作部分的编写

一、为什么要编写统编本(2016年前名为部编本)的语文教材

教材是一个民族一个国家的集体记忆,有什么样的教材就有什么样的国民。因此,英国通过一百年的争论,最终在2010年通过立法确定了从K1到K12(即从小学一年级到高中毕业)每个年级的学生都要学莎士比亚的著作,并对学习莎士比亚著作的情况进行考试。很多国家都有教材审查制度,以保证国家意志在教育过程中的落地。

尽管21世纪初我国开展了新中国成立以来第八次中小学的课程改革,各种版本的教材也逐渐增多,小学出版有12种,初中8种,包括人教版、苏教版、语文版、北师大版、长春版、武汉版等。在十多年的课程改革中,有很多进步的观念及做法,但也存在不少问题,需要在一段时间积淀后,通过教材的编写进行肯定或纠偏,使我国的基础教育能够更加健康地发展下去,为国家的人才强国战略,为本世纪中叶中国梦的实现,贡献出积极的力量。

不少国家都在实行教材十年更换或改编的修订制度。因为社会在飞速发展,科技在不断进步,很多知识很多学具都在逐渐远离我们而去。如八上三去五进一(珠算)、对数计算方法、对数表和对数计算尺、传统的不计原材料和环境成本的炼铁的工艺,等等。这就需要我们依据新时代的需求来调整教学的目标以及

具体的教学内容。

我国改革开放 40 年来取得的巨大成就，增强了民族自信心和文化自信力，特别是近些年国家提出的社会主义核心价值观，得到了全国大众的一致认可。在此形势下，我们应该将带有中国智慧的传统文化，具有东方文化瑰宝结晶的核心价值观，通过国家编写的教材，润物无声地渗透到我们的国民教育教材中去。

二、写作教材编写面临的困难

教育部基础教育二司于 2012 年 3 月 18 日在北京组织召开了部编义务教育语文教材编写工作会，参与小学和初中语文教材编写的一共有 50 多人。其初中语文 25 人（后增加到 30 多人）中，来自高校的 9 人，来自教研室的 4 人，来自一线的特级教师 2 人，来自专职编辑 10 人。由原北京大学中文系主任温儒敏任总主编，著名儿童文学作家、北京大学教授曹文轩及吉林教育学院副院长、长春版初中语文教材副总编辑张笑庸任副总主编。

讨论全套初中语文教材编写框架之后，就由其中的 5 人组成写作部分的教材编写组，包括 2 位专职编辑、2 位教研员及 1 位特级教师。

写作教材部分的编写组首先面临的是在现有教材基础上如何建构新的写作教学框架。

1992 年义务教育版初中语文教材也曾经做出了不少的努力。每一个单元都设置了写作训练点，每一点都编写了简明扼要的作文训练知识短文，其间包括几百字的导语，谈重要性、定义及写作方法。其次是参考题目，一般有 3 到 4 个，并附有例文 2 篇，每篇后面还有阅读之后的思考与练习。2001 年课程改革开始后使用的人教版《义务教育课程标准实验教科书・初中语文》的编写，大家深感学生作文的根本问题是没有内容可写，是无米下锅。于是彻底摒弃了写作训练的套路，通过每单元的综合性学习，让学生感到语文学习的活动内容丰富，将这些写下来就是内容充实的记叙性文章；如果同学之间还有争论，将争论的思维过程写下来便是议论性文章。这样不但摈弃了课程改革之前“打一枪换一个地方”的写作训练方法，而且让学生感到作文有了充实的内容可写，写作不再存在无米下锅的困惑。

但是，通过课标版语文教材使用回访得到的结论是，教材急需解决的是写作部分，绝大多数教师深感写作教学没有方向感，难以深入下去。

因此，1992 年和 2001 年这两种方式的教材编写都还没有解决写作教学面临的困境。

在拟定计划与编排序列框架的过程中，我们又向部分教师发出求助，希望得到大家的实践启迪和智慧奉献。在此基础上，写作教材编写组一致同意采用这样一种指导训练方式，即每学期集中精力突出重点，只抓两个写作训练点来做训练，进行重锤敲打。每一写作点进行三次既有重复又有上升台阶的实践训练，以提高写作水平。如七年级上册的两个点分别是“写作就是用笔说话”（写作不难、为什么要写、写给谁看）和“养成写作的良好习惯”（书写工整、格式标点正确、列提纲），七年级下册的“有中心”，就分为有中心、有主次、有详略三个层次，绝大多数学生达到有主次，优等生达到有详略，学习吃力的学生达到第一层次有中心即可。七年级下册第二个训练点“有内容”则分为“注意积累、选材真实、表达具体”三个层次。

写作教材编写组人员很满意，认为这是一次兼顾了教学实际与写作序列的尝试，一定程度上实现了写作教材编写的突破。但是，最终这一训练设计没有得到通过。主要原因是《义务教育语文课程标准》中有关写作的专项训练数量庞大，难以在这样的序列中得到有效的落实；其次是写作能力训练在初中阶段集中解决哪些问题，这些问题是否具有共性，缺乏基本的理论研究，也缺乏大面积的有说服力的社会调查，因而难以达成共识。

三、写作教材的编写原则与框架

统编本初中语文教材写作部分的编写，严格遵照教育部2011年颁布的《义务教育语文课程标准》的要求进行，并以2011年版的《义务教育语文课程标准》的总目标第八条作为写作教材编写的总体要求，即“能具体明确、文从字顺地表达自己的见闻、体验和想法。能根据需要，运用常见的表达方式写作，发展书面语言运用能力”。其间的八字即“具体明确、文从字顺”为义务教育写作教学的终极目标，我们把这一终极目标作为编写的总原则，并在编写中认真体现语文课程的设置性质，即“语文课程是一门学习语言文字应用的综合性、实践性课程。义务教育阶段的语文课程，应该使学生初步学会运用祖国语言文字进行交流沟通，吸收古今中外优秀文化，提高思想文化修养，促进自身精神成长”。

根据以上原则，在阅读教学内容框架基础上，拟定出随文学习为主又各有年级侧重的写作教学原则，即该单元的课文阅读教学体现的主要语文能力适合于进行哪方面的写作训练，就以该写作点为基本写作练习的目标，所例举的内容也就在刚刚学过的该单元的课文中。七年级12个写作训练点的例举中，除了一个小例子外，其余的都是写作点所在单元的课文。这就是写作训练的随文学习。各年级又各有侧重，除了一些特定的、专门的、单项的写作具体要求外，站在年级写作的角度看，七年级是基础写作能力训练，八年级是专项写作能力训练，九年级则是提升写作能力训练。

各年级写作训练点的初步设置序列如下：

七年级上册：热爱生活、热爱写作，学会记事，写人要抓住特点，思路要清晰，如何突出中心，联想与想象。

七年级下册：写出人物的精神，学习抒情，抓住细节，怎样选材，文从字顺，语言简明。

八年级上册：新闻写作，学写人物小传，学习描写景物，语言要连贯，说明事物要抓住特征，表达得体。

八年级下册：学习仿写，说明的顺序，学写读后感，撰写演讲稿，学写游记，学写故事。

九年级上册：独立创作，表达观点要清楚，议论要言之有据，学习缩写，论证要合理，学习改写。

九年级下册：论述要集中，审题立意，布局谋篇，注意修改，选择合适的表达方式，有创意地表达。

四、写作教材部分的内容构成

每一个写作训练点都包括了导写短文部分和写作实践部分。

导写短文部分有关于该次写作学习训练点的简要通俗、明白如话的讲解，围绕该写作点所做的一些热身准备说明，以及写作时应该注意的提醒。学生阅读之后，心中有新的收获，也就是我们常常说的有“干货”，有学习后明白和掌握的一些写作的方法技巧。

譬如“如何突出中心”，导写短文一开头就说，“中心，是文章中传达出来的作者的基本观点、态度、情感和意图，也就是作者写文章时的主旨所在。每篇文章都有一个相对集中明确的中心。有了中心，写文章也就有了主心骨；没有中心，或者中心不明确，文章就像一盘散沙，让人不知所云”。

第二段是联系刚结束的阅读教学，让学生“回顾一下本单元各篇课文的中心分别是什么，并将其填写在下表中”，要求学生在教材所列的表格中对《猫》《动物笑谈》《狼》分别用一句话概括其中心。

其次是讲“围绕中心写作是作文的基本要求”，因此应该“根据确定的中心选择合适的材料，安排好先后的次序”，“为了突出中心，可以设置一条贯穿全文的线索”，“注意安排好内容的主次和详略”。此时用本单元所学的《猫》为例，前两只猫的亡失属于偶然，对作者感情冲击较浅，所以略写，第三只猫的受屈与死亡引起了“我”深深的自责与反思，情感冲击最强，所以详写。“这样有主有次、有详有略地选取材料，组织文字，中心就会突出起来。”

最后一小段说，“突出中心，还可以采用一些具体的方法、技巧。可以开门见山，点明题旨，如《鸟》一文，开篇即说‘我爱鸟’……也可以卒章显志，如《狼》一文，结尾以议论的形式点题，突出人的智慧”。

写作实践部分包括三次写作的实践，含片段写作活动等实践、半标题或话题写作实践，以及标题写作、自拟标题写作等实践，每一部分又有对写作实践提出的几条提示。

仍然以“如何突出中心”为例，在写作实践部分：

（一）以“书包”为话题，可以确定哪些角度，将想到的内容填写在下图中。

除“我的书包”“我和书包”“我是书包”外，还留下了几个空白供学生继续填写。

1. 将“我的书包”视作客观事物，着眼于介绍说明，可以写写书包的功能、外观设计和内部构造等。2. “我和书包”着眼于书包和主人的关系。你的第一个书包是谁送给你的？你和书包之间有怎样的故事？……都可以作为确定中心的角度。3. 如果要写“我是书包”，让我们化身书包，去听听它的心声：是为主人负担重而鸣不平，还是因主人乱扔东西而暗自委屈？设身处地发挥想象，看能想到些什么。

（二）我们每天都和家人一起吃饭，在餐桌前，大家都在谈论些什么？也许是当天发生的事，也许是正在看的电视节目……请以《餐桌前的谈话》为题，自定立意，写一篇作文，不少于500字。

提示：1. 地点是“餐桌前”，内容是“谈话”。参与的人有谁？谈话的内容是什么？是一次内容宽泛的聊天，还是一次有针对性的谈话？题目有很大的开放性，需要根据你自己的生活确定写作内容。2. 内容确定了，需要考虑你想表现什么，也就是立意的问题。比如，写爸爸餐桌前语重心长的谈话，纠正你的错误，立意就可以放在生活的启示上；写一家人热烈讨论电视节目，立意就可以放在展现温馨的家庭氛围上。

（三）亲爱的同学，你一定有走出校园的经历，或参观，或访问，或旅游，或做志愿者……其间的一幕场景、一个细节、一件物品、一段对话或者一首民谣都可能触动过你的内心，引发过你的思考。请以《走出校园》为话题，自拟题目，自定立意，写一篇作文，不少于500字。

提示：1. 写作时不要贪多求全，面面俱到。从小处着眼，抓住一件事、一个场景或者一个方面写开去就好，要学会取舍。当然，将多件事情多个场景组合起来，表达同一主题的不同侧面，也是一种新颖的写法。2. “触动过你的内心，引发过你的思考”是这件事、这幕场景或这件物品等的写作价值所在，也是确定中心的立足点。3. 对这个场景或物品做些细微的描写，对这段对话中的某些语句做些强调，或者拿这首民谣与其他歌曲做些对比，都会使读者目光聚焦，文章就会显得中心突出，条理清楚。

以上的写作实践的设置是有层次的，指导是具体入微的，站在了学生角度，手把手地激活思路、掌控材料、围绕中心，进行不厌其烦又不会给学生以过多限制的开导引路。

五、写作教材的四大主要特点

（一）实践中写作

为了落实课标要求，也为了贴近学生写作需要的现实，每一则写作部分的导写短文都采取了简明扼要的表达方式，不追求写作理论上的饱满与学术上的严谨，让初中学生能够自己看得明白、悟得透彻。导写短文本身也是写作的示范，让学生清楚明白所要表达的主要意思。彻底摒弃了一些写作专著惯常的做派，让大多数学生能够自行阅读、自行领悟该写作点的训练要求。

在导写短文中，往往一边讲写作要点，还一边要求学生动笔去回顾课文阅读中有关的写作要点，或者根据写作点的要求，做一些领悟阶段的热身活动。如在《热爱生活 热爱写作》中，就列举出了六个细微之处，对学生的观察能力进行有趣的测试，以加强对“每天的生活完全一样吗”的理解。《学会记事》的导写短文中，就要求填写表格，看看刚学过的《散步》一文是怎样把事情写清楚的。可以说整个导写短文，没有一篇是干巴巴的单纯说教，每一篇都有这样那样的一些有助于领悟写作要点的活动自然地镶嵌其间，让学生一边动笔一边动脑，在参加活动中加深对写作点的真切感受与理解。

写作实践部分一扫过去讲完道理就出示题目的单调做法，而是设计了多种多样的与写作点训练有关的活动，使学生感觉到写作也是很好玩很有趣的事情。通过小活动、半标题、话题以及标题作文等，用几个台阶的方式来体验写作与完成写作。在写作实践中，还有类似于游戏性质的活动，譬如要求对缺乏细节的表达“添枝加叶”，对展开联想和想象的集体创作进行“故事接龙”，给《皇帝的新装》等续写结尾。

（二）模仿着写作

很多课文很经典，不仅文章内涵好，语言表达以及写作技法也堪称经典样本。遗憾的是，随着中考对高考的简单模仿，脱离教科书的现代文阅读命题，使很多好文章尤其是经典文章，在学生写作发育的重要阶段没有得到很好的学习吸纳。针对这一现状，在本次的写作教材编写过程中，有意识地强调，学生的写作在少年阶段要积极地学习借鉴和模仿化用。牺牲写作训练的系统性突出随文学习的实效性，就是一个明显的做法。

随单元课文的特点安排写作点，以该单元的课文内容、材料选择上的亮点来进行写作的领悟训练。学生在课文内容很熟悉的情况下体味写作上的巧妙之处，就容易受到启发，进行自觉不自觉的模仿写作。如《联想和想象》写作训练点中，就再现了《天上的街市》中联想和想象的线路，以此来让学生理解和展开联想与想象。又如在《思路要清晰》中，就明确要求学生重温《植树的牧羊人》采用的时间顺序，《纪念白求恩》采用的逻辑顺序，以此来让学生完成自己写作思路的梳理。

课文中有很多精彩的语句，教师要高度重视，着意引导学生学习借鉴，内化为学生的积累，然后在写作中模仿与化用。

（三）点拨着写作

十多年的课程改革，在写作教学上应该说是很好地解决了有米下锅的问题，即通过综合性学习为学生提供了丰富的写作内容。但是，在实践中一些地方仍然没有把国家课程标准中的综合性学习当做语文课程内容的五分之一，从而使其落空。即使做了综合性学习，在写作教学时仍然“一手指千山”，只重复着说原则性的套话，甚至每一次写作指导时都从审题立意、谋篇布局、开头结尾，乃至于汉字书写、标点位置等，从头至尾数年如一日地重复重复再重复，使学生在写作上仍然茫然无措，不知如何下笔。

本教材的导写指导，彻底摒弃面面俱到的大而全的空洞说理，重视关键处的点拨到位，包括导写过程也务必要有“干货”，要有吹糠见米、立竿见影的实际效果。如，以“书包”为话题，学生首先面临的问题是立意的角度，教材便从“我的书包”“我和书包”以及“我是书包”三个方面进行辨析指导，使学生明白如在这些地方不小心，就会差之毫厘失之千里。又如“思路要清晰”中的写作实践二，以《这天，我回家晚了》为题，写一篇记叙文。提示有三：1. 为什么这天回家晚了？往常是怎样的情况？这天回家前遇到了什么事？回家后又发生了什么？你的心里有什么感受？2. 记叙事情时思路要清晰。可以用顺叙，先写自己遇到的事，再写自己回家晚了的结果；也可以用倒叙，先写回家晚了的结果，再交代之前发生的事情。3. 立意不同，写作的重点也会有不同。如果要强调导致“回家晚了”的原因，则回家后的情况可略写甚至不写；如果要强调“回家晚了”的后果，则原因可以略写。

点拨到位，包括点拨到学生在写作的细微之处遇到困难、需要教师出手帮助的地方，而不再仅仅说些笼统空洞的原则。如“怎样选材”中的写作实践二《晒晒我们班的“牛人”》，提示有二：1. 可以只写一位“牛人”，选取最能够表现其“牛”的材料，突出其特点；如果这个人很多方面都很“牛”，就要注意分清主次详略，合理安排。

也可以写几位“牛人”，每位牛人只写一件事，但要突出他们各自不同的特点。2. 语言可以诙谐幽默一些，甚至带点儿调侃的味道，这样会增加文章的趣味性。再如“语言简明”中的写作实践一，对写作修改的提示是：1. 抓住叙事的主题，去掉偏离中心的语句。2. 删掉语义重复的词语，使表达更加简明。

（四）选择性写作

随文写作所设置的点，都是写作习惯、写作观念以及写作能力方面的点，因而其写作的内容主题是没有统一要求的，写作实践中设置的三个层面（即小中大）的内容，也是供各地参考，可以自由选择的。因此，各个班级的写作教学可以根据自身的情况决定采纳教材中的不同要求来进行，这样才能适应各地教学的实际需求。

在写作形式上，也可以依据学生的情况来决定，或者该次写作只进行列提纲的训练，或者只进行素材选择的训练，或者只进行话题作文的训练。一般情况下，如果每一次写作实践都在三个台阶的安排上要求学生完成，则很容易造成过重的课业负担，也容易枯燥单调、刻板乏味。

在写作训练的字数以及修改频率的要求上同样如此。教师可以灵活掌握，根据学生的不同发展情况、不同发展阶段，提出切实可行的要求来进行训练。即使是同一班级的学生，也会因为基础水平以及发展方向的差异，在写作上存在不同的表现能力和学习追求。对于特殊的学生，尤其对两端的学生，即写作高手和写作困难者，都应该提出有别于全班大多数学生的写作要求，进行有针对性的个别指导。

这也包括在普通班级中，对写作实践的第二、三部分，还可以将选择权交给学生，由他们自己来进行写作项目的自由选择。

六、写作教材使用的教学建议

（一）遵循课标引导

《义务教育语文课程标准（2011 年版）》第二部分，课标目标与内容，总体目标与内容第八条，“能具体明确、文从字顺地表达自己的见闻、体验和想法。能根据需要，运用常见的表达方式写作，发展书面语言运用能力”。这是对义务教育阶段写作教学目标的表述，也应该是我们统编本初中语文写作教学最终追求的目标。其间的“具体明确、文从字顺”八个字，是我们初中写作教学通过努力应该达到的国家要求。

“具体明确”是从写作内容上提出的要求。具体，就是记叙性的文章有细节，议论性的文章有分论点，说明性的文章有自己的特征；明确，就是指在写作内容上应该有的一种价值判断，赞成、反对、热爱、憎恶，态度要明确不能含混，感情要自然、真挚、充沛。内容上做到了这两点，也就是我们常常说的文章有了真情实感。

“文从字顺”指的是写作时的语言形式与表达内容之间，没有缝隙，没有距离，没有费解难解的地方，没有不清楚不明白的绕着弯子说的话，没有空话大话废话，故作矫情，扮萌装嫩，也没有嗲声嗲气、扭捏作态的文艺腔。文从字顺，就是语言要为内容服务，读起来简明连贯得体。

将此八字目标落到实处，而不是人为拔高去追求文学性文艺性表达，对学生对教师自己都是一大解脱，也是科学态度与务实精神的具体体现。

《义务教育语文课程标准(2011年版)》第四学段目标与内容之三的写作部分，一共有八条，概括起来就是要求重视写作基础习惯的养成，重视写作意识的培养，重视写作过程的指导，重视指导学生对自己文章的修改，重视训练字数次数等量的积累。这些凝聚着全国语文同行的智慧，代表着国家要求的建议，应该成为我们统编本初中语文写作教学的刚性要求，指导和规范我们的日常写作教学。

(二) 实行分层要求

虽然都是少年学生，但是，每一位学生的阅读积累、生活感悟以及写作发展水平到初中之后的差异是较大的，写作教学应该针对学生的实际进行分层指导。对写作基础好、表达能力强的学生，应该是自己去学习写作导语短文，自己去按照写作实践的要求进行尝试与进行实践，遇有障碍时才向教师求助，或者请教，或者讨论，并逐步在写作实践中学会自己修改自己的作文。

对普通学生则要求按照写作教材的要求，结合所学单元的内容，根据班上的教学活动和写作水平的实际，对写作实践项目及内容进行选择。没有必要每一次都要求完全按照教材的内容来进行实践练习。这种选择权利可以部分地交给学生，让学生在既有自主选择又有任务驱动的情况下，进行有效的写作练习。特别要注意的是，不能每次写作课都面面俱到地要求学生，应该是突出重点，聚焦核心。在某一点某一方面有进步，就应该给予肯定与表扬。

面对写作有困难或者相对比较吃力的学生，应该特别关爱，注意培育他们写作的自信心，建立起写作不难，不外乎就是用笔来说话的观念。在克服心理障碍之后，才逐渐开始进行书面表达能力的规范性训练。写作实践中要特别利用好小活动小片段，使其在这部分学生身上起到应有的作用。不能心急，不能要求齐步走，在逐渐实现"我手写我口"之后，再慢慢学习经典课文的书面表达，进入写作训练的常态。

分层次进行要求，进行写作指导，初中写作教学才容易进入一个理想的发展阶段。

（三）聚焦写作需求

要彻底克服写作教学上"求全责备"的顽疾。"求全"是严重脱离学生实际、扼杀学生写作发展希望的撒手锏。每次写作教学都应该聚焦，在主要问题上取得突破，让学生悟出和得到一点"干货"，一点写作上的真切体验。虽然写作是语文能力的综合反映，但是，我们在进行写作教学、写作指导的时候，绝对不能重犯历史的错误，再从头道来，面面俱到，使学生无所适从，不知道如何下手进行写作训练。

统编本初中语文教材的写作部分已经对写作训练进行了能力与方法的切分与选择，进行了与阅读单元课文内容在写作上的有机配置，教学中就应该按照此要求来进行写作教学，没有必要每一次都再去补充该写作点没有覆盖到的地方。因为这样容易分散精力，难以完成对大多数学生写作训练一次就有一次进步的要求。

聚焦写作需求，要注意全班基本保底要求与个别特殊指导、特殊训练要求的关系。对普通学生注意数量质量以及写作体验、完成时间的要求，包括写作方式，尤其要强调在教师眼皮底下进行写作，学生出现问题才能够及时得到指导与纠正。长期放到课外去完成写作的学生，其写作的过程和方式，都很容易出现问题。到最后，问题积累太多，要纠偏也因为积重难返，困难增多，就很难在短时期内取得理想的效果。

（四）分类指导修改

写作教学的效果好坏，与写作教学中指导学生对自己文章的修改直接相关。20 世纪 60 年代和 80 年代，强调教师的作文批改，甚至要求精批细改。后来发现效果很不理想。90 年代颁布的语文教学大纲中，就明确删掉了这难以见到批改预期实效的要求。21 世纪初颁布的《义务教育语文课程标准（实验稿）》继续坚持了这一观点，虽然不少地方、不少学校至今没有执行这一国家的学科教学法规。不批改不等于不对学生的写作情况进行了解，更不等于不对学生的作文进行有针对性的指导。

好文章是改出来的，但并不是别人改出来学生自己的写作水平就能够得到提高的。因此，我们在使用统编本初中语文教材时，在进行写作教学的过程中，应该及时了解学生写作实践的需求，出现问题及时进行帮助，进行修改指导。在初中写作教学中，特别要注意对班上学生写作水平进行分层次、分类别的情况了解和聚类指导，指出不同类别的学生在写作中出现的倾向性问题，修改应该注意的地方，以及如何进行修改。在作文的修改教学中，可以采用多种方式进行，如小组讨论修改和同学间修改，也可以让学生自己按照写作要求进行修改。每次写作之后，要坚持与同学分享，这样可以避免很多写作上的毛病出现。

写作修改指导要分类要求，指导到位，让每一位同学明白自己在修改中要做哪些具体事情，不要只提出一些空洞的原则的要求。每一次修改都要让学生自己悟出道理，知道修改的原因，努力的方向，真正体现“以生为主”，写作的进步才会逐渐明显。要求过高，大多数同学都达不到，也就没有学生再跟着教师走，再有信心继续学习写作。只要我们坚持课标提出的“具体明确、文从字顺”的八字目标，一次一次地落到实处，一步一步地走上正轨，我们的写作教学就有希望了。

（五）鼓励及时发表

利用现代技术和设备条件，鼓励学生每一次的写作练习，都要及时与同学、朋友，甚至家人进行分享。要利用电脑、手机、微信、班级博客、班级微博、墙报、板报、手抄报、学习园地等，在修改之后及时发表。发表的文字可以是全文，也可以是局部，甚至只是一个小小的细节或段落。通过在小组、班级、年级、学校、社区，甚至网络、报纸杂志上发表，让学生及时获得分享感，获得写作的成就感，获得更多读者的认同感。

学生读自己的作文，能够及时删除多余的、累赘的、有歧义的字词，调整不通顺的语句。通过发表，能够鼓起继续努力的风帆，不断获得发表的自豪感，同时也能够得到更多人的阅读与点赞，尤其是在材料的选择上、情感的抒发上，以及社会现象的认识上，自然能够获得超越时间、地点的人们的吐槽与点赞。这样做，学生在写作过程中读者意识的建立，选材立意、情感抒发等大的方面的自我意识的提升，都会得到迅速的强化。

在鼓励学生发表习作的过程中，教师不能求全责备、面面俱到地要求、苛责学生。只要有一点闪光的东西，就应该充分肯定，让学生感受到有一点点自己的发现与进步是多么可贵，从而增强写作的自信，不断进行写作练习，提升写作能力。

七、结语

经过四年半的努力，教育部组织编写的初中语文教材写作部分呈现在了大家面前。尽管如此，我们仍然感到还有很多问题处理得不尽如人意，文字表述、写作选点乃至体例上仍然有不少需要进一步完善的地方。希望在使用的过程中，得到各地教师学生的理解与批评指正，以便在教材修订时调整修正。

近十年来，阅读在商家巨资助推、媒体及政府大力倡导下，开展了多次大大小小的社会问卷调查活动、读书月活动、书香校园评选活动、亲子阅读活动、专题阅读活动、阅读竞赛活动等。但是，写作却无人问津，没有企业出资助推，也缺少媒体的渲染热闹，缺少研究部门的理性思考，更谈不上新的深入研究，因而，我国写作教学的发展道路，相对比较迷茫，还在套用农耕时代的写作观念、文章观念来要求信息时代的写作教学，脱离了社会发展的需求。

随着统编本初中语文教材的逐步推广使用，这种状况一定会有所改变。譬如对中考写作试题的命制，统编本初中语文写作部分在切合学生实际，切合学生的学习生活、校园生活、家庭生活、社区生活和社会实际，提倡说真话、实话、心里话方面，已经做出了具体探索，包括写作点的切分解析的处理方式，都会为一段时间内中考写作试题的命制提供方向性的启迪，这是不容置疑的。

02 参与编写统编本写作教材部分时的三则思考

2012年初，参与统编本写作教材编写初期，我曾经有过一些思考讨论。

一、我们应该有什么样的写作训练序列

在2001年课程改革以前的语文教材里，我们有一个以文章学为母本的写作训练序列，涉及写作的方方面面，能够想到的几乎无一遗漏。然而，在实践中却无法实施，因为全面，则缺乏重点，缺少主线。虽然曾经想过，譬如与阅读教学挂钩，初一是记叙文，初二是说明文，初三是议论文。实践的结果是，记叙文学生没有真情实感，说明文则更加抓不住特征（说实话，教师都很难，这多少带一点科研至少是科普的性质），议论文也写不像，关键是没有理性思考。就是我们成年人，要写好议论文也十分不易，要说出自己独到的见解何其艰难。最终的结果是，学生连基本的写作能力都不具备，一提笔就叫苦连天。

课程改革吸取教训，认为学生作文的根本原因是没有内容可写，至于写成什么样子，使用什么技巧，统统都是次要的。文章写不出来，再多的文体以及技巧技法要求都等于零。

于是，2001年起的语文教科书秉承一个观念，用丰富多样的综合性学习的语文实践，来解决学生写作时“有米下锅”的问题。参与的过程，写出来就是记叙性的文章；其间的情感变化，可以写成

抒情性的文章；活动过程中同学之间的争论，写下来就是活生生的议论文。

然而，理想很美满现实很骨感。一些地方为了表明自己与众不同，坚决反对实行综合性学习，坚决不对综合性学习进行检测。久而久之，尽管不少地方在坚持进行综合性学习的检测，贯彻国家课标中的语文教育的导向，但是因为少数地区的不作为，逐渐波及和影响到其他地方，也不再进行语文学科的综合性学习，所谓“无米下锅”的问题依然没有解决。

坚持实行综合性学习的地方，因为教科书只解决了内容而没有大致的粗略的写作训练序列，也逐渐使一些教师要自己去组织写作训练序列而对教科书产生了较大的意见。

如果再编写新的教科书，需要一个什么样的写作序列呢？

有的认为应该认真吸取课改前训练点过多、过密、过全的教训，抓住学生写作中带普遍性的问题进行。写作训练的点应该少而实，讲求实效，不应该再面面俱到，什么都教，结果什么都学不会。

有的则认为，初中学生的写作应该不再去管普遍的、一般的写作能力，因为那是小学的事情，与初中无关，谁叫他小学不认真过关呢。初中就应该是记叙、说明、议论三大文体的训练，包括一些写作技巧的训练。

还有的认为，初中的写作训练应该瞄准中考的要求，考什么训练什么，其他的都是废话。

也有的认为，教材想怎么编就怎么编，为什么要去征求意见另搞一套呢？

这时候，人们就自然想到了陆文夫的作品《围墙》和鲁迅先生所说的在中国挪动火炉子的事情。看来，几十年上百年了，要有一点点的改动，难！

二、初中作文训练的又一种思路

作文训练的问题是最难说得清楚的，如果三次作文围绕一个中心点进行有层次、有弹性的训练不行的话，是否可以换一种思路来思考问题，进行取法乎上、得乎其中的训练。

我们每一个单元进行一次不同内容的写作训练，初中安排不同要求的 36 次写作训练。这样的训练虽然可能没有“深挖洞”，没有给学生留下深刻的写作体验，毕竟有一个众多的写作路径的接触与训练，在量的积累中力求能够有质的飞跃。

我们把阅读教学中学过的体裁作品，除了古代诗文和现代戏剧不作要求外，都拿出来进行训练，让所有的初中学生都来写传记、故事、通讯、调查报告、演讲词、诗歌、小说、散文等，大胆解放思想，培养学生的创造性思维，以寻求钱学森之问的实践解答。尽管其中可能只有极少数的也许不到万分之一的学生，或者只有顶尖学生能够实际完成这样的写作任务，但是，让全体学生都去尝试实践文学创作，这对学生一生来说也是宝贵的写作历练。

任何一种写作训练体系都不是完美的，都可能出现偏差与遗漏。到底哪一种方式更加符合实际，以一般写作能力和写作要求为主线，还是以文章体裁、文学样式为主线，更加有利于一般学校广大师生的写作教学实践，还真的需要有更多的人奉献智慧，参与讨论。

三、义务教育语文课程标准中的写作教学总目标

在义务教育 2011 年版的语文课程标准总体目标与内容中的第八条，即写作教学的总体目标，表述如下：

“能具体明确、文从字顺地表达自己的见闻、体验和想法。能根据需要，运用常见的表达方式写作，发展书面语言运用能力。”

本条目标要求，文字虽然简短，要求却不低。

“具体明确”是对写作内容的基本要求，也是对写作风格的基本要求，在当下尤其显得重要。大家知道，过去的写作教学多少受到文艺创作思潮的影响，几十年以来提的都是过高要求，类似对作家的要求。这一次要求“具体明确”，从根本上反对浮艳文风，反对

华而不实、扭捏作态和无病呻吟，让孩子从小开始言之有物，不说空话大话套话，而是要说真话实话心里话，这也是从做人开始进行要求，进行人格培养。

在小学阶段和初中阶段，不追求所谓的优美艳丽，坚持要求学生的作文具体明确，洗尽铅华，追求本真。坚持四年，就给孩子打上了诚实的底色，也培养起了一种讲求实际、注重客观、看重实证的科学态度。而这些科学态度和科学精神的养成，对学生一生的成长都是极其有用的。

“文从字顺”是从语言表达的角度提出的基本要求。文从字顺，就是在语言表达上符合内容要求，能够把内容恰如其分地表达出来。意思是通顺的，文字也与内容一样，是流畅的，一点不影响读者对文字的理解。这里没有语句优美说，只要通顺达意即可。完全没有必要去专为语言绞尽脑汁寻找新奇的表达方式。

遗憾的是，不少教师觉得这样的要求不过瘾，尽管自己很难写出一篇东西，仍然顽强地要求学生要语言优美，富于感染力，等等。坚信用国际标准就能够达到国家标准，用国家标准就能够收获市一级优秀的水平，脱离实际地去相信“取法乎上、得乎其中”，而最终的结果是学生高中毕业时在写作上还得纠正错别字和病句，下笔成文、文从字顺的人还真的寥寥无几。

写什么呢？写自己的见闻、体验和想法。这三大内容应该都是实实在在的东西，不需要去绞尽脑汁另编一套。许许多多的事件和瞬间，都给我们留下了很多丰富的内容和联想。我们对社会生活，对自然，对人生，因为生活其间，应该有自己的感悟体验和想法。作文就写这些，而不要去另搞一套，装神弄鬼，故作高深，无病呻吟，故作姿态，拿腔拿调，胡编乱造，扭捏作秀。

“发展书面语言能力”是一项相对比较陌生的任务。好多年了，我们已经没有去做发展学生书面语言能力的工作了。书面语言运用与口头语言运用的差异，就是我们需要努力减少、弥合的地方。

书面语言表达要求更加理性、严谨、规范，能够装载众多的内容。这就涉及复句、多重复句、关联词语，讲究形式逻辑问题。这是一项长期的艰巨任务，也是一项语言教学能够密切联系实践的最直观的教学任务。

03 关于初中语文教材修订

我一直希望初中语文教材修订能够体现最广大一线教师的智慧和最新的语文教育思考。初中语文教材修订，不应该按照少数重点学校超常班、重点班的教学来修订，务必根据广大一线教师和学生的初中阶段语文教学的实际来进行。定位很重要，不要成为纯粹的城市语文，或者沿海地区的发达语文。当然，也不能够以最贫穷最落后的地区文化为基准进行编写和修改。

要逐渐明晰语文教育的一些基本观念，如语言文字的理解运用与文学教育，即 2011 年版的课标所说的听说读写活动与文学活动。如果我们过多地去进行人文教育，进行理想教育、道德教育，以及行为习惯教育，我们的学科建设就非常危险，就没有什么存在的价值了。而有些人至今还是念念不忘解决学生做人的所有问题，还不能够收缩百年前的教育范围，还不能够适应已经百年多的分科教育。

初中语文教学应该以语文知识的学习与实践为主，无论是阅读还是写作，其间是一定有规律的，只不过有的人将其绝对化、神秘化，开口必说多少法多少式。但是，不该因噎废食，把初中阶段应该进行的语文知识学习给彻底抛弃。只是这些语文知识的学习，不应该独立进行，应该结合学生的视野扩大、思维深化后的阅读，以及表达与交流来进行。如语文知识中的语音，就应该落点在朗读与演讲等，汉字就应该落实在不写错别字，词汇就应该正确使用，语法就应该不说不写病句等，修辞就应该把话说得生动形象等。让我们的初中生多少带上一些学过语文的学生腔，到高中才慢慢地去掉学生腔。也就是语文知识的学习要把重点从过去的辨认（是什么现象）到今天的运用（使表达更加规范形象）。

阅读应该体现当今社会的阅读实际，即以读文为主也要兼顾读图和读网，尤其是要孩子们多读传统经典与现代经典，让传统的文化精髓、人类的优秀文化进入孩子们的血液之中。在阅读实践中不断分享传统文化和人类文明，使自己变得丰润起来。阅读的品种要多样化，不能够偏食，以文学为主，也要适当阅读现代社会所需要的文本种类，包括合同、诉状、使用说明等现代连续与不连续文本。

写作应该有一个大致的符合实际的训练序列。每一个学期有两个写作重点专题，每一专题有两三次写作实践来体验与巩固，让孩子实实在在获得一些写好文章的体会。写作的专题设置，不能重走课改前的以文章分析、框架设置为训练点的老路，要以学生尤其是绝大多数学生的写作实际需要来设置，而不能再以写小文人语调的、矫揉造作的所谓文学性的、抒情散文性的要求来设置。

当然，初中语文教材修订是大家智慧的汇聚，是讨论与聚焦，也是追求与妥协的结果。一切都得从实际、从可能出发，一步一步慢慢来进行。

04 初中写作教学的总目标刍议

初中写作教学的总目标，在 2001 年版的《义务教育语文课程标准（实验稿）》里的总目标第八条，表述得很明白："能具体明确、文从字顺地表述自己的意思；能根据日常生活需要，运用常见的表达方式写作。"2011 年版的《义务教育语文课程标准》则进一步修改调整，表述为"能具体明确、文从字顺地表达自己的见闻、体验和想法。能根据需要，运用常见的表达方式写作，发展书面语言运用能力"。

义务教育的总目标，无疑应该成为初中毕业时国家要求的最终目标。

与过去的目标相比，与我们头脑中想当然的目标相比，似乎不够过瘾不够带劲。在大家的心目中，初中毕业的学生，尤其是通过中考获得高分甚至满分的学生，远比课程标准的制定者设置标准的水平高，常常能够写出标题新颖、语言精彩、内容深刻、结构精巧的优美甚至优雅的文章来。按照这样理想化的标准进行写作教学，从初一年级开始，我们的写作教学自然就是高起点、高标准、高要求、高规格地进行着，期待人人成为小作家式的初中毕业的高水平写手。

然而，写作教学的现实却不能令人如愿。尤其是非重点中学，即使是重点中学如果处于普通班，学生的写作热情、写作水平，都是语文教师们既着急又难以见效的事情。

我以为，问题就出在三年的初中写作教学的实践严重偏离了国家规定的总目标，在难以落地虚无缥缈的空间里游荡，其最终的结果是学生厌倦、恐惧，甚至反感、抵触写作。

课程标准的八字目标"具体明确、文从字顺"简洁明了，却内涵丰富。"具体"指内容，初中学生只要内容具体了，其文字还能差吗？"明确"指内容的价值取向，即作者的态度观念甚至立场，是毫不含糊的；"文从"，则是侧重在语言的通顺晓畅上，"字顺"则重在相对工整好认的书写上，应该是认读起来顺眼。

国家在九年义务教育阶段实行的是全民教育、国民教育、强制教育，其最大的特点就是告别了三十年前的学校精英教育制度，实行的是均衡教育、普惠教育。但是，不少的语文教育工作者的教育观念还停留在精英教育时代，还在习惯于过去的写作教学的超高目标，绝大多数初中语文教师一辈子都没有达到过的，实际上难以达到的写作目标，即仅仅在口头上说说而已的，什么标题新颖、语言精美、构思精巧、内容深刻、生动感人之类的文艺评论的极致标准，重复了几十年的但谁也没有拿出来过的根本无法操作、无法兑现的样本。

回到写作教学的现实中，又反而觉得"具体明确、文从字顺"特不带劲太不给力，似乎不值得初中语文教师去落实，就自然可以超越。一些中考命制试题的人员，也因为自己对初中学生写作实际，对初中学生精神生活的严重脱离，对课程标准写作教学最终目标的不理解，带着一种文学青年的孤芳自赏、顾影自怜，一而再再而三地往文学甚至文艺上靠，使得我们的初中写作教学越来越脱离目标、脱离学生写作发展实际、脱离教学的应有轨迹。

"具体明确、文从字顺"其实不仅仅是初中学生写作毕业时应该达到的标准，也是成年人写作一生应该追求的理想境界。这是一个要求平易而又难以超越的、相对很高的现代信息社会的写作标准，去掉到了纤尘浮华，直抵文章内核的标准。

"具体"，应该是负责任的写作者所首先应该持有的自律标准，不具体就是流于笼统空泛，就容易陷入说空话、大话、假话的泥潭。记叙性的文章要具体，就需要细节支撑，才能够使内容充实起来。议论性的文章要具体，就需要将思维进一步细化，提得出分论点来，或者说有实实在在的论据支持。说明性的文章要具体，就需要能够使人易于清楚理解，按照说明去理解操作，要不发生歧义不产生困难。就是抒情性的文章，有具体的情绪及其变化，才能真切感人。课标第四学段的阶段性写作目标之五，也是很好的注脚，“写记叙性文章，表达意图明确，内容具体充实；写简单的说明性文章，做到明白清楚；写简单的议论性文章，做到观点明确，有理有据；根据生活需要，写常见应用文”。

“明确”，是对素材、对内容选择时要求带上的写作者的价值烙印。无论是“见闻、体验和想法”，都应该能够很自然地表达出写作的意图，以及写作者主观的价值判断与情感体验。写作者的喜怒哀乐常常会随着文章内容的展开自然流淌其间，带有浓厚的情感以及主观色彩。当然，这里还包括赞成什么、反对什么，支持什么、否定什么，热爱什么、厌恶什么，这也就是我们常常说的写作者的旗帜鲜明的立场，也就是课程改革以来大力倡导的情感、态度、价值观方面浸润渐染的外显效果。当然，任何素材与内容的选择使用，难以做到也没有必要去强求纯客观，尤其是对初中学生，除非是经过严格训练的科研工作者。

“文从字顺”常常是连起来说的，就是语言通畅文字顺眼。与“具体明确”一样，这也是一个可以多层次要求的标准，是需要多年的艰苦历练才可能达到的境界。

初中学生既要学习与运用诸如语音、文字、词汇、语法、修辞之类的语言知识，又需要在言语实践中去不断地体验感受与运用，去带一点书面语的味道，带上一点学生腔，这也是应该和必须的。然而，其最终的表达水平，应该是逐渐达到社会化的水平，即无论从事什么职业的人都能够听得清楚，看得明白。“文从”，主要指语句通顺、用词恰当，句子之间能够连贯，是相对比较基础的要求。进一步还应该包括用词准确、词序恰当，没有歧义，语句之间自然流畅、富有逻辑。语言能够紧紧服务于与服从于文章内容的清晰表达。

“字顺”，即指文字（词）的使用与书写很顺当，无障碍、无羁绊、无滞塞，阅读与理解起来顺畅。教学中可以侧重在学生的书写上，要求建立起明确的读者意识，便于读者辨认阅读。2011 年版的义务教育语文课程标准，在第四学段的写作教学要求中，就明确提出“要关注作文的书写质量，要学生把作文的书写也当做练字的过程”。这就足以说明写作中“字”要写顺的重要性，这也是语言文字在交际中的基本要求。

主要写什么和能够写什么，在义务教育语文课程标准的总目标中也说得很清楚，这就是“见闻、体验和想法”，对这三大写作内容的规定，是值得我们深入思考认真把握的。如果每一次教学写作练习，我们都能够站在学生的立场，设身处地地思考问题，坚持将写作教学的练习题目紧紧扣住学生见闻、体验与想法，我们的写作教学就能够接地气，能够脚踏实地地有效进行。

课标写作总目标的最后一句是“能根据需要，运用常见的表达方式写作，发展书面语言运用能力”。这也在某种意义上要求我们，初中学习了多种表达方式，不要孤立地去要求进行纯技术性的学习运用，而是在需要的时候，在有特定语言运用的背景下，进行学习运用，以此来发展书面语言表达能力。这里所指的书面语言表达能力，就是可以超越时间空间的语言规范化的表达能力。要求我们在写作教学中强调学生的语言规范化，去掉本地的方言土语，去掉诸如“你走先”“三间学校”之类的表达。写出来的文本，能够让其他地方的人也能够毫不费力地阅读理解。现代社会，语言不规范，是写作教学不成功的体现，不再是作家创作文学作品时所需要的乡土气息的问题。接受基础教育的学生，首先应该是能够融入现代社会，具有家国情怀和国家视野的公民，如果语言表达不规范，与社会接轨自然就存在着一定的距离。

但愿我们初中语文教育工作者，能够切实把握课程标准对写作总目标的要求，逐渐走出小文人语调的观念羁绊，在现代社会信息化时代的今天，为学生的长远与终身发展着想，严格遵照国家颁布的课程标准，为推进我国基础教育写作教学的改革与转向，做出自己的应有努力。

05 中小学生作文能力的学段侧重

如果将小学、初中、高中连接起来思考的话，我以为可以做如下的衔接。

小学以想象能力为主，初中以叙述能力为主，高中以论述能力为主。

小学阶段，学生还处在童年时代，应该鼓励孩子们充满幻想。如果我们的小学生都没有了想象能力，什么事情都不敢想，我们这个民族则没有了希望。而这一阶段，无论是童话还是其他少儿读物，都应该是阅读充满着想象力的书。

初中为什么需要加强叙述能力的培养呢？这是因为多年以来，无数的语文教育先行者不断探索，依据中国的语文教育现实，在 20 世纪 60 年代开始就实行了记叙、说明、议论能力的依次训练。再看看社会需求。很多时候我们的媒体不乏抒情的或有想法的文章，然而却缺少叙述的内容。对这一非常基本的能力，随着社会的浮躁越来越被忽略了。很多时候，说不清楚一个人，说不清楚一件事，说不清楚一种观点，说不清楚一项活动的情况，比比皆是。社会的首要需求是叙述清楚。没有清楚的叙述，而后的所谓抒情议论都可能是无病呻吟，或者无据议论，是作秀般的滥情和无根基的议论。

高中学生进入了青年时代，思维方式也自然从形象思维发展到逻辑思维，理性思考成了高中学生应该有的主要思考方式。在此情况下，我们应该积极引导学生规则思维、逻辑思维，逐步养成言之有物、言之有据、言之有理的良好思辨习惯。这也是学会思考增加逻辑力量的关键时期。失去了这一灌浆期，一辈子的思维都可能难以对接社会的主流思考，难以进行符合规则的推论与分析。

不同学段应该有不同的写作训练重点，当然，这并不意味着只训练某一种单一的能力，其他的写作能力也应该引起注意并进行培养，只是在不同阶段各有侧重而已。

06 五十年来我国语文学科写作教学国家标准的演进

自1963年颁布《中学语文教学大纲》，正式单列写作教学的国家要求，或者说国家标准以来，大家对写作教学的认识在不断演进。

先是仅仅停留在重要性的认识上，其内容的理解也局限于比较粗浅的技术层面。只说到识字、写字、用词、造句、布局谋篇的综合训练，说到表达思想感情的综合训练。这也是在国家经历了“总路线、大跃进、人民公社”三面红旗的急躁冒进之后，略微冷静下来所进行的“调整、巩固、充实、提高”八字方针的潮流影响下，语文学科做出的一种总结。

十年浩劫之后，又一次焕发了无穷的语文教育激情，然而要切合实际也是很不容易的。在几经调整后，在经历了全国如火如荼的语文教学百花齐放的洗礼后，在语文教学科学化道路上，又逐渐提出了初中语文64点知识以及48项能力的国家要求。其中，历来给人感觉很混沌的写作，也细分出了15项能力训练要求。

科学地面对精英教育和混沌教学，是了不起的一大进步。但是，当被应试教育所裹胁，多走一步两步时，就走到了自己的反面，成了过街老鼠人人喊打，尤其是1997年底开始的语文教育大讨论，引发了一场全国性的声讨。直到上海大学的洪先生以高中毕业生连城市规划都写不来为理由，痛斥为“误尽天下苍生是语文”，引起极大的反响，并受到少量的反击才告一段落。

紧随其后的《义务教育语文课程标准(实验稿)》,以高校的五位教师的思考为主,参考国外的一些思考与传统教育中的一些做法,编制了21世纪初的写作教学的目标,拟定了比较感性、凭借直觉还能够得到多数认可的写作教学的一些要求与建议。

毋庸讳言,这是严重缺乏社会调查,缺少基础理论研究,缺乏大范围实践归纳,缺少真正力量雄厚的写作考试研究,而产生的一些主观想法而已。迄今为止,时代的发展和科技的进步,使我们阅读和写作的地位发生了几千年来少有的巨变。人们的生活方式、思维方式乃至交往习惯,在无时不在、无处不有的网络空间里,已经与半个世纪前的阅读写作不能同日而语了。

现将近50年来代表国家意志和教学共识的写作部分的阶段性,有代表性的大纲以及课程标准的文字,摘录于后,供有兴趣的朋友分享与研究。

(说明:很多时候对写作的思考研究缺乏深入,因此,在教学大纲频繁改动的过程中,文字上缺少变动,多次的大纲修订中,就是简单地照搬。故对这一部分内容,则采取从略的方式处理,出现明显变化时,才出示写作部分的文字。)

附　五十年来国家大纲课标内有关写作教学的表述

1963年《全日制中学语文教学大纲(草案)》

(六) 作文

作文是识字写字、用词造句、布局谋篇的综合训练,是运用语言文字表达思想感情的综合训练。学生语文学习得怎样,作文可以作为衡量的尺度。因此,作文教学十分重要。

初中阶段,要求能写记叙文、应用文和简单的说明文、议论文。高中阶段,要求能写比较复杂的记叙文、应用文和一般的说明文、议论文。

应该适当增多学生练习写作的机会。要求教师结合讲读教学，认真批改作业，认真进行讲评，逐渐提高学生的写作能力。

1978年《全日制十年制学校中学语文教学大纲（试行草案）》
1980年《全日制十年制学校中学语文教学大纲（试行草案）》
1986年《全日制中学语文教学大纲》
四、作文教学

作文教学是语文教学的重要组成部分，作文是衡量学生语文水平的重要尺度，应当十分重视。

作文的方式是多种多样的，有命题作文、选题作文、看图作文、根据文字材料作文、自拟题目作文，还有缩写、改写、扩写等作文练习，教学时可根据具体情况选用。作文要注意联系学生生活、思想和学习的实际，培养实事求是、有的放矢、言之有物的好文风。

要注意指导学生观察事物、收集积累材料。要启发他们下笔前思考为什么写、写什么和怎么写。要指导学生课外经常练笔，把所见、所闻、所思、所感随时写下来，以提高写作能力。作文评改可以采用详细评改、重点评改、当面评改、浏览检查等多种方式。无论采用哪种方式，都要有针对性，讲究实效。要有计划地培养学生自己修改作文的习惯和能力，可指导他们自己修改，或组织他们互相修改。学生作文中的共同问题，应在全班讲评。

口头表达和书面表达在现代生活中具有同样重要的意义。指导学生口述见闻、说明事理、发表意见等，不仅可以提高口头表达能力，对提高书面表达能力也有促进作用。

1988年《九年制义务教育全日制初级中学语文教学大纲（初审稿）》

1990年《全日制中学语文教学大纲（修订本）》

1992年《九年义务教育全日制初级中学语文教学大纲(试用)》

三、教学内容 课文能力训练

1. 阅读训练

2. 写作训练

书写工整、规范,有一定的速度

养成卷面整洁、注意行款格式的习惯,正确使用标点符号

观察分析周围的事物,用自己的话写出观察的结果和感受

随时收集、积累语言材料

根据写作需要,确定表达的内容和中心

选择恰当的表达方式,比较准确地表达自己的意思

合理安排内容的先后、详略

运用联想或想象,丰富表达的内容

记事写人,内容具体,有真情实感

选用恰当的说明方法,有条理地说明事物的特征

发表自己的看法,有一定的根据,做一些简单的分析

根据目的、对象、场合,选择比较恰当的语句

根据需要,对文字材料作缩写、扩写、改写、续写

学写一般的应用文

养成修改文章的习惯

(作文每学期不少于6次,并经常进行片段训练)

1996年《全日制普通高级中学语文教学大纲(供试验用)》

2000年《九年义务教育全日制初级中学语文教学大纲(试用修订版)》

二、教学内容和要求

(一) 阅读 8

(二) 写作 6

9. 能写记叙文、简单的说明文、简单的议论文和一般的应用文。

10. 根据写作需要，确定表达的内容和中心，做到感情真实、内容具体、中心明确、语言通顺，注意简洁得体。

11. 选择恰当的表达方式，合理安排内容的先后和详略，条理清楚地表达自己的意思。运用联想或想象，丰富表达的内容。鼓励有创意的表达。

12. 不写错别字，正确使用标点符号，格式正确，书写规范、端正、整洁。

13. 养成观察分析周围事物、收集积累语言材料、勤动笔多修改的习惯。

14. 作文每学年一般不少于14次，字数不少于0.7万字。45分钟能够完成500字左右的习作。

2001年《义务教育语文课程课程标准(实验稿)》
2011年《义务教育语文课程课程标准》
(此两标准查阅方便，此处恕不摘录)

07 三十年来我国高中写作教材的变化

自1987年版高中语文课本中的写作部分内容面世开始至今，课程标准高中语文必修教材中出现写作教学内容，已经三十年了。

纵观这三十年来教材中的写作教学内容的变化，还是很有必要进行回顾与思考的。其变化的主要趋势有：

一、从文章学的结构硬转移到写作学的初步尝试

可以说，不少的项目，开始都是从文章阅读鉴赏的角度提出来的，诸如散文的形与神之类，还有诗歌小说之类，这些要求，很难区分出是阅读鉴赏上的要求还是写作训练的教学建议点。

二、从条目繁多的求全心理到有所缩减的务实心态

从学院派的观点出发，就很容易将问题进一步细化，将训练题目进行不断分解，其结果自然是在训练上越来越具体。然而，面对全国绝大多数的高中学生，则成了“一刀切”的烦琐细碎的要求，对已经进行了十余年写作学习的高中学生来说，高中写作教材无疑是难以适应不同层次水平的写作指导的。

三、从想当然的旧有观念到逐步彰显的实用教学

也应该看到，三十年来虽然国家的教育关注重点在义务教育，但是，对于高中教育，包括高中语文的写作教学，也得到了一定程

度的关注，并根据实际情况进行了调整。写作条目的设置，在逐渐靠近写作实际，与学生写作中遇到的问题进行一些尝试性的接轨。如课标教科书必修语文教材中关于学习议论中的记叙，就是一个很好的例子。

四、从单纯教学角度到适当增补应对考试的写作条目

应该看到，过去羞于启齿的应对考试的写作教学，在 2004 年版的必修语文中，也得到了明确的回应。即在必修五的内容安排上，四个专题，就完全是按照高考语文中写作部分的发展等级的四项要求来设置的，为学生的写作复习备考提出了课堂学习的方向性要求。

五、篇幅以及表达方面也有很大的变化

1987 年版的写作部分，常常有近万字的篇幅，其内容也不厌其烦、不嫌其详。如第一单元，单元知识和训练，就包括基础知识，含写景状物的一般要求，七段 2000 多字；含阅读训练两道大题两篇例文以及五六道小题；含写作训练，包括专项训练：观察和认识，四种方法两道参考题目，约 2000 字；还包括听说训练，复述等五六百字。

到 2002 年版的语文教科书，则从每单元中抽取出来，附在教科书后面集中编写成写作、口语交际。如第一单元，感受与思考，一共约 4000 字，包括学习重点：培养感受与思考的意识，写出自己的独特感受和对生活的认识；包括写作指导，1500 字（含一些短小的例子）及注意的三点；含写作练习，一片段作文包括示例，两整篇作文包括五个参考题目，以及借鉴实例。此外还有课外练笔，有两则示例。

2004 年版的课标高中语文必修教材，将写作与口语合并，称为“表达与交流”，采用了人文主题与写作能力的双向聚焦的方式呈现，篇幅大多控制在 2000 字左右。内容也包括导入、举例、参考题目等。

附:三个代表时期高中语文教材中写作部分的条目举例

《高级中学课本语文(必修)》1990年10月第1版

单元教学要点一览表

第一册

写景状物的一般要求

写作专项训练:观察和认识

叙事写人的方法

写作专项训练:根据材料提炼中心

修改文章:中心的深化

把握观点和材料的关系

抓住特征说明事物

散文的景和情(六七单元为文言文)

第二册

记叙文的材料

写作专项训练:联想和想象

修改文章:材料的选择和剪裁

记叙文的构思

写作专项训练:安排好结构

围绕中心论点展开论述

按合理顺序说明事物

散文的形和神

第三册

论证的结构和方法

修改文章:结构的调整

夹叙夹议把握文章的思路

写作专项训练:安排好段内结构

小说的人物形象、环境

小说的情节和主题

第四册

辩证的分析

写作专项训练:修饰词句

修改文章:段内层次的调整

议论文的语言

戏剧冲突和戏剧语言

现代诗歌鉴赏

第五册

文学评论的特点

写作专项训练:综合运用表达方式

语言和语境

小说的鉴赏

修改文章:词句的推敲

第六册

杂文的特点议论文阅读写作综合训练

记叙文阅读写作综合训练

说明文的语言说明文阅读写作综合训练

修改文章:综合修改

《全日制普通高级中学教科书(必修)语文》

(2007 年 3 月第 2 版 经全国中小学教材审定委员会 2002 年审查通过,是在 1997 版实验本和 2000 版试验修订本基础上修订而成的)

教材结构表

第一册

感受与思考 想象与联想 再现与表现 个性与创新 自由写作实践

第二册

写出人物的个性 写出事物的波澜 条理清楚地说明事物

生动形象地说明事物 自由写作实践

第三册

议论要有理有据 议论要有条有理 散文诗歌 自由写作实践

第四册

做点辩证分析 札记随笔 小小说 寓言故事与科幻小说 自由写作实践

第五册

综述 科学小品 自然科学小论文 社会生活评论 自由写作实践

第六册

立意与选材 思路与结构 文体与文风 本色与文采 自由写作实践

《高级中学课程标准实验教科书必修语文(一—五)》

(2004 年版 经全国中小学教材审定委员会审查通过)

表达与交流

必修一

心音共鸣 写触动人心的人和事

亲近自然 写景要抓住特征

人性光辉 写人要突显个性

黄河九曲 写事要有点波澜

必修二

直面挫折 学习描写

美的发现 学习抒情

园丁颂歌 学习选取描写的角度

想象世界 学习虚构

必修三

多思善想 学习选取立论的角度

学会宽容 学习选择和使用论据

善待生命　学习论证

爱的奉献　学习议论中的叙述

　必修四

解读时间　学习横向展开议论

发现幸福　学习纵向展开议论

确立自信　学习反驳

善于思辨　学习辩证分析

　必修五

缘事析理　学习写得深刻

讴歌亲情　学习写得充实

锤炼思想　学习写得有文采

注重创新　学习写得新颖

08 三十年来我国初中语文教材写作起始教学举隅

从手边收藏的初中语文教材（含实验教程）中罗列出第一单元（或者靠近我们写作教学实际的第一单元）的教材文字进行比照，可以得到不少有益的启示，看出我国初中作文教学的教材编写思路及其发展，以及面临的不少困惑。

这里既有探索者的足迹，也有编撰者的无奈。写作教学在语文教学重点地位、价值取向，以及社会需求等，在这些教材中都散发出匆忙之中的虚幻与游弋。写作教学的系统在哪里，写作教学应该就事写文还是有感而发，是朝着文学写作的路子走还是面临社会需求走；文学文体、实用文体、应用文体，到底应该如何投放教学的比例；写作教学应该从态度心理还是从阅读学、文章学、写作学的角度来推进；详细一点还是简略一些；写作教学到底有没有可以进行训练、进行教学的地方；学习写作，如果功夫在课外，课内还需不需要进行写作教学；学生的写作过程中到底需要多少指导才合适；阅读写作到底是紧密结合还是各有规律；向传统语文教育继承与向国外学习借鉴能够各解决多大问题……

可以说，这几种跨越三十年写作教学空间的教材编写，从多个角度向我们提出了需要不断深入研究和思考的问题，归结起来，我以为最根本的问题还是社会需求的调查严重不足，写作教学的基础理论研究严重欠缺。

罗列出这些在我国三十年来占据主流地位或者影响重大的写

作教学的教材内容(举例),其目的就是希望能够引起一些有兴趣的朋友进一步思考与讨论研究,逐渐梳理出符合教学实际的初中写作教学的计划或者规划,以便在写作教学中逐渐达到清晰、轻松的职业境界。

附　三十年来八种初中语文教材写作起始教学举例

人民教育出版社《初中〈语文〉课本》　1988 版

第二册第一单元　课文含:我的老师、卓越的科学家竺可桢、任弼时同志二三事、中山先生的习医时代

作文训练

作文范围 选用片段材料写人

作文要求 围绕中心写人

作文提示 要求 定义 方法

参考题目　1. ××二三事　2. 我的好伙伴　3. 大家都夸他　4. 我了解的一个人

作文片段练习改写

练习提示　方法、例子 示儿诗 示儿的记叙文

参考题目　寓言:1. 自相矛盾 2. 守株待兔

(知识短文)记叙的中心和材料　7 段 1500 字

人民教育出版社《九年义务教育三年制初级中学教科书》　1992 年版

《语文》第二册第一单元课文:我的老师、挺进报、山的那一边、刘胡兰慷慨就义

作文训练

写人记事要交代清楚记叙要素

(文)3 段 400 字 重要性 原因 方法

参考题目

1. 我的小伙伴

2. 童年的一件趣事

3. 上中学后遇到的一件事

4. 根据下边提出的情况，写一篇文章，记叙这件事

体育课前，王勇学没做好准备活动就“跳山羊”，结果把脚给崴了。

【例文】我们的国土到处都是一样

（1200 字，周末未回家，在宿舍闲聊家乡美的争论。最后的结论，用郭小川诗句结尾）

要求阅读例文后，请简述事情的起因、后果和发展过程。

人民教育出版社课标实验教科书《语文》 2001 年初版 2008 年第 3 版

七下　第一单元课文：从百草园到三味书屋、爸爸的花儿落了、丑小鸭、诗两首、伤仲永

写作口语交际综合性学习 成长的烦恼

导语 由歌曲引出、从三项活动中任选一项

一、说一说自己的烦恼

倾诉之后画上句号、日记

二、妈妈（爸爸、老师、朋友……）少年时期的烦恼

采访交流然后写作文，题目自拟

三、替朋友解脱烦恼

小学同学不适应新的环境，设身处地想想

人民教育出版社课标实验教科书《语文》 2013 年 5 月第 3 版

七上　第一单元课文：散步、秋天的怀念、羚羊木雕、散文诗 2 首、世说新语 2 则（咏雪、陈太丘与友期）

写作　从生活中学习写作

写作导引　7 段 900 字 漫画 1 幅

写作实践 题目有二（200 字片段　500 字自拟题目），提示各

有2条

题目三　先电话交换看法，写一封信化解烦恼。入情入理，使人信服

长春出版社《语文》张翼健、张笑庸主编　2007年6月第3版

七年级上册　写作：属对、童年趣事、认识自己、认识别人、走进童话、写给远方的朋友、走近大自然

作文 二 童年趣事

参考题目　200字导语，童年趣事或难忘的记忆

写作提示　1. 写一件事六要素　2. 突出“趣”还是“难忘”？

心得交流　1. 写后再读，是否满意　2. 读别人的文章，谁写得更生动

语文出版社《语文》史习江主编　2003年3月第2版

七上　记一件事、写一个人、描写景物、写童年的故事、编写童话或科幻故事、改写《木兰诗》

我将这样度过寒假

第一单元　记一件事、忆读书、我的第一次文学尝试、山中避雨、风筝

导语(250字)生活多样，真情实感。注意三：六要素、中心、详略

习惯四：提纲、草稿、誊写、练笔

江苏教育出版社《语文》洪宗礼主编　2001年6月第1版

七年级上　单元名：亲近文学、金色年华、民俗风情、多彩四季、关注科学、奇思妙想

第一单元 有感而发

导语400字 题目的来源：一、写进入初中的新感受，二、父母生日所感，三、写通知“校园推广普通话讨论会”，四、课外练笔本的名

称、格言、图案。

修改作文　200 字，念两三遍再改

汕头大学出版社《作文实验教程》　郑桂华、冯善亮主编 2008 年 11 月版

七下　写作专题：给人物画像、让动作传神、让人物说话、丰富人物的心理活动、选择叙述角度、运用叙述线索、构思：联想和想象

第一单元　给人物画像

准备活动

一、抄抄写写 名家名篇中的外貌描写 2 句，感受深刻的原因

中学生作文中的 2 句 可以更好

二、猜猜说说 猜文学形象 5 则，猜的原因

猜老师同学，记下最精彩处

我的目标

分解训练

一、理解外貌描写　1. 定义作用关键　2. 注意点、忌讳处、名家说法

二、经典片段借鉴、四人小组 5 选 2　片段：记下所受启示、写下写法启示

三、小试身手　1. 老师同学家人中写谁　2. 印象最深处 3. 补充—用几个词写某一点，一段话写外貌

四、点线提高　导语三段、再白描细描，两描写的差异原因

综合训练

一、明星素描，细描某一体艺明星外貌，再白描特征，全班交流

二、根据题目和要求作文

他让我——要求补题进行外貌描写，500 字。

自我评价 侧重点：写作策略，外貌描写的作用

反思交流

一、反思　1. 是特征吗，若发现不了咋办？　2. 外貌写不下

去的原因　3. 越细越好？

二、交流　1. 四人小组记下3人的评价建议　2. 全班交流　3. 自我反思做到与未做到处、修改设想　4. 修改誊抄

收藏夹

一、描写外貌的词语：头发、眼睛、鼻子、嘴和牙、面容、手和身材、衣着、神态

二、外貌描写的精彩片段：阿Q、故乡、复活，欣赏300字；贝多芬、儒林外史，欣赏200字；装在套子里的人、祝福、故乡、米龙老子、羊脂球

09 日美初中写作教材举例及粗识

和我国的写作教学相比，国外的写作教学在经受了多年工商社会的浸润渐染之后，其教育观念、育人取向以及写作教学的定位，写作教学程序以及方式的筛选、积淀，所采用的具体方法，是值得我们认真思考的。

首先是教育对象的发展期待，似乎与我们培养诺贝尔奖候选人的终极目标很不一样。他们实行的是全民教育、全人教育。

其次是无论写作的脑力劳动有多么神秘，黑箱装置有多么难以探索，仍然坚持让实践说话，让教学过程中点点滴滴的经验教训的积淀来作为写作教学的基础理论。

再次是写作教学的目标确认。不是培养文学天才，不是为了出几个出类拔萃的写手，而是为了每一个孩子的稻粱谋，为了明天走进社会的工作与生活所需要的写作能力而进行教学。

最后，写作教学与其他内容的教学一样，功夫在课内，教师有充分的自信，利用好教材，按照特定的步骤，程序化地老老实实地进行训练，而不是将写作教学妖魔化、玄幻化，去推卸自己应该负起的责任。

当然，这里所附的写作教学是以教材的文字为主。因为读者大多可能对教材不太熟悉，有的教材就尽可能列举一些其他的包括阅读的最基本的教学元素，以便于理解其写作教学的大背景。

日本课外补习的写作教材虽然不会等同于课本，但是，其写作的大致框架及其价值取向还是与我们有明显差异。美国的写作更是受实用主义、技术主义的文化影响，在写作教学中体现充分。

最后附上美国小学的一篇写作教学的举例，以期对我们的初中写作教学有一点启迪。

附

2009年版《日本语写作力专门塾——和日本学生一起上进阶写作课》

目录

记叙文

日记、创作食谱、介绍我自己、写导览、试写大纲

制作问题集、寄邮件、找房子

感想文

我是美食家、我是A级部落客、我是心理咨询师

我是记者、我是诗人

论说文

写一篇社论——论说文的写法、写一篇新闻报道——报道的写法

写一篇小说——故事的写法、写一篇产品试用、评论——评论的写法

举例 记叙文·写日记

写什么、怎么写(日期天气行程普通体)这样写

一口文法、多点单字、学生习作批阅、批阅后习作

论说文·写一篇社论——论说文的写法

写什么 表达自我意见和主张的文章

怎么写

1. 表现上的注意点：使用文章体，避免太过轻松流行语等不正式的用法，避免描述自己的感情

2. 题材有具体重点，避免宽泛模糊的题目

3. 构成提出问题、分析问题、解决方案，序论、主论、结论

4. 主张事实数据，自己的意见，主张的客观依据

这样写：范例阅读、范例解答、范例

美国核心州英语（语文）课程标准

"新标准"附件所提供的一篇作文样稿：

我去了迪士尼，我们跟着小鹿，我有一个有趣的假期。在迪士尼，我看见许多人在骑马。

我去了马特峰，我感到很湿，我打了马球，我回到了我的家。

这是K年级学生写的一篇记叙文，按照第三条标准来衡量与评价，附件C对文章作了如下注释：

(1) 通过命名一个地方（迪士尼），创设一种环境。

(2) 叙述了一些联系松散的事情以及事情发生的顺序：我有一个有趣的假期……我看见许多人在骑马。我去了马特峰，……我回到了我的家。

(3) 对所发生的事情提供自己的反应：我有一个有趣的假期。

(4) 表现出结尾意识：我回到了我的家。

(5) 表现出对标准书面英语规范的一些要求：这个片段表明作者已经有了在句子开头运用大写字母和结尾使用标点符号的意识，作者在标题中也恰当地运用了大写字母。

ScottForesman公司　8年级《文学》教材第六单元

主题"有决定意义的旅游"

首先，提出作业任务。

在本单元文选里，有一些人物，他们通过自己的旅行导致个人或历史发生了变化。写出你将要进行的一次旅行的旅游见闻，这次行动可能给你自己或别人的生活带来很重要的变化。

接着，用"作者的蓝图"形式要求学生在写作前考虑下面这些问题：

产品：包括五个旅游场景项目的旅游见闻。

目的：描绘一次你想象的旅游，就像你自己经历过一样，这次旅游在你或别人的生活中发生了很重要的变化。

听众/读者：希望从你的旅游中获得启迪的人。

说明书：作为一个成功的旅游见闻的作者，你应该做到：

与同学一起头脑风暴产生可能的旅游。选择一个你觉得将会对你或别人生活带来重要变化的项目。这次旅游可能是一次出国旅行，或者一系列实现目标的经历，诸如从高中毕业或为职业做准备。

用一个场景项目作为旅游见闻的开始，细致地描绘你的旅行起点。写作时，好像真的出发了一样。

提出问题：你想去哪儿？为什么？谁和你一起去？

继续写出三个不同的场景，它们是你在不同地点的旅行经历。这些地方或许就是你停住脚步，顺着路线和事件一步步接近目标的地方，它们应该有助于使你发生重要的变化，这些变化正是你所期待的旅行结果。

用你最后进行的那个旅游场景总结全文，解释这次旅游的意义，以及它将给你和别人的生活带来什么样的变化。

尽可能使用表示主动语态的动词来完成你的文章。

遵守语法、惯用法、拼写和语言技巧的规则，正确使用形容词与副词的比较级。

写作指导：

步骤一：构思

在构思环节中，学生需要完成四项任务：

1. 探究文学作品中不同人物的旅游

这是用以读带写的方式引导写作。从书中获得的信息填写在下面这个图表里：

人物　旅游　理由　导致的变化　我会有怎样的反应

Marvin：如果我忘记了你，噢，地球……　去另一个星球的平坦的大地。　去看看地球是什么样的。　Marvin 实现他一定要把回到地球的梦想传给别人。　沮丧的和充满希望的复杂的感情。

2. 把作者自己喜欢的旅游串联起来，进行简单的归纳

还记得你自己梦想中的旅游吗？它或许是一次出国之旅，或许是一次去外星球的旅行，抑或是一次心灵之旅。当然，你梦想中的事情不一定能够真正地成为现实。用图示把你的梦想之旅串联起来，使这个梦想成为现实中的地方。

3. 计划自己的旅游见闻

用图片或绘制略图展示旅行的开始点和目的地。为自己的旅行画出路线图，沿着这条路线，按照数目顺序标出五个点，这是作者的旅游见闻应该写到的五个场景。然后，概述这些场景或写些句子，提醒自己每个场景的焦点。当作者创作旅游见闻计划时，再参考上面制作的图表和笔记。

4. 问自己一些问题

作者所需要的资料都已经有了吗？检查一下自己已经做了些什么。如果还需要更多的资料的话，学生可以：

同自己的学习伙伴讨论你的旅游思想。问题集中在：你为什么对它感兴趣？这样的旅行怎么改变你的生活？

如果可能的话，在《百科全书》或图书馆查找你的目的地的相关信息和资料，把对你的旅游见闻写作有帮助的信息写在笔记本上。

查阅文学期刊的《读者指南》，这种书刊在很多图书馆都能找到，看看最近的一些杂志上是否有关于你的目的地的文章。

步骤二：打草稿

1. 写作之前，从构思阶段和“作者的蓝图”中概括写作步骤，然后开始写作。记住在作文中使用主动语态的动词，它会使自己的作文更加生动活泼。

2. 写作之时，把自己思想倾注到文章里去。

下面是写作时的几条建议：

开始，把旅行时需要的东西打点行装，准备出发。

描写自己关于旅游地方的思想和感情。

如果同时旅游了好几个地方，开始时写出旅行计划，展示出打算去的地方和什么时候到达那里。

要求学生在写作的时候，用积极的声音和态度，写出一个旅行者对自己旅游的地方和所做的事情的感受。

同时，教材会提供一些文学资料，学生可以阅读。

步骤三：修改

要求学生在修改自己的作文之前，请同伴对他的作文进行评论。然后，对照下面的三个关键问题检查、修改自己的作文：

第一个场景里解释了要去的地方和为什么去那里吗？

每一个场景，在结尾部分都提供了重要的变化了吗？

文章一直是用主动语态在写作的吗？

步骤四：编辑

编辑之前，要求同伴评论自己修改的稿子。编辑的时候，注意检查语法、惯用法、拼写和语言技巧方面的错误，特别要注意正确地使用形容词和动词的比较级。

接下来，提供“编辑策略——形容词和动词的比较级”的文字材料，要求学生掌握这类语法规则和要求，并且用学生的作文为示范，解释这种形式的语言表达技巧的效果。

步骤五：递交

作文完成之后，用什么样的文本格式上交也是有要求的。这里给学生提供两种递交作文的方式：

用键盘打出自己写的旅游见闻，并且添加上地图、图片，或者绘制简略图画进行说明。为班级制作一幅完整的旅游见闻图集。

把途中的旅游见闻制作成明信片，用卡片为自己在不同旅游地点的明信片做插图说明。在那些卡片的背面，提供自己在旅游见闻中写到的每一个地方的信息。

步骤六：回顾

这是写作的最后评价阶段。学生主要完成两项任务：

自我评价：

学生会给自己的文章评为第几等级？按照前面的“作者的蓝图”的每一个要点评价自己的文章，从 6 分（优秀）到 1 分（差）。

反思：

思考一下自己从写作旅游见闻中学到了些什么，回答下面这些问题：

如果重写一遍的话，作者将会怎样改进和提高自己的旅游见闻？

作者在生活中体验到了自己在旅游见闻（而没有真正地去旅行）中描写到的同样的变化吗？解释自己的答案。

最后，完成作品文件夹，把旅游见闻和反思文字放入作品文件夹里。

第二辑

领悟标准 教有方向

写作教学的效果如何，最终是别人不看我们的脸色，背靠背地进行检测。

我们的孩子不是只读一学期一学年，绝大多数都是要读高中读大学的，因为我们的高等教育 2020 年就进入了普及化阶段。

因此，不能只拉车不看路，也不能只看眼前的近路，要看基础教育最终的检测——高考，就是看中考也应该知道，多年来中考也在模仿高考进行检测。

高考在几十年探索前行的路上并非一帆风顺和一贯正确，但其稳定性长远性是毋庸置疑的。只有理解了长远的目标，才会有坚持走下去的最终方向，也才能制定出学段的学年的写作教学计划。

想当然地教学是不负责任的，没有方向的写作教学是短视的甚至是徒劳的。

01 高考在考什么样的写作能力

高考承载着太多的社会期盼，背负着太重的历史包袱，因此高考语文试题中的写作试题，每年从高考语文一结束的中午开始，全国各地的高考写作试题的模样都还不清晰，题目内容都还不能准确把握的时候，各种各样的批评、高考作文的仿写征集、电视网络的名人名家的访谈就铺天盖地而来，以致在偌大的中国，形成了一种全世界少有的话语喧腾，自说自话，却又难以达成共识以形成写作改革助推力的新闻景观。结果是少有对来年高考写作试题的命制有建设性或者制约性的意见，高考作文命题人来年仍然是我行我素，依然故我。高考写作能力的考查就在这极其缓慢的道路上，凭借着命题组的情绪进行着可改可不改、愿改不愿改的一丝丝改进。2008 年国家考试中心语文命题组开始观念调整，2010 年北大语文研究所召开高考作文问题研究的会议，此后高考写作试题才开始有了一些积极的变化。

2013 年全国高考语文试题一共 18 套，由国家考试中心命制的 3 套，各地方自行命制的 15 套。通过对这 18 套写作试题的分析，不难看出 2013 年全国高考主要是考察考生三大类的写作能力。

一、“代圣人立言”演绎名句的能力

我国超稳态的农业文明时期形成的专权意识、皇权思想，以及学苏联老大哥的计划经济，使我们的高考在很大程度上沿袭了科举制度的写作考查方式，即“代圣人立言”，要求考生对先贤古圣的思想进行演绎与阐发，看对这些深刻的以及形成共识的一些名言警句理解到何种程度，并且把这种能力看作是语文学习结果的全部表现。进入 21 世纪十多年的今天，仍然在重复使用着这样的写作考查观念，以此检验学生的思想水平与表达能力。

如当年天津的写作试题，考的就是《论语》中的“学而知之”，尽管做了一丝变通，但是，其思维类型、写作架构是确定不移的。又如福建的写作试题，根据顾城的《忧天》“我愿变成一段树根，深深地扎进地层”，浙江的三段名人名言“失去孩提王国那是真正的沉沦”，再如湖北的古诗云及结论“上善若水任方圆”，四川的“有人说，过一种平衡的生活”。这些写作试题考查的最大特点，就是主题预设，一般情况下是不容许质疑的，即便想质疑也难以在考场上的规定时间内自圆其说。已经获得社会共识的公理一般的观点，作为考生，不需要再有其他别的想法，将试题考查里的这些思想进行具体的演绎，用一些积累的论据加以证明即可。

二、正反思辨自圆其说的能力

高考写作能力考查的第二种类型是做智力体操，要求考生对设定的命题或者论域，对一些观点做正反两方面的辩证思考。虽然没有固定的结论和一定的思维要求，但是，考查在该命题上的正反两方面均能够自圆其说的能力，或者说是对自己无论是正还是反，都能够说出点负责任的话来。与第一类写作试题相比较，这一种考查没有命题者明确的赞成或反对的暗示，在两个方面进行辩证思考，均为可以认可的思考，在一定程度上打破了定于一尊的主题先行论，鼓励考生进行非常有限的质疑辨难的正反思考。

譬如今年上海的试题，“生活中大家努力做自己认为重要的事情，但世界上似乎总还有更重要的事”，要求考生在自己认为重要和世界上更加重要的事情中进行思考，进行大我与小我关系的辩证思考。虽然按照过去的思维方式，要求牺牲小我融入大我，并为大我献身。但是，社会发到到今天，这二者早已经不是简单对立的单一关系，也不再是简单的零和关系。再看安徽的试题，对已经发生的事情发问“为什么会这样”，对梦想事物的追问“为什么不能这样”。这样的两个问，都是从纯思辨的角度进行智力操练，在认识论范围内做出自圆其说的陈述，做些简单的逻辑分析。辽宁的试题更加具有两难辩驳的特点，其试题为沙子与珍珠，容易出人头地与不容易出人头地，最后又回到自己痛苦的初衷，“沙子一定要变成珍珠，才能得到人的承认与尊重吗?”显然，比前面的试题更加明确了思考的对象与结论，赞成沙子还是珍珠都是无所谓的，所要强调的就是考查自圆其说的能力。

三、感悟生活洞悉事理的能力

全国卷的三道作文试题虽然根据考生实际在难度设置上有明显的区分，课标卷一针对的地方政治经济文化相对发达一些，而课标卷二及大纲卷，则相对欠缺一些。但是，这三道试题都带头从生活出发，对学生的综合能力进行考查。如课标卷一的切割宝石中的经验与勇气，课标卷二的同学关系的调查问卷，大纲卷关于还不还手机的问题，都基本上来源于生活，都考查了学生对生活故事、生活现象的感悟洞悉能力。广东卷关于捐助的事情，在近二三十年中已经逐渐成为生活中的常见现象，怎么去面对认识以及运作，早已经是社会的热门话题，至今难以有统一的共识。北京有关爱迪生来到今天对手机可能做出的感叹，山东关于给名人名著挑错，江西有关中学生对奥数文学及作文的爱憎态度，重庆关于大豆变豆腐的生活进化，湖南关于激发奋斗激情与守住宁静内心的选择，江苏关于探险者与洞穴蝴蝶的偶遇故事，等等，这些都从不同侧面展示出了中学生的生活图景与思考触角，很多试题都来自于新闻或对新闻的改编以及对生活及社会现象的概括，出示这些原生态的或者是人造的生活场景个例，考查学生对生活的感悟能力，以及透过生活现象分析问题解决问题的能力。高考作文有了成为告别寓言童话、卷起舌头述说试题，与考生打哑谜之后的一种明显进步。

从2012年开始在全国兴起的新材料作文潮，是恢复高考以来在考试方式上的一种艰苦探索的共识。20世纪80年代年年变化的命题考查形式，90年代的材料作文为主，21世纪以来话题作文成为主流，都既有积极意义又有明显的考查缺陷。从2012年开始大规模实行的新材料作文，虽然不可能一劳永逸地解决高考写作命题的考查形式，但是，在一段时间内仍然会继续大规模地适应着我国现行的高考制度。新材料作文“三自五不”的考试要求，在很大程度上符合高中语文新课标以及高考特定场景下的考试需求：“三自”（角度、立意、标题）是对以考生为敌的传统观念的反动，以人为本，给了考生自由发挥的空间；“五不”（文体、范围、篇幅、套作、抄袭）体现了选拔性考试的限制性规定。当然，如果对文体表述为自定，则可以说是“四自四不”。从这点来看，当我们已经有立意或者说有预设的立意，有指定的角度之后，写作能力考查的主要共识及基本要求则成了一句空话。

出现这一现象的根本原因是我们的高考写作试题命制的理论研究与实践调查严重不足，一些省市写作命题组多年以来仍然怀抱与考生为敌的旧有观念，在远离学生生活空间、精神世界的地方兜圈子，站在狭隘的文学人的憋屈空间孤芳自赏地继续着自恋，不关注社会的进化，不注意时代的发展，不了解学生成长的空间，不知道高考考试性质的演变，在作文命题的宏观思想上没有大的进步，仍然一厢情愿地在象牙塔里想当然地闭门造车，其试题的指向自然缺少生活滋味与时代气息。思考与感悟的疏懒，人员流动更换的僵硬，使得一些省市的写作试题多年来一直处于悬浮甚至陈旧的状态。

因此，我们一方面在做备考教学的时候，主要应该围绕这三种写作能力进行；另一方面，我们更加期待全国的高考写作试题的命制，逐步告别第一类演绎名言能力的考查，压缩第二类远离生活的智力体操的思辨操练的能力考查，加大第三类即感悟生活洞悉事理能力的考查，让青年学生的写作在关注社会、介入生活、感悟事理方面得到健康的发展与提升。

（此文写于2013年，大家的批评与呼吁逐渐得到了些微的回应，尤其是国家再次坚定迈向统一高考之后。但是，在我们的教学中，在一些书商的资料推销中，在一些模拟试题的命制中，以上三种写作能力考查仍然顽强地存在着，就是全国卷，也没有完全脱离多年来形成的沉疴。）

02 三十年来高考作文命题的三阶段

恢复高考三十年来的作文命题，走过了明显的三个阶段，即 20 世纪 80 年代（含 70 年代末）、90 年代和 21 世纪初叶，回首这三十年的探索，对我们即将开始的高考作文命题的改革，应该是有积极的启迪价值的。

第一阶段　1978—1989

这一阶段，命题组集中了全国的一些精英，先后以北京大学潘兆明和北京师范大学附中校长章熊为组长的命题组，在北京大学副校长吕叔湘每年对试题的审定下，高考作文试题每年一面世，都给大家带来惊叹与惊喜，觉得这的确就是全国水平的高考作文试题。

如 1978 年缩写《速度问题是一个政治问题》，1979 年改写《第二次考试》为《陈伊玲的故事》，1980 年读《画蛋》有感，1981 年读《毁树容易种树难》，1982 年《先天下之忧而忧后天下之乐而乐》，1983 年根据一幅题为“这里没有水，再换个地方挖”的漫画，写一段关于画的说明文字并自拟题目写一篇议论文，1984 年根据所给材料写一篇对中学生作文看法的议论文而题目自定，1985 年给《光明日报》编辑部写一封反映环境污染的信呼吁尽快解决，1986 年《树木·森林·气候——谈社会风气》，1987 年（1）写一篇简讯报道育民小学举办游泳训练班取得的成绩，（2）写篇短文谈理论对实践的指导意义，1988 年《习惯》，1989 年一位同学为填报高考志愿的事情感到苦恼请给他写封回信。

这一阶段的作文试题，充满了语文教育工作者呕心沥血的学科探索和科学化追求的跋涉足迹。尤其是布鲁姆教育目标分类学在中国的传入，国外教育测量的科学化标准化的导入，1986 年开始在广东高考中的标准化考试的试验，使全国高考作文也开始了大规模的、严肃的评分误差的探讨。1987 年正式成立了国家教委考试中心高考作文评分误差控制课题组，开始了较大规模的实验研究，提出了很多颇有见地的研究的初步成果。如内容的偶然性与言语能力的稳定性，高考作文应该切分为内容、语言、结构三个部类分等给分，应该改变传统的“政治标准第一、艺术标准第二”的观念，把恒定不变的语言表达放到第一的位置上来认识。在大量数据收集与深入研究的基础上，正式出版了章熊主编的《高考作文能力要求及评分参照量表》一书，这对我国作文检测的科学化做出了实实在在的里程碑式的探索。

除理论上的探索外，在写作形式上也进行了多样化的探索。如进行缩写、改写、读后感、看漫画作文、材料作文、书信写作、简讯写作、标题写作等多种写作形式的考查，一大一小的作文写作能力的分解考查。在内容上则涉及了当代社会的重大问题，诸如建设速度、道德修养、环境保护、家国情怀、思想方法、学科弊端、志愿填报等方方面面。可以说，这一时期的作文，受到的社会批评最少，最能够体现恢复高考以后朝气蓬勃的教育改革的精气神，以及高考改革中的语文学科的价值取向，作文题目显得很大气、很正道、很阳光。

第二阶段　1990—1998

这一阶段是承上启下的阶段，也是命题队伍由临时组团转轨到相对稳定的阶段。国家教育委员会从学生司分离出一个新的专门的考试机构——约 150 人组成的国家考试中心。每学科设置了一名学术秘书，常年负责召集处理命题事宜，计算机统计也开始提供庞大的数据分析的支持。1993年开始出台了高考语文的考试说明（即现在所称的考试大纲），1997年又开始正式出版了考试说明的具体解说。命题人员相对固定，中学界别的人员减少到一人，审题由过去的业务人员（如北京大学副校长吕叔湘）改为教育行政官员，即教育部分管高等教育的副部长亲自进行审题答辩。

如1990年：根据两位小姑娘对玫瑰花有刺的不同看法，进行表情、动作、肖像描写；就第一个小姑娘的说法，自拟题目，展开议论。1991年：1. 根据“圆”写想象作文；2. 某班开辩论会，一方的观点是“近墨者黑”，另一方的观点是“近墨者未必黑”。请你选定一方，写一篇发言稿参加辩论。1992年：1. 根据众人对待垃圾的不同行为，写一篇记叙文；2. 根据材料进行分析，写一篇议论文。1993年：围绕给同学补课该不该拿报酬的事，给校广播室写一篇广播稿。1994年：尝试。1995年：1. 根据寓言诗《鸟的评说》，任选诗中两种鸟，以《××与××对话》为题写一对话片断；2. 根据《鸟的评说》，自拟题目，写一篇议论文。1996年：为两幅漫画配说明文字，一幅《给六指做整形手术》，一幅《截错了》，再写一篇“我更喜欢漫画《__________》”的议论文。1997年：根据下列三个材料，完成两题。材料1：小新背双腿瘫痪的同学小牧到一公里外的学校上学，从小学五年级到高中一年级；材料2：某杂志社作调查：“你对同学最赞赏的品质是什么？”调查结果，排在第一位的是“乐于助人”；材料3：某单位在一些青少年中作不记名问卷调查：“你如果遇到别人碰上麻烦事时会怎样对待？”回答“悄悄走开”的人不少。1. 根据材料1描写背同学上学的情景（20分）。2. 根据材料2和材料3，自选角度，自拟题目，联系实际，写一篇议论文（40分）。1998年：1. 补写《妈妈只洗了一只鞋》；2. 根据下述材料，按要求作文（40分）。现今中学生的心理承受力差异较大，有的像鸡蛋壳那样脆弱，有的却很坚韧。那么你是怎样的呢？从后面两个题目中，选择一个适合你的情况的题目，举出实例，写一篇关于你自己的心理承受力的文章。坚韧——我追求的品格/战胜脆弱。

本阶段的语文高考包括作文试题，经受了多重批评，一是对整个高考的“高分低能”的批评，对高考是否具有存在价值的批评，对高考状元的批评；二是对高考标准化试验的批评，在没有充分试验的基础上就过早地下结论为“完全不适合于中国的高考特别是不适合中国的语文考试”；三是对语文教育及考试中的科学主义倾向的批评。

在激烈的千军万马挤独木桥的压力下，作文试题的命制从初期的科学化具体化的探索开始，到中期寓言诗等冷僻试题出现等的变化，不再像第一阶段那么纯净与单一。初期的作文贴近学生学习生活实际，如对垃圾的看法，对教材的使用（近朱者赤的辩论稿），同学之间的补课之后的报酬等热点敏感话题，不时出现在高考作文试题中。中期以后，也还开始注意联系学生实际，要求对助人为乐、见义勇为等问题进行写作，包括对中学生的心理承受等。在理论上也提出了减少审题难度，不在审题上设置障碍，不能让考写作变成了考阅读（材料过长过难，导致妨碍了写作）。

这段时间，反押题似乎成了命题组的第一要义，不接触甚至离开社会重大热点问题成了本阶段作文命题的显著特征。写作内容由第一阶段的“大我”逐渐缩减到第二阶段的“小我”为主，写作内容则以个人的思想方法修养、个人道德修养为主。写作形式的考查上，也有一些新开项目，诸如初期的描写、辩论稿、广播稿、补写、写对话片段，并从全面考查学生写作能力出发，将作文考查继续分为大小两道作文题，以考察学生的逻辑思维能力与形象思维能力，小作文 20 分，大作文 40 分。这一阶段最主要的标志性的变化是采用寓言诗来命题，为 21 世纪初叶的作文命题形式开辟了新的题源。

第三阶段　1999—2009

多年的高考作文，都以考查议论性的文章为主，即使在小作文中也偶有其他文体的写作要求，似乎与高考作文考查的大气候不一致。整个高中阶段的写作练习，都不再去光顾非议论性的文章。再加上 1997 年底的语文教育大讨论，首先拿高考语文试题开刀，这在客观上给高考语文包括作文命题组以相当大的试题命制压力。

第三阶段的分省命题，2002 年北京，2004 年十多个省市参与，使得作文试题的命制一下子热闹起来，也多样起来。但是，透过多样与热闹，当我们把目光锁定在国家考试中心的作文试题上时，我们仍然可以发现很多值得思考的问题。

为了改变高考写作考查的沉闷氛围，从 1999 年开始，作文命题的思路有所改变，将过去不怎么问津的，原以为只适合小学、初中学生写的想象类作文试题引入高考。1999 年的"假如记忆可以移植"，2000 年又继续来一个"答案是丰富多彩的"加以强化。全国高中学生的作文一下子活跃起来，文风也随之一变：抒情的、描写的文字，一度成为竞相模仿的、考场优秀乃至满分作文为代表的主流。命题组的一些专家，如署名为"钟武"的出来撰文说话了，高中学生的写作还是应该以理性思考、逻辑思维为主。两年的放开之后，就再也不继续要求写想象之类的文章。

如 1999 年：请以"假如记忆可以移植"为作文内容的范围，除诗歌外，其他文体不限，写一篇不少于 800 字的文章。2000 年：请以"答案是丰富多彩的"为话题写一篇文章。2001 年：寓言中"诚信"被抛弃了，它引发你想些什么呢？请以"诚信"为话题写一篇文章。2002 年：请以"心灵的选择"为话题写一篇作文。2003 年：出示"智子疑邻"的寓言，请就"感情亲疏和对事物的认识"这个话题写一篇文章。2004 年：1. 相信自己与听取别人的意见；2. 遭遇挫折与放大痛苦；3. 快乐幸福与我们的思维方式；4. 看到自己与看到别人。2005 年：1. 出人意料和情理之中；2. 位置和价值；3. 忘记和铭记。2006 年：1. 乌鸦和老鹰的寓言；2. 图书阅读与网上阅读。2007 年：1. 漫画图 孩子跌跤后；2. 丛飞助人后无人看望的冷遇，宁夏海南卷 实验的机遇与火花。2008 年：1. 五一二地震 根据文字选择一个角度构思作文；2. 石块玻璃杯倒水的实验，宁夏海南卷 小鸟放生的寓言。2009 年：1. 小动物学游泳的寓言；2. 机会与发明的三则材料，海南宁夏卷 粉笔字善良诚实。

这一阶段最主要的特点是继续反押题的作文试题命制。坚持大量采用古代与现今的寓言作为命题的题源，让学生在写作之前首先要正确解读文本。写作考查的形式上则出现了“话题作文”的新概念，给了学生很宽泛的话题下的写作范围，并认为这是最具有时代特征、最符合课程改革精神的写作考查方式。一时间各级各类考试竞相效仿，三两年以后，又深感抄袭之风很容易在话题作文中讨得便宜。新材料作文及标题作文逐步回归，尤其是 2004 年大面积的分省命题以后，写作试题在高考试卷中出现的方式越来越多样，水平越来越参差不齐，受到的批评也越来越多。

这一阶段给人最主要的印象是进入了寓言时代和反抄袭时代。我们通过高考作文试题，强化和知晓了过河沉船、智子疑邻、乌鸦和老鹰、小鸟放生、小动物学游泳，等等。每一年的作文考查要求里都会加上一句“不得抄袭”，将写作的常识当作了新的法规。再也没有了诸如《习惯》《规则》之类的出人意料又人人有话可说的好题目。长时间的话题作文，一方面充分尊重了学生的选择，另一方面也助长了学生选择最薄的地方去钉钉子的偷巧心理。写作的内容，大多继续远离社会、远离学生实际，继续在思想方法和道德修养的“小我”上绕圈子。和前两阶段尤其是第一阶段相比，写作试题的命制质量明显下降。尤其是广泛实行分省命题以后，试题用寓言来与考生“躲猫猫”，出现了不考虑高中毕业生的年龄特征的低幼化倾向，不考虑高校新生的学习以及对写作能力的实际需求，不考虑“关注社会、关注生活、关注自我”。

高考作文考试，涉及诸多方面，本文以国家考试中心三十年来命制的作文试题为主，就试题的内容和形式进行简单梳理，可以看出高考作文试题的命制，与社会发展、时代进步，与命题人员的理论追求、学养积淀以及身心投入是密切相关的。在语文基础和现代文阅读上，高考语文试题命制的探索在不断取得新的进展，开辟和引领了新的领域与项目，取得了令大家越来越肯定的成绩。然而，在作文试题的命制上，似乎出现了明显的下滑趋势，受到了越来越多的批评，这自然引起了更多语文教育工作者的高度关注。

03 写作评分标准的变化及其对教学的影响

恢复高考以来，写作评价标准就一直处于不断探索、不断变化之中，其对教学的影响也是非常明显的。本文按照每五年的时间等距抽出写作标准，每十年做一次简要分析，来回顾走过的路径以及这些不同时代的写作标准对当时写作教学的影响。

一

20 世纪 80 年代，是拨乱反正的年代，在写作教学上同样存在着挣脱过去“政治第一、业务第二”等传统观念的影响，力图走出一条纯业务的语文教学乃至写作教学的正路来。

先看看 1980 年的作文评分标准。当年语文高考全卷满分 100 分，其中作文 40 分。作文题目是材料作文，读《画蛋》有感。评分标准的表述是本题 40 分，内容占 15 分，表达占 25 分。一、内容方面分四等评分：第一等 12—15 分，要求是“观点正确，立意新颖，中心思想突出，感想深刻，联系自己的事例具体、恰当”。第二、三等从略。第四等为“观点有错误，中心思想不明确，只写一些抽象、空洞的话，基本上没有联系自己的事例，或者罗列一些不相关的材料”。二、表达方面分五等评分：第一等 21—25 分，要求是“结构严谨，段落层次分明，语言准确流畅”。以下各等从略。三、其他方面，含 1. 字数以一千字为限，每超过五十字扣 1 分。2. 错别字每三个扣1分(重现的不计),最多扣3分。3. 标点错误较多的,酌扣1—2分。4. 字迹很潦草,卷面乱涂乱改,难以看清的,酌扣1—2分。5. 文章没有写完的,根据具体情况酌量扣分。四、如果发现某些作文立场观点有严重错误或思想感情极不健康,应给予最低等分数,或不给分。此类试卷须提交阅卷委员会审议。

再看1985年语文,全卷满分为120分,作文50分,当年的作文试题是就污染问题写信给光明日报社编辑部。作文50分按照类别项目给分,分为:A内容 B语言 C篇章。评分细则为:一类卷(45—50分)中心突出、见解深刻,行文流畅、语言准确得体,结构谨严、层次明晰、层次间内在联系紧密。以47分为基准分,适当浮动:1. 具备B项和另一项条件,而其余一项达到二类卷标准的,获得基准分;2. 具备上述三项条件的,酌情加分(其中B项突出的,获得满分);3. 具备上述一项条件,而另两项只达到二类卷标准的,酌情减分。二类卷三类四类卷从略。五类卷(14分以下)"文不对题,内容贫乏,文理不通,结构层次混乱。以10分为基准分,适当浮动"。说明有如下7条:1. 评卷宜从三类卷入手,以此为分界线,确定类别。2. 本题为书信体,或着重于记叙,或着重于说明,或着重于议论,均不影响其评分。至于涉及自然科学知识的深浅和是非等,不宜深究。3. 款式不当的,扣1—2分。4. 字体端正美观、卷面整洁的,加1—2分;反之,字迹潦草、卷面不洁的,酌扣1—3分。5. 加减分数,至多不能超出本类卷的上下幅度。6. 对于没有写完的作文试卷,应区别情况,参照评分类别酌情处理。7. 凡认为思想内容有错误,或其他方面有严重问题的试卷,提请阅卷领导小组研究处理。

这一阶段写作评分标准中,给全国高中语文教师强刺激的是"语言第一、内容第二""分类分等评分且得有基准分"和"七项说明"。第一点是颠覆性的革命性的观点,过去几十年接受的教育,说的都是形式是为内容服务的,内容决定形式,而现在要颠覆为内容15分语言25分,语言占写作分数的比重为62.5%。当时提出的理论是，写作中的内容带有很大的偶然性，而语言才是高考选拔中的最稳定的因素，不会因为题目内容的熟悉与否产生太大的波动。当然，也注意到了政治上如果文章的内容出了问题，仍然是不给分的，这一关键始终是牢牢把握在手中的。过去作文评分都是凭印象给文章一个总体分，而现在要分类分等给分，且还要确定一个基准分，然后才去加分或者减分。给分方式的变化也给教师带来很多的新鲜感，然而在实践中难以操作成行。最后是说明的文字七条，将过去大而化之不太注意的细化，放大了呈现在广大语文教师面前，引起了全国语文界的高度关注。

由于对语言第一的观念转轨很缓慢，且还缺少操作性，虽然在不断强化，而语言训练还是很难在写作教学中得到有效重视。一线教师即使观念跟上来了，也不知道在实践中应该如何训练学生的语言能力。给分方式也因为时间成本太高而没有得到普遍推行，虽然部分骨干教师不断在写作实践尤其是写作指导中给学生以强化。加上操作上非常直观简单，说明部分就得到了广大高中语文教师的重视，即文面类的问题，与知识衔接比较紧密的部分，含错别字、标点符号、格式、字体书写、字数多少、文面整洁等，这些细部的具体要求，在很大程度上得到普遍重视，成为教学中花费精力最多又最见效的写作指导。

二

如果说 20 世纪 80 年代的写作评分标准最主要的特点是挣脱过去的流毒，力求走出语文自身尤其是写作教学的正路的、充满浪漫主义理想情怀探究的话，90 年代我国的写作评分标准则向科学化方面又不断做出了很多的苦苦求索。

先看 1990 年语文，全卷满分仍然是 120 分，作文 50 分，试题是出示孪生姐妹玫瑰园摘花被刺的材料。要求分解为三部分来考查写作能力：一是写描述性文字 4 分，二是进行肖像描写 6 分，三是自拟题目展开议论 40 分。评分标准非常细致，分为三个部分。写描述性文字的又再分为四个方面，即语言通顺、上下连贯的，给 1 分；写出心态差异的，给 1 分；显示出有孩子手指被刺破的，得 1 分；语言生动形象或构思有创造性的，给 1 分，字数不符合要求或从整体看没有描写表情动作的不给分。肖像描写的分三等给分，并提出要求：1. 年龄、性格符合原文提供的依据；2. 显示出同和异；3. 以肖像描写为主（允许插入一些与肖像描写有关的行为、语言、心理等描写）；4. 有条理。穿戴应注意到玫瑰开花的季节，但可适当放宽尺度。评分标准：分三等，每等内部视语言水平上下浮动。最后自拟题目进行议论的 40 分，同样是先提出要求：1. 针对第一个小姑娘的说法展开议论；2. 合理地联系生活实际；3. 层次清楚；4. 语言通顺连贯。再提出评分标准分五等：五等：0—5 分；不符合题意或文理不通。四等三等二等从略。一等：33—38 分；符合各项要求，议论有启发性，论证合乎逻辑，有说服力，语言流畅。达到一等的水平，且立意新颖、见解深刻或语言生动而有特色的，加 1—2 分。最后是说明：1. 各等内部的给分，应着重根据语言水平上下浮动。2. 三个错别字扣 1 分，重现的不计，扣满 3 分为止；标点符号错误（或模糊不清）较多的，酌扣 1—2 分。3. 字迹端正、卷面整洁的，加 1—2 分。4. 不足 600 字的，每少 15 个字扣 1 分。5. 内容有严重问题的，提交阅卷领导小组处理。

再看，1995 年高考语文，全卷满分为 150 分，作文 60 分。当年的作文题目为根据一段新诗来写《鸟的对话》20 分，写《鸟的评说》40 分。《鸟的对话》分四等评分，说明：1. 错别字、标点或语病多的酌情减分。2. 不足 150 字的每少 10 个字减 1 分。《鸟的评说》40 分，分内容 21 分、语言 19 分来评分。内容内分五等，主要要求为“立意深刻、联系实际恰当，说理透彻”。语言也分五等评分，要求是“准确流畅、语句通顺”。结构 14 分，也分五等评分，要求是“结构严谨”。文面 6 分，也分五等评分，要求“字体美观，写字、标点、格式正确，卷面整洁”。最后是加分：内容或语言有一项特别突出的加 1—3 分，加到满分为止。减分：1. 不足 600 字的，每少 50 字减 1 分。2. 文体不符合要求，酌情减分。3. 没有标题减 2 分，标题不恰当减 1 分。

当写作评分标准无论考虑得如何细致，仍然难以解决问题的时候，全国高考语文命题组则转而在考试形式上引进欧美的写作考查思路，进入写作能力的大胆切分考试，把过去的一道题切分为三道题两道题，如 1990 年，多为两道题，俗称一大一小的作文，或者两道中型作文。而语言第一的比重也慢慢地没有继续去强化。不少年份是一篇侧重在形象思维一篇侧重在逻辑思维。鸟的对话、为漫画配说明性文字、小新背小牧的情景、妈妈洗了一只鞋，等等，与当年的大作文相映成趣，构成了写作教学要全面培养学生多方面写作能力的流行风景。

这一阶段写作评分标准对一线写作教学的影响不太大，因为写作考查形式的多变引起了广大教师的更多关注。教学中开始注意议论性文章的训练，注意学生逻辑思维方式的训练，特别注意去猜想小作文的命题思路及可能出现的形式。20 世纪 90 年代的中学写作教学，在写作的形式上，尤其是小作文上，在切分写作能力的考查上，还是比较多样和活泼的，但是，在大作文即议论文的写作上，则缺少明显的进展。

三

20 世纪 80 年代写作标准的调整，主要是急于想挣脱“文革”前的束缚，走出语文教学尤其是写作教学与写作考试的学科路子，在确立语言第一、内容第二以及分类分等评分等方面进行了艰苦的探索，然而成效并不明显。90 年代积极引进西方写作教学及写作检测的思想以及思路，分解写作能力检测的分值，切分写作能力的具体考察项目。在写作的形式上不断进行多样化的探索，积极地影响到了一线的写作教学，但是，似乎写作教学的主要问题仍然没有从根本上得到触及。

1999 年开始的高校扩展，使得高考语文试题的命制思路发生了革命性的变化，不再以奇巧、不再以考试形式的出人意料以体现考试的公平性为主要前提，而是在写作能力的内部去挖掘评分标准的科学化。

先看2000年高考语文，全卷满分150分，作文60分，题目是《答案是丰富多彩的》。采用等级评分标准，先将分数切割为基础等级50分，发展等级10分。基础等级又分为“好(50—41)、较好(40—31)、中(30—21)、差(20—0)”。好即指“切合题意、中心突出、内容充实、结构严谨、语言流畅、字体美观、符合文体要求”。差则指“偏离题意、中心不明或立意不当、没什么内容、结构混乱、语言不通顺、语病多、字迹难辨、不符合文体要求”。发展等级分为四个方面：深刻透彻、生动形象、有文采、有创新，具体则为：1. 透过现象深入本质，2. 揭示问题产生的原因，3. 预感事物发展的趋向和结果，4. 善于运用各种表达方式，5. 细节生动，形象丰满，6. 意境深远，7. 用词生动，词语丰富，句式灵活，8. 善于运用修辞手法，9. 文句有意蕴，10. 构思精巧，材料新鲜，见解新颖，11. 推理想象有独到之处，12. 有个性特征。最后有说明：1. 发展等级评分，分解为12个评分点，只要有符合要求的就可得分；其中一点突出或多点达到要求者均可评至发展等级的满分。2. 每3个错别字扣1分，重复的不计。3. 缺题目扣2分。4. 不足字数，每少50个字扣1分。

再看2005年高考语文全国卷一，全卷满分仍然是150分，作文60分，话题作文《出人意料和在情理之中》。写作评分参考，即等级评分标准。基础等级50分：内容25分，一等(25—21)切合题意、中心突出、内容充实、感情真挚、符合题意、中心明确；二等(20—16)内容较充实、感情真实、基本符合题意、中心基本明确；三等(15—11)内容单薄、感情基本真实、中心不明或立意不当；四等(10—0)没有什么内容、感情虚假。表达25分：一等(25—21)符合文体要求、结构严谨、语言流畅、字体工整；二等(20—16)符合文体要求、结构完整、语言通顺、字体较工整；三等(15—11)基本符合文体要求、结构基本完整、语言基本通顺、字迹清楚；四等(10—0)不符合文体要求、结构混乱、语言不通顺、语病多字迹难辨。

发展等级10分：一等10—8，深刻丰富、有文采、有创意；二等7—5，较深刻、较丰富、较有文采、较有创意；三等4—1，略显深刻、略显丰富、略显文采、略显创意；四等0，个别语句有点深刻、个别细节例子很好、个别语句较精彩、略显个性。

说明：1. 基础等级评分，“内容”以“中心、内容”为重点，“表达”以“语言、文体”为重点；发展等级评分，以“深刻、丰富”为重点。2. 发展等级评分，不求全面，可根据下列特征4项12点内若干突出点按等评分。深刻：(1) 透过现象深入本质；(2) 揭示问题产生的原因；(3) 观点具有启发作用。丰富：(4) 材料丰富；(5) 形象丰满；(6) 意境深远。有文采：(7) 词语生动，句式灵活；(8) 善于运用修辞手法；(9) 文句有意蕴。有创新：(10) 见解新颖，材料新鲜，构思新巧；(11) 推理想象有独到之处；(12) 有个性特征。3. 缺标题扣2分，每1个错别字扣1分，重复的不计，最多扣5分；不足字数的，每少50个字扣1分，从750字以下开始。4. 确认为抄袭的作文，基础等级在四等之内评分，发展等级不给分。

最后再看一看2010年全国卷一，漫画作文《都什么时代了还去捉老鼠》。作文等级评分标准分为基础等级的内容20分，表达20分，发展等级20分。有详尽说明：一、基础等级评分，“题意”项，主要看选择角度是否符合材料内容及含义涉及的范围。选择中心角度和重要角度的属于“符合题意”。与材料内容及含意范围沾边的套作，在第三等及以下评分(发展等级不给分)。二、发展等级评分，不求全面，可根据“特征”4项16点中若干突出点按等评分。1. 深刻：(1) 透过现象深入本质；(2) 揭示事物内在的因果关系；(3) 观点具有启发作用。2. 丰富：(4) 材料丰富；(5) 论据充足；(6) 形象丰满；(7) 语境深远。3. 有文采：(8) 用词贴切；(9) 句式灵活；(10) 善于运用修辞手法；(11)文句有表现力。4. 有创意：(12) 见解新颖；(13) 材料新鲜；(14) 构思新巧；(15) 推理想象有独到之处；(16) 有个性特征。三、缺标题扣2分；不足字数，每少

50 个字扣 1 分，每 1 个错别字扣 1 分，重复的不计；标点错误多的，酌情扣分。四、套作、文体不明确的适当扣分。抄袭的，基础等级在第四等之内评分，发展等级不给分。

进入 21 世纪以后，写作评分标准中最主要的新概念是基础等级与发展等级。显然，这样来看待和实施高考写作内容的检查，要客观和科学得多：没有再进行写作形式的过多变化与探索，也兼顾了高校扩招之后，一般学生与写作尖子的不同表现。写作评分的包容性与分层次要求，适应了社会发展与时代需求，满足了高校扩招与坚持尖子学生选拔的兼顾。

可以说，基础等级的要求 10 条，是小学生中的优秀者都完全能够达到的写作要求，达到之后则可以得到 50 分，后来则是 40 分。这和 20 世纪 80 年代的一类卷的评分标准相比，要求降低了很多，比较符合普及义务教育后的客观现实，而不是一般高中学生达不到的什么立意深刻、结构严谨等超理想化的虚幻的写作评分标准。

对写作的尖子学生，则采用比较高的要求，提出了 4 大类 12 小项的标准来进行导向。在作文判分过程中，也没有平分秋色要求面面俱到，而是有一个方面突出或有特色就可以给 10 分，后来的 20 分。在发展等级中，对于这 4 类 12 项，后来的 16 项的具体导向，也随着认识的加深逐步平易化和可操作化，慢慢被广大一线教师所接受，而不再像刚开始时那样深奥神秘，难以进行具体的实践指导。

这些写作评分标准的推广，特别是随着网上阅卷和三人独立判卷工作的推行，新的写作标准逐步影响到课堂教学之中，也深刻地影响着写作教学。很多地方广大教师实践中都开始强调并尝试进行分层次要求、分类别对待和分阶段指导。写作教学训练中，要求一般的学生达到基础等级不丢分，逐一去落实解决；要求写作尖子学生的发展等级要多得分，即在四个不同的发展等级要求中，根据自己的情况去深化细化某一方面的特色，以得到更加理想的写作高分。对一般学生的写作指导，不再在写作形式上花费精力，而是在一篇文章的主要内容思考、材料组织等方面下功夫，以确保能够满足基础等级的要求。对写作有特长的学生，则在深刻丰富上进行具体指导提升，使得近些年来的高考高分满分作文与 20 世纪 90 年代相比，有了明显的提升。

当然，发展等级中的后两大类要求，也曾经在一线写作指导中产生一些负面的作用。如一些教师尤其是 21 世纪前期，对有文采则理解为主要是修辞方法的大量运用，甚至脱离写作本身去滥用；有创新也只从政治的角度去解读，导致出现一些假大虚空的作文。随着评分标准的修订和完善，对这两点解说的科学性不断在探讨中得到加强，自然也使一线的写作教学指导慢慢地步入正轨。

写作评分标准的逐步调整与进化，写作教学指导的指向也越来越明确，不断要求学生在关注社会、关注生活、关注人生、关注自我方面向前推进，在写作的核心内容上，在阅历经历的积累上，都逐步摆脱了琐碎标准的羁绊和写作形式的束缚，走向了相对比较健康的道路。

04 高考考什么与不考什么

高考考什么与不考什么，是一个非常敏感的话题。每年大批外出搞所谓信息的人，看重的就是能不能搞到一点真料，要考什么和不考什么。

其实，恢复高考已经40多年了，考什么与不考什么，很多人都明白。要求是全面的，只要拿出考试大纲来仔细研究就会发现，几乎是无所不包。但是在实际运作中，大家看到的试题，无论多么全面，也只能够选取考试大纲中的一些内容来进行检测。20世纪90年代的说法是，选出教学中的薄弱环节来进行提醒，现在的提法就更加圆润：把大家忽略了的地方加以凸显和强化。

为了减轻负担（当然是空话），减少头绪，试题的个数不断控制和减少，从过去的30多道减少到现在的20多道。2006年多数省市高考语文试题在21至23之间，很多过去考虑很细致的地方都不可能再在试题中以一道完整小题的形式单独出现了。如字的笔顺笔画，现代汉语虚词，古人的字号谥号，就连文言文虚词，在2006年的两套全国卷和上海卷中都没有再涉及了。

据一些人士透露，2007年新课改之后的高考语文试题，还准备将试题个数控制在20个，最少19个，最多不得超过21个。这就要求我们思考，哪些内容是最基本最重要的、非考不可的内容，哪些是可以轮流考的内容，哪些是其他地方可以替代的内容，哪些的确是不那么重要可以不考的内容……

因为，考试的时间有限，试卷的长度有限；还因为，教育测量学上还有一条原则：不重复考试的内容（与其重复不如用来考其他内容）。这样考虑，在试题数量减少，错别字在作文中施以重刑（一个字扣1分），错别字再单独设题考，就没有任何道理了。

其他的内容，可以此类推。

当然，如果我们非得要去询问政府官员权威人士，得到的回答肯定是带有浓重官腔的声音：谁说错别字不考了？！

05 真切与翔实 高考作文的理想境界

高考作文所占的大比分，使近些年来炒作高考作文的书刊越来越热闹。一些所谓的高考满分高分作文不断面世，一些被冠以高考满分高分秘诀的技巧，更是大行其道，连篇累牍又连连加印，充斥着书店摊位，流行在校园课堂。然而，静下来一看，里面的所谓高考满分作文，就有很多值得大打折扣。因为至今为止，绝大部分的省市，高考试卷包括高考语文试卷高考作文，是一律不准带出阅卷场的。即使是作为高考作文阅卷教师，阅卷结束之后，允许带出来的也不过是几份阅卷委员事前组织示范判阅的一二三四五类卷。一些书商为了赚取金钱，就采用瞒天过海、欺世盗名的方法，要求一些人组织高二的尖子学生来写，教师来修改，最后冠以高考满分高分作文。本人就曾经几年拒绝过要求我制作高考作文的约稿。

这一类的书往往采用化名出版，一般是难以查找到编纂者真实的单位姓名，担心受到国家招考单位的责任追究。

一些引起争议的高考作文，的确也曾经在社会上流传，那是国家考试单位诸如省招办、省考试院认为带有倾向性，应该引起大家讨论及注意的文章。如文言文写作的，堆砌典故的，大篆书写的，也就是不带普遍意义的特例，让社会、让学校教育引起注意，及时匡正。

因此，所谓满分高考作文，大多是一些教师的理想作文而已，并非完全是考场上所写所判的真正的高分满分作文。因为这些作文，是在没有高考心理压力下写就的，而且是在高考结束后人们对作文已经有了相对的思考之后，甚至经过反复推敲指导之后写就的作文，尽管这些作文的写作及评判与高考作文的距离还相当遥远。

这些假冒伪劣的大部分高考高分满分作文，大多体现的是传统的文章观，追求的还仍然是立意深刻、语言优美、结构精巧，等等。这些标准多少年来毒害了一批又一批的青年学子，还将自己的文章观停留在“经国之大业不朽之盛事”上，还视写作为经天纬地的需要、正襟危坐的大事，还处在农耕时代的文学创作的思维模式上。因此，一开始写作就用深刻、优美、精巧来套自己，视写作为恐惧的事情，硬逼着自己去幻想着灵感的到来，去被迫说一些假大虚空的话，去使用一些矫揉造作的文艺腔，搔首弄姿、扭捏作态，使我们的写作教学越来越远离社会需求，越来越远离学生写作发展实际。

高考语文考试大纲对写作的要求非常明确，也比较成熟。按照社会发展、学生实际提出了十条要求，也就是基础等级的六条和发展等级的四条：1. 基础等级　(1) 符合题意；(2) 符合文体要求；(3) 感情真挚，思想健康；(4) 内容充实，中心明确；(5) 语言通顺，结构完整；(6) 书写规范，标点正确(每一个错别字扣 1 分，重复的不计)。2. 发展等级　(1) 深刻。透过现象深入本质，揭示事物内在的因果关系，观点具有启发性；(2) 丰富。材料丰富，论据充实，形象丰满，意境深远；(3) 有文采。用词贴切，句式灵活，善于运用修辞手法，文句有表现力；(4) 有创新。见解新颖，材料新鲜，构思新巧，推理想象有独到之处，有个性色彩。基础等级是主要的，占分大多是 50 分，少数省份是 40 分，发展等级大多数省份是 10 分，少数是 20 分。用考试大纲的标准来衡量，大多数学生的考场作文都应该而且可以是高分甚至是满分作文的，尤其是基础等级部分，没有扣分的理由。发展等级，后两者带有导向性质，不具备多少操作意义，且也受到过不少人的批评，即容易误导影响青年学生养成华而不实的为了与众不同而与众不同的不良文风。

社会实现了由革命斗争向经济建设的转轨，教育也由精英教育进入了大众教育阶段。我们快速发展的社会需要学生所具备的写作能力，应该而且主要是实用的写作能力，即能够把事情、把道理、把自己的感悟说清楚的写作能力，而不再是过去的那种极少数人能够达到，和具有的文艺创作型的写作能力。高考考场上所能够给出的写作时间也就四五十分钟，在这样的时间条件下，写作所需要的能力不是呕心沥血、殚精竭虑、辗转反侧的创作，而是一般的实用的写作能力。

一般情况下，对于高考写作的基础等级部分的能力要求，在小学和初中阶段是能够通过正常的写作练习达到的，应该说是比较初级的、容易达到的基本要求，除非是阅卷者有意为难考生。而作为发展等级部分的导向性能力要求，讲文采、讲创新，都是一般情况下的不现实的提法，也难以符合社会写作与学生写作的现实。因此，我们研究和思考的重点，应该将主要精力放到写作的深刻和丰富上来。

按照高考语文考试大纲的提法，“深刻：透过现象深入本质，揭示事物内在的因果关系，观点具有启发性。丰富：材料丰富，论据充实，形象丰满，意境深远”。这是一种理想的导向性要求，是一种慢慢写作仔细琢磨后的最理想的状态。而很多的人，花上很长的时间，甚至一辈子的时间去琢磨思考去研究，也难以达到这里所要求的水准，即“透过现象深入本质，揭示事物内在的因果关系”和“形象丰满，意境深远”的状态。但是，对这两条要求中的“观点具有启发性”和“材料丰富、论据充实”是大有文章可做的，这就是本文提出的高考作文的理想境界：真切与翔实。

真切，文章所表达出来的思想观点态度不是人云亦云，跟风说假话空话大话，而是自己的真话实话心里话，是自己思考琢磨的结果，是自己真切的认知与感悟。高考作文，如果真正能够将自己独到的思考认识与感悟写出来，即使平时的写作水平一般，只要思考独到，富有启发性，完全没有人云亦云的跟风，没有说空话大话假话的痕迹，就很容易在立意上获得肯定，得到理想的高分。

翔实，是证明文章观点的丰富的材料与充实的论据。如果说真切反映的是思考的犁铧能够插入大脑的深度，翔实则反映的是写作者受教育的程度与阅读的积累程度，以及对生活的感悟认识在素材积淀上的丰厚程度。这里需要的是平时对社会的关注与理解程度，对题目思考的激活程度。如果有自己的独到的认识与感悟，没有丰厚的材料来支持，其文章的说服力感染力，也会大大地减小。

观点见解与立意的真切深入程度，决定了文章的高度或者说深度，也就是考试大纲中所说的深刻程度；材料内容论据的翔实程度，决定了文章的厚度或者说感染说服力的强度，也就是考试大纲中所要求的丰富程度。这二者是高考作文取胜的最根本的两大支柱，也是最具有普遍意义的。无论学文科还是学理科的高中学生都可以通过努力达到的应有的写作修养。

怎样在高考考场上使自己的文章具有真切与翔实的特点呢？

首先是去掉写文章的旧有观念的束缚，去掉写文章要“漂亮”“要高人一筹”等不切合实际的虚妄念头。要知道今天的写作虽然是考场写作，也不过就是用笔来与一两位阅卷老师交流思考而已。关于某一次高考的写作题目，阅卷老师有阅卷老师自己的思考与想法，其他同学有其他同学的想法，这很正常也很自然，但这并不妨碍有自己的想法。可能自己的这些思考与想法未见得就能够引起多少人的注意，也没有必要去想这些文章以外的东西。但是，这些独到的想法、理解与态度是真切的真实的，的的确确是通过自己的大脑认真思考琢磨研究过的，自己是确信无疑的，绝对不是抄袭，也不是跟风学说的，就是非常有价值的。当然，这样的思考与认识在平时就应该逐步建立起来，并养成良好的写作思考习惯。这其实就是我们常常说的独立思考以达到的自由精神，是一种宝贵的珍惜个体意识的健全人格的体现。

其次是一旦有了自己的思考观点态度，还应该将自己的思考观点建立产生的基础以及过程告诉给阅卷老师，以增加文章的感染力、说服力。立意产生的基础及过程，其实就是自己受教育的过程，自己对社会对生活的观察体验感悟的过程。通过题目的发酵与激活，使自己的思考明晰起来。产生思想的基础及过程，就是文章的材料及论证的过程。这里需要我们讲自己的学习，包括对学校教科书的学习，对世界文化文学名著以及课外书籍的学习积累的素材，讲自己对生活对社会的观察体验，感悟到的一些片段一些细节，向阅卷老师进行汇报沟通。别人怎么汇报无须关心也无法关注，但是，自己应该坦诚真心，将自己十多年来最有典型意义的素材、片段、细节，经过精挑细选，用来证明自己的思考与态度。这里所要求的就是对自己的阅历与经历的激活与提炼、筛选与组合。

真切，考查的是思维品质，是文章的灵魂与高度，是统摄全篇的帅，考查的是一个人的悟性，即聪明所达到的高度。翔实，考查的是学习习惯，是否具有积累整合的良好习惯，是否具有基本的量，是否具有广阔的涉猎领域，既读有字的书也能够阅无字的书，是否满腹经纶，是否有文章写作的基础血肉。

有了核心立意的钢筋般的观点，有了丰富坚实的沙石水泥般的材料，考场文章大厦自然就不是问题了。只需要我们坦诚地有条理地梳理出表达的顺序，注意语言表达的简明、连贯、得体，而不要故作姿态地去矫情，去滥讲文采，去故作创新地拔高。坦坦荡荡，自自然然，质质朴朴，再加上有一个好的醒目的标题，以及便于辨认的整洁的文面，我们的文章就应该是能够在短时间内，快速获得阅卷老师认可首肯的好文章。

高考作文没有捷径可走，真切与翔实才是考场作文所追求的理想境界。

06 内容深刻的浅层理解

如何使自己思考的内容深刻起来，可以进行下列思想方法的尝试。

一、类型化思考。我们在认识某一个问题、某一个现象时，不要将自己的思考停留在这一件事情、这一个例子上，而是要将它推而广之扩大到这一类问题、这一类现象上来认识。如同学们上课玩手机发短信，表面上看是一位同学，或者发现的是一位同学，但是，我们可以由这一位同学进行类推，尽管其他的同学没有被发现。在这样的情况下，就一定要由这一个这一次推衍到这一类上去分析、去认识。如果是由一个到一些同学再到这一类同学，可以进行学科学习的动力分析、方法分析、教学方式去分析，或者从社会影响上、时代的时髦病上去分析。还有一种分析认识的方法，就是将这一位同学的上课玩手机发短信，与这一位同学的其他问题联系起来进行分析，如其他学科学习时间里的表现，过去学习时间里的表现，学科作业完成情况表现，考试情况的反映，等等，综合种种表现，可以进行该同学的学习态度、学习习惯，乃至于自控能力等诸多问题的分析。

无论是观察认识对象的增多，还是同一对象不同现象的扩展，都使我们对该类现象的认识有所拓展，或者对该位同学的认识有所加深。在这归纳的过程中，我们就自然对一些对象、一类现象的认识逐渐深刻起来。

二、细分化思考。对一件事、一个人的认识，不能只限于笼统的，甚至是绝对的看法：对与错和好与坏。进入青年时代的高级中学的学生，思考问题要具体化精细化，要深入下去具体分析。如对红绿灯的认识，幼儿园的小朋友就知道红灯停绿灯行，而小学生在此基础上就知道除了红绿灯还有黄色的灯，在认识上就细化了一步，知道黄灯的作用是在确保安全的情况下才能通行。初中生的观察与认识应该更进一步：即这些灯，除了颜色还增加了方向。也就是说，有的地方不仅亮起了颜色，还规定必须按照箭头方向行驶。这就是交通情况的复杂化给我们带来的需要比过去更加细致注意的地方。问题还不仅于此，红绿灯除了对机动车进行交通指挥外，在人流密集的城市，还常常对人流进行指挥，如果只看指挥机动车的大灯，不看指挥人流的红绿灯，就仍然存在着被转弯过来的车撞上的危险。以上例子说明我们思考问题的细分化程度，反映的是我们思考问题的复杂化程度，也就是精细化程度。对事物的认识，只有细致才能深入，才能逐渐深刻起来。

细分化思考是分析问题的基本的思维习惯，不能对问题进行分拆解析，不能从一二三等不同的角度，或 ABC 不同的方面，或上中下不同的层次去分析，对问题的认识自然就很肤浅、很粗糙、很笼统、很混沌，这样的认识离深刻自然是比较遥远的。

三、条件梳理。过去的抗击非典、战胜地震，当前的抗击金融风暴、战胜金融危机，都需要一定的条件。我们在写文章进行分析探讨解决问题时，一定要尽可能地进行条件梳理。这时候就可以检测出我们分析问题时思考的范围广不广阔，条件的考虑充分不充分。同样，我们面对社会面对时代挑战，提出的解决办法方案与途径，也常常会涉及我们的思考会不会狭窄片面。这时候，就特别需要进行具体的条件梳理，从主观努力，从客观准备，从历史经验的吸纳，从外部教训的吸取，从理念的转换，从技术的借鉴，从人力的集中，从外脑的植入等去考虑去分析。这里的提出问题、分析问题、解决问题，就容易使人获得圆满的肯定的回答，就容易使人口服心服。

注意，这样思考问题分析问题，绝对不是说套话，而是思考问题时严谨周密的具体体现；这样的梳理，容易给人具体深入的感觉，就容易产生思考深刻、细密的感觉。如果在写议论性的文章时，能够将数学中的充分条件、必要条件及首要条件自然运用到结论中去，其文章的论辩色彩自然就强烈了许多，也深刻了许多。

四、因果推论。很多现象都不是孤立出现的，我们的作文要关注社会、关注生活、关注自我，就必然会接触到很多现象。这些现象如何去认识与分析，分析得深刻与否，直接关系到文章的深刻程度。这时候，还需要我们对这些前后发生的现象联系起来进行分析与认识，分析这些现象之间的因果联系，以寻求解决的途径与办法。如富有爱心这一结果产生的原因，我们就要尽可能详尽地去寻找产生的途径，如家庭的、学校的、社区的、时代的、自身的、思潮的，等等。只有这样去分析形成原因，我们对富有爱心的结果才能得出比较具有说服力的分析，才能唤起更多人的慈悲情怀，才能将这样的分析结果运用到更广大的范围，以取得更加显著的教育效果。

原因分析得越清晰，道理就阐述得越透彻，结论自然就归结得越强劲，文章就展示得越深刻。

五、清晰表述。有时候把大家感觉到的但还没有清晰表述出来的内容很清楚地表述出来，或者把一些过去在表述上不准确的甚至错位的内容进行纠正还位，给予正名，仍然能够给人耳目一新的感觉。因为通过我们的深入思考，把握住了一些本质的东西，抓住了一些基本的特征，一下子就把大家的认识清晰化准确化了，提高了一个档次。这时候，给人的印象自然是深刻的难忘的。如对一些流行词语的认识，对一些地摊文化的认识，对一些新出现的事物、现象、活动怎么去看待，放入哪一个领域去评判，等等，都需要我们认真动脑筋，去进行艰苦的脑力加工，得到比较清晰的准确的认识与判断。在这种情况下，往往能够获得相对深刻清晰的认识。

使自己的思考深刻化的方式远远不止以上几种，而在实际写作运用的过程中，又常常是转瞬即逝的思考运行，常常综合运用以上的方法之后，获得一些精彩深刻的说法与表达的。

高考写作考试内容的深刻，是一个综合素质的理想化要求。我们对深刻既不能继续去神秘化、玄乎化，也不能孤立片面地采用一种方式去对应。在解决认识、转换观念之后，要积极进行艰苦的脑力劳动，采用多种方式进行思考探索，获得对写作内容的深入思考与精准表达。

07 直面生活 着力教化 激励思考

——2012年高考作文试题一览

和高考的语言基础及其运用、古诗文阅读、现代文阅读相比，高考的作文试题的积极改进是最明显的。这得归功于社会的热烈讨论，民间的不断批判，命题者们的择善而从。

三五年前的高考作文试题，大多拥挤在反宿构、反押题的蜗壳里，很多省市的试题都以夸张变形的、扭曲了的漫画、寓言、童话之类的形式出现，远离社会现实，远离中学生的生活实际，也远离了社会主流的热点文化。有话不好好说，有题不直接命，而是去借助小羊小鸭，借助其他的东西，窝着舌头，转弯抹角地打哑谜，考察所谓的审题能力。

尽管考试命题中心学科命题组的先生们很早就说，写作试题不设置审题障碍，不去考查学生的阅读能力。但实际上，那些漫画、寓言、童话，都是需要一定的阅读想象影射能力的，没有这一点附会的能力，是难以动笔进行写作的。

在全国一大批执着思考研究、批判高考写作试题者们多年来的批判讨伐下，尤其是北京大学语文研究所主持召开了高考作文问题研究专题会议，并将与会者的思考进行归纳整理，通过媒体披露后，在试题的命制走向以及现场作文判阅的控制上，都开始出现了一些变化，今年的高考作文试题即是证明。

15个自主命题的省市，加上全国大纲卷课标卷的2份，一共17份高考语文试题17道作文试题，总体来看，明显有进步，主要表现为直面生活、着力教化、激励思考。

直面生活的试题成为主流。全国卷的田里挑秧苗干活、北京卷的铁路巡道、重庆卷的保安救人、安徽卷的梯子横放、浙江卷的博文讨论、辽宁卷的演出服饰、湖北卷有关书信的课堂讨论、广东卷的生活时代的期盼，可以说都是从生活中来的题目，紧密结合了学生的校园生活、课余生活、网络生活、社会生活，把过去与学生为敌的硬壳撕下了，换上了被生活浸润之后的亲和面孔。这些写作的试题，这些写作的切入口、出发点、考察点，都没有远离学生生活，只要平时稍加留意，关注生活，关心社会，都能够积淀起写作的素材、积累起写作的思考。

着力教化是今年高考语文写作试题的又一特点。怎样生活，这对中国学生来说还是有难度的，是世俗的一心挣钱还是课堂上讲的理想与崇高的生活，是很难进行选择的。经济强势、思想活跃的广东高考，借助居里夫人的口对全体学生说出了“过有趣有用的生活”，这是了不起的一种思想解放，是积极教化大众、造福天下、解决生活观的哲学命题。安徽的“梯子横放”也是充满生活哲理的教育。我们的很多东西，包括练武使用的刀枪棍棒，包括我们的物理化学实验设备药材，都有一些使用的规则，这都是生活的智慧提炼。北京的“铁路巡道”时相互敬礼致意，也是在教育学生对平凡普通劳动的尊重，就是对劳动包括对自己劳动价值的尊重。相互之间有心灵呼应，才能换来社会的进步。

当然，更多写作试题反映出的特点是在激励思考，这也是高考这一特定考试性质所决定的。青年学生的思维方式应该告别感性思维，进入理性思考。以高中毕业生为考查主体的高考，自然就会坚持考查学生的思辨能力，这是高考写作的考查传统。前面提到的省市试题，无疑都在考查着学生的思辨能力。更多省市的试题，直接引用名言两则三则，或者叙说故事，来考查学生对生活、对社会、对人生的思考与思辨的能力。这一类的试题比较传统，缺乏时代气息、不接地气，但学生写起来仍然可以很顺畅，只是需要学生自己去联系实际，以丰富自己的文章内容与思考深度。

我们期待着以后的高考写作试题能够更加稳健活泼，关注生活、贴近实际、激励思考，能够对中考，对中小学的语文教学、写作教学有一个积极的正面导向作用。

08 写作要体现思考的含金量

2005年语文高考的考试大纲，对“写作”的表述将以往要求考生“能写记叙文、议论文、说明文及常用应用文”调整为“能写记叙文、议论文、说明文及其他常见体裁的文章”。这一细微的变化实际上为不同考生写作潜能的发挥提供了更广阔的表现空间。比如，考生在原来的基础上，也可以写诗歌、小小说，甚至独幕剧等各类文学体裁，以及会议纪要、简报、书信等各种常见的应用文体。

但在这里也提醒广大考生：写作时不要在形式上刻意求新，在考场上的有限时间内故作惊人姿态，往往会弄巧成拙，适得其反。同时，今年高考写作题在要求上仍分为基础和发展两个等级。在发展等级的“深刻”一条中，“观点具有启发性”的表述调整为“启发作用”，即降低了要求，更符合高中学生的写作实际。

针对国家今年考试大纲里的这些变化，考生一方面要多关注社会、关注现实生活，积淀文化，注重思考，要以社会主人翁的身份来关注、思考社会的发展变化，要把生活中的感悟体验和阅读中品味积累到的内容，通过思考提升到文化的层面来认识把握。这样文章才有思考的含金量。另一方面要善于将最新的理论、最新的典型素材、最新的思考视角等拿过来为我所用，要注意从报刊、影视中吸纳最新的观点养分，经常到书店去走走，不时感受一下最新的知识海洋的浸润渐染，这样，文章才内容丰富，才有时代思考的新锐力量。

最后，在写作形式上，不要只考虑训练自己写话题作文的应考能力，也要适当兼顾标题作文和材料作文乃至任务作文的写作训练。

09 高考作文需要鲜活之风

我们的作文教学在技术化的路上越来越远离学生生活学习实际之后，作文的面目也就自然越来越远离社会、远离时代。不少的学生作文，在前些年话题作文刚刚兴起之时，受《赤兔之死》等的影响，文章中几乎都是古人古事，除了古诗词的引用，就是古典故的套用，或者历史例证，用一句话来概括，讲的都是死人的事情，没有一个活的。

当初的引经据典，给人满腹经纶的感觉，也是传统治学所倡导的一种方式。但是，当这些内容不断重复的时候，甚至充斥着和塞满了高考阅卷场的时候，就一定会让阅卷者反胃呕吐。

本来，我们的语文课程标准，包括过去的语文教学大纲，都要求我们的作文要关注社会、关注生活、关注人生。如果脱离了鲜活的时代，作文的确像个瘪三，面目可憎。

如何引来鲜活之风呢？

就是以一颗社会公民、社会一分子的敏感之心，关注社会，关注时代，以青年学生的社会责任感来思考自己与社会的关系，为自己的人生，设计出符合时代发展主流的未来。

社会每天都在发生着重大事件，无论是政治、文化、经济、军事、环境……我们对这些都应该有一颗细腻敏感之心。

如近期就有我国制造大飞机的事情、朝核六方会谈、央视百家讲坛于丹、易中天的《论语》《三国》，颇有影响的《大国崛起》《贞观长歌》，农民不再上缴农业税，农村义务教育实行两免一补，感动中国年度人物，2008 年的奥运会，2009 年的上海世博会，2010 年的广州亚运会，2011 年的深圳大运会，我们国家的家电出口，纺织品出口，熊猫赠送香港，火炬传递遭台湾当局拒绝，中国的电话拥有量达 8.5 亿部，家庭汽车已经成为世界第二大市场(2006 年销售 700 多万辆，仅次于美国)……

负面的如矿难、污染、车祸、资源、新“三座大山”、贪污腐败……

这些材料，都有非常具体的事例，都可以从不同的角度进行分析，都能够写进不同的作文题目，都完全且应该进入我们关注社会、关注时代的高考作文。

我们享受着现代文明，自然我们也应该努力学习工作来回报自己所在的社会、所处的时代。关注社会、关注生活、关注人生，是好文章永恒的主旋律，也是高考好作文永恒的主旋律。

10 试谈高考作文的内容走向

某先生在评论中提出，高考作文要求学生关注自我是可以的，而关注社会关注民生的问题则为难了学生，希望大家奔走呼吁，站在学生的角度，反映问题、体谅困难。

但是，我以为，这个问题正是针对我们教育的弊端来的。现在的青年学生的确对社会对民生缺乏了解和关注，缺乏享受现代物质文明后一个青年学生应该有的回报社会的责任心，对民生的怜悯心，缺少基本的人文关怀，缺少对人类命运的终极关怀与思考。

每一个人都是社会的一分子，是社会构成的人员之一，自己要生活得充实愉悦，就必须融入社会，顺应时代，关注民生，和谐社区。实际上，关注社会与民生，也是在培养学生的社会主人意识、平民意识，在此基础上才说得上民主意识、精英意识、领袖意识。

学生在政治、历史和地理等学科中对社会的常识已经不陌生。社会的时代的急剧变化曾经使得千百万中学生从校园走向社会，走向民族斗争的前列，走向国家最需要的地方。18岁，国家就要求青年参军保卫祖国，为自己的民族和国家奉献两年的青春时光。

而在现实生活中，非典、禽流感、地震、旱灾、空难、洪灾，这些都曾经是也可能是我们，包括我们的高中学生无法回避且必须面对的。何况，家庭的变迁、疾病的折磨、社区的变化，以及医疗问题、上学问题，都不可避免地会出现在学生面前，再加上青年学生的志愿选择问题、职业观察、人生设计、家庭婚恋问题，以及亲戚朋友问题，邻里关系问题，都是高中学生可能遇到的问题。

电视报刊也是青年学生应该阅读的新闻媒体。战争问题、政治问题，也可能进入学生视野，“指点江山，激扬文字”是青年学生包括高中学生年龄学段的气质特征。

恢复高考以来，绝大多数时间里的高考作文，就是局限在“小我”的范围，受到了大家的批评。长此以往，年复一年，使得我们的学生视野狭窄、心理狭隘。除了卿卿我我之外，甚至除了一己的私利之外，不知道天下，不知道社会，不知道其他人群的生存状态。其人格发展是病态的，是很不健全的。任何时代、任何社会，个人不能融入社会，不能与时代发展结合起来，其个人的志向、个人的发展、个人的才干，都会成为无源之水、无本之木。

这些年的高考作文试题，已经扭转了只关注“小我”的倾向，从20世纪90年代中期开始，就注意到了对社会问题的关注。2002年，还曾经命出了关注弱势群体的话题作文，因为其他原因临时改为心灵的选择。2006年全国卷关于读书率的调查，北京卷北京的符号，重庆卷车站一瞥等，都把学生的视线明确地引向广阔的社会，其他很多试题，也是可以且应该有广阔的思考空间的。

问题的症结在于我们的作文考试命制的试题，以及对这类作文试题的评判标准。要求学生说真话实话，还是说大话空话假话，这就涉及我们语文乃至学校教育的价值追求问题。学生不是无感而发，是有所感慨有所想法的。高考类的作文就要求在800字左右的篇幅内，把高中学生对这些问题的感受与想法，以及这些感受与想法产生的基础或过程，清清楚楚写出来，与人交流。

也不排除在现代社会，的确有相当一部分青年学生在教师及家长的所谓呵护下，一点不知道也一点不关注自己以外的事情。对这些学生我们应该要求他们除了学习，也得关注社会，并按照课程改革的要求接触社会，进行社会调查，参与社会实践活动。在活动中增加他们的社会性，增进他们对社会的认识与了解。

11 诗歌写作为什么不宜进入高考

——兼答新浪网友

一篇《诗歌写作进入高考是一场灾难》的文章，引起了一些网友的讨论，认为聪明的孩子对诗歌写作是能够学会的，不让诗歌进入高考写作是值得讨论的。

这里涉及了两个问题，一是聪明的孩子能够学会诗歌写作，二是该不该进入高考写作的考查。

的确，聪明的孩子是能够学习诗歌写作的，也是能够写好诗歌的。问题在于我们的高考是针对绝大多数高中毕业生的，面对的是上千万的考生，不是聪明的学生能够学会什么就可以去考什么，还得考虑大面积的考试之后，如何认定区分其所达到的水平。如果一位学生去学习某一方言土语，这也是值得倡导的，但是，如何认定却会成为难题。虽然 2001 年出现了用文言文写《赤兔之死》，2009 年出现了用古文字写作的特例，但是，阅卷成本是很高的，最后也容易成为漏网之鱼。像这样具有个别独特能力的学生，可以以偏才的身份申请特长生的资格去参加自主招生，就不要将自己混同于普通考生参加全国的普通高考了。

为什么全国 18 套高考语文试题中多数不赞成诗歌进入写作考试呢？因为缺乏评阅试卷合适的队伍。由于历史原因，古典诗词的写作没有得到应有的重视，一定程度上也影响到了现代诗歌的写作。就语文教科书来说，选用诗歌也比较少，尤其是现代诗歌。这样一来，接受过专门的高等师范语言文学教育的教师，多数不写诗歌，甚至不会写诗歌。在这样的情况下，要以他们为主体形成的阅卷队伍去判阅诗歌写作，在高考阅卷中给出一个准确的写作分数，这既为难了绝大多数阅卷者，也给不出一个客观科学、具有区分价值的高考写作分数。

全国大概有四分之一的高考语文试题没有限制写作考查中的文体，这也表明命题者们的思想还是犹豫和容忍的。在这一部分省市中，学生是可以写诗歌的。但是，鉴于以上原因，最好还是不要去动员学生在高考考场中写诗歌。即使有少部分的省市能够容忍，但是对诗歌的制式还存在不同的认识，如规定不得少于多少行，诗歌以行数来确定内容，与文章不得少于多少字是一样的。问题在于诗歌的跳跃性，为什么一定要规定行数呢？这似乎又与诗歌的本质特点不相符合。难道一些古典诗词由于行数不足就不是好诗词吗？道理是难以说得清的。

有鉴于此，还是按照现有的条件回避诗歌在高考语文考场上的写作吧。

12 也说用甲骨文写高考作文

网上曾热炒四川一考生在语文试卷上用甲骨文写高考作文一事。

我第一次看到此标题，就感觉到不值一说。然而，四川考试院的人的确很负责任，也很爱惜人才，怕因为阅卷场老师不识甲骨文而误判，最后找了四川大学古文字研究室的教授给予翻译，最后才依据内容给了一个分数。因为文不对题，自然是低分。

过去在老家，后来在深圳，曾经两次在组织中考作文阅卷中遇上阅卷场的语文老师不认识的英语。两次，我的态度都很明确：我们的语文是母语教育，作为中考科目之一的语文考试，在招办没有特别说明以前，我们都应该将考生的母语视为汉语。既然招办没有给阅卷场特别说明，我们就应该将这些情况视为不能正确使用自己的母语来写作。后来我两次都分别找了外语阅卷场的人来破解，其结果是狗屁不通的几句翻来覆去的英语垃圾。

2001 年江苏的高考卷中出现了《赤兔之死》，用文言文写就的满分作文，引起了国人的惊叹。其实，那也不能说是地道的文言文写作，而是该考生古文底子比较厚实，采用了半文半白的语言来写作。一时间，不少人竞相仿效，企图以此来走捷径。但是，国家考试中心的态度很明确，不提倡，不鼓励，不宣传，确实运用得好的个案，还是要给予肯定。

用甲骨文写的作文得分有了结果，但是却引出了一场在语文试卷的答题过程中，应不应该做出必须使用简体字的讨论。

我认为是没有必要的。我们的高中语文教育就是培养学生较强的语文实用能力、一定的审美能力和探究能力。高考语文大纲也是很明确的，在语言文字知识和语言运用能力方面的考试内容里，说得很清楚：现代汉语规范汉字的字音字形。这是现代社会的标准化的基本要求，舍此则难以与人沟通。符号的规范化是现代社会的一个重要标志，联合国教科文组织早在20世纪90年代就开始了世界汉字标准的谈判，至今还在继续，这说明符号书写的规范与通用的极端重要性，这与使用文言文书写是性质不同的两回事。我们的数学高考，如果对阿拉伯数字的书写也要作规定，不得使用其他民族的数字，不得使用地方流行书写的阿拉伯数字，岂不笑话。

正如四川大学古文字教研室的杨教授所言，甲骨文至今破译出来的数量极其有限，仅仅一千字左右，在这有限的字数内，是难以正确流畅地表达当今青年学生的写作思考的。其间夹杂着一些金文小篆以及自己组合的生造的汉字，是得不偿失的卖弄，不是高考作文获得高分的正确途径。

13 为考场作文增加新元素

考场作文，是在特定场景下写出的文章，再加上所有考生的年龄相当、经历相同、所读的教科书、所接受的教育完全一样，要写出千差万别的文章来，也的确是为难了大家。

但是，考场作文是要经过阅卷场评阅的文章，而几十万上百万的同一题目的作文，要使阅卷老师不感到枯燥乏味、沉闷无聊，要使自己的文章脱颖而出并得到比较理想的分数，自然就需要将考场文章写得比一般人出色才是。

这就涉及立意结体和语言表达的问题，是很核心很要害的问题。在短时间内要做到在拟定标题、思考问题和流畅生动表达上高人一筹，是很困难的事情。

为自己的考场作文适当增添新元素，则是可以办到的事情。因为在众多千篇一律的考场作文中，如果你的文章有一些新元素，使阅卷老师在沉闷的时候看到亮色看到新鲜，其得分就大不一样，就能够得到相对高一些的分数。何况，我们写文章本来就应该关注社会、关注人生、关注生活、关注一些新出现的事物，使自己的文章始终充满生命的鲜活动力。

考场作文的新元素，主要指不同于一般考场作文的新因素。可以包括一些新鲜的材料，新近出版的论著，新鲜的话题，新出现的倾向，新讨论的观点，新发现的一些视角，也可以包括一些新的提法，新的表达，新的成语，新的流行词语。

一些经典名著在21世纪的新的解读，一些历史事件的重新定义，一些成语在当下赋予的新鲜内容，一些自己熟悉的内容又有了新的感悟，等等。

就是自己熟知，然而大家不熟悉不知道的典型内容，大家有陌生感的内容，相对而言，对于别人来说也是新鲜的。

注意，由于是新元素的添加，要注意对新元素的诠释与把握，要准确定位使用的方式，要让从未接触过的人能够一下子理解与接受，不要弄巧成拙。也就是说，当新的材料新的观点出现的时候，需要顺带说明一句的要说明一句，需要解释一下的要解释一下，千万不要以为凡是自己知道的就所有的人都知道。

在考场作文中添加新元素，是一个文章生命的问题，是一个现代公民的社会意识问题，也是我们所不断要求的创新问题。因此，务必打破闭门造车，局限于书斋为文的弊端，在考场上也能够体现自己两耳在闻天下事的胸襟与修养。

14 别被满分考场作文误导

现在的书店和各类资料及报纸杂志上，到处充斥着高考满分作文和中考满分作文，一些家长和考生，包括个别教师，不明就里，陷入了满分作文的忽悠圈套。

可以说，考场上的满分作文，本来就是没有什么实际意义的偶然产生品，其水平常常被参加阅卷的老师们羞于挂齿。因为在阅卷场所见到的比满分作文好的文章多的是，为什么不能调整和纠正一下呢？这是阅卷场的潜规则所决定的。如果提出比阅卷委员拿出来的文章还要写得好一些，就意味着挑战一些资深的年老的高校写作课教师，在文章评判见仁见智、莫衷一是的今天，是难以下级说服上级的。

而阅卷指导委员拿出来的文章为什么不被在场的阅卷者们叫好，是因为这些文章是突然之间，在阅了好几天之后，没有人提交满分作文，阅卷指导委员自知这样下去将承受社会压力，将被指责为不负责任和没有眼光等，才临时心血来潮，在相对较好的文章里，按照自己的好恶随意挑选的。

还有一些考场的满分作文是商家找人炮制的，要求将学生新写的作文修改成满分作文来刊载发表，反正作者名是“一考生”。真正的考场作文是难以考证的。

我们所见到的考场满分作文，也的确有一些好文章，但是，大多数都是以语言或技巧取胜的，很少是靠内容或思考的力量获得肯定的。华丽的辞藻，堆积的名句，极端的角度，刻意的文体，在阅卷麻木的时候，是容易刺激人的眼球的，但是，这不是文章应有的追求之道。随着所谓的满分作文的泛滥成灾，这一类以形式取胜的文章也越来越遭到阅卷场大多数人的唾弃，空有其表的外壳越来越令人作呕。

一般的学生去阅读和学习考场满分作文，很容易得到东施效颦的负面效果，颦本来就是一种病态，还要全国去学习和放大推广，其可笑的作态，严重的后果，自然会使大家反感。

至于少量有才气有思想的高分和满分作文，值不值得肯定呢？当然值得肯定。但是，这样的文章是学不来的，就是作者本人，在考前或者考后，也不一定能够再写出在考场上受到高度刺激、写作元素得到极端高强度激活的情况下一气呵成的作文。因为这样的考场作文不同于平常的写作，特定的竞赛气场，能够极大地调动一些写作尖子澎湃的写作激情和严谨的如潮文思，汩汩滔滔，一泻千里，纵横捭阖，一气呵成。

就是按照去年的满分考场作文去写，由于给满分的随意性与个人好恶的差异，你今年的刻意模仿能够刚好凑巧碰上去年的那位给满分的人吗？即使碰上了他（她）还认账吗？阅卷者自己常常都觉得不可思议，绝对不可能事后对去年那篇作文再给满分。

因此，对一般的学生，对凡夫俗子，还是应该遵循写文章的正路去行走。即用笔与阅卷老师坦诚地进行交流，将高考、中考作文试题进行认真的审视，进行深入具体的系统思考，形成自己的而非别人的观点与态度，并将这种观点和态度形成的过程及基础，老老实实地写出来，这就增加了文章的说服力。

任何时候，内容永远比形式重要，靠小聪明，靠偷巧，是难以获得大家长久的认可的。

作文，包括考场作文，与做人一样，需要真诚的思考与表达。

15 高考作文无满分的原因粗析

我曾经多次受到过报纸杂志的邀请，提供高考满分作文，但是都被拒绝了，因为，我实在提供不出来。后来一些报纸杂志提出，请高二的学生模拟写一篇，你再作润色即可。我还是拒绝了，因为那是一种欺骗！

在现实中，也偶尔有一些凤毛麟角的满分作文不是炮制出来的，而是真正出自于考场。这又是怎么一回事呢？这是考场的组织者为了表明自己作文阅卷的科学性，在阅卷中或者阅卷临近结束时，凭借自己的好恶，将一些高分作文直接提升为满分。

为什么高考作文包括中考作文，出不了满分作文？

一是阅卷老师受传统文章观的毒害，脑子里总是想着文章是“经国之大业不朽之盛事”，还远远没有将作文看作是用笔来进行交流。总是想到，好文章的旧时标准是含蓄的耐读的，经得起时间空间检验的，脑子里流传的还是“一句三年得，拈断数茎须”，不太相信考场上会出现好作文，上千年的科举考试考场上就没有传世作品。

二是受传统教学评价的惯性影响。平时就没有给出过满分作文，总认为“金无足赤、人无完人”。按照一分为二的观点，一定要既有优点又有缺陷，才是符合认识论辩证法的。这样一来，鸡蛋里也能够挑出骨头来，这是语文教师的职业毛病。何况，给了满分，学生就容易骄傲，以后怎么去教育、去指导？

三是作文阅卷从来就没有具体的标准，都是原则性的、模糊的标准。如果偶尔有人给了满分，又会给自己的阅卷进度带来麻烦，需要集体研究，反复讨论，与其如此，不如不给满分，不找麻烦。

最主要的是，阅卷组织者很少下决心解决此问题。如果我们认识到考场作文的满分是一个相对分值，不是一个绝对的高度，就应该规定，无论整体多么好，也不管全体考生多么差，每年都必须录取多少人进入北大清华。照此办理，那么，每一年的作文，不管整体水平多么高或者多么低，都必须按照选拔性考试的要求，给出10％的满分来，每一位阅卷者的满分数必须按照这一相对规定，再差不得少于10％，再好不得多于15％，问题就会得到一定程度的缓解。只要坚持这一观点，即满分作文不是绝对分数，而是在当年全体考生中的相对分数，就不应该再去吹毛求疵，说三道四。

在阅卷中，我曾经提出过10％的强行要求。结果是只有极少数的教师偶尔给出了满分，多数教师仍然给不出，或下意识不愿意给出满分作文。虽然要求10％，全场最后的结果1％都达不到。因为没有给教师调整修改分数的时间，也没有去强制执行，加上两个人的阅卷分数一平均，整个阅卷场最后就没有一篇满分作文。

为了对教学实践有所牵引，组织者只有临时将一些相对高分，再凭借阅卷负责人的职权，直接提高为满分，这样的作文往往只有几篇十来篇。

满分作文的出现，还需要我们作文教学观念的进化，作文阅卷标准的细化，作文阅卷要求的硬化。

16 考场作文的判阅评分

20 世纪 80 年代，作文评分的标准化，引起了大家的极大兴趣。满以为这样一来，就可以解决作文教学的所有问题。然而，中国并没有脱掉传统的厚重袈裟。1987 年率先进行标准化语文高考测量探路的广东，作文也因为是禁区而依然纹丝未动，仍然采用的是传统的给分办法。当时主政高考语文命题的章熊和张建华等学者，在全国作文高考评卷上，还是走出了很多探索性的扎实足迹。每年将北京的作文卷复印、派发到全国各个省市区，要求每个省市区指导委员给出这些作文试评的分数后，再汇总北京。结果发现误差大至惊人的 40 多分。作为一项课题，国家坚持了若干年进行数据收集整理研究，不断提出了一些很有建设性的考试作文评分标准，如强调内容具有很大的偶然性，而考试中的作文评分，应该把最具有稳定性的语言表达放在第一位。章熊等因此还出版了关于高考作文评分探索的专门书籍两本，反复提出什么样的语言属于一等，什么样的属于二等，什么样的是三等四等五等，标准详尽，样例丰富。我自己也曾经抱有幻想，只要大家照着这样的标准去阅卷，就能够把写作水平很好地区分出来。

章熊因为年事已高，20 世纪 90 年代中期逐渐淡出高考语文命题组后，高考作文评分慢慢地不再坚持语言第一内容第二的标准，老师们也逐渐回到习惯了的内容第一的传统观念。实际上离开内容孤立地强调语言水平的评判也非常困难。

作文评分的极其不科学，一直受到社会的诟病。

1998年，教育部基础教育司在语文教育大讨论中，针对全国人民的责难，提出了改革中考语文命题及试卷评阅，明确要求当时的中考语文改革的六个试点地区改革语文命题思路，作文命题贴近生活学习实际，作文评分坚持三人独立判阅评分等。

深圳市虽然不是试点地区，但是我当年仍然说服市教研员罗老师，让其同意我在中考作文评分中尝试采用三人独立判阅。在没有增加人力的情况下，顺利实施了三人独立判阅作文，到后来还采用了三种颜色的评分纸以区分一评二评三评。

为了统一评判标准，我们还进行了卓有成效的试评，并把每一个评卷员的分数公布出来，以告诉本人注意标准的宽严调整，以此来减少误差。

然而，大规模的考试作文评判，逐渐被认识到有些致命的症结。在短时间内进行大数量多人员参与的评分，是绝对达不到公正客观的水准的。因为，首先是标准无法统一，在时间紧的情况下，谁也说服不了谁。就是花上三天五天的时间讨论，最后也常常回到原点，一切纸上的标准都还是仅仅停留在供人阅读，难以供人使用的阶段。

再到后来发现，全世界除中国外，几乎都不采用这么大的占分比例，这样的试题类型，在有选拔功能的考试中这样来考作文。还发现，相同的年龄、相同的受教育经历、读的是相同的语文教科书，要求学生像几十岁的作家那样写出千差万别的文章来，实际上是不可能的。应该说绝大部分学生的生活经历，学习积累都是相同的。特别是在考试那样短暂的时间里，怎么能够要求几万、几十万学生写出大不相同的内容，写出大有差别水平的文章来呢？当然极少数的尖子学生和极少数的写作极其困难学生除外。

技术上发展到今天，实行了网上作文阅卷，但是，作文的内容拉不开距离，作文题写作与命制的方式思路不做根本调整，不走世界先进教育测量的道路，技术上怎么改进都于事无补。

17 在考场写作中充分展现自己的语文素养

考场写作是一种限定时间、限定写作范围或者写作题目的，带有明确的选拔性质的写作。要写好考场作文，就应该首先了解考场作文的写作要求，即高考语文考试大纲中对写作部分的具体要求。

近年的高考语文考试大纲在写作方面与课程改革前后没有什么大的变化。总的要求是“能写论述类、实用类和文学类文章”，并继续将作文考试的要求分为基础等级和发展等级。基础等级里有六点要求，这些要求是很基础的，小学生中的优秀者在写作上也能够达到这样的要求。发展等级则分为四点：深刻、丰富、有文采和有创新。具体展开则是：深刻——透过现象深入本质，揭示事物内在的因果关系，观点具有启发作用。丰富——材料丰富，论据充实，形象丰满，意境深远。有文采——用词贴切，句式灵活，善于运用修辞手法，文句有表现力。有创新——见解新颖，材料新鲜，构思新巧，推理想象有独到之处，有个性色彩。发展等级的四点要求，看来也不神秘，也似乎是一般高中毕业生通过努力应该且能够达到的水平。基础等级的要求是写作不应该违背的最基本的要求；发展等级的要求是超越一般写作能力的较高要求，是有一定导向性的写作要求。

近两三年的高考作文题目，如周末回家参加劳动、趣味比赛山羊过桥、高速路上父亲违规打电话、青年创业、语文学习的方式、漫画巴掌与唇印、爱岗敬业、追求梦想，等等。通过对这些题目的了解，我们可以得知，尽管这些题目的命题角度是丰富多彩的，每一个题目的立意角度也可以是非常多元的，题目出现的形式也是各不相同的。但是，它们都在要求着我们青年学生书写自己对社会、对人生的认识与理解，都在通过这些题目为载体来检验我们的语文素养，即检验我们对问题的思考、对生活的观察、对时代的理想、对未来的憧憬，以及将这些内容条理清晰、形象生动地表达出来的综合的语文能力。

对这些题目还可以得到如下的认识：无论是标题作文、话题作文，还是漫画等其他形式作文，其实质都是一样的，即都是需要我们自己去立意写作的。就是标题作文，也可以自己加上一个副标题，旗帜鲜明地标明自己的立意，标明自己的写作中心在所给出的标题中的位置与侧重。话题作文的范围是非常宽广的，需要自己立意后自拟题目进行写作，自拟题目就是在允许范围内的重新立意。新材料作文也是在认真阅读材料之后，从材料出发，选择角度进行立意，在立意的基础上自拟题目。

如何在考场写作中充分展现自己的语文素养呢？

首先是达到基本要求，即符合规范不丢失分数。这就包括基础等级中的六项要求，如符合题意、围绕中心、语句通顺、正确使用标点符号、不写错别字等。我们在审读题目的时候就应该明白，那些是规定好了不能违背的，一旦这些简单的要求都违背了，自然是会扣分的。如 800 字以上的写作规模，要有标题，不写错别字，这些都是非常明确，必须直接扣分进行处罚的地方。在以上这些地方不违规，就保证了你的文章能够被一般的人顺利阅读。其次还有一些间接影响作文评分的地方，如不暴露自己的身份，不写敏感的恋爱问题，不再写小学初中时代的事情，不写与主流意识唱反调的话题，不使用方言土语，不使用不规范、不成熟的流行语以及网络语言，等等。以上诸点注意到了，就能保证自己的作文基本不丢分，得到大家都能够得到的分数，即人均的 42 分左右。

其次，要力争发展等级尽量多得分。要在深刻、丰富、有文采、有创新上表现出自己的语文素养来，就应该注意平时的语文学习吸纳。要关注社会生活，关注国家民族的发展和时代的风云。这是体现青年学生是否有社会责任感，是否将自己融入了时代的一个重要标志。没有民族责任心，没有中国传统文化人的家国情怀，对生活、对国家、对民族、对社区、对他人很冷漠的人，很难设想这些人会在今后的日子里能够有大的抱负与作为。每一个人与当今社会都息息相关，当地球都变成了一个村的时候，我们每一位青年学生都应该时时处处关注社会，关注时事，关注地球上发生的大事，关注社会民生的具体小事。通过浏览报纸杂志、观看收听电视广播来积极思考社会生活，以社会一员、国家公民的身份投入其间，以培养自己悲天悯地的人文情怀。通过对社会主流媒体的关注，理解国家的发展民族的复兴，从而锻造出自己坚韧不拔的生存毅力，从而滋生出自己报效国家、感恩先辈、回报社会的远大志向。只有具有如此的情怀，又能够独立思考，敢于说出自己的真实见解的人，才容易深入和深刻起来。至于丰富，是对自己的生活观察与学习积累的很好检验。我们平时很多丰富的思考观察，乃至学习的内容，在头脑中是否有积累有痕迹，是否对这些内容进行了梳理整合，能够在自己表达某一看法、某一观点时，立即涌现出来支持自己。丰富就是思考有细致化的能力，有自己的独到之处，有思考的价值，即思考的含金量。至于有文采有创新，则不要去有意为之，这是需要多年的修炼才能达到的水平。

再次，考场写作时应该注意的地方，首先是给自己的作文拟定一个好的题目，采用改造成语、流行歌词、广告词、名言警句等为自己的文章拟定一个叫得响的题目，让自己的文章题目，犹如高高挂起的大红灯笼照亮全文，也使得阅卷老师眼睛为之一亮而倍感亲切、倍感新颖。其次，注意考场作文的写作特点，将最重要的内容放到最重要的位置上去。因为考场作文是在夏天集中快速判阅的，如果将自己深邃的思考淹没或者隐藏在字里行间，还需要阅卷老师去归纳提炼，这肯定是错误的写作方式。必须学会在极短时间里，让读者明白和了解你的思考价值，能够快速了解你的文章档次，迅速给出令人高兴的分数。第三，开题要快，中间要不断点题，结尾也要注意回应题目，因为是考场作文，阅卷老师是没有时间细嚼慢咽，久久品味把玩文章的。自己就要通过快速的多次的重复来加深阅卷老师的印象，让阅卷老师一眼就能够看到你最有价值的思考与见解。第四，舍得在动笔前花费时间、闭上眼睛审题构思，绝对不能边写边想，更不能边写边改，使文面肮脏，文章也疙里疙瘩很别扭，因为审题构思的时间不充分，写作时写写停停，就一定会导致文章没有文脉，没有一贯到底的文气，其文章的品质自然难以被看好。

高考考场写作是一个人语文素养的综合反映，能够折射出我们的语文基础素养、语文思维的深浅与规范程度、语言表达水平的高低，以及时间观念、读者意识和自控能力。只要我们平时注意加强语文素养的培育，能够以平常之心态进行考场作文的写作，就能在高考作文时充分展示自己的语文才能，获得写作的满意结果。

18 高考作文试题四问及原因初探

高考作文试题历来广受批评，虽然经过命题人员的不断探索和社会批评的不断强化，今年的 18 道高考作文试题，还是出现了部分很好的试题，如广东省的《常识》、山东省的《见证》、天津市的《我说九零后》等，这些试题都针对社会生活及社会文化的缺失与热点，引导青年考生从自己的观察思考与文化积累中去理解与探索，叙述与分析。这些与社稷和百姓和自己相关联的，活生生的有意义有价值的问题，能够很好地体现出高考作文的公平性与选拔性，受到了教育界以及社会各界，包括网友们的一致好评。

但是，我们也应该看到，全国 18 道作文试题中的绝大部分是很不适宜做高考作文试题的，正如教育部前发言人王旭明所言，是偏、难、怪的，也是脱离青年考生的学习生活实际的，是继续与学生为敌的，是不符合 21 世纪高等学校对新生的选拔要求的。

高考作文试题主要存在四大病态，值得我们进行如下的四问。

一、有话不好好说，为何非要和青年考生打哑谜？

多年以来，我们把寓言当做了作文命题的主要形式，以为这样就可以避免被猜中试题，也可以充分考察学生的多方面的思维能力。这些寓言很多是人造的、蹩脚的，说穿了是没有什么意义的，在社会上、在历史中是难以流传的。如今年全国卷 1 的小兔子、小狗、小龟、小松鼠等小动物们，离开现在的高中学生的学习生活已经非常遥远，为什么非得借助这一大帮小动物才能够表达命题者的思考呢？本来就是针对学习与就业的好内容“生存需要的本领不止一样”，为什么要绕那么大的弯子，费尽口舌去编造童话去哄骗迷糊学生呢？这是考写作还是考破解弯弯绕的猜谜能力？全国卷2也是使用了1000多字的篇幅，提供了三则材料来考学生，这么冗长的篇幅是在考作文还是在考阅读？命题者阅读这1000多字需要多少时间？这1000多字为什么在命题者的手里就没有办法按照现代信息社会的要求，按照语言表达的简明要求进行压缩，以减轻学生阅读审题的负担呢？上海卷也是煞费苦心地从故纸堆里寻找材料，来叙述一句十年来多次重复的“贵在独创自成一体”的套话。这些试题，如果直接从思考的内容元素出发，就能够减少打哑谜的时间，学生同样可以写出多姿多彩、多层次多种类的文章来。什么时候我们的命题者才不为难自己、捉弄学生，有话好好说，就像生活在21世纪的正常人一样说话，不再转弯抹角、藏着掖着地去装神弄鬼，吓唬与糊弄考生呢？

二、考的是高中毕业的青年学生吗，为何如此低幼化？

参加高考的学生都是且必须是获得高级中学毕业证书的学生，或者获得认可的具有同等学力的青年。在今年这1020多万考生中，除了极个别的，如凤毛麟角般的可以考少年班的人之外，上千万的人都是已经成年或接近成年的人了。面对他们的作文试题，应该考虑的是这个年龄段的青年学生的学习生活思考状况。而湖南的《踮起脚尖》，湖北的《站在门口》，完全是小孩子们的动作与心理，那种天真好奇的单纯幼稚与淳朴憨态，历历如在眼前。现在的初中生都难以踮起脚尖来观望什么，站在门口期待和思考什么了。这样的作文题目，放到小学三年级是再合适不过了。四川的《熟悉》，重庆的《我与故事》，福建的《这也是一种》，虽然表达上中性一点，其内容都完全可以要求小学生来写，一点都不觉得困难。我们的命题者为什么不去接触一下当今的高中学生，观察一下高中学生的文化生态，从他们的实际出发来命制试题呢？

三、考的是高校新生需要的写作能力吗？高校想培养出什么样的人？

北京的《隐形的翅膀》，江苏的《品味时尚》，安徽的《弯道超越》，这些内容是高等学校招生所必需的能力吗？这些内容与能力，标示我们的高等教育在期待什么样的人才能进入大学接受现代高等教育呢？《隐形的翅膀》和《绿叶对根的情意》都来自歌词，如果对歌词不熟悉，或者从来就没有唱过这两首歌，没有一点实际的感受，没有深入的品味吟唱，是不是就难以接受21世纪中国的高等教育呢？青年学生，尤其是家庭温饱还没有彻底解决的人家，如何去走进时尚，又有什么经济基础、有什么时间空间去品味时尚？《弯道超越》虽然是赛车竞技中的术语，但是在一般人的理解中，这也是一种危险的偷巧，而不是君子所为的事情。这不应该是今天的高中教育所提倡的竞争与学习的主流方式。

四、写作试题在体现公平与公正方面，兼顾所有的考生了吗？

北京的《隐形的翅膀》，浙江的《绿叶对根的情意》，江西的《兽首拍卖》，都只考虑了一部分考生的写作实际。北京的试题一出来，社会上就有不少的观点认为，这不利于男孩子的写作，带有明显的性别歧视。浙江的《绿叶对根的情意》也存在着不利于理科学生写作的倾向。而江西的《兽首拍卖》则是对很少看电视的农村孩子的严重不公平，即使是城市里的孩子，也有相当多的学生不知道兽首拍卖的事情，这样的事件叫学生如何去评论去写作。作为高考写作试题，这样的一些题目，是严重违背公平公正原则的，在一定程度上伤害了高考的公信力。

透过以上四问，我们不难看出近年来高考作文试题存在的痼疾由来已久、沉陷已深。究其原因我以为是“三旧”使然，即旧人才观、旧文人观、旧考试观。

旧人才观，就是按照过去精英教育的观念来命制高考作文试题。我国的义务教育早已严格废止留级降班的做法，在教育资源有限的情况下，让每一个孩子都能够顺利接受完义务教育。最近几年，我国也已经迈入了高等教育的大众化阶段，高等学校在校生人数近年来已经占到同龄人的24%。在这样的招生规模中，我们的试题命制者还按照自己当年参加高考时的情况来看待今天的高校招收的新生，还按照考上了大学就是英才，就是天之骄子的观念来选拔人才，希望能够考上的人，应该是非常优秀的、非常全面的、文理兼通的、随便都能来点诗词歌赋的通才，而不知道在不断扩大普通高中办学规模以后，现在的一些高中毕业生有的连小学的四则混合运算都不会做，写文章尤其是写这些高考作文题目是难以下笔的。命题者们还常常以为这些参加高考的人都是在自己重点大学读书的人，其实就是读重点大学的新生，也有很多人远达不到过去的升读重点大学的语文水平尤其是写作水平。

旧文人观，就是不少命题者自己接受的是传统的汉语言文学教育，而非现代的语文教育。因为工作的原因，对现代社会的语文需求、语文发展也缺乏基本的了解，因此只能按照自己的农耕时代文学或文化积累的一些情结来命制21世纪的高考作文试题。一些命题者，身居自己的经院派式的象牙塔里，不接触当今的文化与社会，不去了解现在的高中学生乃至大学新生的思想文化、精神生活等的生态环境，而是闭门造车，在那里一厢情愿地进行自恋情结的放大与膨胀，将一些琐碎细腻的风花雪月，或者非常狭窄非常小众化甚至个别化的情绪，拿到高考写作试题的命制中来。

旧考试观，进入21世纪初叶末期，高考作文试题的命制，没有考虑到现在1000多万人参加高考，将录取630多万高校新生，全国录取比例高达62%。面对这巨大变化，命题者依然沿用过去录取比例为4%时候的思维方式，还在继续坚持以高、难、偏、怪的命题原则来进行命题。最主要的思想是一怕难度不够，不像要选拔出状元来的作文试题；二怕被猜中题目，显得命题人江郎才尽；三怕容易被宿构，没有足够的苛刻的限制性。其实，大家都没有写过，大家都没有注意的内容，拿出来做考试题，是一种公平；反之，如果大家都注意到了，都写过了，也是一种公平。关键是我们的高考作文命题应该将学生的写作能力的检查，与高校继续学习的需求结合起来，与现代社会对一般公民的写作需求结合起来。通过高考作文题目，来引导考生关注社会、关注生活、关注自我，而不是脱离甚至远离这些写作方向，以及写作的基本原则。

为什么有话不好好说？为什么很别扭地去把高中学生当做小孩子来设想？为什么不考虑高校继续学习时的写作要求？为什么一到命制高考作文试题就非得要去编造一些脱离实际的虚假话题？我们飞速发展的社会以及不断前进的时代，每年每月的现实生活中，都有非常丰富的大大小小的事件、深深浅浅的话题和博大精深的内容元素，这些完全能够进入高考写作试题的命制范围，完全用不着去人为编造。

深入高中学生的文化生态环境进行调查与研究，按照高校学习的需求，按照社会发展对公民写作的一般要求来命制高考写作试题，是我们的期待，也是高考写作试题命制改革的必然要求。

但愿以后的高考作文试题继续闹别扭的情况能有所减少。因为大家都期待着命题者的视野更加开阔一些，立场更加现代一些，观念更加人文性一些。

19 作文题目的废话般评价及其写作导向

每一年考试，最先获得铺天盖地评价的是高考的写作题目。

无论是什么类型、什么难度的题目，几乎都能够得到如下的评价：

“题目不难，要写好不容易。”“人人有话可写，要写好也不容易。”如果是指导者也没有见过的题目，则说是“不好写，有相当的难度”；如果是指导过的题目，则说是“写起来不难，写好不容易”。作文改卷以后，常常会听到阅卷者的评价：“写得好的文章不多，写得不好的文章不少。”

以上评价可以说都是废话般评价，适合于对带考试性质的任何写作题目的评价。

我们的写作教学不同于写作考试，对学生的写作来说，只存在对题目的理解有没有难度，所写的内容有没有储备的问题，即有没有相应的合适的阅读积累和生活积累的问题。

但是，在实际教学或者复习应考中，我们常常见到一些教师在第一个层次的问题还没有解决，学生还没有把如何写的问题解决好，就直奔如何写好的问题上去了。这样一来，学生在写作前焦虑的是如何写才能写好，才能高人一筹、胜人一等。这样，写作的技巧就自然而然成了第一重要的诀窍，而写作内容反而不被重视了。学生在缺乏平和心态的环境里，又怎么能够写出好文章呢？过多的精力放在揣摩别人会怎么写、我自己应该怎么写才能以巧取胜上，文章要真正写好是不可能的，尤其是在选拔考试类的写作中，自己是难以集中精力进行深入的思考和写作内容的认真打磨，只在一些皮毛上与技巧上下功夫，要取得理想的成绩是不可能的。

在写作考试相对已经积累了三十年经验教训的今天，正规考试中的写作题目都是人人有话可说的题目，这样才能体现写作考试的公平性。因为这一点，每一次的写作题目必然是人人有话可说的，自然是很容易下手的题目。但是，这不妨碍写好，更不可能因此减少其考试的选拔性和竞争的激烈程度。实际上，后者与题目的难易程度是没有关系的，只和参与的人数多少有关。如果是很少的人参加的考试，甚至是没有竞争的考试，题目没有必要难，反之，再容易的题目，只要竞争激烈，在众多参与者中要超越其他的人，无论多么容易的写作题目，都是非常难的题目，都是难以成功高出别人的写作题目。

这实际上涉及了两个问题：自己写起来顺不顺的问题，在该次写作中自己与竞争对手们相比处于什么位置的问题。虽然这二者是有紧密联系的，但是，我们在指导学生时，还是应该面对大多数学生提出第一要求，即自己要写顺的问题。在打腹稿时首先多关注自己内心，自己的阅读与生活的积累问题，这是根本也是基础。其次才是去考虑如何提升，通过一些写作技巧去超越别人的问题。

因此，在写作的应试备考指导中，我们首先是挖掘学生自身写作的最大潜力，写出自己能够写出的最好水平，其次才去指导学生超越自己、超越同伴、超越自己的竞争对手的问题。绝对不要去做舍本逐末的事情。皮之不存，毛将焉附。自己的积累与思考都没有充分刺激和调动起来，就去考虑高人一筹的问题，必将使得写作水平难以得到实质性的有效提升。

20 漫说高考作文的“四自”与“四不”

高考作文近四十年来，走过了一条不断探索之路。

1977 年恢复高考，各省市自行命题，1978 年开始实行全国统一命题。当年的作文试题是将《速度问题是一个政治问题》的材料进行缩写，这也将全国的语文教师及考生给考懵了。紧接着就是读后感即《读〈画蛋〉有感》，改写《陈伊林的故事》，就污染问题以学校学生会的名义给编辑部的一封信，看漫画《这下面没有水换个地方再挖》写作文，写片段《玫瑰带刺与两姊妹》，等等，基本上是一年一变，使得全国复习迎考无法锁定一种写作方式。体现了高考以防止宿构和反押题的强大功能。

20 世纪 90 年代以材料作文为主，这也是没有办法对内容进行预测进行事前准备的写作考试。但是，考场作文到后来则是越来越沉闷，使人感到写作教学受考试的影响，越来越单一和单薄。到 2000 年，以《假如记忆可以移植》《答案是丰富多彩的》为话题进行文体不限的写作，给了学生广阔的想象思考空间，考场作文也一下子变得多姿多彩起来。三两年以后，一些高考高分甚至满分作文一公布，竟然是抄袭之作，使阅卷场很没有面子，也使这种不良风气有蔓延之势。

21 世纪初叶后期，随着高考扩招，高等教育大众化越来越得到实现，分省市命题日渐成熟后，写作考试形式在三者之中，即标题作文、话题作文和材料作文，在这三者间轮番使用。人们呼唤的新的写作考查形式——新材料作文开始面世。

应该说新材料作文是当前比较受欢迎的一种考查方式。既有材料作文的限制性，以体现高考选拔人才的高利害考试所要求反押题的竞争性，又体现出课程改革尊重学生独创精神的时代要求，类似于话题作文的要求，给了学生很大的写作自主空间。

最具有代表性的是新材料作文中的“四自”与“四不”的写作考试要求。“四自”即自选角度、自定立意、自拟标题、自明文体，“四不”则是不超范围、不少于800字、不套作、不抄袭。

可以说，“四自”是充分体现了对考生写作的人文关怀，尤其是对具有较高水平的写作尖子。在这“四自”旗帜下，完全可以进行充分的酝酿、大胆的构思，写出很精彩的考场作文来。

角度体现思维的灵活性，表现为思维的活泼与多元多向，在与众不同方面尤为重要。这是考场写作的关键，也是得分的重要基础，最容易表现出考生思维活跃的品质。大多数高分作文，甚至可以说绝大多数高分作文，与一般考生拉开距离，就是依靠的角度选择，给了人意外的惊喜！

立意体现的是思考的深度，也可以说是思考的高度，这是思维稳定性、深刻性的具体体现。一般情况下学生要在这方面出彩是比较艰难的，这需要长时间的积累与训练，也需要考场上写作时用大量时间锤打磨炼，没有良好的阅读思考积累，短时间内是不容易达到深刻的程度的。

标题是高高悬挂的大红灯笼，是文章的眼睛与窗户，更是前两者的思考结果体现在纸上的标志。有了角度和立意的深层次脑力加工，在复习备考期间适当加以训练，是可以且能够在短时间内有所改变的。诸如化用成语及古诗词、广告词、流行语，等等，能够很好地抓住阅卷者的眼球。

文体是缺少选择性的，这只是一种政策上的宣示以及发展上的导向。绝大多数学生在考场上是没有选择文体的空间的。平时不具备写作多种文体的能力，考场上更加没有进行多种文体写作的尝试。一般情况下是写议论文,其间夹杂一点抒情。如果平时就能够随心所欲地进行小说诗歌甚至短剧的写作,当然是可以的。对这种有实力的,尽管是凤毛麟角的考生,政策上要开绿灯要倡导。

“四自”就是四个大的方面给予的写作自主权,是鼓励创新的平台,也是21世纪教育观念在考试中的具体体现。展开的方式路径是多样的,可以施展才华的领域也是丰富的。每一方面每一领域,可以说都是有无限大的空间,值得我们去深耕细作,进行富有智慧的脑力创造,让学生通过这样的训练,一辈子都能够获得与享用收益。

“四不”则是高利害考试的必要规定,是高考及类似高考考试中体现区分度的必要限制。

不超范围,就是要求在规定之内写作,不得将自己早已经写好或者背好的文章默写出来。若不这样就失去了审题的必要,也没有了特定考试的规矩,其考察的写作能力就会演变成默写能力,那还有什么公正可言呢?要求有范围,就是要求在考场上与其他考生一样,临场即兴写作。看的就是这种即兴发挥、倚马可待的写作的真实才能真实水平。

不少于800字,是多年来的写作篇幅的要求。本来是有话则长无话则短。但是,在高考这样严肃认真的考场上,所写的东西还是得有基本的统一章法和规矩,才好满足盛夏时期的高速评卷。这时的评卷,不同于平时状态下的悠闲阅读,不可能有非常充足的时间慢慢悠悠地去仔细评判。因此得有一些外显指标,包括篇幅字数。虽然有时候800字与900字没有太大的差异,但是,什么事情总得有一个界,就像录取一样,少一分也说明不了问题,但是不能因此就没有界限。一定的篇幅代表着一定的容量,也就预示着所需要的素材以及语言的外在数量,其内容的翔实也在这里得到体现。

不得套作,是指不要去偷懒,将一些曾经写过的作文,改头换面加上一两句开头结尾，就拿到考场上来。这样的套作文章，这样不经过考场上深思熟虑的文章，是容易被识别出来的，也是有害于考生自己的，不会得到满意的分数，更不可能得到高分甚至满分。不得套作，就是要求考生在考场上同时思考，即兴写作，在高度亢奋下激发出写作灵感，写出好文章。

不得抄袭，这是涉及道德品质的问题。凡是抄袭都是对别人劳动成果的剽窃，与偷盗一样，是可耻的行为。这也是知识产权保护所应该有的现代意识。尽管写得非常漂亮，但是毕竟不是自己创作的，不应该据为己有，更不应该拿到考场上来骗取高分。一旦查证，就会对这些作文进行严厉的处罚，常常给极低分甚至零分。

“四不”在某种意义上说，是培养学生规则意识的强力方式，是进入社会以后常常需要建立的现代社会的契约精神。没有这样的规定，什么事情率性而为，强调特殊性而否定基础规定，则是很难在社会上立足的，尤其是在数字化标准化的当今社会。

“四自”是放，“四不”是收。放得彻底，收得明确。充分享用放，自觉严守收。在放处天马行空纵横驰骋，在收处习惯成自然不越雷池一步。放处不怀疑，收处不讨论。收放得当，收放自如，这是高考命题进入新材料的考查方式之后的成熟表现。

21 考场上的好作文与好文章

前些年，不断有老师说自己的得意门生文章写得如何好，很多教师都难以达到其写作的水平。但是在正式的高考模拟考试中，甚至包括平时的统一阅卷的考试中，作文得分却难以达到一般水平，或偶尔只达到平均水准。

这是为什么呢？这就是错把好文章等同于考场上的好作文了。请看下面的例子。

2003 年高考作文题：

阅读下面的文字，根据要求作文。（60 分）

宋国有个富人，一天大雨把他家的墙淋坏了。他儿子说："不修好，一定会有人来偷窃。"邻居家的一位老人也这样说。晚上富人家里果然丢失了很多东西。富人觉得他儿子很聪明，而怀疑是邻居家老人偷的。

以上是《韩非子》中的一个寓言。直到今天，我们仍然可以在现实生活中听到类似的故事，但是，也常见到许多不同的甚至相反的情况。我们在认识事物和处理问题的时候，感情上的亲疏远近和对事物认知的正误深浅有没有关系呢？是什么样的关系呢？请就"感情亲疏和对事物的认知"这个话题写一篇文章。

【注意】① 所写内容必须在话题范围之内。试题引用的寓言材料，考生在文章中可用也可不用。② 立意自定。③ 文体自选。④ 题目自拟。⑤ 不少于 800 字。⑥ 不得抄袭。

下面是一位考生的作文

人情与季节

（一）端午

前几天是端午，当我把去年的艾和菖蒲从门上拿下来，换上新的时，我听到干枯草木细微的碎裂声，闻到灰尘中混有的一种特别的香气，这是艾的味道。艾和菖蒲是两种具有特殊意义的植物，艾因为有浓烈的香气，被认为是辟邪之物，而叶子细长的菖蒲被当作神仙手里的宝剑，有青绿色的剑锋，可以用来斩妖除魔。记得小时候，每到端午，就看见每个回家的人自行车篓里都会放着束好的菖蒲和艾。而现在，我下楼时看见每个门口都空荡荡的，难道人们都忘了它们的含义？或者，只是觉得在每扇紧闭的门边摆放它们是件可笑的事情？

（二）元宵

按照惯例，今年的元宵节我点灯到院子里走一圈。看不见和我一样点灯的人，整个院子只有我一盏孤独的灯在走。又因为下雨，火光明明灭灭，显得格外微弱。回到家，电视里在说，今年夫子庙的灯市也由于下雨而变得冷清。“去年元夜时，花市灯如昼。”这是欧阳修笔下的元宵。现在，人们更宁愿待在家里，连饭后的元宵也是草草了事，这样，他们也就忽视了这个在古人眼里相当热闹，便于交际的节日。

（三）重阳

看过一个挺感人的故事，一位母亲病了，女儿到医院探望她，在路上想起今天是重阳，于是买了糕，糕也有登高之意，是避免灾病，是吉利的象征。糕上还插着小旗，也有辟邪的意思。后来母亲病好了，那碟糕也就一直放在那儿，没舍得吃。其实这是件小事，但里面的感情却令人动容。这样的感情，也使节日的意义更加突出，让我们知道，节日的形式其实是浓厚感情积累的结果，人们的真心祈愿，是节日的全部内容。

（四）冬至

冬至这个名字我格外喜欢，每次我默念，都有老朋友来拜访，听他们的脚步来到门口的幸福感觉。在古代，每到冬至这一天，皇帝都会和大臣们祭天。而老百姓在这一天会怀念老友，回忆过去。这是个温暖的节日。但当这一天，我到学校，问同学今天是什么日子，他们的表情都很冷漠，他们并不关心，也不在乎哪个节日在哪天。

我想，人们是因为感情的淡漠而忽视了节日。但更可怕的是，对感情的淡漠，对人情的疏远，使我们丧失了感知生活中在我们身边的细小事物的能力。

这篇文章的最后得分是25分(满分是60分)。作者费某，曾经因《平台》一文获得“首届全球华人少年写作征文大赛”金奖第一名，文章其后又被收进高中语文读本第五册。在学校里，费某的考试作文同样出色，两次模拟考都被老师当作范文。

这样的一篇文章，为什么只得了25分。很重要的一点就是这篇文章立意不直观明晰，还有不少人认为这是一篇跑题的作文。

费某的这篇作文，用传统节日遭冷遇的事实来提示人们注意，古人和今人对这些节日有了“感情的亲疏”的明显变化，作者显然对这种变化是忧郁的，因为对传统节日的情感变化是一个晴雨表，记录着人们一种带有普遍性的“对事物的认知”的差别。于是，作者满怀深情地倾诉了她对这些节日情有独钟的“认知”——这一点值得每一个语文教师欣赏，远不是所有的学生都知道中国的传统节日的典故的，而这些恰恰是许多人缺乏或者忽略的“认知”，从这个角度来看，费某的作文并没有跑题。

因此，我们对于考场作文的阅卷还应该进行进一步研究，那就是在一两分钟的时间里，我们自己有没有能力让阅卷教师一眼就能够看明白自己的文章立意。这不仅是考场作文写作的需要，也是快速变化发展的时代需要，用最经济的时间让受众获得最准确丰富的信息。

好文章是需要花费时间慢慢咀嚼细细把玩的，而对于快节奏工作、快节奏运转的人来说，在没有进入闲暇时，是不可能改变节奏慢慢听我们浅酌低吟、迂回曲折、细细道来的。我们必须认识到这一点，以最简洁明快的表达方式，将自己深刻独到的思考直接表达出来。

也就是说，构思不可以过于拐弯，表达不可以过度含蓄隐晦。要学会将自己的文章表达方式调整过来，让人能够快速把握文章主旨，这样才能适应快速阅卷者的判阅需要，也才能适应社会的快速发展与工作中的快速扫描阅读的需要。

附　好文章与考场优秀作文的差异

最近，还有老师谈到一些尖子学生、写作高手对考场作文仍然不理解的事情，觉得有必要再重申一下好文章与考场优秀作文的差异。

首先是写作的氛围不同。好文章是不太受写作时间限制的，可以且应该好好打磨不断修改，而考场作文则需要在规定的时间内一般不超过 50 分钟完成，并忌讳在作文时进行修改涂抹。一旦卷面肮脏凌乱，则很容易得不到理想的分数。

其次是受众即读者不同。平时的好文章，读者越多越好，得到大多数读者的肯定，文章的价值就得到了进一步肯定。考场作文只有确定的一两人阅读，而且是在极其短暂的时间里浏览扫描的，绝对不可能去慢慢读细细品的。

再次是好文章与考场优秀作文的表达方式上的差异。前者常常是耐人咀嚼的长效磺胺，而后者是使人一目了然的快速冲剂；前者的最珍贵的情与理可以蕴涵在字里行间，浸润在文字背后，而后者则是把最有价值的思考放在最醒目的地方，常常还不断强化。

一些同学不理解，为什么好文章就不可能被阅卷场老师发现与肯定，这样的写作太使人憋屈了。这些想法、这样的情绪都是非常错误的。

我们的社会已经进入了高速发展的时代，快速阅读与快速写作一样，是一种越来越强烈的社会需求。倚马可待，笔到意出，是对我们的非常现实的要求。无论是以后的求职还是工作中赶任务，特殊情况下的赶文章，乃至参加国际上的一些学术会议，其文章的格式都要求能够适合于快速扫描浏览。

头脑不转弯，在这方面坚持不去适应考场作文判阅的教训，也是不少的。前些年的费某某，今年某一学校《圆》的作者，都值得我们引以为戒。

22 中考作文分值的占比不宜过大

一些地方今年的中考，想增加作文的占分比重，在过去占40%的基础上进一步增加。我认为是不恰当的。

三年前，南方某市曾经在中考中只考过一篇作文，当年我就写了《中考只考一篇作文不足取》的文章发表在《语文世界》上，北京大学曹文轩教授在同期的《语文世界》上也有一篇反对中考只考作文的文章。三年过去了，当年因为测量不准的中考给高中教学带来的后遗症，至今仍然在校长和老师们的心中留下遗憾。

为什么中考不能只考一篇作文呢？

因为作文得分的偶然性很大。与自己是否刚好有过作文题目要求的经历，是否写过类似的作文，或读过类似的作文或文章有关，更与阅卷者的作文评分好恶有直接关系。中考作文很多地方虽然采用了三人独立评分的方法以减少误差，但是，实际上评分的误差仍然是很大的，学生作文的得分仍然有很大的偶然性。

何况，现代社会对阅读能力的要求已经远远超过了写作能力。社会分工越来越细化，写文章越来越成为一种专门化的职业。一般情况下，进入社会以后，人们写文章的次数越来越少，就连写信的机会随着手机和网络的发展，也自然而然地在减少。大多数人一辈子几乎不再写信了，也不怎么写文章了。然而，阅读却在与日俱增，对人的要求还越来越高。对人不断学习的要求，也主要体现在通过阅读获取不断更新知识的能力。

《义务教育语文课程标准》也没有像过去那样强化语文中的写作能力要求。写的字数在减少，写的标准在降低，写的项目也在减少(此三项是与过去的教学大纲相比较而提出的)。就是高中的语文课程标准，也没有过去的教学大纲中有关写作的要求高。

与国家考试中心语文学科的学术秘书张先生谈到中考作文的比重问题时，作为十多年专门研究语文测量的权威，他也认为中考不应该过分提高作文的比重。高考这么多年来一直坚持作文比重不变，其根本原因就在于考试的特殊阅卷特点所决定，同时也考虑了社会对语文能力的具体要求的变化发展。张先生还认为，学习的年段越高，写作的占比应该越大，像博士，就可以只考一篇论文。但是，作为初中生，作文最好的比重为30%，因为年龄小，应该有许多语文上很基础的内容需要积累，小学作文的比重应该更小一些才符合年龄或年段的学习特点。中考应该对很多基本的知识能力和基础的内容掌握情况进行检测，以引导学生初中阶段语文的扎实学习，不要把希望寄托在偶然性很强的作文上。利用最佳积累的年龄段，好好打下进一步学习语文的坚实基础。

23 高考作文应该及早退场

（本文写于2006年6月，次年华中师范大学中文系谭邦和先生发表于境外的文章质疑高考写作不问苍生问鬼神，才进一步引起命题组的反思。2008年汶川地震后，才开始转换思路——都没有写过是一种公平，都写过也是一种公平。文中涉及问题才逐步有所缓解。）

千万人瞩目的高考，以其承载的沉重的社会责任和道义，以其具有维持社会公正和发展潜质的功能，越来越受到全国各级政府的重视和人民大众的关注。高考语文中的作文，又因为其能够被一般具有初中文化程度及以上的人传言和评说，因此倍受舆论的追捧和反复渲染。

今年的高考当天，各个网站竭尽所能纷纷贴出了各个高考试题的作文题目，并开始了“我写高考同题作文”的活动，一些网站还推出了名师谈高考作文、三人谈、作家谈、考生谈等令人眼花缭乱的栏目，并进行了作文试题的评选活动，等等。这说明资讯发达，社会关注，作文题目容易评论。

但是，作为多年来从事语文教育及语文教育研究的人，却深深感到了这其间的问题严重：远离考生生活，远离社会需要，远离时代发展实际的矫情假唱的高考作文，以及高考作文的评判，价值何在，又将走向何方？

今年是大规模分省命题的第三年，含全国卷在内，一共推出了18套高考语文试题，自然也就有18道高考作文题问世。三年的自主命题，似乎摸到了路子、找到了感觉。今年的作文题目，多元与开放的程度远远超过了前两年。

请看这些作文试题，比喻类的有《肩膀》《老鹰与乌鸦》《星空》《天使》《雨燕》《握手》《借箭》《人与路》《戈多》等，当然，这里是为了行文的简单而把原题的文字给大大略去了。但是，以上占主流地位的高考作文试题，无论是比喻还是象征，都是要求考生由此及彼，升高来写。如果硬要就以上文字来写，恐怕是难以及格的。典型的例子就是《我想握住你的手》，据说已经成了流行语，如果考生要写出自己对异性同学的真情实感，写出欲望的冲动，招致的犯傻后果不堪设想。

这些题目，因其喻体的包容性，要写什么都可以像命题人一样能够绕上去。使人自然想到了20世纪80年代初期，某一省市的高考预选题《一束鲜花》。教师告诉学生，无论什么或多少地方、时间、人物、事件领域，都可以绕上一个光明的尾巴、辉煌的结局、理想的未来，都完全能够扣准题目。凡看过相声小品的人都知道，没有绕不回去的内容。

今年是肩膀，明年就可以是耳朵或鼻子；今年想握住你的手，明年就想和你一起闯禁区；今年是天使，明年就是美神；今年雨燕减肥，明年就可以爱犬瘦身；今年仰望星空，明年俯视大地……谁说明年的题目就没有哲理、没有寓意、没有深挖的价值、没有创新的空间呢？

其他的作文题目，有科举浓味的代圣人立言的“生有所息生无所息”，有宏大叙事宏大阔论的“人与路”“愿景”“意气”，有“三字成语”的启示。当然，也有读书率下降现象的透视，与《书》等题目，虽然所占份额太小。

高考竞争的激烈，反押题任务的艰巨，也的确苦了命作文试题的人。但是，以上这些题目，对21世纪的青年学生，到底有什么样的表达与交流的牵引与指向？为什么一些地方的高考模拟的作文试题居然命制出了“人生犹如一杯茶”这样的闲淡闲适，看花开花落，看云卷云舒的落魄文人情怀的标题作文？高考作文，为什么不用实话、不用现实，非得要用童话神话寓言？为什么不用生活本真问题情景，非得要人为制造由头，乃至伪造问题情景呢？小文人语气、小女人情调、小资分子韵味的东西越来越成了一些人欣赏的题目。这些题目是当今社会所需要的吗？是这些命题人爱写的吗？是对学生的人生，对学生未来非常重要吗？都不是，可以肯定地说，全国参与命制高考语文试题的一百多人中，不会有十分之一的人在用这些题目写作。

捉迷藏的题目，反押题的题目，是不是意味着已经没有了命题空间呢？绕弯弯的题目，脑筋急转弯的题目，是不是表明写作能力的考查已经不能正面出击了呢？其实，我以为都不是。考生所面对的问题、面对的情景是非常丰富多彩的，而命题者不去接触不去了解不去观察，还任由传统的文章观念、写作教育观念以特有的惯性发展，从继承“代圣人立言”，发展到跳将出来要求“做圣人夸口”。高考做文章，仍然远没有进入用笔来进行表达与交流的阶段，仍然被命题者看作是透视考生的思想高度、深度、宽度、厚度的不得了了不得的极其神圣的大事，是近乎于过去的“一篇文章定天下”的大事。因此，写作似乎远比阅读重要（现代文阅读仅为写作分数的一半）。由于太重要，也就因此担心自己命制的作文题目不难不玄，担心人人能够做，个个能够写清楚说明白，以至于一些发达国家的高中写作或高考写作的题目——我为什么报考某某专业，我为什么要读大学，关于莎士比亚戏剧的认识，我为什么没有长成父母希望的样子，等等，是不应该出现在中国的高考考场上的。人人都能写了，还有什么选拔性呢？

总之，高考作文测试题目的价值导向，对考生的继续学习的潜质检测、适应时代发展所需要的表达与交流能力的正面牵引，除了给还停留在农耕时代情怀的人一丝触发自恋情结外，已经起不到积极的作用了！

作文在考试中的重要性似乎是毋庸置疑的。上千年的科举是一篇文章定乾坤，新中国成立以后的 17 年（“文化大革命”开始前），语文学科的考试也基本上就是考写一篇作文。虽然文史中医类的也考了一点古文翻译，但是人数少比重小。恢复高考以后，和这 17 年相比，作文就大大缩水，只占了 40％，还没有过半，也不知道这一比例是怎么来的，最初是由谁提出的。为什么仅仅过了 10 年停招大学新生，就完全废除了只考作文的主流考法，也没有依据以前文史中医类的考法，一篇作文加 20 分的古文翻译。1977 年起，作文所占比例居然不到一半。这样的考试内容格局，竟然被默默地接受了 30 年。

1997 年，《北京文学》发表了不少专家、学者、教师、学生、家长对语文教育的批评，引发了全国的语文教育大讨论。有学者提出，高考就应该只考一篇作文。1998 年，教育部基础教育司发文进行中考语文改革，上海黄浦区就进行了一次只考一篇作文的改革实验。2003 年，广东深圳因为“非典”也曾经压缩考试时间，语文也只考写一篇作文。然而，这两三次的提议和实验都没有能够继续下去。

问题何在呢？大的背景是社会对一般公民的写作要求在日益减退萎缩，高一级学校对学生语文素养的要求在提升。更主要的直接原因，我以为是作文的阅卷，一是可怜的区分空间，二是无据的给分标准。

看起来写作比现代文阅读还重要，其分值是现代文阅读的两倍，在全卷 150 分中作文是 60 分，占 40％，而现代文阅读才 30 分左右。可是，从 20 世纪 80 年代后期开始，慢慢地在全国几乎成了行规，作文的人均得分，应该保持在 70％左右，有作文保底，人均总分才勉强看得过去。因为命题的随意性，也因为语文测试目标及内容对象的不确定性，这样才不因为基础差阅读差而使得语文人均总分太低，才不至于使语文教师难堪。在 20 世纪 90 年代初，如果去掉作文，非作文部分的得分率的确是低得可怜，常常只有40%左右。

70%的人均作文得分率，掩盖了考试本来的目的。多年运作的结果，基本上是约90%考生的得分区间在40至49分，不到40分的人很少，50分以上的也非常少，这两部分人加起来可能为10%。很多省市近30年来没有过一篇60分的作文，偶有满分作文的也不到当年该省考生人数的可以忽略不计的0.01%。12年的学校语文教育，9年的作文训练，到头来好几十万人就在那10分之内撞大运，花上近1小时写出800多字去比拼质量比拼分数，在实质上的10分内进行瞬间比较。

高考阅卷的短时快速扫描判阅，也使得一般阅卷人员只能求给保险分数。高分低分都需要交组长讨论，甚至大组长拍板。耽误自己的时间完不成任务，客观上就顺大流图保险，给40几分没有人质疑。即使被检查质量者提出来，也因为的确没有客观标准而见仁见智，各执一词。你说分高了，我说毕竟是学生，写成这样已经很不容易；你说给低了，我说问题多多，本来还可以给得更低，念其是学生才从宽发落的，最后往往是无果而终。

20世纪80年代后期，高考命题组就开始了在作文评分上的标准研究，并在大量的数据统计基础上，提出了一些分类分等评分的标准。90年代后期，在标准制定上又有新的要求。进入21世纪，更进一步提出基本要求和发展要求，对作文判阅标准做了很多理性的探索。乍一看，的确思考周密，表格纵横制约，阅卷者只要对号入座就行了。而实质上，这些表格是需要人来理解与操作的。在时间紧任务重的夏季阅卷场里，阅卷者在快速扫描评阅中已经成了麻木的机器，看文章都几乎没有感觉了，还有几位阅卷者在瞬间的扫描给分的过程中仍保留了表格的概念呢？一些阅卷者倒是总结出了一些反映阅卷规律的顺口溜，以对付沉重的沉闷的作文评卷："开篇不点题，最高三十七，结尾不点题，最高四十一，开篇结尾都点题，可能就是四十七。"作文的阅卷评分，在实际操作中成了没有标准，凭借瞬间感觉和心情，随意派发或信手画出的分数。如果连续给出了太多相同分数，又适当随便波动一下，让作文有几分的差异。阅了几天，没有出现高分甚至满分作文，就随便提高几篇相对好一些的作文，让其成为满分。但是，这样的满分作文，阅卷场的教师往往意见很大，认为不少比这些满分作文好的文章分数太低，而这些满分作文本身问题也太多。参加今年阅卷的一位老师手里虽然有阅卷场发的10篇满分作文，却觉得实在太差选不出相对好一点的来，以至于我代一杂志约好的选送两篇优秀作文的事差点告吹。今年海南省等就明确表示，满分作文不公开更不公布。因为，去年和前些年，有的省一公布满分作文后，被告之是抄袭的，弄得高考作文阅卷场异常尴尬！

这样无据的评分，无奈的评分，甚至无聊的评分，对每一个有良知的作文阅卷者来讲都是一种痛苦，并且场内场外都心知肚明，又为什么要继续下去呢？是为什么或因为什么利益、什么需要而继续下去呢？

高考作文及早退场，将会遭到广泛的抨击。不考就不教，没有作文还叫语文吗？一个不会写作的民族还怎么发展下去？

其实，这是多余的担心，就像不再靠一篇文章打天下，不再以文章为主附加20分的古文翻译的考试一样，时代总得在不断调整中往前挪动。实践证明，没有继续只考一篇作文，中国人的思维能力乃至中华民族的发展并没有因此受到影响，而是恰恰相反，改革开放以来，对各国文化的吸收，对世界信息的吸纳，对自己本民族文化的光大，似乎都更加顺当和有效。

就像有人担心不用毛笔书写，我国的书法就会失传，不考音乐美术，中国就没有了艺术人才一样，担心是多余的。事物的发展有它自身的规律，社会发展的结果，分工越来越专门化，多数人不用毛笔，多数人高考不参加音乐美术的考试，并不影响这些专门人才对社会需求的满足。同样的道理，如果高考作文退场，社会所需要的作家、诗人、记者、编辑也不会因此而缺少。作为社会公民的普通百姓大众，其所需要的写作，也会随着自己对问题的思考和情感倾诉而自然流淌与交流出来。如果我们有时间和精力做一次大样本的全社会国民写作现状的调查，就会发现，与二三十年前相比，全社会的写作内容、写作方式、写作数量已经发生了巨大的变化，我们高考作文所需要准备的写作能力，在学生日后的学习工作生活中，还能够继续存活下去的，已经微乎其微少之又少了。

世界上不少发达国家，都没有在高考中像我国这样要求写一成篇文章，并赋予很大的分数权重。日本的高考作文虽然写在考场，但是，不评判给分，只在录取时做参考，即同等分数条件下写文章差的考生自然出局。

高考作文的退场，是指高考写成篇文章的考查方式的退场，不是指高考语文试卷中不考查“表达与交流”的能力。高考完全可以依据社会生活需要，依据考生的思想学习实际，来进行多种表达方式与思考感悟能力的水平检测，不再去考查要求写成篇的文章即60 分一道的超级大题。完全可以依据不同表达内容、不同表达领域、不同表达方式进行具体的分值分配。每年轮流着考查两三种问题内容或表达方式，每一种 10 分或 15 分左右，这样就化解 60 分作文阅卷评分的痛苦无奈与无聊，也在一定程度上扭转现在作文走向的虚高伪玄的积弊。

当作文指导教师、阅卷教师和考生自己，上上下下、内内外外都普遍感到无奈，都感到无聊的时候，我们不应该凭借昔日情怀，抱住旧时文章模式、考试模式不放，认真调研思考，积极改进和调整高考作文现存的方向及方式，才是语文教育与语文测量发展改革的应有之道。

24 考场作文的忌讳

考场作文不同于平时的作文练习，语文教师是熟悉作者情况的；也不同于作文比赛，评委是可以认真反复有时是多次阅读的，考场作文就是在特定的时间氛围中快速略读的作文。因此，在考场上写作，应该注意避免一些不必要的失误。

朦胧含蓄的标题——观点含混。一些写作尖子或一些审题不准的同学，在自拟标题时，没有考虑到特定的阅卷场的时间要求，还去搞一些含蓄的、设置悬念的标题，使得自己要写什么很不明确，甚至把阅卷者的视线错误地牵引到其他方面。所谓的虚晃一枪，便给了阅卷者离题万里的感觉，还没有开始看正文，低分就开始在头脑中出现了。

生离死别的虚构——情感虚假。一些同学由于缺少对生活、对社会、对人生的观察积累与思考，总想在内容上出奇制胜，虚构一些生离死别、父母双亡、哥姐绝症之类的故事，这是非常拙劣的办法。俗话说，有水平的人，假的都能够说成真的，而没有水平的人，即使是真的，说出来别人也不相信，认为是假的，何况阅卷场上，无从考察，一般就作假的处理了。

激愤偏激的说法——思考偏执。一些观点是正确的，甚至是很正确的，但是，未必是最正确的，更难以是唯一正确的。一些同学喜欢把自己认可，或自己想出的道理，说成是天底下唯一的、绝对的、不容许别人讨论的观点。说赞成什么，那这就是绝对最好；

说反对什么，那就是十恶不赦的坏。本来是有道理的说法，由于真理多走了一步，就成了谬误。

盲目堆砌的材料——内容单薄。虽然材料件数多，但是由于缺少掂量，这些材料可能都是同一类型的材料，或者同一角度同一层面的材料，使人感觉内容仍然单薄，没有进一步的，或拓展或深入的思考。特别是对材料没有分析和议论，就更像是一盘散沙，没有文章内容应该有的饱满和丰厚。

缺乏准确的引用——弄巧反拙。一些同学想表明自己材料的精确性，然而又没有记准确，反而弄巧成拙反类犬。文章中记不准的人名地名，就可以使用大的类名，如文天祥，记不准南北宋，就记宋代，远比记成北宋闹笑话好。某名人是英国法国的记不准，就说是欧洲的，甚至是国外的。

华丽排比的表达——语言花俏。高级中学毕业的学生作文，应该去掉初中生的语言特点，将一些外在的、形式的东西丢掉。不能一味地、无病呻吟般地去强打精神做排比，或者堆砌一些辞藻，给人的感觉还处在初中学习积累词语、模仿练习语言的阶段。要尽可能在思考上下功夫，把问题拓展得开一点，收聚总括起来也干净利索点，想得细致深刻一点，有自己的实在和独到的想法。多思精写，适当多用凝练的独句段，而不要在语言外表的花哨上花去过多的精力。

文如其人，考场作文就要在短时间内给人聪明、智慧、沉稳、实在的感觉。

25 中考作文的复习备考

作文曾经被提到极高的地位，“经国之大业不朽之盛事”，一篇文章定终身；然而，在对文章的评判上又见仁见智，难以有客观的标准。这样的情况延续到21世纪，语文教师仍然在写作备考指导上处于矛盾心理：不抓不甘心，因为是挣分的大户；抓又不知大运如何，文落谁手。虽然，现在的中考已经是两三人独立判阅作文。

作文是应该抓住的得分大户。怎么抓，关键是分类指导，绝对不能搞“一刀切”。

对写作能力很强的学生，要提出得高分甚至满分的要求。要求字迹书写大方好认，适当使用独句段，全文少用句意没有叠进的排比，在精要上下功夫，精心构思后一气呵成。此外，最主要的是不断吸收新鲜的语文营养，到书店感受书籍的知识的海洋气息；浏览观看报刊电视新闻，体味时代跳动的脉搏，从中获得最新颖、最典型的素材和观点，获得可供自己改造的朴实新鲜的语言表达，以提升自己命制题目水平或写进文章点睛的宝贵资源。还要注意思考和表达的高度，文章要能够体现生命文化的意识，体现对生命的感悟，体现对文化的思考。

一般的学生，则需要拓展思考的领域，指导学生对社会现象、自然风景、生活细节、古今名言、文学人物，等等，进行思考与讨论，形成自己的想法或看法，再把形成想法或看法的基础或过程具体介绍出来。同学之间先说后写，不要去考虑形式上以及许多达不到的要求，清楚通顺就行。不要去追求内容的漂亮深刻，只要真诚实在就行。有真话的文章，有真情实感的文章，就一定会受到肯定的。

写作比较吃力的学生，应该采用我手写我口的办法，抓住最常见的三五个类别的题目进行训练。用中等学生的文章做样子，姐姐做鞋妹妹学样，照着来。只是改变一下中心意思的句子形式、主要材料的人物姓名……要求学生能够把话说出来，再写出来。题目先从学生说得出来的地方开始寻找，一定要杜绝文绉绉的玄乎乎的题目。绝对不能够去背考场满分作文、比赛优秀作文。底气不足，一个字换不过来，全盘皆输。何况还容易被阅读面广的老师揪为抄袭呢。

中考作文的篇幅短小，五六百字说不了几句话。文章一定不能啰唆，不能一开头就想设悬念绕弯子，必须直奔主题。优秀学生写出生命意识、文化品位，一般学生写出有中心的真情实感，比较吃力的学生，内容和语句基本通顺，就是了不得的事情了。

再具体下去，就是针对不同的学生进行个别化辅导。如文章散的人要注意连接、过渡与总括；句子疙里疙瘩的人多写短句；喜欢引用又常常引错的人就不再引用；材料使用不注意准确性的人使用素材时尽量概括些；字太小容易给人小肚鸡肠的感觉，就要有意识写大一些；字过大的人给人的感觉是很没有规矩，就要写进格子，决不越轨……

分值最多的一道题是最有诱惑力的。我们应该告诉学生，考生的年龄相同，受教育程度相同，家庭文化背景大多数也没有天壤之别，差异在哪里，就在细节。

细节决定分数的高低！

26 机器评判作文卷时代的到来

我们的作文考场阅卷，经历了不少的探索。

为了减少人为因素的影响，在几百上千年的考试中，我们采用了密封阅卷的方式——科举考试中就糊上卷头，用另外的人专门进行誊抄，以防笔迹被判阅者认出。

在工业化先行者欧美国家的考试中，采用标准化方式，于20世纪八九十年代初进行写作能力的分解考查尝试。给出一个题目，下面列出十多项素材，要求根据题目选出最恰当的三项五项，并排好第一第二第三的序列，以考查选材的能力；给出一个短文，列出若干个标题让考生选择，以考查给文章标出合适题目的能力；给出一个论据，列出若干论点让其选择，通过匹配选择，看看考生的逻辑思维以及议论的能力……

在我国改革开放之初，高考作文评分也经历了以章熊为代表的艰苦探索，提出了内容有偶然性语言表达有稳定特质的观点，坚持进行分解评分，分领域、分档次、分类别的评分探索。

然而，以上探索在面临巨大规模的高利害考试中，很难获得理想的成效。不是费时太多成本太高，就是因人为因素包括水平高低、情绪波动等而引起分数的客观性差。

20世纪末，美国等教育发达国家开始研究，21世纪初则逐渐投入了写作的机器阅卷。

我国一些教育测评公司于几年前也开始了对作文机器阅卷的

持续关注，并发表了一些评介文章。

21世纪初叶，作文机器阅卷是按照标准化思维进行探索设计的。根据美国一些考试中的实践，将机器阅判作文的标准分为三个维度。一是语言维度，即词汇量以及词类的使用量来进行判断，犹如我们电脑20世纪80年代的错误拼写要标注出红颜色一般，属于比较初级的问题。二是逻辑的角度，即各个段落是否围绕一个主题在进行叙述、说明、论证，是否遵照了同一律、不矛盾律等，不要出现偏离与违背自己确定的主要话题。三是潜语义分析，即组织有资质有水平的写作阅卷者上百人（大规模考试），在随机抽样的大样本中，选取三五百份考场作文，由这些阅卷者进行或十类或几类的按照平时考场阅卷的标准，由高到低进行分类，装进不同的类别之中。最后，根据事前的研究与约定，确定好以上三个维度的不同权重，计算出该文章的最后得分。

但是，中文写作在当时深感有一个大障碍，即在中文中，词的连写与切分的瓶颈，还没有突破性的进展。

近几年阿尔法狗同世界围棋冠军的比赛，给了研究者们新的启示。

因为智能机器人不是背诵记忆了若干的棋谱，而是深度学习了天量的世界冠军的下棋案例。既然如此，作文机器评分，为什么不走这样的道路呢？为什么要去研究作文评分标准呢？

台南师范大学的教授们大胆学习借鉴，用了好几年的时间研发出机器评分工具，并开始使用在台湾三十多万人参与的中考性质的考试中了。与人工阅卷相比，有极高的相似度。

该软件的基本思路是，只要有当地足够数量的考场阅卷案例让机器人进行深度学习，就能够完全按照已经有的阅卷标准进行准确、客观、快速的机器阅卷。平常情况下，语文教师将一大堆作文习惯性地分为好中差三等，机器人则分为从优秀、良好、中等、较差、极差五等，其区分鉴别能力提高了三分之二。当然，还有一些附加的直观的加减项目。

据一家语文杂志社的人传，考试中心的人在会议上说，作文机器阅卷在技术上已经非常成熟，不存在任何障碍，只是推出的时间以及舆论准备和中学语文教师的心理接受问题。

这是经不起推敲的说法。

现在的问题要害是学生的书写千差万别，行楷草书以及不规范的字迹，机器如何进行图形识别的问题。尽管一些科技公司在投入巨资力图及早突破，短期内似乎还没有明显的喜人进展。

一些公司也准备今年开始免费在一个省的高考、一个地区的中考中进行第三评，将其数据与人工评阅的结果进行比对，逐步推进作文机器评分的实质性落地，逐步在中国实现大规模的作文机器评分。

语音转换、人机对话、智能写屏，也许几年之后也是路径之一。

总之，作文机器评分不可阻挡地正在一步步逼近我们！

27 作文的人工阅卷准确率高吗

作文人工阅卷的准确率一直是耿耿于怀的心事。

平时，给分的老师说不出为什么甲同学的作文 76 分乙同学的是 74 分。有理由，但是，自己的底气都不够，自然很难说服学生，更难说服家长，说服同行。最后一句，作文是这样的，见仁见智嘛。

改革开放之后的高考作文评分，章熊先生劳苦功高，功不可没。一连好几年坚持探索，坚持与广大一线语文教师沟通，使得全国基本形成了共识——作文的内容是有偶然性的，而语言表达的水平相对是恒定的。因为，写作试题对考生来说，要看陌生程度如何。熟悉的与比较熟悉的则容易获得高分，陌生的或相对比较陌生的则容易获得低分。而语言表达水平、表达能力则是比较稳定的，语言的通顺与否，遣词造句的圆润与否，错别字以及文章布局等，则受到作文题即写作内容的影响相对小得多。

由此，在 20 世纪 90 年代先后出了报告，出版了有关高考作文评分客观性的研究书籍。

1997 年和 1998 年，教育部两次发文要求在中考改革中有所作为，尤其是中考作文评分，必须废除一人评分的陋习，坚持进行两人对同一篇作文独立进行评分。如果两人独立评分的结果不一致，误差过大，则必须进行三评。若三评的结果仍然很难获得共识，则需要阅卷场大组长进行定夺，给出最后的得分。

我们是忠实执行者，在 1998 年开始的中考作文阅卷场上规定，40 分的作文，凡是两次独立评卷的差异达到 6 分（即误差大于 15%）及以上的，必须进行三评。如果第三评的结果与前二者的差异分别都大于 15%，则提交大组长裁决。

实施起来的难度很大，数学能够获得满分的不少于 10%，语文多年以来无论怎么认真教学、精心培养，学生似乎就没有完全达到国家开设语文课程要求，没有获得满分的作文。

阅卷场上还发生过如此的事情。

作文阅卷组组长发现有的考试作文给分太低，要求阅卷者更正一下，结果阅卷者提出如果要更改分数，将会更低，因为此前阅卷时比较匆忙，看得不仔细。现在重新看了一下，觉得问题很多，应该客观公正一点，给出比上一次低 10 分的分数。同样情况，组长要求一些阅卷者的给分保持一致，不要盲目给高分时，阅卷者提出，当时给的分数太低，现在重新看了看，应该给更高的分数。还信誓旦旦地说，组长，我在考场上是写不出这样的好文章的，估计你也写不出。不信，明年你去考场参加考试，敢不敢？我给你出报名费、考试费。呛得组长半天说不出话来。

平心而论，我们平时的写作评分，一般就是给学生分个好中差三个等级，毕竟是练习性质的，也就是那么几十个人。这种习惯性思维带进了阅卷场，在高考阅卷场上，有几位老师能够区分出五个等级来？

这也是作文占分多而给分不精准，导致语文无须进行课外辅导的根本原因。

作文的机器阅卷，肯定不会百分之百的精准，但是，与实际上的人工阅卷相比，已经精准了许多倍，一般至少是分为五等，何况还有其他维度其他项目进行加分减分呢。

第三辑

琢磨教学　教有实效

琢磨教学，才教有实效。

教学中会出现许多问题，冒出很多现象，需要我们一个个去观察发现，琢磨解决。

细节决定成败，过程丰富多彩。

仅仅靠理想、靠口号理念，会正确而无用。盲目照搬精英天才的教法做法，或者搞一阵风式的大水漫灌，于事无补。更不能靠某一技某一法某一模式，靠某种神丹妙药包治百病、包打天下，来解决写作教学的所有问题。

只有躬耕写作泥土，研究重心下移，关注写作教学的整体与细节，关注实际问题的解决，才能一步步走出心中无底、导无效果的泥潭。

写作有干货可教，但必须在琢磨不同学生不同问题之后，教才能有针对性、实效性。

01 写作教学的历史惯性与时代嬗变

我们习惯了一篇文章定终生的说法。在上千年的科举考试中，凭借一篇文章就可以决定一生是否能够步入仕途，以及做哪一级的官。

我们也几十年如一日地坚信：作文是学生语文综合能力的集中体现。

新中国成立初期的 17 年，国家高校招生的语文考试，就只考了一道作文题。只有考中文、中医和历史专业的才加试一则文言文翻译。

从小到大，从小学到初中到高中，我们的一切语文学习内容都是为了一个目的：写好一篇锦绣文章。无论是牙牙学语的古诗背诵还是凝神屏气的作品探讨，也不管是睿智深邃的论辩雄文，还是条分缕析的实用短章，我们的阅读目的都非常功利和直接，只选取可能进入文章写作的元素进行教学。于是，文章静态分析出来的知识得到了膨胀，鲜活文本被写作方法、写作风格肢解的现象得到了重复与强化。可笑的是，呕心沥血、殚精竭虑几十年上百年甚至上千年，全国至今拿不出一套适合小学、初中、高中的写作教学的纲目，哪怕是粗线条的简陋计划。

改革开放之初，不少地方还能够见到一种职业性的招揽“代写家书、代写情书”。随着现代通讯技术的迅猛发展，互联网的快速普及，网吧及可视电话的出现，手机短信 QQ 聊天的泛滥，上述职业早已消失。恢复高考之后作文在语文试卷中的比重不到一半，仅仅为30%—40%。而欧美发达国家，境外华文教育圈的考试，其写作的比例也非常低下，大多为20%左右，不少国家和地区不到20%。

随着社会发展速度的腾飞、生活节奏的加快，我们的社会语文生活也发生着深刻的变化：因为大量的人员流动，普通话得到了自然的快速普及，汉字使用量却急剧减少。根据国家语言文字委员会公布的《2006年中国语文生活年度报告书》，外国人学汉语达到顺利阅读我国报刊需要认识的汉字数为968个，这与新中国成立初期国家公布的扫除文盲的字数标准相差多远啊?!

然而，我们的作文教学仍然处于不可知的状态。一方面继续着无大纲、无计划、无教案的“三无”状态，另一方面虽然自己达不到却又固执地要求学生的写作达到连作家都难以企及的立论深刻、结构严谨、语言精美、富有韵味的无懈可击的完美境界。不看社会对写作的需求，还在那里单相思地要求学生写出“两句三年得”“捻断数茎须”式的田园牧歌类的、不厌百回读的富有情趣意韵的好文章。把对极少数作家诗人的理想写作目标拿来要求我们的每一个学生。其结果自然是事与愿违，反差巨大，被碰得头破血流，师生都苦不堪言。

国家颁布的课程标准，根据社会发展和语文演变的现实进行调整，将写作改称为“表达与交流”，说穿了就是将过去的作文看作是今天的用笔来表达自己的思想感受，来与人进行的一种交流。我们不能再用传统的文章观念约束甚至毒害学生，还在坚信“文章经国之大业不朽之盛事”，使学生一说写文章，就两股战战如履薄冰，诚惶诚恐不敢随意落笔，对用笔来表达，来与人交流产生了一种恐惧感。

写作是一种历练，是对学生学习阅历和生活经历的一种整理，是对自己思考问题的纷繁思绪的一种梳理。今天的社会对文章的要求就是说清楚。如果还有余力，则站在受众的角度有条理地说清楚。这要求我们的写作教学要依据 21 世纪的语文教育需求，进行写作意识的培养。要将作文与做人结合起来，要求写作要说真话实话心里话，要做到对说出写出的言语负得起责任来，要言之有据、言之有理、言之有物、言之有序。

从 20 世纪 90 年代起，根据低效甚至无效的作文批改现状，国家就在语文学科的法定文件——教学大纲与课程标准中，废止了对学生作文进行批改的规定，要求教师要指导学生认真修改好自己的作文。这样，我们就有一定的时间来思考，针对不同年龄、不同学段和不同基础的学生，在用笔来进行的表达与交流的大计划中，如何安排好有效指导的具体项目。

想要等待国家给出一个全国各层次学校通用的写作教学规划，在相当长的时间内是等不来的。何况学生的写作基础千差万别，还是自己动脑制定出针对班级多数学生的有效的可行的预案，或三年四年的写作教学计划吧。

与其坐而论道，不如起而行动。

02 写作教学中的内容指导与术语硬化

我到学校听课三节，都是讲作文指导的。

这一次的活动很有一点不同于平时的地方，就是要求学校教师把自己最困惑的地方、最没有把握的地方，或者最吃力的地方拿出来研讨，让五位校外的人来把脉会诊。

我听的三节课分别侧重在审题训练、亮出你的感悟、侧面描写。三位老师都很用心，都具有很好的学科素养，课堂把握调控也很好。学生学习很努力很认真。

这三节课分别是初三、初二和初一的，教学预设很仔细，都有比较清楚的教学环节。教师一边讲，学生一边讨论，或者一边练习。现场观察，学生的片段写作练习也见到了比较满意的效果。

和全国绝大多数的初中作文教学一样，如果要进一步提升，我以为主要是将我们的注意点，从关注术语的强化上转移到作文教学内容的指导上来。

审题训练的一节课，教师按照一般常规，先后打出的幻灯有审题的“四要”以及原则等，而对于这篇“你和我一起走过的日子”，学生理解的困难之处，或者不到位的地方，缺乏预计与指导，后又拿出“让自己奔跑起来”，要求学生再次体会审题的原则以及进行具体的审题。

我认为，与其要求学生记一些干巴巴的术语，不如直接让学生讨论题目有无陷阱，有无容易让人迷惑，或者不清楚的地方。采取一些简单方便的方式让学生明了题目的要求。如“你和我一起走过的日子”，应该让学生明白这里的“日子”不是一天半天，应该是一个不短的时段，甚至是一个很漫长的时段。因此，应该在日子前补充加上“一段”二字。既然是不短的时间段，写作者“我”应该有对这一不短的时间段的感觉和总体认识，凄惨的、欢快的、幸福的、新奇的、真诚的，等等。根据这一总体感觉，围绕中心组织材料进行写作。还要注意“你”字，能不能换成“他”字，显然不能，一换就没有了原来的意味。还要引导理解“你”应该是直接呼唤，体现的是很近很近的心理距离，写作时要时时引起注意。“让自己奔跑起来”，其中的“奔跑”一词是打比方的说法，应该换成本体，让学生多体会一下，这里的本体是什么具体内容，据此才能进行有效的写作。

作文题目应该尽量减少学生审题的难度，把更重要的精力放在写作本身上。课改之后命制的第一套中考试题，作文就是“故事发生在我们小组”“走出校园”两道，让学生任选一道写作。

减少教学中直接灌输的术语，让学生在学习的内容上不断有所领悟，羚羊挂角、了无痕迹，浸润渐染、大音希声。学生的学习可能才更加轻松有效，也才不被一些术语所牵引和误导，误以为那是最重要的内容，而放弃了最主要的学习。

另外两节课的教学，无论是亮出感悟还是侧面描写，基本上都把教学指导的重点放在了对教学预设的术语上。亮出感悟，打出的图片，选取的片段，都要求学生直接写自己的感悟，并要求要深刻。侧面描写，则要求学生体会从古诗词，从课文片段中选出来的四个部分，去体会什么叫侧面描写。最后教师还统一了大家的认识，用记录速度口授，要求大家笔录下侧面描写的定义。

实际上，感悟应该是附着在叙述之后，自然产生的感受与开悟。对初中学生来说，是写作中的第二位的任务，清楚地叙述才应该是第一位的。当然，学生在叙述时对材料的选择与组织，也能体现出学生对材料价值的认识。这里所说的感悟，应该是学生对事情的一些认识，多少带有一点理性的色彩。这对初中学生来说，还是有相当难度的，需要日积月累，逐渐形成对这一方式的领会。至于侧面描写，对初一的学生来说，掌握起来是比较难的，即便记住了定义，也与他们的写作基本不搭界。侧面描写，是在正面描写没有条件，或者不方便正面描写，或者其他原因，需要侧面进行介绍描写的时候的辅助手段。对一般的初中学生是没有太大必要的，除了少数写作尖子学生之外。我们设想，现在的写作要求五六百字一篇文章，还有什么空间去侧面描写呢。实话实说，直话直说，五六百字也说不了几句话。

我们习惯了讲知识，并习惯将知识进行硬化、系统化，认为这样心里才踏实。这实际上是脱离了学生母语学习的实际。在母语学习中，很多时候是语言的转换，包括口头语言转化为书面语言，规范语言转化为文学语言，文学语言转化为社会语言。这里需要的不完全是知识，而常常是在学生的实践中的一些感悟与提升，一些关键性的指导，一些实用性的处理。

习惯将知识进行硬化和系统化，着眼点就是知识而不是能力。这样的结果，学生几年下来学习了不少的名词术语，死记硬背了不少概念，然而，这对于他们的语文能力的提升却起不到多大的作用。以作文为例，很多学生读了不少指导如何写好作文的书，一开口就有很多术语方法，完全可以用老师的口吻去辅导弟弟妹妹，但是，就是自己写不出文章来。

要重视内容的指导，就需要坐在学生的凳子上想问题。到底学生面对此次的写作任务困难在哪里，然后才进行有效的指导。不用也不该去面面俱到地指导，企图在一堂课内将所有的作文问题完全彻底地加以解决。这是不可能的，也是办不到的。

重视内容的指导，是我们的教学观念从知识为主转移到能力为主、素养为主的标志。摈弃形式主义的东西，强调学生学到真本事，得到真正的能力提升。何况，这些静态的写作知识早已经不在考试之列。即使真的要考试，也应该在能力历练之后的基础上，在写作概论中进行的知识提升与定型。

03 关注社会 积淀文化 抒写思考

作文备考，不应仅仅根据近一年的高考作文试题进行紧盯题目的实弹演练，因为高考命题人员具有强烈的反宿构的试题命制意识，总要打一枪换一个地方，以真正公平公正地通过作文题目来检测考生真实的写作水平。

但是，这绝不是说高考作文试题的备考应试没有规律可循。纵观近五年来的作文试题的命制意图、作文评分标准的执行结果，应该清醒地认识到，高考作文的这一指挥棒，越来越明确地指示我们，中学的作文教学及作文备考，应该坚定不移地沿着正确健康的路子走下去。这就是笔者曾说的“关注社会、积淀文化、抒写思考”。本文则进一步稍事展开，再说一说关注社会、积淀文化、抒写思考的写作备考主旋律。

关注社会，是要求学生在作文时首先要解决做人的问题。关注社会，要以对社会高度负责的公民身份，去关注自己周围发生的带倾向性的问题。关注社会，既含有对社会的理想追求，又含有对自己这一社会成员的道德熔铸，也是教育所期待的一种理想结果。那种“两耳不闻窗外事，一心只读圣贤书”的陋习，那种只研习考场作文技巧的应试弊病，在近些年的高考作文命题的改革中，就愈发捉襟见肘，不顶大用。

关注社会，要融入社会之中，关心祖国的发展和人类的进步，关心学校和社区的发展变化，关心为多数人所瞩目的带倾向性的问题。这种关心，不是要在时间上精力上占用多大的比重，而是要思想感情价值观上保持与国家与人类命运的一致性。有了这样的一腔热血，自然就会关注时代的发展，留心社会的走向，注视世界的变化，也就会自然地主动地去浏览报刊，注意新闻，关注时局，议论时事，抨击时弊。关注社会，就是要有力地促进自身视野的开阔，磨砺自己思考的深邃，陶冶自己人格的强健。关注社会，要从"小我"中站立起来，身体力行，全心投入，体味与国家与人类同忧同喜的情感变化，尝试着思考解决问题的得失方略。这样，才能成为有社会责任心、有时代使命感的时代青年，成为一个"大写的人"。这样的人，在高考作文考场上，何愁没有丰富的写作素材，没有正确的思想观点及思考线路，没有积极健康的情感宣泄呢？

积淀文化，就是要求我们的学生在接受了十二年的基础教育后，成为有文化的人，最理想的是成为有一定文化品位的人。这里的文化，主要是指人所应该具有的人文素养。如果只关注社会，不注意人文素养的积累，就容易缺少底蕴，成为空泛的议论家。文化积淀的厚薄，一定程度上表明了一个人受教育后在文明文雅及人文化上所达到的程度。某种意义上也预示着与现代文明社会的融入程度，以及可持续发展的潜力大小。在写作中表露的文化，又主要体现为传统文化与现代意识的结合，文学素养与生活感悟的结合，文化使命与社会现实的结合。

积淀文化，是一项沉甸甸的任务，非一朝一夕之功，与家庭、校园、社区文化有密不可分的因应关系。更与自己的主动追求、坚持积累、积极感悟、不断运用有直接联系。积淀文化，要除去功利思想，要有意识地吸收与消化传统文化中的精粹营养，要有意识地接触与理解多元文化。站在对人类命运终极关怀的角度，去研读品味精短作品，去感悟体味伟大的襟怀与纯真的情感，去领悟体认深刻的思考与璀璨的智慧，去辨识认同文化的底蕴与发展的价值。积淀文化，最直接的行为是对文化的认同积累。要勤于动笔，随手记下有启迪的文化现象以及文化思考，要不时咀嚼经过时间洗礼的名家名句，以提升自己的思想修炼及文化底蕴。博采百家，鸟瞰诸多领域，参与文化活动，交流文化感悟，提高审美情趣，使自己美好的情怀、深厚的修养能够发自内心，在试卷上率真地有品位地自然流淌。

抒写思考，是因为考场作文中思考是第一位的，语言表达是第二位的。不少学生对思考力重视不够，因时间紧张，常常一边写一边想，一边写一边改，缺乏良好的写作习惯。如果思考是充分的、条理的、完整的，这一基础性的脑力劳动与写作习惯的培养比较到位，那么，抒写起来就是顺利的流畅的，其流淌出来的语脉就一定是自然的畅通的。一言以蔽之，考场上的写作，考的是思考的深浅与宽窄，思考的精巧与笨拙，远远不是什么写的字的多少、篇幅的长短。

想要在重思考的结果上进行抒写，就要养成勤于动脑的写作习惯。在备考期间要有意识地进行训练，即有效地进行审题训练、立意训练、选材训练、腹稿成篇的训练。要舍得花时间进行艰苦的脑力劳动，在开始时至少要有 10—15 分钟闭上眼睛的，包括审题、立意、选材、腹稿成篇的思维活动。反复比较，深入思考，全盘考虑，深度加工。真正有了成熟的腹稿，动笔写作就不成问题。一下笔就会汩汩滔滔一气呵成，就会文气贯通语脉流畅，写出能够完整准确表达自己的思想与情感的好文章来。备考训练时要耐得住性子，绝对不要心浮气躁匆忙动笔，重犯边写边改，写出来的文章仍然疙疙瘩瘩的旧毛病。在闭目思考时，偶尔动笔写写序号，或几个简单的词组符号是可以的，这样也可以帮助固着与思考。但是，如果思考尚不成熟就匆匆开写，那书写的内容一定缺少思考的分量，文章也就难以上升到一个新的高度。

三方面的备考训练教学，顺应了近些年来高考作文命题改革的发展方向，是抓住根本有效地进行写作备考的主要途径。当然也不排除一些短期内的考场写作技巧的掌握。但是，真正的好文章，还应该从关注社会的大处着眼，从积淀文化的根基上落笔，在深思熟虑之后的从容抒写去展开，去进行。

04 练习写作的价值

给重点中学的一名尖子学生作辅导，我问，写作练习有什么用？

他的回答是，可以展示自己的储存，可以获得老师的指教，可以深入思考，等等。

我给他点赞后，又即兴帮助归纳为以下三点：

一、可以梳理自己的经历和阅历。通过写作，自己平时阅读的书籍和接受的学校教育，自己对生活的一些感悟一些感动，还处于碎片似的零散堆积的状态。通过写作，就能够将该话题的一些阅读结果，以及对生活的记忆进行梳理，进行激活，逐渐进行分类，形成线性的排列，输送和书写出来。这一过程对学生来说是非常重要的，能够在一定程度上检验自己的储备，检验自己对生活的感悟能力以及分类和提取能力。通过梳理，可以找出不足，采取一定的措施及时弥补。

二、可以深化对问题的理解与认识。没有写作某一题目之前，一般缺少深入细致的思考，对很多问题的感悟都处在浮光掠影的、漂浮不定的、肤浅层次的状态。一旦确定写作某一题目，常常会迫使自己静下心来，仔细深入地去思考去琢磨。从历史的、现实的、发展的、理性的、感性的等诸多角度，具体地深入地去思考。通过写作该类话题，青年学生常常就能够在一定程度上对该话题有一个理性的相对全面的认知。通过一次次的写作训练，自然而然不知不觉地提升了自己的思考琢磨问题的能力，思考的犁铧在一般问题层面上就会钻得更加深入。

三、可以获得分享可以引发共鸣与讨论，乃至指教。写作之后，可以与朋友同学进行分享，相互之间获得写作的成功快感，也可以获得一些新的感悟。最主要的是自己的一些缺失与不足，通过写作暴露出来之后，可以引发讨论，促使自己更加成熟，可以获得一些朋友或者师长的指点，站在巨人的肩膀上前进，获得更加快捷的提升。如果不写作，很多不足、很多缺失、很多不清楚的地方，就得不到暴露，自己浑然不觉，别人也无从讨论与指导。

这三点是最主要的，至于学习到的一些语言材料，语言表达的方法技巧，可以通过写作来尝试实践，来加以巩固，加以学习运用。但是，对高中尖子学生来说，内容的思考，对自然对社会对人生的理解与认识，才是最重要的。

05 为何反对写假话空话套话

在写作中为什么要反对写假话空话套话，提倡说真话实话心里话。

先说假话空话套话是怎么来的。

主要是考试中的投机取巧心理所致。一味追求表达效果的吸引眼球，获得好分数，就逐渐远离写作本意，慢慢演变成为了形式而形式，不顾实际，背离对真善美的追求，不愿意老老实实地去进行真诚交流所导致的结果。

在用文字进行的交往交流过程中，一旦识破所言不实，属于假话，人的品质立刻受到质疑，其他的交往则不再有必要继续进行下去了。当受众或读者感觉到文章所说是空话，感觉到文章里没有实质内容，在时间非常金贵的当下，会认为是一种极大的浪费时间。套话，不会引起阅读的兴趣，拾人牙慧，人云亦云，只会让人产生厌倦感，徒增负面印象。至于大话，给人留下的感觉是，为人不谨慎，做事不靠谱，除了吹牛可能毫无本事，这样的话自然很难获得认同。

倡导写真话实话心里话，这是做人的起码要求，诚实诚恳，真实真切。也许话说得不漂亮，表达方式上也不巧妙，但是，其人可靠，其心可鉴，其事可信！这也是内容为王，形式为次的时代所需并逐步形成的共识。这样说这样写，可以一反过去的只看衣冠不重人的错误倾向，让写作教学逐步回归到立德育人的应有境界上来。

当然,在实践中要认识到并要做到,还有很长的路要走。但愿有更多的同行朋友能够逐步去践行起来。

06 作文辅导班在导向何处

周日下午，为朋友六年级的小孩看看作文。

孩子拿来了最近一个学期进作文辅导班后的作文给我看。

一个学期以来，老师基本上都围绕着“我和张明”一篇文章在打磨，把一个壮硕的小伙子（学搏击的孩子）当作小女生的心理来刻画、来培养写作能力。完全仿照《羚羊木雕》来表现欲说还羞，一句话引起不快，相互之间打不开对话的场面，暗地里又想修复关系，最后做了一只小船，居然不约而同地把小船放到了对方的课桌上，终于和好。

另一篇是想象作文，讲的是西伯利亚最寒冷的冬天，寸草不生，一头母熊带着自己的一群小熊克服困难顽强生存下来的故事。西伯利亚寒冷的冬天还花草繁茂吗？孩子对北极熊有基本的认识吗？想象需要不违背最基础的背景储备！

两篇文章的反复打磨，都要求长度在两千字以上。

国家颁布的语文课程标准，对初中毕业的总要求是具体明确、文从字顺，要进入教师的头脑多么艰难，更不要说校外教辅机构。

家长都很忙，满心欢喜地对我说，进步明显。然而，孩子在写作上，距离说真话实话心里话，还有多遥远的距离啊？

看作文之前，我要求孩子玩溜溜球。因为从来没有玩过，非常陌生。二十来分钟后，慢慢上路，仍然不大会。

看作文后，便让孩子回忆一下这无意中可以利用的题目，写

《学玩溜溜球》。先回忆(再现),再计划(提纲),并说说,最后要求能不能将说的话写下来,让不在现场的妈妈,也知道是怎么学着玩溜溜球的。

校外机构的写作辅导,是一种模式化的辅导。即使如此,也应该理解,社会发展对写作的要求在怎样变化,孩子写作能力应该朝什么方向去辅导。

07 写作教学的着力点在哪里

我们在写作教学的大方向上，一直处于模模糊糊的认知状态。

过去常常将精英教育制度下的学生作文当作普遍规律，一味提倡多读多写，并普遍认为写作是只可意会不可言传，也就是不可以进行教学和训练的，会不会写作文是天生的。

当社会出现了对语文教学越来越高的要求，希望能够大面积提高学生的写作能力时，我们开始将文章分析学的很多内容搬进了课堂。而这些内容，正如鲁迅先生所说，属于小说做法之类的东西，自然是一边讲一边丢失了写作教学的底气，因为的确难以解决写作教学的实际问题。

20 世纪 80 年代中期，东北农垦局的常青老师经过自己的探索，搞出了写作入格训练法，大约有八九十个写作的格，随后又是高原刘朏朏的三级作文训练法，给人惊喜却又仍然感觉到还无法解决一般学生写作能力的提高问题。

记得 20 世纪 80 年代末，华东师范大学出版了我国第一本《写作教程》，引来无数人的惊奇，那是第一本开始告别文章学，略微站在写作角度讲写作教程的书，不少地方将其引进了写作教学的课堂。到 90 年代初，人民教育出版社的义务教育教材语文教科书，则采用短小的二三百字的知识短文的方式，来讲一点非常实用的诸如记叙的要素、前后一贯首尾一致、抓住事物的特点、围绕中心、要做到简明连贯得体等与写作方面有些关系的常识。

21世纪初的课程改革，一个早上就要求完全西化，竭尽全力追赶西方发达的教育。淡化知识，首先就砍掉了写作方面的知识短文，让学生通过综合性学习来进行写作练习。其理由是，因为综合性学习内容丰富，学生完全可以解决写作上困扰多年的无米下锅的顽症。如果学生记下综合性学习中的经过，则是很有内容的记叙文；如果写下争论的内容，则是很好的议论文；如果是对一些具体内容的介绍，则可以是有内容的说明文。

遗憾无奈的是，我国的教学检测是山寨式管理。不少学科教研员个人对课改有意见，就可以完全不考虑国家意志和时代要求，一意孤行，不去按课程标准所要求的五个方面的学习内容进行全面检测。久而久之，好些地方的语文率由旧章，完全回到课程改革之前的、非常任性的教学之中。学生写作，也就只好沦落为小文人语调，去猜测中考会考什么题目，从初一开始就进行应试写作训练。

对知识的不敬重，对教材的不尊重，成了一种装点自己有水平的时髦。教材中大量的阅读写作紧密结合的练笔，引不起注意，自然就更加不会去采用，反正中考又不会去照搬教材出考题。学生的写作，很多基本的一般的能力训练没有到位，缺乏等待学生发育成长的耐心，就期待着中考能够考出惊人的好成绩。

写作的问题，对任何一位学生来说，首先是内容问题，即写作题目是否命制到了学生有写作欲望、写作冲动的心里。其次也存在着写作的一般心理、一般能力的训练问题。这二者只不过对不同的学校、不同的学生有一定程度的差异罢了。

因此，写作教学的着力点，应该是比较复杂的，需要多方面兼顾。最需要的是一个阶段必须突出一个重点进行写作教学。与语文教学的其他内容领域一样，教师自己应该区分出在写作教学中，哪些是可以教的内容，哪些是教也无效的内容，哪些需要学生在实践中去感悟去体验，自己逐渐走进写作的有效境地。万万不可重复过去的错误，即一个倾向掩盖另一个倾向，一个极端走向另一个极端。

内容为主，兼顾形式；集中精力，逐项突破；随文练笔，单元作文；活动写作，多样结合；坚持三年，必有成效。

08 初中生作文中为什么没有成语和关联词

一天，和几位朋友聊到，现在的初中学生作文中，百分之八九十的学生不使用成语和关联词。

我认为，这是我们多年来忽略语言积累，忽视语言教学的结果。当然，这也包括我们的社会环境。现在，新闻工作者写文章时，也不大使用成语，不怎么使用关联词语了。一个典型的例子就是出高考语文模拟试题，很难在一周的某一种报纸中，找到四句可以进入模拟卷的含有成语的句子。而这种成语使用的选择，在 20 世纪 80 年代则比较容易达成。其次是社会传媒的影响，使孩子的思维大都比较碎片化，在这样的写作生态环境中，大家都在少用甚至不用成语和关联词。

在学生阶段模拟写作、练习写作的阶段，如果不去使用成语和关联词语，出校门以后，则更加不可能使用成语和关联词语了。

不使用成语和关联词语，意味着传统文化修养的缺失和逻辑思维力度的降低。成语是经过时间空间洗礼的语言宝石，在表达和交流的过程中，常常可以起到以一当十的妙不可言的作用。成语的使用，既表明了言说者的文化修养，又增添了语言表达的穿透力，使表达效果自然得到提升。关联词语是思维严谨与否的外显标志，只有讲究逻辑，力求将问题表述得滴水不漏的人，才会有意识地甚至下意识地通过关联词语，将自己思考的众多内容，有逻辑地组织起来，进行理性的有效交流。

当前，我们的《义务教育语文课程标准(2011年版)》对语文学科课程的性质定义为“语文课程是一门学习语言文字运用的综合性实践性课程”，希望能够在新课标的引领下，对语言的使用，对语言的积累，有足够的认识与重视，真正回归语言教学的原点。从学生的终生发展，从民族语言的长远发展出发，在学生的作文中，在学生平时的写作以及学业考试中，将成语以及关联词语的使用作为指标之一，去要求，去导向，逐步改变当前令人担忧的现状。

前几天贴了一篇博文，谈初中生作文为什么没有成语与关联词，对其形成原因进行了简单的分析。

遇上一博友提出不同意见，找我进行讨论。其意见为：

作文发乎心，何必执着于成语与关联词呢？若刻意使用，不免有做作之痕，弊多益微。学生的作文发自内心，并受其生活境况、语言习惯等因素影响；学生在语文教材中所认知的成语与关联词并不太少。

这里需要说明或者说需要讨论两点：初中生作文不等于作文；学生学习了不太少的成语与关联词语来做什么。

作文发乎心，是从或者说主要是从内容方面说的，包括创作，不是发乎心的文字，是没有灵性没有生命的文字，是一堆文字垃圾。我们反复强调写作文的基本要求是要有真情实感，也就是这个意思。这是对作文乃至于写作的总的内容上的要求，是已经取得共识的不刊之论。

但是，学生的作文写作，是不完全等同于创作的，是应该提出不同年段要求的。现在的小学作文，根据2011年版的新课标，不再叫做作文，而是在低中高三段分别为“写话”“习字”“习作”，并在中年级段提出“尝试在习作中运用自己平时积累的语言材料，特别是有新鲜感的词句”。而我们的小学写作教学的这一任务在教学实践中没有很好完成，到了初中乃至高中，很多学生作文仍然难以见到平时学习语言积累的痕迹。

因此，我们在初中作文教学中，要求学生有意识地将平时学习积累的有新鲜感的词句运用起来，在实践中学习语言，巩固所学，以加深印象，是完全必要的。初中学生的作文是练习性质的，不仅仅是语言运用，就是书写和格式，也需要我们提出具体的严格要求。

有的人担心这样要求会不会影响学生的创作，会不会影响学生写作速度。如果有的学生写作水平已经很高，开始进入带创作性质的写作阶段，对于语言方面的要求也同样不会影响其写作速度的，可以要求在写出初稿之后进行修改的时候，看看能不能把一些地方的语言修改润色得更加完美，尽量使用言简意赅的成语，尽量使用逻辑严谨、论辩力强的关联词语。对一般的学生，也是这样，首先是发乎心，拉出初稿，其次才进行修改，将一些地方的语句修改得更加富有文采，更加符合逻辑，更加书面语化。

初中学生已经学习了一定量的成语和关联词语，为什么在写作中不见踪影？根本原因在我们对语言教学不重视，或者对语言教学的价值取向还不太明确，还没有坚持让学生有意识地积累丰富生动的语言素材，更没有要求学生对这些经典名篇的语言进行消化吸纳，内化为自己的语言财富，没有去要求学生在实践中学习语言，逐步尽快地提高自己的语言表现能力。

某种程度上，当学生在学习语言的过程中，我们教师提出并督促引导学生，不断积累使用成语以及关联词语，不断努力实践着自己书面语言表达能力的提高，学生学习积累语言的积极性就会在实践中得到实惠，以此化为自觉的行为。其写作的文气，作文中透露出的传统文化及逻辑思维，都会逐渐提高。

在文化知识不被敬重，在理性思维、逻辑思考不被讲究的当今时代，学生作文呈现出的文化荒漠化、思维碎片化的可怜，以及可怕倾向，要想短时间内得到迅速有力的扭转，也是不太可能的。但是，作为语文教育工作者应该坚守自己的学科阵地，尽其所能地让一部分愿意和能够学习语言积累语言的学生，在初中这一学习语言积累语言的黄金阶段，注意此问题，是非常有意义的。对这些学生的一生，是具有很重分量的童子功奠基作用的。

09 多读多写与语文高考

一些老师担心高中语文模块教学的结果:即使学生的素质很好,但是,高考要考字词怎么办,其语文基础能够应对吗?

参与课题试验的学生做了很好的回答:高于了高考,就完全能够战胜高考!

事实上也是如此,十年四届的高考成绩是放在那里的。学生家长赞成人数的增多就是最好的投票。校长也说,如果学生反对家长反对,是不会让专题探索进行下去的。

我们知道也了解和实地考察了学生相对而言的天量阅读,也翻阅了学生的写作。其中有的学生写一次的研究报告,就曾经有一个晚上无法入睡的事实,要将奔涌而来的材料拎出来,居高临下形成研究报告,不是那么容易的事情。尤其是修改,学生自己将四千多字改为三千多字,再两千多字。这些学生的研究报告大多在三千字以上,长的一万多字。有了这样的炼狱般的折腾与洗礼,写一点应试作文还有大的难度吗?

高考语文考的是学生基本的语文素养,即较强的语文应用能力和一定的审美能力及探究能力。这些要求对经历了两三年专门的专题阅读训练的学生,还真的是小儿科了。很多高考语文试题上的内容,包括字词句等,都在天量的阅读中进行了大量的重复巩固,这也是高考语文所追求的目标:让多读多写的语文素养好的学生得高分,让爱读书爱写作的学生得高分。

即使如此，到高三最后阶段，也可以有意识地进行题型训练，而这时的训练对于已经具有大量甚至超量储备的学生来说，犹如一条河里取出一碗水来应付高考，不就小菜一碟吗？

要明白高考语文试题命制的水平越来越靠近我们所追求的目标，就统计概率来说，还是语文水平高的学生得分高，与平时的教师预计一致的多，出现反常现象得分的是极少数。

过去南头中学的彭老师也进行过实验，高一高二不让学生做ABCD类语文客观题类的作业，高三才开始进行应试训练类的客观题类的训练，一样获得了很好的成绩，并出现一名中考才500多（标准分）的中等生高考竟然成了全市的语文状元。后来彭老师带领备课组的人在高一的新学期，用整整一个月的时间让学生先不读教科书《语文》，而是安安静静地读《语文读本》，感受什么叫好文章，什么才叫阅读，最终一样在高考中获得好成绩。

多读多写且学生喜爱，这是学习语文的理想境界，是不应该怀疑的，也是不容置疑的。

10 多写多练与考场写作

作文的多写多练与考场作文是否为正相关，这是值得思考的一个问题。

我多年来是反对背什么优秀作文满分作文选的，后来一些老师告诉我，一些差生不背几篇在考场上就动不了笔，背上几篇再教教如何改造，有时候还够得上一般学生的作文得分。当然，随着高校招生规模的扩大，高等教育大众化时代的到来，动不了笔写作的人数也的确不在少数。

最近到北京大学参加语文教育研究所召开的小规模的封闭的高考作文现状研讨会，进一步强化了我过去的一些认识。北京的一些数据表明，北京高考 2007 年和 2008 年的写作材料比较陌生，反而可以激发学生的写作激情，好文章明显增多；而 2009 年和 2010 年的作文试题，学生因为较为熟悉，容易套作，反而难以出现好的写作思路。山东一个区的数据也表明，2010 年 5 月的市模拟试题《伤口上开出的是花》与高考试题相同，全省选出了 780 篇一类文，结果该市没有一篇入选。联想到某市模拟考试的作文《怀念》，与当年广东高考的《纪念》近似，也使得广大考生陷入了思维疲软的状态。

道理很直白，写作是需要激情勃发的。而对于写过的或者很容易写的题目，学生的写作激情难以达到高度亢奋的状态。对一些写过的味同嚼蜡的、已经演练过的题目，要重新焕发出如同没有写过一样的激情，对非专业写作人士来说，的确是很困难的。

高考本来就是把思考解决新问题放在重要位置上考虑的。我们不应该在写作试题上去想如何撞上，而应该告诉学生，直面高考，临场勃发，流畅写作。

接下来的问题是，多写多练就一定能够获得好结果吗？这里有一个前提，少写甚至不写是绝对不行的。下笔生涩、行文艰难，是怎么也写不出好文章来的。但是，我们不应该走向反面，一味地多写多练。这与吃药一样，少了达不到疗效，多了也会适得其反。

在复习备考的作文指导中，每一次写作指导的目的是什么，练习的点是否清晰有效，这些写作与练习，成了学生的需要没有，内化为学生自己的感悟没有，这是很重要的。再不应该继续着写而不悟，写无进步的怠转状况。

到高三阶段，尤其是高三后阶段，应该非常讲求个别化和针对性，不能够再大忽悠，说一些求全求深求美的，学生百分之百都达不到的废话。指导的地方，改进的建议，应该是学生能够明白，能够操作，能够见效的地方。

11 考场写作的十不宜

提出考场写作的十大不宜，供大家参考。

一、不宜写前一学段的生活。中考不宜写小学阶段的学习与生活，高考不宜写初中阶段的学习生活。因为自己在现阶段的学习已经又有整整三年的时间了，还去炒陈饭，说明这三年自己对生活学习太缺少观察与思考，文思太枯竭，还处于非常疏懒的阶段，更说不上关注生活。

二、不暴露自己的具体身份。无论贵贱尊卑，都不应该让阅卷者知道自己的真实身份，影响在正常情况下的给分。自己的情况好，容易引起嫉妒，既然好就不要再来高考的独木桥上凑热闹，给分就容易低；自己的情况不好，也容易被阅卷者判断为是虚构的，想赚取阅卷者的廉价眼泪，从而给你一个低分。包括自己的地域，也一点不能暴露，避免一些阅卷者戴上有色眼镜来看待你的地方，给出意想不到的低分。

三、不宜写爱情。因为这是一个敏感的话题，也不是几百字能够居高临下、要言不烦地说得清楚的事情。可能其间的确存在一些真情实感，也不应该在考场作文中写。无论写自己写他人，都容易被对号入座，也很难打动、说服阅卷的人。

四、不宜轻率地与主流文化唱反调。鼓励有创新，但是，并不等于鼓励与普世价值唱反调，将大家不屑挂齿的一些腐朽的陈旧的观念奉若圣明来加以礼赞。包括对恐怖主义、对“台独”、对法西斯主义、对霸权主义、对吸毒、对盗窃、对学术不端等，这是不证自明的类似于公理性质的内容，没有必要在八百字里去辩解翻案，去故作哗众取宠般的讨论。

五、不作践自己和抬高自己。文章应该将自己放在一个与阅卷者平等讨论交流的地位，不要有意识地作践自己以博取阅卷者的好感与同情，也不要过分抬高自己以气势吓唬人。这都不是一个青年学生应该有的写作定位。

六、不宜说极端的“关门”的话。一偏激就很容易绝对，就很容易把话说到尽头，毫无辩证思维的能力，也没有说话的回旋空间。给人的感觉是书读得太少，才这么片面地极端地看待复杂的社会和复杂的问题。

七、不宜使用尚未流行的网络语言。很多网络语言只是在很小的圈子里分众流行，如果写进考场作文，则很容易被阅卷老师判为语言不规范，因为不是每一位阅卷老师都很熟悉网络用语，都能看明白你的网络语言的含义的。

八、不要原文搬用所给的材料。一般说来，现在的作文考试都常常给出了一定的材料，以引起写作的思考。但是，如果我们原封不动地引用所给材料，则会耽误时间，也会留下缺乏概括能力的不良印象。要引用只能够是截取精华，或者用自己的语言来概括叙述。

九、不要使用方言土语。方言土语带有浓厚的地方色彩，一用就很容易暴露自己的地方身份，给阅卷者不必要的干扰信息，也给人语言不规范的感觉。

十、不宜轻易写科幻和纯抒情的散文。在今天的考场上，一般都是在考察我们关注社会、积淀文化、抒写思考的能力，属于创作类的科幻作品，阅卷者认为很难评分，缺乏学科的科学考察的阅卷基础；纯抒情散文，也因为缺乏深厚的理性光芒容易形成空泛的感觉。

12 考场作文标题书写的初始印象

连续两天集中阅卷，查看了一模的部分作文，发现在很基本的方面，还没有引起老师和同学们的高度警觉。

这次一模的作文，非常触及社会现实和社会热点，具有很强的高考导向作用。作文引出了一则材料，说一妇女带婴儿车坐大巴，司机要求将车折叠好以少占空间，不然要交一元行李费。妇女则认为折叠车会弄醒小孩，并说抱婴儿坐车危险。双方“对峙”不让，最后是转移其他乘客，警察来送妇婴回家。

要求任选角度（评分建议提出可以从司机、妇女、乘客、警察及其他角度）立意，自拟题目作文。

很多同学是只站在人与人的角度来思考化解矛盾，拟的题目大多为《退后一步天地宽》《忍让的美德》《一元钱引发的争执》《社会需要和谐》等；一些同学则能够从制度的层面去思考，拟的题目是《制度的坚持与现实的变通》《规矩与实际》。显然，这些同学的思考的含金量则大得多，看得远想得深。

不少同学在拟定标题上犹豫不决，涂来改去，给人极不沉着的印象。在试卷的标题位置，将自拟的题目《谅解》涂抹掉，另写并无什么差异的标题《谅解如水》；有的则用很容易引起歧义的简称《公车》，题目为《公车上的争议》；有的虽然费尽心思，生造标题如《追求无罪，累及有错》，仍然使人难以明白立意所在；有的在标题上啰唆，如《一元钱，让我们看到了争议的原因》《将感恩，点点滴滴记我心》;有的标题因为语词遗漏而语意不明确,如《沟通是误会的唯一良方》;有的题使人丈二和尚摸不着头脑,如《灯火阑珊》;有的隐晦比附,让人难解,如《一步间的心河》。以上种种,无论是生造、苟简、漏词、晦涩、比附、啰唆,都不是给人第一印象应该出现的标题。我们无论如何都应该在标题上略微花费一点时间,使自己文章的脸面带有眼睛性质的标题,使人特别是使阅卷老师爽心悦目,至少应该达到一目了然的程度。

标题应该在立意上去摄取和勾勒,能够极概括地反映出自己的文章主旨。

其次是书写上的问题。有的同学的字仅仅有作文方格面积的四分之一大,看起来就非常费劲;有的同学在写带有"忍"字的标题时,居然把上面的"刃"少写一点写成了一个"刀";有的同学把自己三个字的标题《情与理》横着隔开来写,字与字之间空两个字,看起来很不是滋味;还有的同学把自己的标题涂抹覆盖后,重新写的还是原来的标题。这样的草率慌乱,的确很丢面子,给人的印象是"该生遇事很不镇静"。

统计数据表明,一般的阅卷速度是每份作文 57 秒,最快的则只有 28 秒。正文到底看了几行,可想而知。大家可以想象,在这样的阅卷情景中,如果再出现标题不当,标题书写不当,给人的印象该是多么的糟糕,得分又会是多么的少得可怜。

13 高中写作训练应以议论文为主吗

一位老师来邮件说:“前段时间,班里从实验高中转来一名学生,当时我正给学生讲了必修五的一单元写作《感悟亲情》,要求学生们关注自己的生活,写出最感动自己的亲情故事,无论事情有多么小,只要是触动你心灵、让你感动的故事都可以写。那个新来的学生因为中途插班,他没有写这篇作文。当我要求学生交作业时,他陈述理由之后说,他们老师平常鼓励大家写议论文。言下之意,对这类记叙文兴趣不浓。我觉得奇怪,其实,考场作文文体不限,为什么只强调写议论文呢?如果叙述文不会写,议论文恐怕也写不好吧?”

这位老师所说的现象,现在具有一定的普遍性。

我们的高中写作教学的价值取向,主要是受高考影响。恢复高考三十多年来,经历了题目作文、材料作文和话题作文,以及新材料作文四个阶段。20 世纪 90 年代末期,随着“记忆是可以移植的”文体不限的想象作文考题出现之后,一段时间,学生的作文一阵风似的都往非理性思考的路子,诸如散文等方面去训练。这时,国家考试中心语文命题组的专家们则反复强调,高考应该坚持以写议论性的文章为主。这些年来,虽然说文体不限,而实质上仍然在坚持要求学生往逻辑思维、理性思考上去训练。

从我们国家的写作教学实际来看,初中阶段过去是以记叙文为主,高中是以议论文为主,伴之以说明文,顺便说说应用文。而这样的顺序也与国际上一些国家的母语写作训练的顺序不一致，也未必就完全符合学生写作能力的发展实际。但是，高中学生的学习积累和年龄发展，应该是进入了理性思考、逻辑思维发展的重要阶段，一般的学生这一阶段如果不加强逻辑思维训练，是难以弥补的损失。

20 世纪 80 年代初期，曾经有学者针对我国思维不讲逻辑、缺少理性的现实，而根据世界上有的国家小学三年级就开始开设形式逻辑常识的现实，提出加强我国的形式逻辑的教学，在初中一年级就开始将语文分为语言、文学、逻辑三门课程。后来因为师资严重缺乏，不仅初中没有开设，就连高中的六七篇讲逻辑常识的知识短文也给删除了。

高中阶段加强议论文的训练应该是多年来的实践教训和已经取得的一致共识。

至于学校训练对非议论文体的忽略，是不恰当的，应该进行纠偏。高考强调写议论性文体，但是在具体的考题中，年年强调文体不限，就是怕大家只训练议论这一种文体。

一个人的写作能力，应该包括各种文体的写作能力，不应该有所偏废。关于某一问题某一情况的说明，亲人朋友乃至师生之间等的情感抒发，关于某一先进人物事件的报道通讯，都需要多种表达方式的运用。

人教版语文必修五的《感悟亲情》，是落实高考发展等级，要求学生写出真情实感的一种深化练习。必修五几次的练习分别体现的是深刻、翔实、生动、创意。只要紧紧扣住教材的写作训练序列，对学生写作能力的全面发展是不会发生大的偏差的。

14 初中作文的抒情之风应该降温

最近看了一些学生的作文，包括文学社的一些学生作品，深深感到初中作文的抒情之风越来越猛烈，应该降温。

现在的初中学生作文，动辄就抒情，一开篇就是一大段排比句比喻句。什么都拿过来比喻，没有什么相似点相近点可言。看了半天，问这一大段排比类比喻到底要想说什么。答曰：不知道。为什么要这样写？回答是，这一段话好美好美的。

当下的流行文化、节日贺卡文化、短信文化，对学生的渗透影响力的确是巨大的，其间也有不少精辟的表述。但是，语言垃圾不少，嗲声嗲气，扭捏作态，无根夸张，故作惊人的作呕抒情，这在一定程度上影响了学生的语言书面化规范化的发展，很容易养成不良文风。

从小学到初中，孩子的语言从口语到书面语，是非常重要的语言发展阶段。20 世纪 90 年代初，章熊先生就说过，如果一个高考考生的作文还是口语化为主的表达，说明他的语言发展还处于小学阶段。80 年代中期，上海《文汇报》记者访问当年的一名高考状元，问其父母对子女教育的密诀。父母说基本没有，最多就是从小比较注意让孩子尽量使用规范的名词术语。

语言的规范使得孩子与最深邃的思考在阅读上拉近了距离，减少了转换与翻译的过程。

初中生的作文语言，无论奢靡与夸饰，做作与矫情，都是社会语言、生活语言的折射与反映。但是，作为语文教师，还是应该为孩子长远发展计，指出现在文风的弊端，引导他们健康发展自己的语言。

首先是减少无病呻吟、漫天抒情，要将表达的最基本的内容，清清楚楚地写出来，这是第一位的。对事实的感受分析是第二位的。一定要有受众意识、读者意识，不要话还没有讲出来就自己一个人独自笑个不停，而让他人感到莫名其妙。

其次是初中生的作文应该以学会讲故事为主，把内容的组织与选择，表达的顺序与条理，重点的确定与渲染作为重点。学生如果在初中学会了写故事，具备了扎实的写作功夫，以后写其他的散文与议论文，应该是很自然的事情。

抒情意味的降温，才有可能为最基本的写作能力的提升挪出空间。

15 作文是对生命的礼赞和生活的理解

作文考什么？考学生对生命的礼赞和对生活的理解。

无论试题以什么样的方式出现，无论具体的题目是什么文字，透过所有的字面，都可以归结为这样的一句话。

对生命的礼赞，就是对生命的态度，是我国传统文化与现在主流文化的基本色调。即需要学生对社会、对自我、对人类应该有一个积极健康的思想意识和人生态度。小到婴儿的啼哭，大到地球上的海啸灾难，甚至飞向宇宙，无不饱含着生命的礼赞，无不可以从对生命的礼赞落笔。对生活的理解，对于中学生来说，既不陌生，也不困难。生活无所不包，人的发展、自己的未来、学习的重要、道德的修炼、情感的体验、思想方法的价值、成长的艰辛、环境的保护、社会的和谐……可以说，生活本身就包括了物质生活、精神生活以及其他的文化生活，真的是无所不包。

作文就是要学生将自己对生命的礼赞、对生活的理解落实到纸上，用书面的方式与人交流，与人分享。

当然，作文的转换与洞悉能力还不很自如的时候，在一般情况下，还需要对近三十年至少十年来的作文考试题目进行分类，就可以很清楚这一核心的内容要求。

当前的备考中，完全可以将资料上的众多题目（在学校看到一本复习资料收集了 197 个作文练兵题），要求或建议学生自己进行分类，按照对高考中考作文内容类型的理解，分为或十类或八类或多少类。这样，就不会对陌生的试题感到困难，就很容易激起自己的写作冲动，将自己一以贯之的对生命的礼赞与对生活的理解落实到纸上。

16 应该传授什么样的写作知识

——兼答博友的提问

在作文批改的讨论中，引出了一个写作教学的核心问题：我们应该传授什么样的写作知识。

写作有没有知识？回答是肯定的：有！

如同过去听说读写能力的教学一样，听说也是有知识的、有讲究的。问题是，当我们的孩子还没有，或者还不能大胆自如地听说的时候，我们的一切喋喋不休对孩子所传授的关于听说的理论和知识，显得多么苍白和多么尴尬，甚至多么令人发笑啊！

同样的道理，我们学生的写作，就目前大多数中小学学生来看，需要的不是什么写作知识，而是写作时毫无心理障碍状态的自然出现。当学生把写作当作畏途，心存厌倦与惧怕，下笔嗫嚅啰唆，话不成句话难达意时，我们有关写作的诸多技法与章法，对学生来讲，无异于对三岁孩童大讲辩论的技巧与礼节，无异于对三岁孩童讲国事访问中的听与说的技法。

我国的写作教学，首先应该解决的是用笔说清楚，而不是进行文学创作性质的，或者国家民族级别的高级论辩性质的写作。用大作家的作品来要求中小学生的写作，如同用达不到的世界跳高冠军的高度来训练中小学生，岂有不吓跑绝大多数或几乎所有学生的道理？

说什么写什么也是非常重要的，如果我们非得要学生脱离他们的年龄及学习生活实际，站在难以达到的政治思想的高度，上下五千年纵横八万里的时空上说大话、说深刻的话、精彩的话、充满幽默智慧的话，也必定是为难了学生，坑苦了学生。

以上两点涉及的是写作教学的根本方向和基本观念问题，也是近些年来反复强调的写作要说真话、实话、心里话的问题。而这一问题的解决，需要花费很多时间和精力，才能够彻底得到解决。

写作知识，应该是学生的写作实践达到相对较多积累的时候，成为一种自觉需要的时候，才进行个别化的有效提供与传授，绝对不能先行输入和强行灌注。

写作不是文艺创作，尤其是对一般的中小学学生。因此，我以为学生在写作无心理障碍以后，可以按照围绕中心、具体翔实、清楚条理、生动艺术四大阶段，来进行相关知识的介绍与临场研讨。不同的学生、不同的写作水平的发育是不尽相同的，需要进行极具个性化的指导与相关知识的传授，不太适宜整齐划一的写作知识的讲授。

写作，心态是前提，内容是核心，而写作形式与写作技法永远都是次要的！

17 学生需要多少作文指导

我们的作文指导课，常常是洋洋洒洒一满堂课。或者通过讲故事引入，或者通过读优秀作品引入，或者通过学同学的拔尖作文入手，然后才开始讲思维的展开，画上圆圈箭头图示，上下左右四个方向：过去、现在、现象、本质。当然，有的还不止这些，还有发展、变化、危害，古代的文学家、科学家，近代的革命家、军事家，当代的英雄、功臣、劳模，外国名言、中国古诗、当代流行歌词，可以说是铺天盖地泼下的倾盆大雨，把学生指导得头昏脑涨晕头转向，茫然不知所措。

面对不同层次的学生，所需要的作文指导是迥然不同的。优等生需要的是超越自己，有所新的突破或发现；一般学生则需要思考集中笔力内容翔实；写作吃力的学生，则需要开启大脑找话来说，如果作文的题目不为难学生的话。

当然，题目难则首先需要在审题上进行指导。

说多了，反而说乱了。每一层次的学生就需要我们点到为止的那么一两句话，一两句使学生豁然开朗的，或茅塞顿开的话。

18 再说高考作文的猜题问题

我历来是反对猜题的。

因为高考是一场非常严肃的选拔性考试，参与试题命制的人除一名中学语文教师或者教研员外，其他的都是来自高校的十多位教授副教授，他们的思路与肩负的责任不同，反宿构、反押宝、反猜题是他们首先考虑的因素。改革开放三十多年了，没有哪一年的考前有人敢于打赌说，当年的作文试题自己能够猜准。

然而，最近些年，一些人利用高考作文试题命制的特殊要求，即“人人有话可说”的公平性，把八竿子打不着的、自己的模拟试题，说成是猜中了的试题。出于经济上的名利上的需求，牵强附会故作曲解，转弯抹角强词夺理，误导了一大批不谙事理的学生，使得高考作文成绩难以取得理想的分数，也容易使得一个地方的高考成绩连年稳步下滑。

现在的命题者们常常是一到命题的地方，就开始每人每天自己去黑板上，或者大白纸上去写一道作文题。到最后，才进行碰撞讨论，逐一斟酌逐一推翻。在这一反复思考的过程中，首先考虑的是不能被猜中，要没有人能想到，其结果才是出人意料又在情理之中，而且人人有话可说。

一个地方有一个地方的文化个性和地域特征。我们国家历来反对地方主义、小团体主义，要求五湖四海、多元并存、海纳百川。面对如此的作文命题，更加不能搞一个小地方主义，诸如“江西团”

“鄂人帮”等的猜题团伙，站在行政的角度，利用公器来误导广大考生。

正确的做法是鼓励学生自己去猜题，并在班上说说自己的理由，以此加深考生对社会、对自然、对自我的关注与认识。通过这样的方式，可以让中上等学生激发与提升对时政、对生活、对生命的责任感和关切度，可以由此梳理出自己在该方面积累的素材，以及值得分享的价值观和个人独到的感悟。但是，绝对不要由此推而广之，要求某一道题全年级全学校的人都来做，因为在高强度的关注下，很容易误导出学生的考场偏离，一旦没有见到所猜想的试题，就惊慌失措、焦虑万分，严重影响自己的高考成绩。

考生的作文备考准备，应该是非常积极而又充分的。分为不同的文体和不同的领域，都在基本观点和典型素材上进行了深入的具体的准备。大的方面，一般有经验的教师以及悟性好的学生，都是有备而来走进考场的，这其中只存在自己的储备与正式考题之间的精准契合的临场调整和进行梳妆打扮的圆润问题。小范围包括与父母，与几位同学之间的猜题是必要的，但是，绝对不能抱有非此不能，否则失败的错误的幻想。

19 影响和伴随学生一生的作文题目

好的高考作文试题，应该具有影响和伴随学生一生的教化作用。

最近，听一位高校教师谈到高考作文时，提出这样一种很有震撼力的观点，我以为这体现出非常具有时代责任感和家国情怀的知识分子的价值取向。

作为高考，涉及动辄几十万乃至几百万人的题目，让学生花上近一个小时去思考写作的题目，应该起到在学生的情感态度价值观上的提升作用，不应该仅仅停留在对过往历史人物、文学人物的描述与赞叹上。回顾广东省近些年来的高考作文试题，一再受到大家的肯定，就在于走出了卿卿小我的憋屈境地，站在社会发展、时代进步的高度，对学生终身发展高度负责任的台阶上来思考问题，来进行试题命制。从“传递”到“常识”，从“不要轻易说‘不’”到“与你为邻”，无不体现了一种积极进取的博大胸怀和健康硕壮的人生态势。我在去年和前年的博文中也多次说道，这也是大文化观的一种折射，对学生的积极的人生观的形成，是很有启迪和浸润渐染价值的。

当然，我们也看到，一些地方的作文题目，自主命题已经七八年了，仍然还主要停留在“文化大革命”前的以学生为敌的立场上，把防宿构、防猜题当作了第一要务。所命制的试题，怎么也走不出防贼心理，题目很不大气、很没有远见、很低幼化。有的地方所谓的模拟试题，纯粹是一种农耕时代落魄文人的孤芳自赏，或者扭曲心理的反映。譬如对青年学生要求写“雨燕减肥”“提篮春光看妈妈”“踮起脚尖”“肩膀”“筷子”“我想握住你的手”“喜欢喝咖啡、果汁、矿泉水的三种人”“鸭子学游泳”“童话的产生”“人生犹如一杯茶”“你说我是狗屎你首先是狗屎”，等等。

对高考作文有研究的人还认为，好的作文题目，应该能够激发起学生对生活的记忆。的确，在高声呼唤关注社会、关注生活、关注自我的同时，面对很多的高考试题，的确感觉不到其间的生活的气息、时代的韵味。要求学生要有阅历和经历的积累，然而，我们的题目却难以唤醒学生的阅历和经历。最近几年十年略微好一点，学生的阅历积累在作文中得到了展示，但是，又走向了另一个极端，成了名人聚会、名言荟萃的地方，作文始终难以见到鲜活的生活的踪影。

当今社会，学生的生活经历还是不断在丰富起来，学校组织的综合性学习、研究性学习、军训、社会实践活动、走进社区、义工活动、扶贫活动、春游秋游活动，还有无数的诸如古诗词吟诵、辩论赛、运动会，还有众多的家庭生活、校园生活、住宿生活、社团生活，等等。这些似乎都不够惊天地泣鬼神，既不豪迈也不伟大，很难进入学生的作文。自然，怀抱这样的作文观念，在写作中要写真话、实话、心里话，就只会落空。

关注社会、积累文化、抒写思考，是我们考场作文应该遵循的一个基本法则。

20 作文要避免文艺腔

最近参与的小规模、小范围、封闭式的工作会，高考作文现状研讨会上，大家一致反对高考作文中的文艺腔。

这也是在几年前就提出过要反对的一种写作病态。社会上商家炒作的节庆贺卡上的语言，无论是复活节还是圣诞节，母亲节还是父亲节，中国的教师节还是西方的情人节，一律将人们的贺词印在贺卡上，使得不少的青少年学生被迷住了，误以为那些香喷喷、软绵绵、黏糊糊、甜腻腻的话语，就是最能打动人的最好的语言。

现在高考作文，差不多就是名人集锦加名言荟萃的盛宴，再加从头至尾的文艺腔。

作文是需要真情实感的，是以真为前提的。仔细阅读现在的高考作文，假话套话空话连篇，没有自己的思考，没有自己的感悟，也没有自己的真情。动辄就是排比，就是比喻，就是酸酸的话语。来了一段又一段的排比，如果问写这些是干嘛的，给人的回答则是“不知道”。为什么要这样写，常常是“因为很美”。

在一些报刊资料的推波助澜下，形式主义的风浪越刮越大。不少学生被“有文采”三字所毒害，满以为只要坚持写排比句，写很浓郁的文艺腔的句子，就是有文采，而常常把作文的生命——真实的深入的思考观察、分析说理等给扔在了脑后。

其后果是越来越不讲道理，越来越缺乏应有的理性思考，越来越缺少对事物应有的分析与议论，文章的表达自然就越来越虚浮，越来越远离社会的需要和写作的初衷。

高中学生，进入了以理性思考为主的年龄阶段，学校教育也是以逻辑思维训练为主的教育。在这种情况下，写作自然也应该以议论、说理、劝诫为主的训练，而不应该继续停留在描写、抒情为主的阶段。当然，描写抒情是应该进行的，但是必须在叙述、说明、议论等的充分展开，且比较到位的情况下，自然地恰到好处地进行，而不是喧宾夺主，使得文章没有了最基本的言志与载道，使得文章只有花花绿绿的外衣，而没有应该有的筋骨和支架。

21 作文要在平和的心境里深入思考

不少学生平时练习时还能写得像模像样，有一定的深度，到正规一点的考场上，写的文章则不像本人平时写的了，既没有深度也没有分量。

这其实是一个心态问题，即我们的学生把每一次考试都太当作一回事了，心里装的非考试内容太多，丢不开，患得患失，以至于不能正常发挥出自己的水平来。

首先要让学生明白，考场上的作文与平时的作文是一样的，不是考你识字写字的能力，虽然书写也能够带来好印象。绝大多数学生的书写是差不多的，因此也就可以忽略不计。也不是考你写句子的能力，一般情况下，高三的学生在写句子上都没有问题。写作考查的核心能力是什么呢？除了顺带考查的书写包括格式、审题的能力外，主要还是考查你的思考能力，即思考的含金量。也就是面对规定的一个情景一个问题，你是怎么去思考、分析、解决的，思考的路数、思考的程度如何，能不能把问题想清楚弄透彻，能不能很顺畅地将自己的思考写出来与读者交流。

其次是让学生明白，在规定的时间、规定的话题内思考，是需要高度集中精力深入进行的。这时的思考是非常艰苦的脑力劳动，来不得一丝一毫的分心走神，就是聚精会神也难以达到理想的思考状态，何况还要去想其他的问题呢。在此情况下，任何杂念都会影响自己深入思考的方向，影响自己所能达到的程度。在考试或者模拟考试的写作中，时间本来就非常紧张，你还分走一部分精力去想其他的问题，这短短的时间又怎能使自己深入地反复地去思考呢？

再次，可以采用一些辅助手段帮助自己集中精力。如审题构思时，动笔书写一些主题词，或者自己认为有助于思考的代码、符号、数字等，沿着自己认定的方向继续思考下去，直到想得比较明白通透，想得比较有条理、有层次。要不断反思自己的考场写作以及自己的复习备考，从中梳理得失，归纳适合自己的有效的程序与方法。

写作涉及的综合性因素很多，因此不能有急功近利的浮躁心态，也不能去多想与该题无关的，诸如分数排名等其他问题。既然写作分数这么多，比例高达 40%，我们为什么不静下心来进行深入思考呢？其他的小题万一走神，也就是三五分的事情，而写作是整整 60 分啊。

22 材料作文中的扣题问题

月考，作文训练使用的是一则材料作文，大意是说，袁隆平读大一的时候成绩只是中等，这也如他后来曾经说过的读书重要、电脑重要，但是还有比这些更加重要的东西。

阅卷以前，几位老师一直认为，材料限制还是比较多的，讨论之后认定"实践是最重要的"为立意上的扣题，对于写自信的写坚韧的等，都统统划归到跑题。随着试卷判阅的推进，在阅卷过程中又逐渐感到矛盾起来。

材料本身的确有主题预设之嫌，学生不好反向立意。但是，也不至于只有一种立意。为什么我们又常常将其他的立意判为跑题呢？

实际上，学生在作文时，常常凭借自己的一时感觉，凭借自己的粗读印象，就产生出了一个概念。随后，常常是把自己曾经写过的，类似主题的作文套将上来。这样就很容易被判为套作，也就自然会被判为跑题。

关键在于对材料本身缺少分析。如果将书本等教科书，看作既往的系统知识，这些知识常常会落后于社会现实，需要不断发展。如果将电脑看作现代先进工具，虽然能够提供工作上的许多便捷，但是也不能去依赖。如果学生去如此分析，袁隆平不满足于既往的知识和现代的工具，坚信自己的眼睛观察，坚信自己的大脑研究，且持之以恒地实验下去，这样的立意又何尝不能说是扣题的呢？

如果学生从中等成绩到水稻之父，去分析袁隆平的发展历程，以说明中等成绩与日后的发展是正相关的关系。如果是差生缺少基本的农学基础，也是难以出成果的，或者说中等成绩促成了自己的发奋，开始静下来学习与实验呢？

当然，在这里我没有仔细去具体深入思考与分析材料里的各意义元素，以及相互之间的关系。我只是想说明，我们老师也不要对材料只简单地凭感觉就得出唯一的一种概念，然后就按照这一概念去延展文章，而是要向学生讲出对材料本身的分析，可以是多角度、多侧面、多层次的多元价值取向的。即使有的学生凭借材料得出了与我们的预设主题一致的概念，但是，没有去分析材料，而是按照这一概念另外去敷衍成文，也容易走上套作之路。

即使与我们阅卷老师最初认定的概念不一致，但是，文章对提供的材料本身进行了深入的分析之后得出来的立意，也是应该得到充分肯定的。

考试发展到今天，不应该再简单地去看立意的吻合与否，而的确应该主要去看所立之意是对材料的深入分析与否。

23 中考作文写作的条理化训练

中考作文写作中的条理化问题，反映出的首先是思考的条理化。

我们要求写作的条理化，实际上是要求思考问题的顺序性和层次性。如果对问题的思考是一团乱麻，拎不出头绪，分不出轻重，不能依照一般的认识规律去认识事物分析事物，自己的头脑里都是一盆糨糊，是不可能写出有条理性的文章来的。

我们无论是思考分析事物与问题，还是感慨抒发态度情感，一般总是有一个发生发展的过程。这个过程常常在多数情况下是相通的，也就是时间顺序、空间顺序或事理（逻辑）顺序，我们按照这样的顺序方式来思考认识，来倾吐抒发，就容易与别人引起共鸣。因为大家基本上都是按照这样的顺序来接受你的信息，领悟你的思考，感受你的情感与态度的。譬如，按照过去现在将来，按照上下左右前后，按照原因结果、条件结果、现象本质等来思考。如果不按照这样的思维习惯和情感倾吐顺序来展开，别人（受众）就难以理解。

按照大家共有的顺序来思考分析与抒发倾吐，也能帮助我们在思考分析与抒发倾吐时，出现不必要的重复与重大的遗漏，使自己的思维过程严密起来。在这样的过程中，可以通过拟提纲的方式，从客观上保证自己进行艰苦的脑力劳动时具有条理性和顺序性。有了条理性和顺序性，才能逐步达到层次性。

中考作文写作如解决了上面的问题，就很容易解决表达上的条理化问题。

我们只要将思考的条理性落实在纸上，就是表达上的条理化了。

表达上要注意的是，使用一些标志性的词语，有助于我们有条理地表达。

首先是按照内容进行分段，每一段有自己的中心，各个段落之间又要有一定的联系。一些同学不注意分段，使意思的表达黏黏糊糊的分不清，这很不好。最好还能够多分段，让提行来给读者一定的阅读间隙，感受到思考的节奏和写作的节奏。

其次是使用一些标志性的词语来强化自己的思考抒发的条理性与流畅性。如重复使用主题词，譬如“当……时”“当……时”“当……时”，或者“珍惜时间……”“珍惜时间……”“珍惜时间……”，或者“我漫步在……”“我漫步在……”“我漫步在……”。如“首先、其次、再其次”，如“第一、第二、第三”，如“一方面”“另一方面”，在最后一段使用诸如“总之”“总而言之”“概括起来”“以上的……说明了（证明了、表明了）……”

当然，开头段要写出能够总领下面各段内容的文字，通过主题词的出现，通过“几个”方面的提示，通过哪些途径的抒发等，给读者一个总起的轮廓性的印记。结尾要出现能够涵盖上述各个方面的总结性的、概括性的文字，照应着开头，绾总着全篇的思绪，这样一来，文章就显得珠圆玉润、浑然完整了。

24 该不该背诵优秀作文上考场

我历来反对背诵优秀作文选和考场满分作文之类的做法，现在却有了新的考虑。

在考场上背写优秀或满分作文，因此而吃亏的情况太多太多了。十多岁的孩子，再背也难以超出教师的阅读视野；再说，考试的作文命题，最重要的任务就是要反宿构反押题，反对事前有准备的作文出现；何况，凡是好作文都是在考场上思维被高度激活，写作的火花不断喷涌的情况下，汩汩滔滔流淌出来的。

然而，情况的确在发生变化。

北京一位张姓专家谈到儿子考初中时，就把自己写的最得意的景山公园捉蛐蛐的文章反复研究，写上考卷得了几乎满分（仅错别字扣了 1 分）。记一天、记一事、记一人都用上去了，都是捉蛐蛐，遇上最后的题目，就写《爸爸带我捉蛐蛐》。

现在，好文章的出现方式多了，以至于高考阅卷场上公布的满分作文，登报后才发现居然是抄袭来的。再说，现在的话题作文，没有了太大的审题难度，完全可以选择最薄的地方钉钉子，什么文章套不上去呢？不管怎么说，背几篇文章，比腹中空空，还是好得多，毕竟付出了一定的劳动。

因此，我认为，写作尖子生或者思维活跃的学生，还是应该在考场上依据考题激活自己的思维，写出最鲜活、最美妙、最有灵感的文章来，不要去炒陈饭，不要去写平淡的文章。

一般的学生，则可以熟悉几大类自己的佳作，在材料的临时组合不太顺手的情况下，还是可以帮助自己尽快完篇的。

但是，必须注意的是，考场作文的判阅，最具有挑战性的，是不被判定为抄袭或雷同。

在阅读熟悉优秀作文时，不应该有超越自己实力太远的奢望，不要有得高分甚至满分的奢望。如果平时自己的作文一般，却去背诵满分作文，或引人注目的优秀作文，那很容易露出马脚。因为这些文章已经有很大的影响，很多人都已经在关注，即使教师没有看出来，可是由于自己的思路或语言衔接不圆润，就容易破绽百出。

作文比较吃力，组织材料有些费劲的同学，尤其是语言组织还不顺当的同学，更应该注意选择中等水平的文章来学习借鉴，来熟读其主体部分。这样，在考场上才能迅速进入状态。

不要去死记硬背，而要熟悉切合自己写作和语言表达实际的好文章，不企求超常发挥，而只要求正常发挥，才能力所能及地处理和驾驭考场文章的衔接、转换和切合题意。

25 45分的作文如何继续提升

——兼答春暖花开女士

春暖花开提出，自己的孩子每一次模拟考试成绩几乎都稳定在45分左右，还有40余天，能不能再有所提高？

我认为，是完全能够有所提高的。

作文是高考语文得分的大户，45分是模拟考试中得分比较优秀的作文。我也在春暖花开的博客上看到了她孩子最近的模拟考试作文，她孩子是一个很有作文提升潜质的考生。因此回复如次：

家长对孩子作文的评价是有典型性的。虽然文章有文采，有灵气，但是不符合社会和时代的需求，属于患了小女生毛病的一类文章，即在语言表达上受一些不良文风的影响，无意识地追求表达的华丽香艳，而忽略了思考的深入和表达的清晰。

现在需要让孩子明白，参加高考，就得遵守高考的游戏规则。高考作文判分常常是一两分钟就必须完成评阅，自己有没有本事在最短的时间内，以最快的速度让阅卷老师一眼就明白自己表达的思想，一看就赞叹自己的文章。这不仅是高考的需要，也是我们快速发展的时代的需要。那种“吟安一个字拈断三茎须”的农耕时代的写作，越来越远离我们的社会大众，成为了极少数人即小众化的需求。

有了心悦口服的上述认识，才可能采取下述行为：

改写已经写过的，自己认为没有被看好、没有给高分的作文。按照惯例，在第一段出示自己全文扣题后的中心论点，以后每一段的第一句，出示围绕中心论点的分论点，即该段的中心论点，文章的结尾，务必围绕题目，再深化或强化中心论点。

连续改写三两篇文章，再练习写两篇文章，思考的深入和表达的剔透就应该没有多大的问题了，因为孩子的文章底子是可塑性强的好坯子。

写好以后，力争让有经验的、参加过作文评判阅卷的人，在短时间内（即一分钟左右）给出分数。几个回合下来，高考应该可以在50分以上。如果书写漂亮，语言凝练一些，得高分甚至满分的可能也是存在的。不要用作文阅卷的偶然性来原谅自己，要相信作文也是密封判阅。思考的含金量是基础，表达的清晰性是关键。

这对于文学青年来说是一件难受的事情，但是，必须经过这样的熬煎训练，提高自己思考的逻辑性和表达的条理性。至于自己的文学创作，或其他的耐读耐琢磨咀嚼的佳作，就可以直接投稿到文学杂志，而不应该写到快速阅卷的高考试卷上。

有时间不妨看看我博客里"高考中考"栏目中的"从好文章到高考好作文"以及"再说从好文章到高考好作文"。

26 答初三学生作文备考三问

最近，得到初三学生作文备考方面的三个提问：一是考场上如何快速构筑文章结构，如何点题与升华主题；二是为什么老是扣不好题；三是考场上一时想不出写什么素材怎么办。

显然，这是三个不同层次的考场作文写作心理及写作技巧的问题。

先说素材问题。我们在考场上首先应该消除紧张心理，其次则是想一想中考的作文题目要求我们写什么，自己已经确定了写什么，然后才是写作的素材问题。如果心里已经很清晰写什么，那就仔细回想：我到底准备写的是什么意思（或者道理）、什么态度、什么感情，这些意思态度或感情是建立在什么基础上的，凭什么产生的。这些产生的基础，就是你作文的素材。这些素材，包括了你分解开来的某一说法某一种感情产生的更具体的内容。抓住你审题时产生主题（就是立意）的瞬间感觉，再回想并展开其感觉产生的基础，内容就非常丰富了。

如果还觉得空洞，就可以采用类似问题的联想拓展，去想有关的古代现代、中国外国、校内校外、父辈自己……等不同的角度，去搜索头脑中的记忆储存，自然素材就多了起来。

一些同学觉得没有素材，是对素材的要求太高，认为一定要非常优异的、出众的、非同一般的，又极其贴切的才是好素材。其实，只要自己的意思想明白了，道理想透彻了，信手拈来的小事都可以做素材的。关键在你怎么使用，从什么角度去使用罢了。在作文备考中，一定要熟悉自己写得比较成功的作文，那些素材，一般情况下是可以在考场上进行改造加工，好好使用的。

再说扣题的问题。的确，中考作文只有短短的五六百字，如果不注意扣题，很容易就没有在题目范围内，甚至写高兴了，写到什么地方去了都不知道。考场作文不是茶馆里的吹牛聊天，海阔天空侃大山，而是在规定的时间、规定的地方，表达命题者规定的内容。就好像交代给你办一件事情，你不能随心所欲地想当然去办，必须按照规定和指令去办。今天的作文考试就是明天工作的演练，不能按照要求办事，又怎么能胜任工作呢？平时就要养成按照要求作文的习惯，考场上更应该不断提醒自己，我是在参加别人的规定动作的考试，不合规定就一定会被淘汰出局。

有了扣题意识就好办了，只要开门见山，直奔主题，段段点题，结尾归题，就会给阅卷老师非常清晰深刻的印象，你的文章始终在规定的范围内写作。扣题的问题，还需要注意重要的或中心的段落或句子，要注意重锤敲打，反复强化，文章自然就扣住了题目。

这里说的扣题，是不要在写的过程中跑题，不断提醒自己，不断强化给读者的印象：我在题目之内。当然，也可以采用一些排比句的方式来强化式的扣题，采用独句段的形式来不断点题。

其实，扣题最重要的是审题的时候把写作的要求弄清楚，使自己的立意，绝对在题目所要求的范围之内。不然，后来再努力都不如一开始就有非常明确的清晰的审题。

最后说说快速构思、点题，以及升华的问题。同学提的是考场如何快速构筑文章结构的问题。我以为，在考场上，文章结构是不应该太花费时间去构筑的，因为文章太短，说不了几句话，也写不了几件事。五六百字的短文章，简单开头就得直奔主题，中心段落还得节约笔墨简洁叙述，结尾也不允许展开。因此，这里的意思，我估计是快速构思的问题，文章的结构真的可以不单独花时间去考虑。

快速构思，首先要注意的是快速审题，弄明白作文题目要求写什么，自己准备怎么写，不能模糊和游弋。要非常清晰和明白，尽可能把意思想得透彻清楚。第二步才是写什么内容来支持自己的想法和感觉，没有必要在结构上费心思绕圈子，直接一些，明白简洁一些，文章才容易形成冲击力。

快速构思，可以采用简单的线条，或 123、ABC 等代码的方式表示自己的内容元素，或者用三两个字来表示自己的内容组织，不要面面俱到，细细叙说。那样是耽误时间，也难以调整好写作上少慢差费的旧方式。

主题升华的问题，是一个人的思考与认识能力的问题，这与自己的阅历与经历有关，更与自己的思想水平感悟能力有关，不是一下子能洞穿事物的现象，提升到很高的文化层面，甚至思想觉悟层面的。

当然，我们可以从“生命文化”的层面去提升，从人类命运的终极关怀的角度去感悟，体验很多具体的细小的事情与细节，也可以站在文化的角度，去审视这些具体的细小的事情，或细节所蕴涵的文化价值（文明健康和谐智慧），展望它们在文化发展中的积极意义。注意，这些务必在“真情实感”的前提下来具体分析与提升，绝对不要离开自己作文的具体细节和具体内容，跨越式地进行空对空的，贴标签，说大话空话。这样的升华只会弄巧成拙，使人厌恶。

不刻意为之，让自然流淌，不有意升华，自会打动读者和阅卷教师。文章就是这样，靠的是真情善意美言，靠的是简洁与质朴，靠的是真情实感。

27 从报刊电视中提升得分

我们在紧张的复习备考期间，为了放松，为了转换大脑，也为了调剂思考的内容和扩大自己的视野，每天应抽出一定的，哪怕是少量的时间，浏览一下报刊的大标题，甚至看看电视的一些重点文化栏目。只要略微留心，也会得到不少的启迪与收获。

以 2006 年 5 月 29 日的《深圳特区报》为例，其丰富多样的标题就可以帮助我们思考，如何拟制自己的作文标题，如何制作一句话新闻。其间，还能够获得一定的最新的写作素材。

如　唱出梦想唱出精彩——原创打工歌曲大赛

（标题如流行歌曲一样复沓流畅）

实现用人导向上的真转真变

（转变的分解 强化了转变的真与细）

剩菜剩饭 化成春泥护花木

（直白与化用古诗的结合）

“全副武装”体验废品变原料

（引用强化 引人注意）

民警勤走动 辖区发案降

“孙悟空”难觅踪影 “奥特曼”如影随形

又是一年端午节 又闻粽子满城香

（对偶、重复、引用、强化，使人容易关注）

广东连降暴雨 防汛如箭在弦

（比喻恰到好处，刻画出了形势急迫）

几声轻雷落万丝 千行街树碧参差（天气预报）

（对偶与古诗句的化用非常吸引眼球）

爸爸变成星星陪伴着我

（拟人的手法使人倍感温馨）

“名家名歌”六月再度飞扬鹏城

从煤矿工人到帕氏高徒/春天的宠儿/军歌民歌皆嘹亮/

中西合璧的“夜莺”/跨世纪的天籁之音/难忘“新时代”/

将军级的歌天使

（这是一组介绍歌唱家特点的广告性质的标题

从身份、性质、影响、特征等，不同角度抓住了每一位歌唱家的特点）

处处留心皆学问，得来不费大功夫。

我们在休闲式的换档式的浏览中，也可以获得许多对写作有益的启迪与收获。

28 参加作文考试前的准备

作文的备考，应该注意以下一些问题。

自己作文考试的过程控制、写作结果有哪些失误，心里一定要有数，并在写作练习中加以纠正和克服。

所谓过程控制，就是写作时的时间分配、材料把握、重点突出、各段点题等问题，不能见到熟悉的领域，甚至类似的题目就洋洋洒洒，一遇到陌生的题目就发怵，一筹莫展。越是熟悉的，越不能够神经过敏，越要深入思考，精心剪裁。虽然是陌生的试题，但是它对大家是公平的，这时候越要沉住气，仔细分解，转换角度，进入试题内核。

以上说的是对既往的校正，避免不重犯，“不二过”。

此外，还要注意一些新领域的开拓与思考，并有自己一定的想法。如一家报纸所拟出的 17 个专题：

社会・和谐——细雨鱼儿出，微风燕子斜

家庭・亲情——博大温馨的爱

宇宙・太空——永远的迷宫

自然・景观——跳跃在心灵琴键上的音符

校园・学习——五彩缤纷的花季雨季

城市・乡村——人类永远的家园

祖国・统一——永恒的颂歌

真理・信仰——不懈的追求

法律·道德——灵魂的守望

历史·未来——无声的忠告

科技·网络——让我欢喜让我忧

体育·奥运——人类的梦想

青春·成长——生命中苔藓般潮湿的印痕

战争·和平——人类沉重的话题

人生·岁月——不尽的咏叹

文学·艺术——人类情感最丰润的表达

生命·死亡——一道深奥的灵魂习题

这些专题,很多我们还可以归并,还可以化用,还可以再给副标题,以展现我们的关注点与兴奋度。如果时间还充裕,还可以选择一些可能性大,而自己又比较陌生的类别,来练习拟主题词及提纲,以磨砺自己的思想,挖掘自己思考的含金量。

自己容易写错的字,还是要下决心,在毕业前夕消灭最后10个自己不小心会溜出来的错别字。将正确的字词贴在自己常常能够看到的地方,并适当写写。

注意浏览报纸杂志,看最近的新思想、新观点、新材料是不是能够被自己吸收进来,不要刻意去做,而是在调剂自己大脑时随手拈来。

把自己这一年来作文中出现的精彩的句子进行整理,分类储存。一旦需要,就是自己自制的名言警句,那是很亮色的。

对于平时自己喜欢的一些成语、词语、流行歌曲的名称及歌词,经常挂在嘴边的一些词汇,怎么写,可以问问查查。说不定灵感一来,就巧夺天工般地化用成你的标题或中心句呢,你的文章也会因此而增色不少。

作文备考,要不断勤勉地思考,不断贪婪地学习。

29 与时俱进的中考话题作文

一、话题作文是怎么一回事

——浅谈话题作文的特点

话题作文为什么受到各地众多中考命题组的青睐呢?

首先,传统的命题作文方式在竞争激烈的选拔性考试中暴露出了不少弊端。命题作文是由老师或考官命制出的写作题目,全体学生或考生根据这同一个题目进行写作。由于提供的题目只有一个,因此,这一题目就有很大的局限性。它不一定适合所有的学生,尤其是大规模的选拔性考试,命制的试题很难做到公平。即使增加为两三道题供考生任选,其数量也是有限的,难以适应不同的考生。有一年一个地区的中考试题是《楼道里的故事》,对筒子楼的人来讲,就可能会有不少的素材积累,而对于农村的学生来说,就缺乏"楼道"的概念。同样的道理,《青青翠竹》《丰收的季节》《网上冲浪的喜悦》《都市新风》《瑞雪话丰年》《渔家新事》《爸爸妈妈给我的期待》《我和我的兄弟姐妹们》,等等,都会因为城市农村、南方北方、单亲和双亲家庭、独生和多生子女等生活经历的局限,使学生写作水平的发挥,在内容上受到严重的影响。即使去掉上述因素,在切入角度、文体选择等方面也难以给每一个学生以展示个性和充分施展才华的空间。其次,作为大规模的选拔性考试,要保证试题的客观公正,作文试题不能偏怪冷僻,必须使每一位考生都有话可说，而每一年都有许许多多的教师、家长和学生在研究命题者的思路。在这种情况下，就难免会使作文试题与一些地方的作文练习题撞车，甚至使得一些人猜中试题，在作文得分上占便宜，或者将近似的题目稍加修改就默写进考场作文。这些情况，在不同的地方时有发生，这也是命题作文难以克服的弊端之一。再次，命题作文在形式上的限制也是明显的。如《那风，那雨，那颗心》《今天真好》《依依惜别的师生情》等写成抒情散文较为合适，《一次难忘的实践》《我的另一片天地》《猛兽王国历险记》等写成记叙性的文章较适宜，而《准考证的启示》《我喜欢这样的语文课》《话说开卷有益》等则适宜于写成议论文。这样一来，作文考试题目只适合于写某一种文体，对于擅长写当年作文考题以外的，其他文体的同学，就难以发挥自己的最佳写作水平了。这样的考试，作文得分的偶然性也就显而易见了。

其次，话题作文的命题方式顺应了改革开放的考试形式的发展需求。在命题作文容易被猜中的局限性逐步被认识之后，材料作文就逐渐被大家接受。材料作文在反对猜题上是有积极意义的，但是时间一长，材料作文又出现新的问题。当材料比较隐晦难懂时，学生的作文写不好，究竟是阅读水平不高还是写作水平不高，就难以区分责任了，这对一些阅读水平略低而写作水平较高的学生来说显然是不公平的。因此，材料作文到底是考阅读还是考写作等问题就成了批评的对象。随着中小学素质教育的逐步深入，高考中考制度的改革逐步深入，作文命题的改革自然就更加适应考试改革发展的需要，对学生写作的文体放开，立意自己确定，题目自己拟定，使考生的个性得到展现，优势得到发挥，才干得到施展。在话题作文的考试中，除了规定的写作范围之外，可以说已经没有什么限制了。多大的力气，多强的优势，都可以很充分地表现出来。何况，高一级的学校所需要的、擅长写不同文体的学生，也能够在话题作文这样的考试形式中得到满足。而过去规定的文体写作，艺术类的学校在议论文考试中难以看出学生的形象思维能力，理工科类学校在当年的抒情性的作文中，也不容易找出思维严谨的好苗子生来。

最后，话题作文以其崭新的形式、独有的魅力，正越来越受到语文教育界的欢迎与重视。由于话题作文内部也为我们提供了施展才华的广阔天地，在一个虽然有所规定，但是范围比较广阔的空间里写作，什么不适合自己的写作习惯、思路，无法展现自己最拿手的特长，题目不明确，给自己造成了误解，没有准备这方面的素材等抱怨，都是不应该存在的理由。话题作文给了广阔的写作空间，无论是纵横捭阖、宏观鸟瞰、整体剖析，还是小口切入、毫发入微、精深刻画，乃至喷吐块垒、抒发情愫、倾泻感悟，都可以在话题作文的考试中得到充分的肯定。正因为如此，话题作文在高考、高中教学、中考、初中练习中，越来越受到语文教育界的欢迎与重视，这样的训练方式也自然进入了依据国家教育部颁布的《语文课程标准》编写的语文课本。

有的同学也许会说，前两年已经这样考过了，可惜自己没有碰上；作为中考不会老是这么考话题作文吧，今年一定会换上一枪，加以严格的限制，使写作的难度加大。这里就涉及了对中考作文的预测的问题。

从全国中考语文的命题来看，由于涉及千家万户，关系社会稳定等重大的社会问题，因此，多年以来都是非常讲究试题的稳定性连续性的，即使变，也是朝着积极健康的方面“稳中有变”。培养创新精神，是我国教育的一个长期的重要任务，不是短时间可以解决的。中考命题，也绝不是说像话题作文这样的命题方式已经没有新的空间，命不出好的题目来。因此，各地的中考作文，一定会继续在培养创新精神方面作出努力，一定会继续借鉴高考作文，丰富和完善作文评分办法，课程标准中提倡的有创意地表达，在中考作文考试里得到落实。至于具体的作文题目，我认为是没有必要去预测，也没有可能预测准确的。但是，无论是以何种形式出现，其考查多样的写作能力的强力牵引是不会改变的。为了这一目的，也将会继续提供更加宽松的写作条件。再从全国继续扩大高中普及规模来看，也没有必要加大作文写作的难度，话题作文都将继续成为中考作文的主流形式。

二、我们怎么办

——积极做好话题作文的应考准备

既然话题作文是全国中考不可逆转的主流形式，作为将要参加中考的学生，就无可选择地要根据话题作文的考试要求来进行应考准备。

所谓应考准备，就是考试之前进行的一些必要的储备积累与技巧训练，主要是话题作文的备考中，应该充分注意的原则问题。这就是：

热爱生活、积累文化、勤于思考、锤炼语言、关注试题。

热爱生活就是对生活充满爱，就是始终以好奇的心理去关注社会、关注生活、关注人生。对自己所生活的时代、所居住的社区、所就读的学校、所生活的家庭，多多地给予肯定、给予付出、给予理解，并由此产生自豪感。

热爱生活，要求我们在作文的同时，首先要解决做人的问题。热爱生活关注社会，就是要以对社会高度负责的一名成员的身份，去关注自己周围发生的带倾向性的问题。关注社会，既含有对社会的理想追求，又含有对自己这一社会成员的道德熔铸。这也是我国的教育所期待的一种理想结果。那种"两耳不闻窗外事，一心只读圣贤书"的陋习，那种只研习考场作文技巧的应试弊病，在近些年的中考作文命题的改革中，就愈发捉襟见肘，不顶大用了。

热爱生活，就要融入社会生活中去，关心祖国的发展和人类的进步，关心学校和社区的发展变化，关心为多数人所瞩目的带倾向性的问题。这种关心，不是要我们在时间上精力上占用多大的比重，而是在思想感情和价值观念上，保持与同学与邻居、与国家与人类的命运的一致性。有了这样的一腔热血，自然就会关心校园的变化，关注时代的发展，留心社会的走向，注视世界的变迁。也会自然地、主动地去浏览报刊，注意新闻，关注时局，议论时事，抨击时弊。热爱生活关注生活，就要有力地促进自身视野的开阔，磨砺自己的思维，陶冶自己的人格。要从“小我”中站立起来，身体力行，全心投入，体味与同窗与社区、与国家与人类同忧同喜的情感变化，大胆尝试着思考解决问题的得失方略。这样，自己才能成为有社会责任心、有时代使命感的、意气风发的同学少年，成为一个“大写的人”。这样的人，在中考作文考场上，何愁没有丰富的写作素材，没有正确的思想观点及思考线路，没有积极健康的情感宣泄呢？

积累文化，就是要求在接受了九年的基础教育后，成为有文化的人，最理想的是，成为初有文化品位的人。这里的文化，主要是指人所应该具有的文化和文明素养。如果只关注社会热爱生活，不注意文化和文明素养，即人文素养的吸纳与发育，就容易缺少底蕴，成为空泛的议论家。文化积淀的厚薄，一定程度上表明了一个人受教育后在文明、文雅、文化上所达到的程度，也预示着与现代文明社会的融入程度，以及可持续发展的潜力大小。在写作中表露的文化，又将主要体现为传统文化与现代意识的结合，文明素养与生活感悟的结合。

积累文化，是一项沉甸甸的任务，非一朝一夕之功。它与家庭、校园、社区文化有密不可分的关系，它更与自己的主动追求、坚持积累、积极感悟、不断运用有直接联系。积累文化，要除去功利思想，要有意识地吸收与消化传统文化中的精粹营养，要有意识地接触与理解外来的多元的文化。站在对人类命运终极关怀的角度，去研读品味经典作品，去感悟体味伟大的襟怀与纯真的情感，去领悟体认深刻的思考与璀璨的智慧，去辨识认同文化的底蕴与发展的价值。积累文化，要勤于动笔，随手记下有启迪的文化现象以及自己对文化的思考。要不时咀嚼经过时间洗礼的名家名句，以提升自己的思想修炼及文化底气。博采百家，鸟瞰诸多领域，参与文化活动，交流文化感悟，提高审美情趣，使自己美好的情怀深厚的修养，能够发自内心，并在试卷上率真地、有品位地自然流淌。

勤于思考。以上两点要求，如果缺少了思考，就难以内化为自己的认识和写作的素材。因此，必须经过大脑的思索整理，在理解的基础上，记住观察积累得来的生活细节和生动图象，以及深刻的哲理和深邃的思考。养成勤于思考的习惯，首先要养成勤于动笔，记载思考对象的习惯。动笔虽然是一种形式，但是，在记的过程中自然就有选择和概括的思维活动，有对记载对象的价值认识的判断思考。其次，对自己所做的卡片式笔记进行分类，从大的方面进行意义概括和意义分类，认识它们的更为丰富的思考启迪价值。当然，一段时间后还可以重新分类。分类一次，自己对这些素材和思想的理解就会深入一层，自己的思考能力也就在不断的深入中得到有力的提升。再次，隔一段时间后，要对记载的内容动脑筋进行深入思考，想一想它们的价值所在，想一想它们有没有什么新的意义，在生活学习以及道德修炼方面有没有可以联系的地方。坚持思考，勤于思考，感悟到的生活细节和生活哲理就会越来越丰盛。无论考场上出现什么样的话题作文，无论考场作文的写作范围圈定在什么领域，或者指向什么层面，我们都会有无数的素材和无穷的思想，供自己精心挑选，供自己信手拈来使用。

锤炼语言。要对自己近些年来的作文进行一次检查，看一看自己作文中常见的语病有哪些，常见的错别字有哪些。将这些句子和字词进行更正，有意识地重复使用和检验它们，使自己作文中的错别字得到彻底消灭，并基本上没有语病。尽量去掉作文中的口水话，改用规范的书面语来表达。如果我们的作文还是原始的口水话，这表明语言表达水平还停留在只有记录口语能力的阶段，还没有进入能够熟练运用现代规范汉语的阶段。也就是说，还没有熟练掌握自己的母语——现代汉语，还不能将口语有效地转化为书面语，缺少相应的词汇和句式，缺少相应的规范汉语的表达能力。锤炼语言除了去掉病误、加工口语之外，还要提高自己的语言表现力，这是较高的要求。要使自己的语言表达富有生动形象的特点，富有深刻穿透力，就要多品味别人的富有表现力的语句，多品味报纸杂志上富有吸引力和穿透力的标题，从中学习借鉴语言运用的技巧，提高自己选词炼字、锤句炼意的能力，尤其要先在标题拟定上提高自己精心用字的能力。

关注考题。收集浏览本省市及其他地区有代表性的中考试题，逐一进行思考作文、提纲作文。考前一个月，就要见识见识货真价实的中考试题，而这种试题，应该以本省市和近些年的试题为主。因为命题者的思考是有惯性的，必然要考虑试题的稳定性的，即使创新，也不会空穴来风，一定是要讲究继承与衔接的。对这些作文试题，不要一眼扫过就作罢，而是有计划地逐一认真思考，分类进行利用。每一类型都应该进行一些提纲作文的训练，并对其中一些有典型意义的、自己认为有新意的题目进行成篇作文的写作。对自己不太熟悉领域的题目，也要严肃对待，苦苦思索，尽量与自己的生活学习积累联系起来进行思考。用实战演练的态度进行写作，写后再查找相关资料，思考相应的情景，思索相对的哲理，重新用原题进行一次再写。这样一练，就会发现，对这一陌生的领域，你有了初步的理解，视野扩大了，思维开阔了，积累丰厚了。坚持下去，无论新的话题作文试题怎么出现，也就不会感到陌生和惊慌，反而是面对新的试题，产生挑战自我、超越自我的快感，产生追求成功的喜悦。

三、考场上怎么做

——考试时的一些操作建议

考场上怎样进行话题作文的写作，这里先讲四点总的要求，再按照一般的写作程序讲审题立意、选材布局、开头结尾、腹稿成篇，以及修改等几个问题。

突破应试作文的写作模式。在阅卷场上，由于每天的阅卷量很大，因此，对于千篇一律的文章很容易产生厌恶的情绪，尤其是带有模式化的应试作文。什么是模式化的应试作文，也没有统一的说法。但是，有的考生写成读后感，有的把早已经写好的创新作文往上套，有的则是三段式的公式化的写法，批一批，联一联，再发发号召。这些写法，在阅卷者看来，都是模式化的作文。在平时及考试作文时，一定要避免受僵化的写作模式的影响，不能在写作形式和写作内容上做思考的懒汉。要根据试题的要求，认真思索，写出即兴构思的好文章来，否则，只能得中等及偏下的分。

深思精写，不断超越自我。突破应试作文的写作模式，只能保证不得低分，但是，并不一定就能得到比较满意的好分数。要在考场上写出好的话题作文来，一定要不怕进行艰苦的脑力劳动，写出不断超越自我的好文章。在中考考场上，只要有较为正常的心理状态，又能对自己的写作充满信心，就一定能写出比平时更漂亮的文章来。其次是对同一问题进行脑力搜索，扫描自己既往的写作亮点，包括近些年自己写过的精彩文章，再认真结合试题进行写作，就容易写出超越自我的好文章。要超越自己的作文，关键在于深思，其次才是精写。如果一下笔就汩汩滔滔洋洋洒洒，缺乏对表达的把握，语句不精练，文章自然就笔力不集中，错别字和病句自然也会相应增多，这样的文章是难以获得高分的。因此，只有深入思考和精要表达，写出来的才是精练的和精彩的。

深入思考，写出个性。除了一次比一次有进步之外，无论是备考还是考场写作，都应该深入思考，书写出自己独特的个性。鼓励个性发展，这是时代的要求，也是对过去应试教育抹杀个性批判之后，所最期望出现的结果。这里，首先是去掉人云亦云的毛病，要写出自己所感自己所悟的内容，不要被别人的思想牵着走。其次，要保持和发展自己写作中所特有的长处，不要猜测，不要为迎合阅卷老师的口味投其所好，就把自己好的写作习惯、表达特色给丢了。当然，自己写作的个性是什么，也需要有反省认识：是思考的角度，是擅长议论，是喜欢使用滴水不漏的多重复句，是喜欢抒情性的散文笔法，还是信手拈来诗词典故。这里需要注意的是一定要自然自如，不能生硬做作，刻意作秀。要是文章中水乳交融恰到好处，并被多次写作实践所证实的得意之处。再补充一点，内容上要反复思考，在时间允许的范围内不断求深，当然，这里所说的深，应该是比较透彻的，首先能说服自己的，其次还应该包括浅出，使人能一下子明白问题的要害所在。

务必减少过失性扣分。以上说的是如何写好文章，多得高分的问题。其实，在写作中还有一个减少乃至杜绝过失性扣分的问题。这个问题，有的同学认为是小菜一碟，不值一谈，届时自己稍加注意就行了。其问题远不是这么简单，这涉及一个人是否具有良好的思维品质和写作习惯的问题，而绝不要用“成大事者不拘小节”的错误观念来误导自己。消灭过失性失分，包括彻底消灭错别字，一段文字甚至一篇文章一逗到底，或一点到底，缺乏基本的标点符号，行款格式的正确书写，文面紊乱肮脏，写了又划掉重来（思考不慎，不能下笔成文），等等。此外还包括考场写作的特定要求，如，不得少于多少字，不得暴露自己的真实身份等，以及该道试题的特殊要求等。

下面再按照一般写作程序，讲一讲话题作文在考场上应该注意的几个问题。

审题。审题的要求近些年来似乎呼声不高，因为曾经有过“淡化审题”的观点，认为考写作就是考写作水平，而不是阅读题目文字的水平。如果在题目上设置过难的障碍，容易给考生造成打哑谜的感觉，也会使一些写作水平本来很高的考生，由于一时的审题失误而造成满盘皆输的结局。“不在题目设置上为难学生”，是试题命制亲和，且贴近学生的重要进步。从理论上讲是正确的，减少了审题的难度，学生可以集中精力来写好作文，不必在非写作环节上浪费时间。也可以进一步发挥自己的写作特长，写出自己的个性。但是，减少审题难度，不等于不需要审题。实践表明，不认真审题的人，在近些年的写作考试中失败很惨。如某市的中考语文试题，写作曾以“楼”为话题作文。在作文的导语中，就有透出楼房里射出的灯光，你想到了什么，“是温馨之家、理想之舟”等字样。一些同学就以“温馨之家”“理想之舟”来作标题写作，全篇远离楼这一话题，得分自然很低很低。

审题，首先要弄清楚试题对写作提出了哪些明确的要求，也就是首先弄清楚话题作文的写作范围。其次是明确要求后，应该是集中笔力，直奔话题，尤其是不要受试题中一些非话题语言的干扰。第三是审题后，要选好话题的入口，使自己写的内容确保在要求的话题之内。不要去另找一些比喻意义，又在比喻意义里再另行拟题写作。这样就拐了一个很大的弯，自己写出来的内容与原话题自然容易风马牛不相及了。如，某市的作文以“水”为话题进行写作，有同学记得“女人是水做的”，就以“女人”为题目，还有的就以“我的妈妈”为题目，弄得阅卷教师哭笑不得。选好话题作文的切入口，就是不能在话题作文的审题中犯初级错误，把本来限制很少的话题题目拿来几次延伸拐弯，使其远离话题的本来范围。

话题作文的“三自”，最直观的体现是“题目自拟”，因此，拟题非常重要，它是考生的写作给阅卷者的第一个见面礼，是考生写作水平高低的客观标尺。在近些年的阅卷中发现，不少学生不重视“题目自拟”的要求，由此造成作文得分不理想。

在题目自拟方面，主要存在以下一些问题。没有题目，这些同学可能是误以为话题作文已经有了题目，可以不拟。一开始写作就直接写第一段的第一句。有的地方还明确规定，没有标题的扣三分。这样被扣分是很冤枉的，不值得的。不自拟题目，也是很可惜的。既然给了一个表现的舞台，就应该尽量把自己的才能表现出来。遗憾的是有的同学放弃了给阅卷教师好印象的机会，不自拟题目，而是把试题中的“话题”照单开列，抄写在文前作为自己作文的题目。这很容易给阅卷老师一个不好的印象：此生文思枯竭，拟不出文章的好题目来；或者认为，此生思考懒散，连题目也懒得去想。从某种意义上说，不自拟题目与没有题目的性质几乎相等，属于作文考试中的过失性失分。题目游离话题，这是一些同学审题不准而出现的问题。游离话题，就是拟出的题目没有直接处在话题之中，而是转弯抹角地、需要自己费口舌做解释，才能使人明白的题目。对话题做不适当的延伸或比喻，在延伸出去的地方，另外去寻找意义，使确立的题目游离话题本身。题目与自选的文体不匹配，使人觉得不伦不类。

话题作文究竟应该如何拟题呢？总的原则是题目要醒目生动，且在话题之中。如果是论说性质的文章，自拟的题目务必要观点明确，使人一目了然。如果是散文类或记叙文类的题目，要生动形象，并注意在文章中或文章末点明题旨，千万不要让人疑惑不解，不明白其题目的要义。最简单最节约时间的拟题方法，是在概念性的话题前加上一些表明自己态度观点的词，如“水”“诚信”等话题，拟成“珍贵的水”“呼唤诚信”等。当然，写作尖子生不在此列，可以且应该拟出精彩鲜活的题目来。

主题，就是作文中所立的意。“立意自定”是话题作文中“三自”的核心。因为，看一个考生思考认识水平的深浅，最重要的一点就是立意问题。在考场上，我们不应该脱离实际去刻意追求立意的深与新，应该从自己的实际出发，写自己明白的、想透彻了的思想内容。不要硬着头皮去说成年人说的话，自己都没有弄明白的话，甚至连自己都不相信的话。要说，就说小道理，说自己在学习生活实践中体会出来的实实在在的道理。写自己的真切感受，而不要去写矫揉造作的虚情假意的内容。一道话题作文，由于其宽泛的写作范围，在立意上肯定是而且应该是可以多角度立意的。但是，考场上的时间有限，作文的篇幅有限，我们在确立主题（立意）时，务必要集中思想，使得主题集中，绝对不要面面俱到，什么都想写到，面面俱到的结果是面面都到不了位。贪多嚼不烂，写不好。与其费力不讨好，不如集中笔力写好自己确立的比较集中的主题。当然，立意又是与写作的具体内容密切相关的，这里也说一说立意中作文的思想感情的健康问题。现在的作文阅卷，对思想感情是否健康，和过去相比标准比较宽泛，只要是反映了人类的主流意识，积极向上的思想感情内容的，都视为积极健康的；反之，凡是没有反人类主流意识的，不是消极悲观的、封建迷信的、反对国家独立统一的，也就是处于中间状态的，都被现在的阅卷老师视作可接受的。而一些同学在这样宽松的主题标准下，却去肯定国家明明白白加以否定的内容，在作文中去同情一些邪教组织、欣赏一些封建迷信的做法、攻击现行的政策、赞成暴力解决问题、崇拜一些坑蒙拐骗的不法之徒，等等。显然，这些内容是与人类主要的思想意识、与我国绝大多数人民的利益、与我国的基本国策相抵触的，这样的一些内容，在阅卷场上是不会让其通过的。虽然不会追究，其得分是非常低下的。

"文体自选"是话题作文试题中明确提出的要求，也是多年来"淡化文体"之后重新强化文体意识的一种体现。文体自选，意味着现在的作文考试不是不要文体，而是由考生自己选择文体。为什么现在要重新强调文体呢？因为一段时间，有的同学写的文章缺少文体的规范，写出来的文章三不像，大段大段的抒情，大段大段的议论和大段大段的叙事拼凑在一起，使人丈二和尚摸不着头脑，使人坠入五里云中。当然，也不是说记叙、描写、议论、说明、抒情等几种表达方式不能综合运用，能够综合运用是值得鼓励和提倡的。但是，考场上写作的时间紧、作文的篇幅短，还是宜于以一种为主兼用其他。选用哪一种文体，一定要和自己确定的立意结合，和自拟的题目一致起来。文体选定以后，写作过程中，始终要有文体意识，不要全然不管，写起来忘记了自己所选的文体。因为，文体是文章的一种大家所共同认可的体裁，既然已经选定，且已经照着这样的文体要求写下去，阅卷老师就会用该种文体的阅读习惯来看你的文章。当文章与传统的该种文体不一致时，阅卷老师就会认为你还没有驾驭这种文体的能力，其得分自然会降低不少。

考场上写话题作文还有很多需要注意的地方，在这里提醒大家注意以下几点：

写作尖子生要精心构思，写出自己的个性，写出自己的所长，篇幅短小，寓意新颖，尽可能写得生动形象，或深刻透彻。尤其要注意记叙性的文章要有细节，议论性的文章要叙述简洁议论充分，注意引进时代的鲜活素材与最新的一些思考。语言上也要注意议论文的气势和散文的韵味等的营造。

一般的同学则要注意所写内容要集中，不要把自己想写的所有内容都写出来，笔写到了什么地方自己也浑然不知。要能够驾驭得住自己的写作，开门见山，直奔主题，内容集中，重锤敲打，段段扣题，结尾点题。

写作还有些吃力的同学也不要丧失信心，要严格依据话题作文的要求，在写作范围之内确定一个自己比较熟悉的角度或内容进行作文。要注意尽量展开自己的思考，找出与话题有关的内容来写作，一个意思完了要分段，字数一定要达到要求，文面要尽量干净，使人看起来不费劲、不困难。

四、话题作文命题的趋势及走向展望

讨论中考作文命题的发展趋势，离不开国家对初中语文尤其是作文方面提出的要求，离不开高考命题组的作文试题命制的发展理念。国家对初中语文方面的要求，也就是国家颁布的开设初中语文这一门课程的《语文课程标准》。这里，不妨摘录有关作文部分的要求给大家看一看：

> 《全日制义务教育语文课程标准·课程目标》在总目标中要求："能具体明确、文从字顺地表达自己的意思。能根据日常生活需要，运用常见的表达方式写作。"
>
> 在阶段目标的第四学段(即初中阶段)的写作部分提出了10条要求，现摘录与考试直接有关的6条："1. 写作时考虑不同的目的和对象。2. 写作要感情真挚，力求表达自己对自然、社会、人生的独特感受和真切体验。3. 多角度地观察生活，发

现生活的丰富多彩，捕捉事物的特征，力求有创意地表达。4. 根据表达的中心，选择恰当的表达方式。合理安排内容的先后和详略，条理清楚地表达自己的意思。运用联想和想象，丰富表达的内容。5. 写记叙文，做到内容具体；写简单的说明文，做到明白清楚；写简单的议论文，努力做到有理有据；根据生活需要，写日常应用文。6. 能从文章中提取主要信息进行缩写；能根据文章的内在联系和自己的合理想象，进行扩写、续写；能变换文章的文体或表达方式等，进行改写。”

在实施建议中又提出“为学生的自主写作提供有利条件和广阔空间，减少对学生写作的束缚，鼓励自由表达和有创意地表达。提倡学生自主拟题，少写命题作文”。

在评价建议中提出“应重视对写作的过程与方法、情感与态度的评价，如是否有写作的兴趣和良好的习惯，是否表达了真情实感，对有创意的表达应予鼓励”。

仔细阅读国家颁布的《语文课程标准》有关作文的要求，我们可以获得很多启示。再看国家教育部考试中心语文命题组原学科秘书张伟明先生《2002 年高考语文命题展望》一文所说：“2002 年高考作文题的形式仍然是话题式作文。话题作文开放性较大，有利于学生充分发挥能力和表现个性特点。”高考作文命题的趋势无疑对中考是非常强有力的牵引，这些观点是必须引起我们高度重视的。

由于中考作文的命题与初中语文教学和高考语文试题命制有密不可分的关系，既要依据初中语文教学的实际，又要跟随高考改革的步伐，以这两方面的理论研究作为中考作文试题命制的理论基础和操作依据。

综上所述，可以得出以下认识：国家对初中作文的要求是明确的，符合时代发展潮流的。因此，中考在相当长的一段时间内都会非常重视写作水平、写作文体、写作方式和命题形式等的考查。

应该说，在相当长的时间内，这样的写作考查要求都不会有大的变化，而符合以上要求又体现语文教育发展方向的作文考试形式，最恰当的就是话题作文的形式。尤其是因为在中考中还需要长时间的普及和运用，所以自然具有较长时间的使用话题作文进行考试的时期。

当然，也不排斥其他作文试题的命制方式，如缩写、续写、扩写、改写，但是，由于这些写作考试形式难以充分考查写作的其他方面，和话题作文相比，对写作能力的考查范围相对窄得多，因此，很难成为中考作文命题的主流形式。

至于写作内容的预测，则是比较难的，但是，基本的规律也是有的。这就是符合对学生的教育内容，符合国家所提倡的发展方向，符合学生的学习工作、生活实际，有利于学生的健康成长。

依据对近年来作文教学理论的研究和对作文命题发展的预测，初步拟订了12个专题的话题作文内容。这12个专题基本上涵盖了在相当一段时间里作文试题所涉及的写作范围。

关注自我的发展（自我·交往）

体验人间的真情（亲情·友情·爱国情）

放飞想象的翅膀（想象·科幻）

感受实践的苦乐（发现·探索）

倾吐心灵的期盼（志向·理想·荣誉）

净化人生的情怀（言行·美德）

发现学习的乐趣（读书·求知）

品味生活的真谛（生活·社会·时事）

紧扣时代的脉搏（环保·科技·时尚）

记录成长的痕迹（成长·素质）

高扬思维的风帆（观察·思考）

推动历史的车轮（历史·现实·未来）

话题作文成绩的提高不是一朝一夕可以实现的，冰冻三尺非一日之寒。但是，也绝不是说，在中考备考后期就无所作为。当我们在观念认识上清晰了，方法技巧知道了，又按照所总结介绍的路子去走，去扎扎实实地练，去用心感悟体验与反思，就一定会在短期内取得快速的提高，在学生第一次人生的严肃的选拔考试中取得满意的成绩！

（本文曾刊发在 2002 年 7/8 期《语文世界》 收录时有删节）

第四辑

引导再写 教有提升

多写不如再写，那里有看得见的写作水平的直观提升。

再写需要正确的引导。

引导需要分类、分层、分流，需要写作题目及内容贴近学生的学习生活乃至精神发育。

再写引导，包括指导，也包括习以为常的作文批改与作文讲评。这些习以为常、习焉不察的做法，历来如此，就亘古不变地继续正确下去吗？大家心知肚明，却不愿意进行改革，甚至也不愿意去做些微的调整。就在国家已经二三十年不再在教学大纲、课程标准要求认真批改，或精批细改学生作文后，为什么仍然去坚持做这种低效甚至是无效的劳动呢？

把主要的精力放到指导学生修改好自己的作文，尤其是再写的作文上，才是我们写作教学能力得到持续提升的应有坦途。

01 写作：从有内容到有中心

有内容是写作的第一步，通常情况下，小学的中高年级可以完成此写作要求。

因为，有内容的难度不大，只要愿意学习写作，老老实实地去写，去将自己的所见所思所感都写出来就是有内容了。

当这些内容都写出来之后，孩子们往往难以有中心，难以聚焦中心。因为我们常常把这种情况称之为记流水账。

这里涉及三个最基本的问题：写作需要中心吗？什么是中心？怎样才有中心？

大家的时间都很紧，如果没有表达交流中的聚焦，没有集中力气围绕某一个问题进行表达，读者或听众就会分心走神，花费了时间，难以很快获得清晰的印象。尤其是在社会节奏很快，信息如潮的今天，大家都希望能快速获得信息，很快明白所表述的内容。这就需要说话或写作者节约时间，聚焦中心来说来写。有中心地写，也可以避免被自己事无巨细的叙述而忘记了自己要说要写的中心及重点在哪里，可以避免说到哪里写到哪里，自己也不知所云，难以结束自己的所说所写。就这一点来说，无论是写作者还是阅读者，都希望在阅读与写作时，能够有一个中心。

第二道坎，什么是中心呢？

孩子们从头到尾想说的内容很多，最想说的是什么，如果只说一点并说出那一点是什么。或者说，读者听众最想知道、最想了解的是什么。这往往就是一次交流、一次写作的中心。实际上大家都有很多内容需要交流，时间有限，不允许慢慢说细细写，这已经是一种常态。这就需要说话或写作的人，对自己的内容进行回顾，把想说的内容进行筛选，找出最想说最该说的部分，最想写出来告诉别人的重要内容。当然，最好能够进一步浓缩成一句话，一个点。这个点就往往是写作的中心，然后才去根据中心进行思考。要让孩子们明白，什么都说什么都写，很容易什么都说不清楚写不明白。集中力量突出一点，自己写才容易清楚，别人读才容易明白。

第三个台阶，怎么才有中心？

如果孩子们明白了以上两点，接下来就是把自己原本想说想写的内容，亮出来进行排列，将与确定的中心无关的内容全部砍去，统统省略掉。只把最想说最想写的部分写出来就可以了。将最想写的内容在事情发生之前的部分略去，之后的也暂时不写，就可以在一定程度上突出中心了。至少要做到，对事情发生前后的内容要少写或略写。在一些具体的内容上细节上，要把与中心关系不大的后面不再提到的内容，或者不再用到的内容，要少写甚至略去。这样写，中心就凸显出来了。

写作有中心，对作者和读者都是好事，不用太多的时间，就进行了有效的分享与交流，也避免了花费了时间却没有收获，写多了内容却费力不讨好的尴尬。

孩子们要翻过这道坎，难度是比较大的，因为涉及写作内容的权衡，受众心理的猜测，涉及孩子们自己对内容的价值判断。但是，只要引导得当，孩子们也会通过一段时间的练习，逐渐明确起来。

02 要从写作知识的讲授转移到写作能力的培养上来

听了两节作文公开课，一节是讲立意，一节讲细节。

第一节是根据初三期中考试学生作文中存在的问题来讲的，所举的例子也是试卷中的作文片断。由此引发导入了立意的概念、立意上存在的问题、立意的原则、立意的作用、立意的出现形式、立意的出现位置等，并对此进行了认真的讲授。最后让学生以《距离》为题，练习写了开头或结尾。第二节则是根据初一的学生来讲的细节，讲了细节的定义、细节的作用、细节写作应该注意的地方，等等。

两节课都作了精心的准备，无论是导入还是材料，不管是课件还是设计，都凝聚着该校语文组至少备课组的集体智慧。讲课的老师素质也很好，前者很沉稳大气，似乎胸中自有雄兵百万，课堂的掌控调度都比较自如。后者则清秀清楚，与学生交流也亲切清新，一堂课如淙淙山泉流淌。

但是，这两节课仍然感觉有问题。没有坐在学生凳子上考虑内容，脱离了学生的写作过程去讲写作知识，既不是写前的作文指导课，也不是写后的作文点评课，是比较单纯的、地道的写作知识讲授课。尽管其间也使用了一些学生作文中的事例，最后也让学生做了片断练习，但那样的练习是为了巩固当堂课所讲的知识。

下课时要求六个学生以最短的时间写自己的收获：一般都表达得比较笼统，具体的则认为老师讲的知识很清楚。

我以为语文教育包括作文教学的问题，可以追溯到近百年的单独设科，对过去被实践检验证明行之有效的语文教育方式，像对待孔家店一样给予了彻底否定。对传统语文教育中的识字、写字、阅读、写作的四条线的分线合击，最终形成语文能力的经验完全抛在了一边。在西风东渐后，以科学主义，以知识就是力量的观念来进行语文包括作文教学，其结果是学生一写作文就头疼，就恐惧，还没有上车就晕车了。

作文问题的确是非常严峻的，涉及社会需要什么样的写作能力。在资讯日益发达、网络覆盖全球、传媒异常暴烈的情况下，短信和视频，已经取代了人们的日常写作，一般公民的年均写作量几乎为零。

作为书面表达的训练是必要的，怎么进行实践过程的指导？

我以为首先是去掉写作的心理障碍，让学生任何时候提笔写作，就像开口说话一样随意就好。做不到这一步，心存恐惧，或过度敬畏，就容易脱离自然与真实，下意识地去作秀说假，继续把写假大空套话当作作文的最高目标来追求。

其次是说清楚，把自己的意思说出来与人交流与人分享，而不要去故作深沉的悲天悯人，去模仿农业文明时代的行吟。要让受众在最短的时间内得到最准确最有效的信息，感受并体验到最真实的情感生活。

最后是表达得生动形象得体，让受众在获得信息的同时，能够轻松获得一种精神的分享与快乐。

然而，这样的路还很长很长，不是短时间内就能够达到的，需要很多人的努力，需要很多时间的探索，需要多少次的实践磨砺与矫正。

但是，我们的作文课必须从写作知识的讲授，坚定不移地转移到写作能力的培养上来，无论前面的路有多么困难。

03 作文讲评要从写后清算转移到再写指导

最近参加了省作文教学比赛以及自己组织的区高中作文教学比赛。两场赛事虽然有高中初中在内容上的区别，但是，其间体现的写作教学的操作，带有共同性的内容，还是颇耐人思考的。

总的来看，我们的写后讲评课存在着以下一些问题。

写作讲评课在立场上需要检讨。我们的讲评立足点常常是在学生写后的总账清算上，将全班同学的既往写作进行一次仔细的清算。整个讲评，是对过去写作方方面面的算账，包括审题、立意、选材，甚至书写。至于以后怎么办，考虑得很少，讲评一完，马上进入新的题目进行写作。除了一些重复多次的写作术语和书写要求之外，其他的绝大多数的讲评内容与新的写作过程几乎都没有什么联系。学生面临新的写作题目和新的写作困难，需要教师指导的时候，仍然得不到教师的有效帮助。不少时间里，一些教师自己也没有去深入思考，学生写作新的题目可能需要的、自己应该提供的帮助，常常是等学生交上作文本之后才发现普遍存在的问题，才开始对既往的写作，周而复始地开始新一轮清算式的讲评。

其次是讲评面对的学生对象问题。将个别的偶然现象当作普遍的问题来讲评。这就是我们常说的“一人得病，全班吃药”，极个别的偶然发生的写作问题，却用全班上课的宝贵时间来进行训导。通常的习焉不察的做法是，表扬写得好的，批评写得不好的，而对于中间状况的大多数学生的写作，或者说处于中间状态的写作，还常常忽略，不给予考虑。因为中间状态的特征不显著，没有极端的价值可说，也难以进行评说。久而久之，大多数学生的写作就因为处在中间状态而被我们忽略了。学生自己也在听老师对尖子生的高不可及的赞叹声，以及对写作特困生的批评，有时甚至在嘲讽声中，忘却了自己的位置，没有了自己努力的路径。

第三是讲评的内容指向问题，是求全责备、空泛说教。我们常常希望在一堂课时间内，把写作的所有问题都给学生提出来进行全面彻底解决，希望学生在写作上通过这一次指导，就没有任何问题再存在下去。讲评课往往是写作概论的缩写版，几乎无所不包。由于多年的教学惯性使然，教师大多数是没有写下水作文的，对学生的写作又缺乏计划性。每一次作文，与全学期甚至全学段作文计划的关联没有建立起来，每次作文缺少具体的训练重点。因此，具体应该怎么指导就常常说不清楚，点不明白。没有重点就撒大网，面面俱到地去要求、去对照、去审视，而学生的写作能力又只能一步一步、一点一点地积累前行，这就造成了巨大的落差。我们使用终极目标，要求写作过程中没有具体目标的具体写作，两者的目标系统严重错位。其结果就是，教师说的是难以实现的理想目标，学生还是写自己无奈的、尴尬的、极其不情愿的作文。最后残留在学生头脑中的讲评印象，就是写作尖子常常受表扬，就是重复了很多年的、正确而无用的写作上的一些名词术语。

作文的讲评如果只停留在写后清算上，是不利于学生写作水平提高的。写后讲评，本来是为了提高写作水平，而我们一些老师却另拟题目，忽略了再写提高的积极价值。

学生对作文题目的认识，一般来说不是一次性的写作思考就能够完成的，而我们的写后讲评，如果指导在学生所需要的地方，就应该继续乘胜追击，抓住学生的思考尚未冷却的时机，再进行一次写作练习。从思考问题的材料熟悉、讲评激发的写作冲动来讲，及时的再写是非常必要的。如果讲评之后另换题目，我们指导的作用发挥就没有那么直接了，学生也可能面临一些新的材料理解或思考换档的问题。按照最近发展的原理，再写比纯粹的新写更加具有提升价值。

再写指导，必须解决三个关键性的问题，即起点、重点和终点的问题。

再写指导不同于初写指导，再写指导是明白了学生的写作问题之后的指导，应该具有更加明确的指导起点，不应该盲目地想当然地再犯求全的毛病。务必将初次写作中暴露出来的问题进行梳理，明确具体提升学生再写的内容和路径。这里也特别需要注意，学生已经有过初写的经历，我们的指导如果没有和初写区分开来，学生是难以获得再写冲动的。也就是说，再写指导的起点，必须是以初写反映出来的大多数学生实际存在的问题为前提，以自己的指导能够见效，使学生在某一两处或三两处开窍，写起来顺手等为前提。绝对不应该错误地认为，再写就应该每篇都没有任何问题，都是满分或高分作文，这是不切实际的想法。

所谓再写指导的重点，落点务必要清楚，即对大多数学生存在的主要问题有很强的针对性。先以初中为例。初中学生的初写往往是有事情却不具体，缺细节。我们的再写指导就应该在如何展开、如何补充细节描写细节上发力。高中学生的写作，大多数学生常常是有观点，但是论证不充分，导致观点的清晰、鲜明、深刻的程度不够。再写指导如果是这样的问题，我们就应该要求多数学生对提供的材料进行再认识，进一步聚焦和深化自己的思考。再次思考，包括自己的观点形成，与支持的典型材料及对材料的分析，材料之间的粘黏问题等。在这里不妨通过画脑图（即思维点的展开方向、范围等的草稿图，包括概念、事例、线条、箭头等）的方式，让学生体会思维展开的过程与全貌，以及材料价值的寻求过程。要放得开收得拢，使学生能够在我们的再写指导中获得实惠。至于学生写作中存在的其他问题，如深刻问题，本身就是比较玄乎的问题，也是一个相对的问题，就不应该去花费过多精力，奢望一次能彻底解决。

再写指导的终点问题，也常常反映出我们的教育观念。学生的成长包括写作水平的提高，永远是需要耐心等待的，绝对不能希望吹糠见米、立竿见影，一次再写就完全解决。再写指导的价值追求，就是能使绝大多数学生的初写障碍得到破解，写起来言之有据且比较顺手，能够在充分酝酿构思的基础上一气呵成。进一步观察可以看到，经过我们的再写指导，学生的材料使用能够贴着观点走，观点与材料之间能够一一扣合，材料与材料之间能够衔接。

而且，在再写指导的价值追求中，还应该强调不同层面的再写要求。哪些同学不必另找材料，哪些同学不必完全另找材料；哪些可以挑战自己，完全更换材料；哪些同学甚至应该写出与初写时完全不同观点的文章来。至于语言表达，甚至标题自拟方面，我以为对一般学生不必去有所苛求，在相对比较自然的状态下进行即可。

以上三点仅仅是再写指导的课前预设。在实施时，要考虑学生的参与，学生的大脑运转强度。没有学生的参与，没有积极调动起学生的阅读储存和生活积累，没有在我们的指导下积极地进行脑图草拟，再写指导就很难说是成功的。学生参与的程度和参与的频率，与效果是正相关的，一堂再写指导课，既要有学生的豁然开窍，也要有学生的冷静思考，还应该在必要时有相互讨论交流的时间，如再写的类型选择以及重点选择等。

再写指导应该给学生提供多种再写实践类型。如一般的文字语句上的改写，更换材料的改写，侧重分析论据的深写，挑战自己，与初写观点完全不同的重写，等等。对不同的学生提出切实可行的不同要求，让他们在再写过程中，都得到再写的成功快感，分享写作的愉悦。

当然，这也自然要求我们居高临下、举重若轻、深入浅出，贴近学生实际的再写指导更加卓有实效。真正在思想水平的提高和再写实践的点拨上，能够化愚为智、化滞为畅、不急不躁，学生就会稳扎稳打、步步为营，逐渐提高认识能力和写作水平。

04 教师的写作指导与学生的写作需求

到学校观初二的一节语文课。这是一所坐落在高尚社区且生源很好的学校。

一上课，课堂就很安静，教师一开头就给学生讲故事：四五年前的九月，教师节来临时，收到了学生送的胖大海，自己感动了，认为当教师虽然劳累，也是值得的。接下来便询问学生，有没有这样的时候，讲出来大家听一听。三两位同学讲了之后，教师板书“那一刻”，给学生讲，今天的作文就是写这样一个题目。要求学生静默回忆，然后讨论，教师再启发，一边说一边板书：对象（人们、陌生人、自己、动物们……）；情感（伤心、伤感……）。

十来个学生的发言涉及内容很丰富，如带好吃的给外公，结果外公走了……

教师再启发，能不能从伤感伤心中走出来，写其他的感受。又一女生发言，讲自己钢琴考十级，老师来电话鼓励，使自己感动哭了。发言时也哽咽着，估计眼泪也在眼眶里快掉下来了。

教师对该女生肯定，抓住了生活的细节，抓住了自己的实际生活经历。

教师进一步启发，除了细节，还有没有人呢，如刘翔奥运比赛场上的退场……

教师打出幻灯：恰当的人称，最优的视角，写一篇 500 字的作文。

紧接着，要求学生回忆，温习八下第一单元的课文里有一些什么样的人称。教师乘胜追击，板书出：第一人称（有限视角/主观视角）；第二人称（相对视角）；第三人称（全能视角/旁观视角）……

最后用幻灯打出了一篇优秀作文选上的范文。学生一上课就拿出作文纸铺展在课桌上，下课铃响时都没有写下一个字，老师这时明确提出要求：课下去写。

应该说，这位教师的语文功底是比较扎实的，教学经验积累也是比较丰厚的，作文指导的准备也是细腻认真的，学生的情感调动也是比较成功的。

但是，这堂作文指导课值得讨论的地方还是很多的。

一、题目对写作训练没有任何限制与要求，完全是无标题音乐。这是1998年以来高考作文缺少限制所带来的弊端，养出了很多在最薄的地方钉钉子的偷懒者。近些年中考的东施效颦，使越来越多的题目成为了无题作文，少限制的作文。可以说，几乎所有的文章都没有跑题，没有必要去深入思考，所写都在题目之内。这样的作文题目，无学段与年级，不分单元主题，不管训练项目，都可以写。如果要发散的话，“那一刻”的后面，对象众多，情感众多，内容领域也众多，除了应用文之外，都可以套上去。在具体的一次写作训练中，用这样的题目，在训练一些什么样的具体的写作能力呢？

二、学生需要多少写前指导？可以说，题目一出来，就能够激发一些学生的写作冲动，不少就能下笔成文进行流畅的写作。对这部分学生，就直接进入写作境界，多次历练就能逐步提升写作水平。有的学生可能对题目的理解有些困难，只要清楚了题目的意思，也一样能够飞快写作。有的是写作缺少内容，有的是内容太多不知道如何选择，有的仅仅是不知道如何写开头的第一段。当然，写作过程中出现的问题就更多，更加需要我们仔细观察、认真研究进行具体指导。面对这样的写作困难，我们应该依照按需点拨的原则进行个别化指导，不应该再将“一人得病，全班吃药”坚持到底。可不可以进行这样的尝试，作文题目一公布，如果没有本次特定的训练项目，就应该叫学生静默思考五分钟，没有困难的就开始写作，有问题的到老师面前来再进行小声讨论交流。

三、学生写作材料的回忆已经很清晰、情感积累已经很充沛之后，应该及时让学生进入写作状态。不应该再单方面地按照自己事前的准备，将一些与学生写作关系并不大，且并不需要的内容一股脑儿地倾泻给学生，尤其是一些写作技法之类的内容。因为，作文永远是内容为主，写法次之！

05 下水作文及其他

最近，看到一位语文骨干老师与女儿的母女同题作文，为这位有追求的母亲而感动。

为了提高本来就是尖子学生的女儿的写作水平，这位老师将自己的示范作文贴出来让女儿体会，再将自己压缩之后的作文拿出来，让女儿再次思考怎样把作文写得更好。前者是素材汇集形式，后者是精炼表达的文字。

这样的身教在学校教学中已经很少了，在家庭教育中也是少之又少。无疑，这样的教育效果是比较显著的。

在教学管理中，我们也常常强调教师要写下水作文，一些教师也在教学中不断努力实践。如侨城中学的朱老师，一段时间内常常与学生同时写作，写后还当场要求学生给自己的作文评分。这些做法对提高学生的写作能力起到了非常显著的引领作用，学生作文的提升自然也非常明显。

在下水引领的过程中，我们不要一味将学生往自己的思路上拉，让他们套用成年人的眼光来看待世界，来思考问题。在指导的过程中，最关键的是诱导学生打破已有的思维定势，积极地去用自己的眼睛观察，用自己的大脑去想象与联想，去分析去认识问题，去处理自己文章中的材料、情感与观点。

当然，对一般的观察，对一些材料的取舍，就一般的学生而言，进行示范性的身教，进行下水作文过程的演示，是有积极作用的，但是，对于尖子学生和天资优秀的孩子，则需要适度和谨慎进行。

过早成人化，必然损伤孩子的童心，变得少年老成起来。

06 让初中写作尖子尝试写长文章

不少初中写作尖子阅读面广，写作的文章也很有灵气，常常透露出一种少有的自信。

仅仅这样是不够的，因为这些孩子的知识面和认知程度，其实还处在比较初级的阶段；因为，他们的文章比较短小，很多地方仅仅是点到为止，还缺少翔实的内容。

从小学到初中，孩子对文章的评判标准还容易停留在小学阶段，认为只要将事情说出来了，其中还有一两句漂亮的话，就是好文章。因此，这类文章普遍存在的问题是有“点”无“线”，更没有“类”和“面”的概念，即感染力和说服力都还比较弱。

随着阅历经历的增多，随着年龄的增长，应该告诉孩子们，好文章是可以且应该在现有基础上继续提升的，这就是内容的丰富与翔实。再往高中阶段发展则逐步要求思考的深刻与条理。

内容的丰富与翔实，是符合初中阶段少年学生的年龄特征的，这一阶段需要抓紧时间进行积累，而积累的东西，则需要通过写作来强化、内化和固化。通过写作过程中内容的翔实，文章的感染力和说服力自然会得到增强，文章也逐渐告别单薄和苍白的阶段。

写短小的文章，这些写作尖子往往是率性而为，随意挥洒，浅尝辄止，点到为止。还缺乏艰苦的脑力劳作的过程，还没有努力去搜索该类内容的相关材料相关积累，自然也就对这些材料缺乏一定的搜索与选择的过程，仅仅解决了“我手写我口”的问题，笔不枯涩的问题。这属于写作中的第一心理关口的初级问题。对于写作尖子，还得继续往前引导，减少写作的篇数，学习写长一些的文章。

要求初中学生中的写作尖子每学期写一两篇两三千字的文章。首先提升这些孩子的写作自信，没有想到自己也能够写出洋洋洒洒三千字的长文。其次，让其感受写长文章的心理过程，即编制提纲，犹如修建房子先画施工图一样，是一项比较庞大的工程，让其有切实的感受。再在此基础上去搜集资料，不慌不忙地、一部分一部分地、有条不紊地进行填充式的写作，包括对名著对影视作品的评论，对某一事件的采访，对自己经历过的一段时间的系列回忆，等等。然后再对全文进行修改润色。

写过长文章的孩子，再回过头来写短小的文章，就能够体会到什么叫提纲，什么叫选择材料，什么叫围绕中心。写作的水平会明显提高，积累材料、阅读书籍的关注范围也会明显产生变化。

07 语文尖子学生的作文辅导

语文尖子学生的作文有如下的一些特点。

语言优美，语句顺畅；思维活跃，材料丰富；观点鲜活，有自己的见解。但是，由于对高考中考缺乏足够的理解，也常常得不到自己理想的分数。存在着不拘小节、行文情绪化，有时观点偏激，有时文面较差，不相信考场上的操作就遇不上有水平的老师，等等。

针对这些情况，首先应该明白，高考犹如社会招聘人员，必须有特定的规则。自己只有适应，而不能改变规则。在飞速发展的时代，自己不能一意孤行地按照农业社会的文章做法来写考场作文，必须让阅卷者快速得到好印象，立刻感觉到是好文章，而且是无论谁来判阅都会认可的好文章。

明白大义。写文章包括写高考作文，都是写自己对社会、对人生的理解与态度，是与阅卷者的对话，是快速表明自己思维深浅、认识深浅的表白。高考考核的是一个人的聪明程度，包括自己关注社会、积淀文化和抒写思考的程度，而不是写字的快慢、字数的多少，越有自己的话语越能得高分，越有独到的思考越容易得到肯定。

细节决定成败。从文面开始，大气好认，且每一个字毫无歧义。一两个字写错了，作为笔误，都不要去涂抹。每一段结束都是小圆圈的句号，而不是圆点或者逗号顿号。

利用十分钟审题构思。想好再写，绝不写了再改。要把最重要的思考、最有价值的观点放在最重要的位置上，包括标题，开头段，每一段的开头句，不断在段首重复，等等。

增强写作自控意识。尖子学生很容易率性而为、散漫写作。在 800 字文章里务必做到文要对题，文章里的每一段都要扣题，不能写出去了再拐弯写回来，浪费时间，给文章留下笔力不集中的不好印象。

语句能有所锤炼。对那些自认为美而游离于主题的句子，一定要下功夫融为一体。如起兴时的句子，就容易游离。最好的办法是将喻体融入本体句，其表达就有滴水不漏的感觉，语句的修炼就上了一个台阶。

多使用独句段，但又不能将独句段演变成了小标题。

再进行换标题、换立意、换材料等训练。

尖子学生悟性好积累多，一定要多进行针对性的个别化训练，见效就比较快。

08 写作中要注意语言修养

首先，要教育学生懂得语言的交际作用。不同年龄段的人应该有不同的语言表达方式，注意与自己的身份以及文化修养相匹配。

我在去年的博文中曾谈到，小学生的学校语言训练，应该是到毕业的时候达到规范的书面语的要求，如果还是口语化的表达，则说明六年的学校语文教学，在该学生身上没有取得应有的成效。初中则是学习语言知识的重要时期，学习了很多语法修辞知识，就应该大胆地去实践、去运用、去巩固。这一阶段的语言表达，不妨夸张一些，外露一些，带一点模仿的强烈痕迹，即我们所说的学生腔。到高中毕业时，应该学会能说普通人的话，让社会上的人都能够听得懂，听得明白，不应该再带有学生腔、文艺腔。如果还是停留在学生腔、文艺腔上，进入社会后会被人看作是语言表达不太正常的人。

其次，在写作过程中，要有强烈的读者意识。这里的读者，就是普通的成年人、社会人，而不再仅仅是文学青年，是工人、农民、士兵、店员，等等。人是如何表达的，要明白要理解：用比较少的语言文字表达出比较丰富的内容。从这一点出发，就应该对已经写出的文字进行清算，凡是无病呻吟的、滥用排比的、过度夸张矫情的地方，统统改写成平常的、平静的表达。尤其是那种连自己都不清楚，都不明白的句子，要通过反复读来修改调整，使之平常化、通俗化、规范化。不要在内容以外的包装上花大力气，要在平实之中蕴含深刻与丰富，而不要在花俏之中现出贫瘠与苍白。

第三，欣赏一些语言修炼老道的文章。在平实之中见功力，在平常之中见深刻。让学生明白，很多人使用的语言虽然平常，但是意蕴丰富深刻。现在的流行歌词、广告词都在注意使用平常的语句表达不平常的意思。高中学生更应该注意自己的语言修炼，说简单的话，表达真实的思考，表达自己独到的见解，而不要再去追求那些表面的、有文采之类的语句形式。要欣赏教科书上的一些经典作品。这些作品，大多是语言质朴，又很有深度思考体味的、耐人寻味的名篇，值得我们认真体会反复把玩。

语言修养，简单说来，就是要解决观念认识问题，其次是要具体行动起来，进行调整修改的问题，再次是有正确的导向，去学习模仿的问题。

09 作文教学从“口吻”开始

一次在太原，与郗先生谈到作文教学时，郗先生说，自己的作文教学训练是从“口吻”开始的。我感到很有道理。

我们的学生从小学开始，一写作文就端起架子，把天下解放当作己任，语不惊人死不休。结果，内容还没有想好，就被沉甸甸的、令人窒息的使命和语言表达的惊人所吓死，文章未成先恐惧，常使学生泪满襟。

从“口吻”开始，对自己可以有一个很好的身份定位。是儿童就是儿童，是少年就是少年。不要去为难自己，非要说一些成年人的话，连自己都不明白的话，甚至自己都还不相信的话。自己是小学生就说小学生的话，是初中生就说初中生的话。说的话符合自己的身份，这是非常重要的。这就可以在一定程度上，避免超越自己的实际，去硬说一些言不由衷的话。

从“口吻”开始，为孩子写真话、实话、心里话奠定了开篇的基础。鼓励学生写自己感受到的、领悟到的小道理。所写道理是真切的、实在的，而并非别人的。这样就可以让孩子放开来思考与写作，站在自己的角度与立场，是什么就写什么，没有必要去端起架子，正襟危坐，故作惊人之谈。

反复强化孩子的学生“口吻”意识，可以从一定程度上弄清写作者与读者受众的关系，培养学生的读者意识。可以明确写作的语体特点，不必故作老成持重。这样也才容易做到实话实说，直话直说。

一句话，从重视“口吻”进行写作训练，就是要明确自己的写作出发点，和读者进行有效的分享与交流。

10 学生在怎样写作文

一次作文课，教师用了整整一节课讲审题、立意、选材、结体。黑板上板书了很多古今中外的精彩名句、构思脑图、典型事例，延展出去很多有益的思路，要求学生第二节课写作。

二十分钟过去了，只有少数几个人动笔。半个小时过去了，还有十多个学生动不了笔，在翻书报杂志，在看读书笔记，在寻找有一个好的诗句开头。有的写了两段又重新构思，有的不断转来转去，借涂改液改错别字。有坐在第一排的人向最后一排借电子词典查找一个字的写法，有不少的在做痛苦状……

这是高三的课堂写作。课后我一连写了三篇短文，谈学生到底需要多少写前指导，谈写作应该有的常规流程等。今年显然好多了，教师没有用太多的讲解来进行听觉冲击，黑板上也只有题目和两三行要求。

学生仍然是高三的学生，但是没有了上届学生的浮躁，安静地在进行构思。但是，二三十分钟过去了，面对“我想握住你的手”，仍然有十多位学生下不了笔。我不断地巡视，发现学生大致写三大类，父母外婆、儿时朋友，此外是青春幸福，也有少数去写某一个古代的诗人等。提纲的拟法则值得研究了：一位学生的提纲是开头、发展、高潮、结局，不少的是想起了什么、什么的故事、至今难以忘记，还有的是想起、故事、离开……

其间，我发现一位同学拟出了六个主题词：爱、诚信、同理心、友谊、接近、传递心意。每一个主题词又画出了三五条射线，每条射线上又有一个关键词。可以说，这位同学的思路是非常活跃，非常辽阔的。我巡视了三四次，他都没有下笔，便低声问他，为什么还不动笔写呢？他说拿不定主意，不知道写哪一个好。我便建议，既然都没有明显的好与不好，就像写标题作文那样吧，随便写一个，没有时间，不能再犹豫了。

课堂上，有画树的，有数手镯珠子的，有慢慢品喝牛奶的，有发短信的。当然，写了两三段，涂掉又重新思考的，就不止三四个人了。

上课的老师是很不错的、有水平的老师，问题出在我们已经习惯的作文指导上，出在“师傅领进门，修行在个人”的观念影响。似乎该讲的都讲了，该说的都说了，接下来是学生自己的事情了。

实际上，学生写作的痛苦，映射出我们的作文教学观念是不是需要调整？为什么平时学生一说他们之间的什么热点影视，就口若悬河，而一下笔就痛苦万分？为什么没有多思精写，一定要凑够多少字（即使是高考要求也可以逐步推进，去掉心理障碍以后，逐步拓展）？为什么一定要去寻找好的诗句来做文章的开头？

如果我们的作文指导，尤其是在高年级，能够采用订单式指导，学生写作时难在何处就在何处点拨，不一古脑儿按照自己的想法去搞撒大网，进行无所不包式的指导，会不会教师就没有那么辛苦，学生得到的帮助也实惠得多？

看来，类似的问题还需要大家继续研究。

11 高三学生的现场写作

上午到学校连续听了第二到第五，共四节语文课，这四节课都是针对快要参加市一模而进行的写作训练。按照两节联排的惯例，在作文之外另加了15分钟限时练习，这样一来，便看到了学生课堂作文的全过程。

四个班都使用相同的标题作文《唤醒自己》。学生整体素质还是不错的，四个班都是几分钟的时间，就很快进入了安静的写作状态，人人都凝神静思，飞快地运转大脑。不少同学十分钟左右就开始了大笔一挥的写作，一些同学开始查询资料、梳理思路、书写提纲等。到上课30分钟的时候，多数同学的写作已经过半，到下课的时候，近三分之一的同学完成或接近完成任务。

在课堂上也看到了一些应该引起注意的，且亟待改进的地方。

百分之八九十的同学还没有闭目沉思，进行审题构思、腹稿成篇的习惯。不排除外界的干扰，精力就很难集中；精力不集中，写作的内容就难以集中，自然连贯不起来，写出的内容就容易零碎浮浅。前三个班的同学写《唤醒自己》，无一例外几乎都是模式化的思考，都在唤醒前去思考。因此几乎都是在迷茫的时候，在困难的时候，在失意的时候，在胜利的时候，在孤独的时候，要注意唤醒自己，几乎没有人去思考应该唤醒自己的什么。第五节课上课前，和该班最后两排的同学聊了几句，有意识地提示他们，思考应该一步一步地深入下去，如唤醒自己的什么，结果就发现其中一位写到了唤醒自己的意志。如果具体深入一点，可以被唤醒的内容也是很多的，如唤醒自己的国民意识、家国意识、现代意识、青年身份意识、市民意识、人本意识、民族意识、责任意识……

写作前艰苦的脑力劳动不充分，写作中的问题就暴露无遗。一些同学写了第一段，就停下来，弄手指，弄签字笔，或者又去翻看杂志资料。这样写出来的文章是不可能连贯的。如果我们能磨刀不误砍柴工，在写作之前舍得花上10分钟甚至15分钟的闭目沉思，将全篇的文章发酵成腹稿，能够一气呵成不停笔地写完全文，其文章也容易文脉贯通，文气顺畅。如果写一段再想下一段，然后才去写第二段，写完第二段又停下来再去想第三段，这样的文章必定是疙里疙瘩，难以连贯。

还有的同学喜欢一边写一边改，一行字里，涂抹二三处。这样得不偿失，严重影响文面。何况很多地方是完全没有必要去修改，更没有必要去涂抹的。如一位同学写“唤起了自己”，涂抹之后改为“唤醒了自己”，这样太拘泥细枝末节会严重影响写作思维，影响写作速度，肯定写不出流畅文章，还严重影响文面，被阅卷老师扣分。因此，为了保证写作时思路与文脉的流畅，务必注意两点：可改可不改的坚决不改，即使要改，也要写完再改；即使有字词一时想不起来，也不要停笔去查寻，留下空位，写完全篇后再去填补。

写作中的不良习惯应及时纠正。如有同学每写一小段就空上一行，还说是初中老师的要求，老师已经纠正过了，仍然没有狠下决心改正过来。有些同学第二大段一写就是三四百字，这样的大段落在快速浏览的阅卷场，很容易引起阅卷者的眼球疲惫，应该多提行分段。

这一次的标题作文，标题前有两段文字，一段是讲南美的土著人叫自己名字的习俗，第二段是引述一位哲学家对唤醒自己的哲学思考。两段文字以后，命题者明确要求请以“唤醒自己”为标题作文。有一位同学就将这前两段文字原封不动地抄录在作文卷上，差不多就占去了三百字的位置，下面怎么展开，阅卷者恐怕也难以有耐心去阅读了。还有部分同学将标题作文当作材料作文，去复述前两段的内容，显然是把标题作文与材料作文的要求混淆了起来。

一位同学写到墨索里尼大喊“我要让全世界为我颤抖”，紧接着写到，这是昂扬的斗志，这是燃烧的激情……这里就出现了一个问题，对于反人类的墨索里尼，我们应该有一个什么态度与评价呢？在阅卷者心目中，这样写引起的是正面还是负面的共鸣呢？

希望能够在写作这一得分大户的主战场上，养成良好的写作习惯。舍得花时间审题构思，腹稿成篇，舍得多问几个为什么，到底为什么，究竟是怎么一回事。将自己的思考引向深入具体，引向条理透彻。要在到底说些什么上多动脑筋，而在怎么说的形式上少去偷巧。

此次现场所见，感觉到学生写作的规矩、习惯积弊已久，多次强烈建议：每月，至少每两月，让学生在教师自己眼皮子底下写一次作文，发现问题，才好有针对性地及时进行纠正。

12 写前需要多少作文指导

听了一位很优秀的骨干教师上《感受自然》的作文指导课。

这已经是第二次了。一开始就用《秋日私语》的乐曲引入，点出本节课的作文题目《感受自然》。接着引导学生回顾了七上第四单元有关写景的五篇课文，再用“使我感受到了”来高度概括自己的感受。特别列举“狂风”来说感受，并要求运用联想和想象来超越自我。接下来是总结：要写得生动形象的五点方法，文章应该引用的古诗文，最后是写出浓郁感情的三点方法。

可以说，课堂上学生回答非常积极，教师的课堂指导也很有经验。

但是，当我们费尽心思进行指导时，我们想过没有，学生在写作前需要多少作文指导？

有时，我们会发现，只要作文的题目命到学生心坎上，简直不需要我们再讲什么，学生就能够很好地写出文章来。而我们把一节作文指导课上得天花乱坠，给学生展开得非常辽阔，挖掘得非常深入，学生需要吗？需要那么多的观点，需要那么多的角度，需要那么多的材料吗？我们会不会把简单问题复杂化，把学生本来还有的一点写作冲动给搞得荡然无存？

学生作文的障碍究竟在哪里？不同的写作题目有不同的写作要求，对不同学生需要指导的部位也是不同的，文章最后达到的程度同样也是有差异的。我们为什么每一次作文都得要从头说起，面面俱到地把一些写作技法，从头开始重播一遍呢？学生的作文究竟需要什么指导，真的什么都需要吗？当我们什么都讲的时候，可能也就等于什么都没有讲，因为学生实在记不完也用不上。自己大水漫灌把本有一些价值的东西也给淹没了。

作文指导应该让学生明白，作文就是用笔来进行表达与交流。《感受自然》，就是把自己对自然的真切感受写出来与人分享，引起共鸣。这里就涉及我们的指导如何引起学生写作的欲望，说出对某一自然现象的感受（用一二个词语），再进一步说出自己的感受建立的基础，最后再考虑怎样说才能引起别人产生共鸣，能够产生同样的感受。

学生在《感受自然》的题目范围内，能够提升出感觉，能够铺展开材料，能够构思好表达，我们就应该尽量少出面指手画脚，尊重学生的原生态写作。在这里，特别珍贵的是学生自己走进自然、融进自然后的纯真的感觉——初始印象，而不是生硬的、机械的观察，更不是古诗文的引用，作家的巧妙角度的模仿，等等。

不要有杰出优异文章出现的期待，但要有学生写作过程很愉悦、很真实的追求。当我们的学生真正能够写出真话、实话、心里话与人交流、给人分享，我们的作文指导没有了空话、大话、套话、成人话，作为语文教师，作文指导就成功了。

13 初一作文的写前指导

观看了新来我区教师的初一作文写前指导课。

这位老师基本素质好，无论是教态、教学经验、课堂掌控，还是板书、表达，都受到学生欢迎。

先是将第一次作文《这就是我》批改好的作文本发给学生，要求学生自己读读文章，看看老师的评语。然后抽了五六个学生，说说第一次的初中作文，应该注意的地方是什么。学生一边说教师一边在黑板上板书，以强化学生的认识。诸如事例太长、文字太短、语句不生动，等等。

接下来便出示板书了本次作文的题目《假日故事》，要求同学回忆自己的假日，包括暑假、中秋、国庆等。学生们争先恐后地举手回答，叙述了自己的见闻，如回老家、到澳大利亚旅游、到北京看奥运、邻居喂宠物、学钢琴……

离下课还有五分钟的时候，老师进一步提出，马上开始打草稿，正式开始写作。

下课前，我巡走了半间教室，看到了学生作文的标题和开头。有这样的标题：读《哈利波特》、北京看奥运、我的故乡、我的奶奶、小鸟天堂、欢乐谷、大梅沙游泳、东部华侨城、我家的小猫……

课后和这位老师交流时，我谈了以下的几点看法。

一是类似的假日作文，从小学三年级开始不知道已经写过多少次了，学生容易对题目范围“假日”产生厌倦感；二是“故事”学生一般很难把握，很难写出真正有故事性的经过，写的也常常不吸引人，何况我们教师要写出故事来也是有难度的。学生相互之间述说假期的见闻，对作文的写作在开始阶段也许有所启发。当这时间占用过多之后，不少学生就在那里无所事事、磨皮擦痒了。初中的作文与小学的作文有什么不同，作为语文老师应该让学生明白，不是仅仅停留在写没写，写的长短问题。

初一作文，应该让学生一看题目就有写作的冲动。题目应该来自学生的生活，来自学生感兴趣的事情。如，大家关注的新鲜事，大家难以回避的难堪事，大家都必须面对的共同事，大家都急于表达、交流的稀奇事，或者来自教科书的综合性学习里的参考题目，或者来自一些课文学习。

其次是让学生明白，自己的作文语言还处在口语化阶段，还没有很好进入规范化阶段，即书面语阶段。这是初中阶段作文，乃至语文教学的重要任务。如果一个人的语言发展总是处在口语化阶段，对理解书面语，吸纳人类优秀的文化是吃力的，别人对自己的语言理解也难以顺畅。要多多学习语文教科书里的语言表达，要逐渐理解口语与书面语的差异。现代化就必须规范化，才具有越来越高的通用化。

最后是告诉学生，初中的作文要逐渐学会多思精写。文章虽然不长，但是，应该比小学阶段更有意思，或者是自己有新的发现，或者自己有新的感悟，或者有其他新的收获。小学是打开写作的匣子，能够自然地无拘无束去写的闸门。初中慢慢地要学会写有点内容、有点意思的东西，也就是写作的质量要逐渐有所提升。

14 作文指导课的落点

到学校听了初二的作文讲评。

教师先将上次作文的题目写在黑板上，一道是《我的偶像》，一道是《我有一个好习惯》。

先是要求学生说说什么是偶像，偶像有哪些特点，然后就开始念一些优秀作文。一篇是写自己的，说自己是自己的偶像；一篇是写父亲的，说父亲是自己的偶像。还念了写其他人的一些文章，每念一篇，就要求学生说说，为什么自己要选择这样的写作对象。

接下来是念《我有一个好习惯》里的优秀作文，方法与上面大致相同。

应该说，这样的作文讲评是很普遍的一种常态存在，但是，其中的一些问题的确需要我们进一步讨论。

首先是作文的题目。这样的题目能不能引起学生写作的冲动，我以为是比较困难的。因为离学生的生活，离学生的思维是比较远的，虽然有追风、有时尚的心理倾向，但是，初二的学生是否就有了比较清晰明确的偶像，还很难说，恐怕多数还是懵懵懂懂的，没有固定的、没有明确的可以成为偶像的人。二是偶像能不能随便确定，是不是说得出让自己崇拜的对象，父亲是不是让自己崇拜的对象。应该说这些对象可以是自己肯定的人，非常敬重的人，但是离崇拜还相当遥远。如果一个初中学生就已经对自身崇拜起来，可能看的书、了解的事、接触的社会，也太少太可怜了。如果非得要写崇拜，教师应该在崇拜上多做文章。实际上很多学生，甚至是绝大多数学生，是没有偶像的，作文要求写，只好写一个自己选定的、自己喜欢的、自己肯定的人交差。

其次是指导的内容。我们应该面对大多数学生作文中存在的问题来进行指导，结合教材要求和学生实际需要来进行作文指导。初中二年级应该是以五种表达方式的训练为主，我们的作文训练应该结合这些内容进行：叙述清不清楚，描写仔不仔细，说明准不准确，议论正不正确，抒情有没有根底等。一次指导最好突出一个方面的内容，不要面面俱到，贪多的结果常常是适得其反。在指导中还需要注意指导的对象，应该是绝大多数学生，而不是最好的尖子和写作最吃力的学生。对这两头的少数人，都应该进行课下个别辅导，而不应该拿他们的文章来说事，进行夸赞与批评。

再次是课堂学习的方式问题。很多时候作文指导课就成了学生的休息课。教师一人在上面念文章，全班同学在下面听老师念文章，或思想开小差，或做别的事情。其实，指导讲评，完全可以让学生听讲时，思考讨论、写提纲或片段等多种方式结合起来或交替进行，这样才能在修改的实践中及时巩固指导的内容。

作文讲评效果差，原因就在我们的课堂教学落点不清楚，没有落在绝大多数学生需要指导的地方。

15 再说作文指导课的落点

作文指导课上最不该有的心理就是求全求美。

一堂作文指导课往往是依据自己拟定的作文题目或者作文范围，无所不包地从材料阅读到如何审题、立意、选材，如何拟题、开头、结尾，如何引用、化用经典到文面书写，一一道来。满以为什么都讲到了，学生写作应该什么困难什么问题都不会再有了。

次复一次，年复一年。从小学到初中到高中，我们的作文指导就这样在求全求美的过程中，顽固地一厢情愿地重复着。学生从我们单调重复的指导中，体会到的是烦人的雷同，以及毫无用处的术语堆积。

作文指导课应该在认真备课的时候反躬自问：学生需要我的作文指导吗？需要什么样的作文指导，需要针对在哪一点上进行作文指导，指导到什么程度？我们能够包打天下，在短短的一堂课内什么都能够有效指导吗？我们所选择的指导或写作点是学生最需要的吗？

听了一位老师“场面描写”的作文指导课。先给学生放了约两分钟的《安塞腰鼓》的光碟，引导学生描述场面；再将印发的三则场面描写的简短的文字（安塞腰鼓、《红楼梦》刘姥姥说“吃个老母猪不抬头”引出的笑的场面、高尔基写的母亲撒传单的场面）拿出来让学生学习借鉴，得出场面描写应该注意的四个方面的结论。以“拥挤”为题，让学生调动自己的生活积累，说出一个拥挤的场面。

全班同学都积极争取发言讨论，说出了很多的拥挤场景。教师趁热打铁让同学将说的内容写出来，最后请各个小组推选代表，朗读有代表性的场面描写，以及推荐朗读的理由。

应该说思路是清晰的，教学环节的安排也是合理的，学生生活积累的调动也非常成功，当场的写作片断练习也很喜人。

究其原因，我以为课前的准备设计很到位，落点很清楚：学生在场面描写中，往往在点面结合上不注意面的概括叙述和点的丰富与强化。教师就抓出这一点来说事，来指导，自然就点到了学生的需要之处。其次是找准了调动学生生活积累的触动点——拥挤，如果使用诸如“热烈”“激动”“严肃”等场面，学生很可能缺少切肤之感。再次是指导课按照需要、学习、口说、互助、笔写、点评的过程进行，比较符合学生在这一点上深入学习与练习，让认知与历练的学习体验逐步内化的规律。

作文指导最难的是指点到学生最需要的关键点上去，这就是写作指导课的落点。

16 记叙文写作的教学指导

看一博友的文章中提到，孩子说高中语文老师不让写记叙文了，心里很是反对。

这与该教师对高中写作教学的认识有关。自己没有认真深入思考，自然也就没有给学生讲清楚道理。

我们的高中写作教学与初中一样，历来没有严格的写作教学的章法，没有一步步上升的系列台阶。过去的初中写作教学还有一个知识短文系列，即围绕中心、详略得当之类的，很粗略的先后安排。高中则是更加笼统的提法，阅读与写作都是比较复杂的记叙文、说明文和议论文。高中课改之后，文体分类不再使用记叙文、说明文、议论文的概念，提的是论述类文本、文学类文本、实用类文本。在新课标高考考试大纲写作部分的要求，也采用了一致性的提法，即能够写论述类文本、文学类文本和实用类文本。

作为高中语文教师，首先是贯彻执行国家开设高中语文课程的国家意志，将新课标及高考考试大纲里的写作要求明确告诉学生，学生可以从中选取自己熟悉和喜欢的表达方式来进行写作。

在课标高中语文实验教科书人教版必修教材的表达与交流中，还有四个专题涉及传统意义上的比较复杂的记叙文内容的，譬如写触动心灵的人和事，写景要抓住特征，写人要凸显个性，写事要有点波澜。

应该说，这些都是相对复杂的记叙文所蕴含的基本要素，对于高中学生来说，也的确是应该掌握的最基本的写作能力要求。

但是，从高中学生智力发展、思维发展的年龄特点来看，高中阶段是学生理性思维发展的重要阶段。这一阶段的孩子，如继续停留在感性阶段，只欣赏自己的形象思维，只去写记叙文，则不利于孩子的思维能力以及写作能力的提升。不少高级动物都有一点形象思维的能力，但没有理性思维的能力。人之所以能够认识乃至把握世界，靠的不是形象思维而是逻辑思维。只有理性思维才能比较迅速地由此及彼、由点及类、由表及里地认识和把握世界。

进入高中阶段的青年学生，不能将自己的思维方式长久地停留在形象思维阶段，必须升堂入室，进入逻辑思维为主的阶段。我国的高考，2000 年以《假如记忆可以移植》为题，开启了恢复高考 20 年来不写议论性文章的先河，连续三年给全国高中作文教学带来不少负面影响。国家考试中心高考语文命题组负责写作部分的先生以"钟武"的笔名发表文章，阐述高考写作原则上应该是议论性文章的道理。此后，全国的高考写作考查就再也没有单独强调过记叙文的写作。虽然在写作要求中明确告知，除诗歌外文体不限，有的连诗歌也没有排除，但是，其写作题目绝大部分还是有明显倾向的，即利于写议论性文本。

如果再从社会需求的角度看，高中阶段的写作教学，也不应该将主要精力放到记叙文上。高中语文课程标准非常明确提出的教育目标是，培养学生具有较强的语文实用能力和一定的审美和探究能力。也就是说，要为学生的稻粱谋，为实用花心思。学生高中毕业后，使用最多的写作能力是什么呢？可以肯定地说记叙文是最少使用的。在"文化大革命"前，中文系毕业的学生，学业成就最好的进研究机构，中等的当教师，最差的当记者。因为记者所需要的写作能力乃至语文能力不外乎就是记下来而已。我曾经工作过的市级教委，就明确规定，记者站只用中师生，不得使用师专及以上毕业文化程度的人，以免造成人才浪费。当然，现在受经济利益驱动，记者成了回报率最快捷的职业，中文系毕业的人都争破脑袋挤了进去。

就写作的层次上看，一般性的记下来，与写自己的带思考议论的议论性文章相比，作为学生还是应该往上提升才是。这不是说记叙性、描写性的文章简单好写，而是说在一般情况下好写一些，不需要更艰苦深入的脑力加工。而议论性的文章，则一定是无法回避自己的认识与把握的过程的。如果将记叙性的文章写成文学作品，刻画出人物个性，写出事情的波澜，那又是一般学生难以达到的要求。

可以说，整个社会现在都比较缺乏叙述的能力，都不太习惯进行叙述，凡事都喜欢拔高议论一番，缺少精细的具体的叙述。这也与我们的思维习惯有关，喜欢中观乃至宏观把握，缺少实证客观精神。在这个意义上说，叙述性能力的培养是应该加强的，然而，这又必须与社会风气、社会思维习惯的改变结合起来才能有所见效。

关于记叙文写作，在中学阶段是比较复杂和困难的事情，因为记叙文要么比较初级，我手写我口；要么则比较高级，属于文学创作所需要的写作能力，诸如肖像描写、心理刻画、人物对话等。在一般意义上说，从基础教育的课程要求来看，高中还是应该以议论性文本的写作为主。

17 记叙与描写的指导

听了一节初一的作文指导课：调动多种感官进行具体描写的写作。

老师先将学生分成两大组，进行记叙与描写的抢答比赛。不断出示了十来组句子或片段，让学生判断，是记叙还是描写，并说明理由，错了的倒扣分。接下来列出了学过的十来篇课文篇目，要求学生从中寻找自己印象最深的细节描写。最后在课件四上打出了一篇作文《我的一天》，约六七段，要求每个小组修改一段，巩固本节课学习的细节描写。

我与这位老师相识十多年了，大家都比较熟识，也比较了解，因此，我也就真诚地提出了以下看法。

首先这节课的大方向是错的。因为初一的学生，作文指导还远远不需要进行细节描写与叙述的区分，何况我观察了学生修改《我的一天》的写作，除一个学生没有动笔，一个学生只写了两行字外，其他的学生都写得很快很多，汩汩滔滔奔流不已，写作的速度令人赞叹。需要指导的是初一写作起始阶段的习惯训练，如，说真话，想好才写，围绕题目写，不写错别字，等等。让学生写作没有心理障碍，是初一命题作文指导的重要内容。

其次是记叙与描写的区分，这是一对很难区分的概念，是一组相对概念。就以课堂上的一组例子来看，“他回到房间，东找西找，找了半天都没有找到，又急急忙忙地下楼来”，被老师判定为记叙，因为幻灯上给出的定义是要有外貌动作与心理的描写，也因为同样的内容还有比这更加细致的描写。

我以为，记叙，是包含有描写的意思，是上位概念。从语素的角度看，就是记录、叙说与描述。描写，就是按照本来的样子，具体地描绘摹写。记叙要求比较概括、比较客观，而描写则要求比较直观细致，可以带有一定的情感因素，将对象具体、生动地呈现出来。而概括与具体，则是一组相对概念，在不少地方是难以区分的。

第三个值得注意的是，最后修改一篇文章。我以为第三段写上午的文字，只需要突出一个“忙”字，补充一些细节就可以了。第四段写下午的文字，按照原文就是突出一个“困”字，补充一些细节就行了。如果每一段都让学生去修改补充无数的细节，如果第一段就被学生补充修改为有五六百字甚至更长的开头，各个组的文字组合起来，还可能是好文章吗？

作文指导一定要从学生的写作实际出发，在实践中进行指导，依据初中教科书里的综合性学习的内容来进行。解决了没有心理障碍，解决了有米下锅，才可能解决围绕中心选择材料的问题。没有必要按照文章学的一些术语来进行初一写作的起始指导。

18 备考期间的作文指导课

听了备考期间的一节作文指导课。

一位青年教师花费了不少精力来上这一节课，收集了很多资料，制作了很多幻灯片。课堂内容是有关话题作文写作指导的，课题是审题立意。

一上课就搞定义，以高考试题来说明话题作文的含义构成等，再进行了时而小组讨论，时而抽人回答的方式，进行了五大训练。或故事引出的，或者修辞的，或者只有话题的，等等。把最近三五年的话题作文都彻底拿出来晒了一晒。

课后，我与该教师讨论，我国的话题作文开始于 1999 年，至今十多年了，而这些学生在读小学五六年级时就已经开始了话题作文的写作，没有必要再从零开始进行话题含义的写作指导。备考期间的写作指导，应该依据学生的写作实际，根据中考高考的写作考试规律来进行。即学生的需要是什么，考试的要求是什么。

几位老师认为，学生的主要问题是有材料不会分析，不会运用。如果这是一个主要的问题，则应该纳入我们的思考视野。那么，考试的写作有什么普遍的带共性的要求呢？那就是要求在考场作文中，写出自己对社会、对人生、对未来的思考与理解。需要表达出自己应该是一个阳光的、有责任感的时代青年。不管试题从什么角度出发，最终需要我们的内容表现出来的是能够做自己的主人（不人云亦云）、做命运的强人（不畏惧困难）、做生活的能人

（理性智慧）。

无论什么题目，都是面对广大考生，人人有话可说，且符合社会、符合人类主流意识的，都绝对不会要求或鼓励去表现阴暗的、晦涩的、负面的内容的。

对社会对未来对人生，学生不止思考过一次两次、一年两年，考试就应该将自己思考得最透彻的内容降临到纸上，与阅卷教师进行交流。只要是学生自己思考的、实在的，而不是鹦鹉学舌、人云亦云来的跟唱，尽管幼稚单薄，只要真诚坦然，都能够得到理想的评价。

备考前的写作指导，应该在破除学生写作的畏惧心理（透过试题形式看考点）上继续下功夫，在化归材料上进行有效指导，在学生如何面对不同话题，都能够很圆润地进行角度转换，说出自己感悟最真实、最深刻的内容上来进行实战演练。

19 富有挑战意味的写作指导

春节前在北京录课，就想录一节富有挑战意味，但实际上是回归写作本原的课。因为时间和精力的局限，没有实现，这一次重录与教学参考书配套的光碟，终于有了机会。

挑选了很有文学底蕴、教学经验丰富的马老师来设计与执教《感受自然》的写作指导。

一个多月的时间里，设计了好几次，试讲了三四次，几乎每一次都推倒重来。往北京送了两次设计脚本，到录制前，仍然感到还有不少不太踏实的地方。

自然不是景物，而是比较概括的集合概念。它不是仅仅简单化为一朵花，或者一片叶子，应该是某一自然环境，至少是某一自然环境的局部，再小也应该接纳进一个人的自然环境。感受，不是一般的、静态的、纯客观的观察，而是需要学生走进去，浸润其间，去感觉、去理解、去体味、去接受自然。这里就理所当然除发现美的眼睛外，还应该含有感受者自身的情感价值和审美情趣。显然，在内容上，已经完全不同于过去的景物描写之类的作文指导。

现在的作文指导，常常期待着优秀作文能够马上出炉，对文章要求超高超难，作文指导面面俱到，过分在乎技术化指导导致术语化泛滥。

为了取得写作指导的实效，在实践上进行了大胆探索。通过温习课文，述说自己走进大自然后激发出的写作冲动，指导学生理清写作思路，即引导学生说出自己的感觉和感受，进而回忆和叙说建立这些感受的基础，以及怎样让自己的写作冲动流淌在笔下，与同学老师分享，怎样才能让同学老师获得同样的感受。

没有现成的资料可以借鉴，没有现成的路可以走，但是，观念上明确了以下几点：

把作文的做文章改变为写作。不一定非得要多少字成篇，有话则长，无话则短，最好精炼；把技术操作的重复训练改变为写作冲动的诱发，以及写作思路的引导；把教师一人的点评裁判变为师生互动的评点鉴赏；把做文章的过程变为倾吐冲动，与人用笔进行表达与交流，分享快乐的过程；把堂上讲堂下写的方式改变为在老师眼皮底下愉快写作，及时进行互动指导的、立见成效的过程。

课录制出来了，受录制条件等的局限，从课堂表面看似乎不热闹，但是，学生的思维活跃及思维强度是令人非常满意的。

这样的写作指导的探索，还有很长的路要走。

20 几篇大有修改余地的学生作文

看到一位老师的博客，贴出了学生最近的几篇写老师的作文。

教师在学生学习了《我的父亲母亲》的几篇文章后，布置写"我的父亲（母亲、老师）"的作文题，班上就有好些学生写《我的老师》。看得出，这些学生对老师的爱是非常真诚的、单纯的，字里行间透露出的童心煞是令人感动，虽然有的地方用词还显稚嫩粗糙。

几篇文章都抓住了这位语文老师的一些细节来写，诸如写老师的口头禅、微笑、带头背古文、小动作、不经意间的话语、打球运动、衣着服饰，等等。这表明老师的写作教学的指导是正确和成功的。学生不再靠大话、空话、套话来敷衍塞责，来应付写作，而是开始迈向写真话、实话、心里话的正确之道了。也开始学习观察生活，调动自己的生活积累，靠细节来说话了。

我们应该抓住这个好的契机，继续指导学生努力修改好记人的文章。

围绕中心丰富细节，便是这几篇作文的修改重点。

集中回忆学习生活中留存的老师细节，并集中在老师的某一主要方面，将这些细节再具体化、细致化，用笔描绘出来。如口头禅，在哪几个地方几次出现，引发的效果如何；微笑面对的情景，又出现了哪几次，分别给自己带来了什么样的感受；背古诗文，背过哪几次，分别是什么内容，又给同学带来了什么样的议论甚至感受；衣着服饰的变化在哪些地方，还记得老师穿过哪些颜色款式的衣服，由此进行分析……

将学生朦胧的、粗浅的、直观的感觉印象，扩大和强化为写作时扭住不放的重点，并由此生发开去，组织回忆调动头脑里的相关储存，将这些有关的系列细节具体化，学生以后对生活的观察和对人的认识，自然就会慢慢丰富和细致起来。

21 作文该不该批改的一场讨论

本次讨论的文字曾经集中刊发在《语文教学通讯》。

年前，曾向一朋友提出，关于作文该不该批改，很有必要进行一场讨论。很多教师深感作文批改的无效、无聊与无奈。但是，学校教学检查是少不了的，社会评价是很看重的，而进行教学管理的人，不理会语文课程的发展变化，一味地坚持要批改，并且要求全批全改。看来这个问题的确值得讨论，现将一些老师的意见公布于此，以增加我们的思考。

教师主导，师生共改最有效

安徽　方忻悟

长期以来，对作文批改，众说纷纭，莫衷一是。那么，作文到底要不要批改？采用何种方式批改？我认为，作文，教师不批不行，但也无须全改全批。教师主导，师生共改，才是作文批改的有效方法。

中学生的作文，不可避免地存在着这样或那样的缺点和不足，他们自己又缺乏修改经验，因而教师的指导就显得尤为重要。但所有作文都由教师全批全改，不仅耗时耗力，对学生来说也没有多大实际效果，正如叶老感叹的“劳而少功”。所以，就每次作文来说，教师可以选择批改一部分，其他可以引导学生自改或互改。

先说说教师批改。教师批改作文得法，应该说对学生是有很大帮助的。魏书生老师尽管十几年未批改过学生作文，但他也承认教师的批改是有作用的。他说，倘若批一点，“学生作文水平一定会提高得更快”。

那么，教师应如何进行批改呢？

首先，教师应本着对全体学生负责的态度，进行全面浏览，看哪些学生写得好一些，有特色；哪些学生不符合要求，存在什么共性问题，做一些记录，作为组织学生自改或互改的要求，同时也能为作文讲评积累素材。其次，应有选择地批改几篇。批，主要是提出修改建议，给学生的“改”以启发；改，则应改在关键之处，能让学生感到老师“改”的必要和高明。做到像张志公先生所说的“要有启发性，能收到举一反三的功效的批改”。另外，对一些特殊作文，如思想感情、写作态度方面有问题的，或者特别优秀，可以推荐发表的，还可以采取面批的办法。这样不仅可以共同修改作文中的问题，还可以对学生进行必要的引导。我想，一学期中，教师最好能够给每个同学都认真地批改一两篇，作为示范，让学生从中获得修改文章的能力和技巧。

除了教师直接批改之外，引导学生自改互改，应是作文批改的重要形式。刘国正先生说过：“在作文中，一向是学生作文，老师批改。这种方式好似必要的，但不是唯一的。与此同时，还可以提倡学生自改。”《语文课程标准》也提出，要“重视引导学生在自我修改和相互修改的过程中提高写作能力”。那么，如何引导学生自改互改呢？叶老认为，修改文章应从以下几个方面努力：一是引导学生修改思想，二是修改语言，三是修改文字。这为我们解决了改什么的问题。至于怎么改，一般是先让学生对照题目，看内容是否切题；接下来看文章的条理是否清楚，详略是否得当；最后再改出文中的语病、错别字和用错的标点符号。无论是好作文还是差作文，都应要求学生尽量指出好在哪里，差在什么地方，并在作文本上一一作好批注。学生自改互改作文，最关键的是教师要参与其中，并发挥主导作用。一是教师要提出具体要求，即本次作文批改的重点是什么。一般来说，每次作文批改不宜面面俱到，应着重解决一两个方面问题。二是要制定有效的组织措施，尤其互改，是同桌互改，还是分小组进行，包括写作水平高和写作水平低的搭配问题，都必须精心安排。三是要对批改有困难的同学进行及时指导，对批改中有争议的问题予以裁决。否则，自改互改就会流于形式，达不到预期的效果。

总之，作文批改的方式是多种多样的，但无论采取哪种方式，教师的主导作用都不可忽视。只有在教师的正确引导下，充分调动学生的积极性，因文而异，灵活处理，作文批改才能发挥它在作文教学中的重要作用。

如何对待作文批改

蚌埠一中　陈　新

2007 年 3 月 31 日，唐建新老师专程到蚌埠作了一场关于高中课程改革的专题报告。在谈到作文批改的话题时，唐老师显得很激动，说前不久刚约请了几位老师就作文批改的问题写了一组专题文章，其主要观点是语文教师需不需要批改作文。闻此言，颇有感慨。

语文教师要不要改作文，历来就是一个争论不休的话题。早在 20 世纪语文教改如火如荼之时，就有很多语文教师对于作文批改持否定态度，有人甚至对作文批改嗤之以鼻。说起来道理很简单，学生的写作水平不是改出来的，是写出来的，练出来的。叶圣陶先生关于作文批改的“劳而无功说”为作文无需批改说提供了有力的支持。

实际情况正如唐老师指出的一样。每次作文，教师精批细改，又是眉批，又是总评，既劳神又费力。但学生会怎样呢？且不说有些学生写作时尚有不认真的成分，就是一般学生在拿到你的精批细改的作业后，他会认真研究吗？学生关注的是教师所给的评语本身，而对于自身存在的问题，往往很少去深究的，更毋谈改正了。如若不信，我们不妨试一试。你将自己精心批改的作文发回到学生手中，然后回到办公室，看一看能等到几个学生主动来跟老师交换评改意见。对此，我们也无须感叹，不要说一篇作文了，就是我们自己视为崇高的、充满审美情趣，且具有文化底蕴的语文课堂，学生又投入了多少精力和热情了呢？

这种局面当然不能继续下去，要深入分析造成这种局面的原因。笔者以为，主要原因只有一个，那就是原本由学生自己完成的事情，我们做老师的好心给包办代替了。写作原本是自己的事，是一个人在生活中有了感悟，胸中有话要说，不吐不快，方才“形于言”。对于学生来说，即使是“命意”作文，学生“代师者立言”，那也是学习的需要，全面提高写作能力的需要。因此，作文指导，首要是让学生明白，写作是自己的事，写得不好，语言没有锤炼到家，也是自己的事。同样一个事物，有的学生能说得清楚明白，丰满可人，而有的学生却语言干瘪，读之无味。为什么？因为前者把写作当成了自己的事，用心学习，用心感受生活，于是就有话说，有材料可写，有情可抒；而后者没有把写作当成自己的事，而是当成了老师的事，每次写作，只是替老师完成一件事而已。对这样的学生，老师的批语再具体，再精当，学生也不会当回事。这样的劳动，不是劳而无功又是什么？

由是我们可以明白，作文训练的核心原则是让学生把写作当成自己的事。而作文是否需要批改，以及如何完成作文评改这一程序应由这一核心原则来确定。

然而正如前文所说，相当多的学生在心里是不把作文当作一回事的。基于这种现状，笔者以为，作文批改与否，应该基于几种需要，即在教学中加强写作训练的需要，在于促进学生感受生活，提升学生写作水平的需要，也在于教师在教学过程中业已形成的教学习惯的需要。作文批改只是一种形式，一种手段，不是最终的目的。

坦白地说，笔者很少批改作文。但这不等于说，不批改作文就放松了作为教师指导学生写作的责任。用唐建新老师的话说，“作文可以不批改，但作为语文教师要尽到自己的责任”。那么，怎样才能尽到语文教师的责任呢？我们不妨换个角度看问题，作文批改既然费时劳力，收效甚微，那我们是否能找到一种对学生的写作既指导到位，又能收到较好效果的方法呢？笔者以为，下列方法可以一试。

第一种方法，自评自改。即以学生为主体进行作文评改。这也是笔者长期以来坚持的做法。这种做法的主要形式是，由学生组成作文评改小组，在两课时内分三步合作完成。第一步由四人一组（或已经存在的语文学习小组）组成评改小组，每小组分配作文若干篇，而后自读自评；第二步由学生在小组内交流自读自评意见，并指定一人（轮流）将组内意见综合整理成评讲报告；第三步各学习小组进行组间交流，即由小组推荐一名报告人在全班交流。交流的过程是民主的，评论人和被评者及不同的评论人之间，随时可展开争鸣。教师最后作总结，并组织学生评出优秀报告人。

自评自改的优点在于充分激发了学生的主体意识，学生评改作文的情绪是高涨的，态度是认真严谨的，交流是坦率的，作文评议意见是直言不讳，甚至是一针见血的。作文评改到了最后的交流阶段，往往出现唇枪舌剑的局面。当某个组评议到某位同学的作文时，如果出现了“文章立意不高”“材料不典型，不能充分地证明观点”等评语，那是会一石激起千层浪的。少则被评议的同学会立即站起来为自己辩解，多则有可能引发全班大辩论。在我的课堂上就出现过一位女生在为自己作文辩护的过程中舌战近十位男生的精彩场面。辩论的结果是不重要的，重要的是学生这种参与的精神和热情，以及在辩论中激发起的思维活力和精彩认识，这是老师无论写多少评语也无法替代的。

第二种方法，综合述评式。这种讲评作文的方式主要是由老师来实施的。即在作文评讲前，教师要充分研究学生在本次作文训练中的可取之处和存在的问题，尤其要对学生作文中存在的带有普遍性的问题做到心中有数。这样以教师为主进行作文讲评的方式，其优点是能迅速地指导学生发现自己作文中存在的主要问题，且能从老师的讲解中得到启发，学到方法，但前提是学生愿意把写作当成自己的事。这样的作文讲评方式也能营造一种有利于师生面对面交流的教学氛围，因而是有效的，适时地加以运用会收到良好的效果。不足之处是讲评对象过于分散，不能具体到人，讲评问题又在一定程度上具有普遍性，因而针对性不强。

第三种方法，面谈式。这是收效显著，但因时间关系而难以人人落实的一种作文评改方式。每一位语文教师在指导学生作文时，可能都会采用这一特殊的作文指导方式。因为这种方式，最能够直接了解学生的写作心理，生活储备，生命感悟，同时又能和学生就写作中存在的问题进行面对面的交流。这种交流是具体的，坦诚的，哪怕是小到一个词语的运用，也可以反复推敲。但这种方式只能是偶尔为之，每次作文训练都采用这种评改方式是不现实的。

概而言之，笔者不赞成一般意义上的所谓精批细改，因为这种批改，表面上对学生是负责任的，而实际上，这种行为本身忽视了学生的主体精神，造成了学生学习上的懒惰心理，其本质是代学生立言，因而是有悖于作文教学的根本目的的。

正确的做法是，充分激发学生的主体意识，在学生把写作当成自己的事的同时，教师给予及时有力的指导，让学生自己发现问题，修正缺陷，作文教学才能收到理想的功效。

遵从国家要求，别再细改作文

唐建新

作文该不该批改，不是一个简单的回答能够解决的问题。因为这里面既有历史的惯性，也有社会的原因，还有管理上的要求，时间上的分歧，认识上的差异。

可以说，作文的批改，一直是语文教师的心病。不改似乎难以面对学生，职业道德受到拷问，学校教学管理过不了检查关，还担心作文考试分数上不去；改吧，时间支付太过惊人，真是承受不起。加上多少年实践证明，作文批改是低效甚至无效的脑力劳动，何况学生相同的年龄和学习经历，写出来的文章怎么不千篇一律令人看得味同嚼蜡，有时甚至连吐的感觉都有了。

如果对这个问题进行追溯、进行思考，就会发现，要求教师对学生的作文进行批改，是过去语文教学大纲的规定。改革开放以来，最早的要算是1980年2月版的《全日制十年制学校中学语文教学大纲（试行草案）》，里面就单列一部分“作文教学”，把作文的地位提得很高，并要求“作文要评改。……应以教师为主”。1986年12月版的《全日制中学语文教学大纲》第四部分“作文教学”里也明确要求：“作文评改可以采用详细评改、重点评改、当面评改、浏览检查等多种方式。要有计划地培养学生自己修改作文的习惯和能力，可指导他们自己修改，或组织他们互相修改。”1990年6月版的《全日制中学语文教学大纲（修订本）》与1986年版提法一样。1996年5月版的《全日制普通高级中学语文教学大纲（供试验用）》在一级目录中没有了“作文教学”，在“教学内容和要求”里的“能力训练”中列出了“写作”的5项要求，没有强化作文的重要性，更没有要求批改的字样。2000年2月版的《全日制普通高级中学语文教学大纲（试验修订版）》的一级目录中仍然没有“作文教学”，在二级目录的“写作”下仍然没有提出作文批改的要求。2001年7月版的《全日制义务教育语文课程标准（实验稿）》在课程目标和实施建议中，没有要求批改的字样，但是，有“重视对作文修改的评价”和“采用多种评价方式”的要求。

不厌其烦的引用，就为了说明国家的语文大纲和语文课程标准的变化：一是作文的重要性没有像改革之初那样被强调和强化；二是教师的评改在逐渐淡化，乃至于没有再单独提出；三是对学生作文自我修改的要求越来越高。

这样的国家语文学科政策的调整，是与时俱进符合发展现实的。教师的主要精力与其花在写作之后的修改，不如用在写作之前的指导上，与其马后放炮不如战前磨刀。何况，好的作文不是别人改出来的，而是在教师指导下学生自己琢磨修改，逐步提高的。

遗憾的是至今不少学校对语文教师的管理还停留在二十年以前的水平，不看学生写作水平的提高，而满足于作文篇篇见红，满足于每篇作文都精批细改这种落后的、少慢差费的、农业文明时代的作文指导的管理样式。

不提出作文评改的具体要求，是不是就对学生的作文撒手不管呢？那也绝对不是！我曾经在博客“渐新堂”上说过，我们可以采取多种多样的方式了解学生的作文情况，以进行有效的指导。如，分类抽看，分组当面指导，分层进行点拨，学生个别修改，学生相互进行点评，学生分类选择文章进行评议，手抄报、电子报、墙报等，形式多样。在鼓励学生多阅读多写作的情况下，我们还是抱住过去的作文批改的老方式不变，怎么可能适应21世纪不断变化发展着的语文教育呢？

按照国家课程标准的要求，从实际出发，卓有实效地进行写作指导，不要再强求一律按照旧有方式进行作文批改了！

作文批改环节重议

北京　杜　若

语文天生重要，每位有识之士都不否认；语文能力不是天生得来，也是众所周知。如此一来，语文能力包括写作能力培养和形成，自然有赖于学习环境的支持和造就，批改即是其中的重要一环，万不可缺。

支持作文教学中的批改环节，理由如次：

一、写作作为一种语文能力自身的要求

写作能力自有其能力体系与框架，历代文法总结文字中均有表述。一切文章作品，俱是有章可循；欣赏美文，其极致也要求鉴赏者入乎其内、出乎其外，能从其所以然加以赏鉴。这从侧面告诉人们，一般文章写作，俱是依章法而为；好文章逸群超拔，同样有章可循。如此一来，章法意识成为开展写作教学的背景所在，章法教学中，审题立意、选材组材、构思布局等等环节的落实与配合，自然也就成为引导能力提高的必然途径所在。学生写作实践，亦是本心而为，自难千篇一律，从心智、学历差异而言，岂能尽合章法？而其不合章法之处，又岂能简单归乎一类？没有批改环节，章法之"法"从何而来？学生个体写作能力差异又如何得到尊重？

二、写作教学实践中的实际状况的要求

任何能力提高都要倚仗训练而实现，写作能力也是如此。培养写作能力，需要训练支持，自然就存在训练得法与否、训练有效与否等多种可能性，也就为教学中能够精益求精开展教学留下了极大余地。没有批改这一环节，相信文章是手起笔落、纯乎天性之物，岂不就是相信作文教学可以一蹴而就、一劳永逸?

事实上,在笔者日常接触的学生习作中,最常见的毛病是干瘪空洞,记叙缺乏灵动,议论缺少力度;即使是一些考场优秀作文,拿下来仔细斟酌,也难当高分。在与习作者以及教授者的对话中,最常听到的就是学生生活单调,实际接触太过有限,还不能驾驭生活,不能苛求。其实,这都是说不过去的理由。就拿“立意”而言,如果作文不能自明心迹、收摄人心,就是连“我手写我心”的“立意”需要都不明确。而作文批改,恰恰能够避免简单归类,真正与学生以心易心,帮助学生“我心明我心”,岂不是能力培养中的扎实一步?

其实,学生习作中“审题”流于“扣题”、“立意”流于“表意”、“选材”流于“选词选句”、“组材”变成“组段”,几成通病而又各各流于浮泛,没有细致深入的批改,怎么能有训练的深入人心?以此而言,谁能否认作文批改的重要?

由此而言,讲评只是一种泛指导,批改才是一种心对心的交流与配合。

当然,作文批改这样的传统教学环节受质疑,自然也有其原因所在。

(一)部分教师对于基础教育阶段基本写作能力的培养存在误区,以为所谓“我手写我心”就单纯是让学生放胆放言。这些教师,受专业意识与创作意识的干扰,将学生基本写作能力的培养,放在了鼓励学生写作创造性发挥的高度之上,而实际上,那是一个并不切合中学教学实际的高度,是一个超前跨越的高度。其必然结果是,囿于识见,学生无章可循,作文没有面貌;教师无章可循,讲评没有头绪。章法障碍,实际是教学双方配合上的失败。

(二)选拔性考试对于教学评价结果的影响,高考突出的功能是有利于高校选拔人才,但是其影响最直接的其实是高中教学。高考试题中的作文阅卷,区分难度很大,多数教师愿意将文质兼美的文字，尤其是个性张扬辞采华美的文章定为高分文章。其实，优秀作文是这样一种状态，并不代表所有人都要把文章写成这样一种状态。每年，各省都会有一些所谓的点评专家，辑录甚至是闭门炮制一批所谓考场优秀作文，这种产品，吸引了考生眼球，干扰的却是整个中学教学。曾有教师无奈地说，我给学生悉心批改，学生却比附考场作文质疑自己的批改，自己都不知如何解说。痛犹如此，教何以堪？

（三）浮躁的社会风气的影响。话题作文，在当时只是应运而生的一种作文考查方式，马上就有所谓专家放言：话题作文不存在审题问题，有利于考生发挥。有利于考生发挥是不假，怎么就成了没有审题环节？不做审题工作，如何能够立意，立意苍白或仓促，文之为文意义何在？这样的影响拿出去，中学教学中的写作教学又该如何完成？就笔者理解，不是所谓专家不懂，就是所谓专家自立山头，哗众取宠，其中奥妙不得而知。

其实，作文批改的意义在于，对写作中相关能力要素的体现及其配合中所存在问题的及时修缮，以及对学生实际写作成果自身的示范性进行引导和开掘。

语文课程改革，不是对传统语文教学的颠覆，而是一种积极的扬弃与吸收。要想获得新课程改革的最终胜利，不要忘了应该在前辈老师的肩膀上张望，前辈教师的真知灼见，仍然应该是引领我们开展教学实践、深入教学研究的思想武器。

写作作为一种语文能力，必然有自己的能力支撑点，实际上就是相对独立的能力框架，包括审题、立意、选材、组材、表达、修辞等一些基本方面（也包括以此为基础的深刻、丰富、有文采、有创新等方面）。同时，写作作为一种能力，必然要依赖训练来实现提高，需要有训练思想、训练策略、训练过程、训练效果、训练巩固等各个方面来支撑。

这其中，作文批改应该普遍成为写作教学中教师教学的积极作为，只有在熟悉写作、尊重写作基本规律；熟悉学生、尊重学生实际，以及熟悉教学、尊重中学阶段写作教学的基本目标，不浮华、不虚饰的背景中，这种作为才会有真正的实效。

作文该不该改？

深圳　王木森

理论上说，作文不该改。

我们知道，言为心声，作文是写出来的，不是改出来的。法国的青年文学家莫泊桑向著名文学家福楼拜学习写作，我们知道得最多的是，福楼拜让莫泊桑不停地写作，以至于草稿写了几麻袋，才有了《羊脂球》的问世。

每个人阅历不同，对世界的看法不同，对事物的感悟也不同，每个人的知识水平、认知水平、感悟能力皆不尽相同。17岁的花季少年无法拥有70岁老人的经验和睿智，70岁老人也无法再拥有17岁少年的单纯与激情。因此，从字词句、篇章结构到语言修辞文采，老师再怎么精心批改每篇学生作文，终归是油浮水面，难以真正进入学生大脑，成就学生自己的作文。

再说学生互改作文。兴许有一时的新奇——想看看同班的他到底如何写同一题材的文章，但日久天长，难免懈怠——班级作文也就如此，好的总是那么几个人，中等的占绝大多数，差的也就是那么几个。

从被修改的角度来看，纵使老师红批满纸，也就那么看几眼过后，翻过去自己再作另外一文。即便认真研读此文批语，难得有学生愿意再重写一遍。下次作文依然按自己的思路习惯写下去。

至于同学修改的作文，更是看看笑笑了之。总是觉得没有老师修改的那么精当，没有老师修改那么全面权威。

因此，作文不管是老师批改还是学生互换修改，实际效果真的不大。

然而，具体的操作上，作文不能不改。

不改作文，学生觉得老师马虎对待，交差了事，缺乏写作的动力。我们的学生传统地认为，老师不改的作业，就是不重要的作业，犹如没有领导出席的会议一样。

老师不改，学生没有作文的动力，也没有了作文得高分后被老师肯定、同学羡慕的荣耀。我们的学生需要及时得到老师肯定，老师批改作文有助于提高他们作文的兴趣。

应试作文，不敢不改。言为心声的孩子话，在考场是不可能得高分的。老师们必须“强迫”学生们学会应对考场作文，学会如何审题立意，如何快速构思，掌握如何写才能得到高分。老师通过批改作文，掌握学生作文水平的现状，从而可以有针对性地进行相关的作文专题训练，循序渐进，让学生学会表达自己的思想，同时也让学生在表达中学会思想。

综上所述，在高考指挥棒的指挥下，从师生互动的角度，我主张：老师必须批改作文。

关于改学生的文章

蒋　波

改学生的文章，改了三十多年，就是说靠改学生的文章吃了三十多年的饭。现在问为什么要改学生的文章，一下子还答不上来，仔细想，至少有几点可以说。首先，学生写了文章，我的红笔在里面游走点划，学生付出了劳动，我也劳动了，似乎心里踏实些，也安稳些，这大概是一个理由。其次，如果最明显的错别字或者是最打眼的病句摆在那里，没有被发现，好像大胆而又无力的坏人做坏事没有被制止，感觉有点对不住人。第三，还是不希望学生的作文本被家长看到时，说，这位老师怎么不改作文的，好懒！真的，通过我的批改，学生的文章是否真有进步，进步到什么程度，就有点说不清楚了；因为说不清楚，为什么要改，似乎就只能说出前面的几点理由。

现在仔细想这些理由，感觉有些不佳。不佳在，改作文的出发点，似乎从自己的角度考虑较多，从自己的劳动自尊和师长威信上考虑较多。这种考虑，多年来，锻炼成一种习惯成自然的“积习”，看到收上来的一堆作文，就想着要怎样快些铺满自己“耕耘”的痕迹。于是，改到头痛也不放弃，改到作呕也不停笔。我想和我一样这样做的还不少。问题是，我们这样做了，学生的作文水平并不见明显成长，有的学生并没有认真看我们辛苦劳作留下的印记，有的对我们的批改不屑一顾，持保留意见，甚至反感。我有一位同事，编校刊很出色，曾经煞费苦心地改一位学生的文章，改得很艰苦，他认为终于改好了，要那位学生誊正发表。那位学生找到我，一边哭一边说，改成这样，我不要发表了，要发表，就署他老人家的名字吧。我觉得，我们真悲哀！

我们坚持咬着牙这样做，以为很神圣，以为很道德，以为很有用。

我们的劳动成了一种周期性的耗费极大的苦力，又是一种在实际教学的效益上收效模糊的苦力，甚至连收获学生的同情都做不到十分好。我们吃力地改，茫然地改，甚至近于作伪地改，不到退休看不到光明的出口。

一个人的写作水平，是一个人的思想和语言能力综合发展的表现。这种表现，是一个成长的过程。来自思想和写作都相对成形的教师的外部修改，究竟能对这种成长起到多大的拉动作用，可以研究。

一个班几十个学生，风格千姿百态，用一位老师的风格去划一，是否合理，也可以研究。我甚至想到我们是否尊重了学生，包括尊重学生的“出格”和“怪异”，甚至他们的“错误”。

一篇文章写成功了，成功的因素很多，在众多因素中，教师的修改作用到底有多大，也可以研究。

我的感觉是，一个人的文章水平是慢慢提高的，写作之道是“悟”出来的，不是“改”出来的。一个班级的风格千万不能“改”成一个模样。一篇有灵气而又有缺点的文章，千万别改成像我们这些老头子写出来的东西，别破坏了那点灵气。怎样让学生自己“悟”到有修改的必要，又得斫轮之法，那才“批改”到点子上。

闲话作文批改

胡　丹

作文，可以说是语文学习的半壁江山，一张考卷，作文就占了60大分，也算得是“得作文者得天下也”。而一说起作文，学生怕写，教师怕改，却是不争的事实。尤其是现在的语文教师，除了日常教学，各种培训、充电、课题、科研等等事务性的工作缠身，作文批改更成了一块烫手红薯。烦心闲谈之余，发现同行间倒也是八仙过海，各显神通，自己也尝试了几种方法，有点意思，信手写来，仅供参考。

传统引路，指导示范

课改理念下，老师不仅要调整教学观念、教学方法，还需要多样化的作业布置与批改方式。但传统的全批全改也不能丢，特别是对刚接手的新生、新班。一则老师好全面了解学生的作文状况，摸摸底；二则可以做示范与导向，让学生明白作文具体要求与批改规则。这第一次批改圈点勾画、评语等级，一样不能少。还得注意评语的人性色彩与导向，好的要表扬，差的多鼓励，需要改进的要写明确。

自批互批，同伴相助

但如果要老师每一次都按传统做法去圈点勾画、全批全改，外加一篇面面俱到的评语，几乎是不可能的。而总是一个改、一个看的老套路也很容易造成审美疲劳，其结果是大多数学生匆匆一瞥便塞进抽屉，束之高阁，以等下一次的作文布置。你一比四十、五十，甚至一百的付出，换得的也就是这几秒的青睐罢了。

大多数情况下，你可以引导学生自批互批。为了让学生批得有针对性，看得有针对性，我们一个老师针对新课改特地设计了一种作文纸，上面列出主要扣分栏目、订正栏目、批语栏目，写的大体要求、评的大概方向，一目了然。刚开始，需要老师利用一堂课，讲清要求，我一般是这样程序：先拿一篇样本在屏幕上作示范，学习用“划（错字、病句）——圈（好词好句）——理（出头绪）——审（明题意）——评（写出评语）——摘（佳句、佳段）”六步法来评改，然后以4—6人小组为单位，先自批，再互批。小组发现好文章，就推荐给全班共享；有好的句段就摘出来集中在墙报上展示。最后，我再全收上来，浏览一遍，修正错处，给作者、评者写上一两句鼓励性的话即可。

这样的好处是，一则，学生全动起来了，你看我的，我看你的，既有辨别比较，又有学习交流；二则，好胜心强的评者不甘于被别人说成没水平，一定会全力以赴、精批细改，而被评者为了不让别人再抓自己的小辫子，下一次作文里必定会努力避免同类错误；三则，改得多了，什么样的作文才是好作文，双方心里自然就清楚了。而最大的好处，则是提高了评改与反馈效率，保持信息畅通，老师也能腾出更多时间来备课。

众星拱月，重点交流

有时，也可以拿上中下各一篇典型作文，每个小组发一份，按组里评改——全班交流——推优评佳的程序，评出评改能手，让他们在全班交流评改经验与方法。这样，能快速提高全班的评改水平。

另辟蹊径，家长参与

有时，遇到合适的作文，我也会发动家长资源，或写或改，与孩子互相交流。如高一刚入学，给学生布置“我的成长历程”话题作文，写完之后让学生带回，让家长批改后，再布置家长写一篇读后感言，字数800—1000。结果非常感人，仿佛成了现代版“两地书”。事后在学生的随笔中，我发现此举还使学生、家长沟通了情感，收获了天伦之乐。可惜，因为时间与精力关系，未能汇编成册。

化整为零，头脑风暴

作文批改，未必一定成篇方可进行。有时，化整为零、零敲碎打，效果未必不佳。比如，一堂课专门练审题命题，一堂课练谋篇立意，一堂课练开头结尾，甚至片断练习，就当堂口头练，当堂口头互评。课后，再让学生各自整理成文，选好的上班报展示。尝试中，这种短、平、快的头脑风暴式练习，思维互相碰撞，课堂容量大、创意多，学生特别喜欢，气氛都特别活跃。

零存整取，汇编成册

每学期结束的寒暑假，还可以让学生将自己一学期或学年中的所有作文修改整理，或打印、或手抄，汇编成册。仿照杂志体例，找人写序言写寄语，自己加说明。有刊名、有目录，图文并茂。之后全班展览交流，评出优胜者表彰，也不失为一种另类评改吧。

总之，批无定法，一切为了学生，在此谨将个人的一点体会作抛砖引玉之用。在日常教学中，只要勤动脑、敢尝试，条条道路通罗马，一定会有更好的发现。